回路シミュレータでストンとわかる！

最新 アナログ電子回路の キホンのキホン

The real basic of analog circuit

木村誠聡【著】

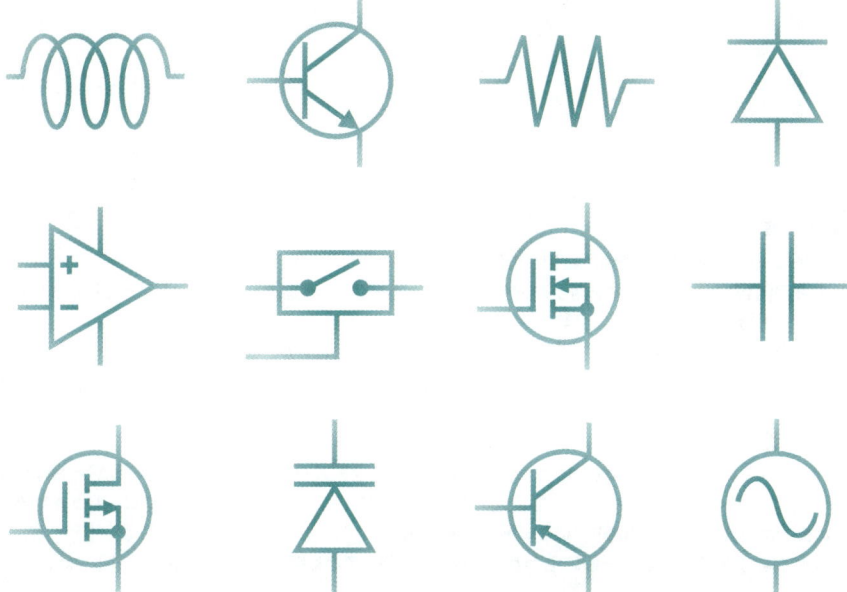

秀和システム

サンプル回路図について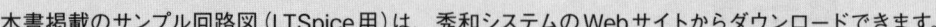

本書掲載のサンプル回路図（LTSpice用）は、秀和システムのWebサイトからダウンロードできます。

「最新アナログ電子回路のキホンのキホン」書籍詳細
http://www.shuwasystem.co.jp/products/7980html/3941.html

◉注　意
1. 本書は、著者が独自に調査した結果を出版したものです。
2. 本書の内容については万全を期して制作しましたが、万一、ご不審な点や誤り、記入漏れなどお気付きの点がありましたら、出版元まで書面にてご連絡下さい。
3. 本書の内容に関して運用した結果の影響については、上記2項にかかわらず責任を負いかねますのでご了承下さい。
4. 本書の全部あるいは一部について、出版元から文書による許諾を得ずに複製することは、法律で禁じられています。

◉商標等
・Microsoft, Windowsは、米国Microsoft Corporationの米国及びその他の国における登録商標または商標です。
・その他のプログラム名、システム名、製品名などは一般に各メーカーの各国における登録商標または商標です。
・本書では、®©の表示を省略していますがご了承下さい。
・本書では、登録商標などに一般に使われている通称を用いている場合がありますがご了承下さい。

まえがき

　私が電子回路に興味を持ったのは子供の頃で、あるTV番組がきっかけでした。その番組の中で、あるロボットの回路図が出てくるのですが、たくさんの記号と数字が入った図面を見て、あんな回路が読めるようになりたいと思ったものです。それからかなりの時間が経ち、大学で電気・電子回路を勉強しても難しい式ばかりで、実際に製品を作れるという自信は余りありませんでした。製品を作るための経験と知識は、入社した会社で失敗を繰り返しながら学んだようなものです。

　そんなときふと気が付いたことが、電子回路は「オームの法則」と「キルヒホッフの法則」がわかれば大丈夫では？ということです。当たり前の話なのですが、それまでは色々と難しい式を見てきていたので、すぐには気が付きませんでした。また「インピーダンス」という概念も、なかなか馴染めなかったという記憶があります。さらに部品の種類にもいろいろとあり、教科書で習っていたのとは違うレベルの知識が製品設計には必要ということも経験しました。教科書では、コンデンサやコイルは何μFとか何μHという単なる数値でしたが、実際の製品設計には数値だけではなく、形状や特性、そして信頼性などの情報や知識が必要になります。なかなかもってアナログ回路は初心者には手ごわいものでした。

　最近の電子回路はデジタル全盛時代となっており、アナログ回路を理解することは必要なの？と聞かれることがあります。しかし、デジタルの信号は年を追うごとに速くなっており、デジタル回路の理論である論理回路では説明できないような現象が出て、経験の少ないエンジニアを悩ませています。こんなときにアナログ回路の知識があればわかるような問題も少なくありません。アナログやデジタルといった電子回路の分け方は場合によって正しくもあり、場合によって正しくないと思っています。このような場合分けができるような知識と経験を積むことが、より一層アナログ回路を身近にするものと思います。

　そこでこの本では、以下の点に注意して解説をしました。
　また、改訂にあたりデジタル回路の基本的な使い方とセンサ部品、そしてパルス信号などを加筆しました。さらに、電子回路を専門としない方々向けの教科書として章末に演習問題を付加しました。

- なるべく式を使わず、またできる限りオームの法則とキルヒホッフの法則で説明をする。
- 部品についてはその性質や形状や使い方、選び方などについて説明をする。
- アナログ電子回路の基本と簡単な回路についてシミュレーションを交えて説明をする。

　見るとわかりますが、この本で取り上げている内容は古いものも新しいものも入っています。昔すこし電子回路を手がけた人がわかるような部品や回路から、近年登場した新しい回路まで幅広く載せていますが、アナログ回路を知る上では基本となることがらを主としています。またシミュレーションで取り上げたツールはフリーソフトで、誰でも手に入れることができるソフトウェアです。これを期にアナログ回路の世界を、シミュレーションを使って垣間見てみるのもよいかもしれません．そしてこの本が皆様のアナログ回路への興味を惹かせる役に立てればと思います。

　最後に、本書を書く機会を与えて頂いた秀和システムの編集氏と、製作に際してご協力頂いた秀和システムの方々および友人である山岸一朗氏に感謝の意を表したいと思います。

2013年夏　著者

Contents 目次

Chapter 1 アナログ回路とは

1.1 なぜアナログ回路が重要視される? ... 2
- 1.1.1 波と周期のお話 ... 2
- 1.1.2 スロットを変えると動かない〜反射〜 ... 4
- 1.1.3 なぜPCI-Expressにするのか?〜スキュー〜 ... 6
- 1.1.4 シリアル転送にするとなぜ高速に信号が送れる? ... 8

1.2 電子回路と電気回路の違い ... 10
- 1.2.1 電流の環状網とは ... 10
- 1.2.2 強電と弱電 ... 10

1.3 アナログとデジタルの違い ... 13
- 1.3.1 アナログ信号とデジタル信号 ... 13
- 1.3.2 アナログ回路の長所・短所 ... 14

1.4 分布常数回路と集中定数回路とは? ... 16
- 1.4.1 分布常数回路網 ... 16
- 1.4.2 集中定数回路網 ... 16

1.5 低周波数回路と高周波数回路は何が違う? ... 18
- 1.5.1 低周波数回路 ... 18
- 1.5.2 高周波数回路 ... 18

演習問題 ... 19

Chapter 2 アナログ回路に必要な法則

2.1 基本的な単位のお話 ... 22
- 2.1.1 V(ボルト・電圧) ... 22
- 2.1.2 A(アンペア・電流) ... 24
- 2.1.3 Ω(オーム・電気抵抗) ... 24
- 2.1.4 H(ヘンリー・インダクタンス) ... 28
- 2.1.5 F(ファラド・キャパシタンス) ... 28
- 2.1.6 増幅度 ... 30
- 2.1.7 dB(デシベル) ... 30

- 2.1.8 電圧と電流の「濃い」関係 (電力) 34
- 2.1.9 位相 (Phase) 36

2.2 オームの法則とキルヒホッフの法則 38
- 2.2.1 基本中の基本のオームの法則 38
- 2.2.2 キルヒホッフの法則 38

2.3 複雑な回路は重ねの理で解く 42
- 2.3.1 複雑な電子回路では 42
- 2.3.2 重ねの理とは 42

2.4 インピーダンスを理解する 44
- 2.4.1 周波数によって抵抗が変わる〜インピーダンス〜 44
- 2.4.2 インピーダンスの計算 44
- 2.4.3 どんなものにインピーダンスがあるのか？ 46
- 2.4.4 インピーダンスで計算しなければならないもの 48

演習問題 52

Chapter 3 アナログ回路を構成する部品

3.1 電子部品にはどんな種類がある？ 56
- 3.1.1 大まかな部品の分類 56
- 3.1.2 受動部品と能動部品 56

3.2 抵抗を使う〜受動部品①〜 58
- 3.2.1 抵抗の性質 58
- 3.2.2 炭素皮膜抵抗器・金属皮膜抵抗器 60
- 3.2.3 ソリッド抵抗器 (固定体抵抗器) 60
- 3.2.4 巻線抵抗器 60
- 3.2.5 セメント抵抗器 61
- 3.2.6 チップ抵抗器 62
- 3.2.7 その他の抵抗器 62
- 3.2.8 抵抗器の値 64
- 3.2.9 抵抗器の値を読む 66
- 3.2.10 抵抗値と定格電力とサイズの関係 68
- 3.2.11 どんなところにどんな抵抗器を使うか 70

3.3 コンデンサを使う〜受動部品②〜 72
- 3.3.1 コンデンサの性質 72

3	3	2	セラミックコンデンサ・積層セラミックコンデンサ …………… 77
3	3	3	チップコンデンサ……………………………………………… 78
3	3	4	フィルムコンデンサ…………………………………………… 80
3	3	5	電解コンデンサ………………………………………………… 82
3	3	6	タンタルコンデンサ…………………………………………… 84
3	3	7	電気2重層コンデンサ………………………………………… 86
3	3	8	可変容量コンデンサ (バリアブルコンデンサ、バリコン) …… 86

3 4 コイルを使う〜受動部品③〜   90

3	4	1	コイルの性質…………………………………………………… 90
3	4	2	コイルの電流…………………………………………………… 90
3	4	3	コイルの周波数特性…………………………………………… 92
3	4	4	チョークコイル………………………………………………… 92
3	4	5	高周波同調コイル……………………………………………… 94
3	4	6	電源トランス…………………………………………………… 96
3	4	7	インピーダンス変換用トランス……………………………… 96
3	4	8	棒状コイル……………………………………………………… 98

3 5 ダイオードを使う〜能動部品①〜   100

3	5	1	半導体とは……………………………………………………… 100
3	5	2	ダイオードとは………………………………………………… 100
3	5	3	ダイオードの性質……………………………………………… 101
3	5	4	ダイオードの選択……………………………………………… 102
3	5	5	ダイオードの種類と使い方…………………………………… 104
3	5	6	ダイオードを使った簡単な非線形回路……………………… 110

3 6 トランジスタを使う〜能動部品②〜   112

3	6	1	半導体とトランジスタ………………………………………… 112
3	6	2	トランジスタの性質…………………………………………… 112
3	6	3	トランジスタの種類…………………………………………… 113
3	6	4	トランジスタの選択…………………………………………… 114
3	6	5	トランジスタの基本回路……………………………………… 120

3 7 電界効果トランジスタを使う〜能動部品③〜   123

3	7	1	FETの性質……………………………………………………… 123
3	7	2	FETの種類……………………………………………………… 124
3	7	3	FET回路を設計する上で必要な情報は?……………………… 126
3	7	4	FETの選択……………………………………………………… 128

3 8 オペアンプを使う〜能動部品④〜   132

3	8	1	オペアンプの性質……………………………………………… 132

3.8.2 オペアンプの選び方 134

3.9 その他の半導体素子を使う～能動部品⑤～ 137
3.9.1 フォトカプラ 137
3.9.2 アナログ・スイッチ 140
3.9.3 その他の半導体を使ったセンサ 144

3.10 その他の部品についても知る 146
3.10.1 AD変換 146
3.10.2 DA変換 149
3.10.3 リレー 150
3.10.4 ヒューズ 152
3.10.5 コネクタ 152
3.10.6 スイッチ 154

演習問題 157

Chapter 4 さまざまなアナログ回路

4.1 交流と直流 160
4.1.1 どのような違いがあるのか？ 160
4.1.2 なぜ信号線に直列にコンデンサを入れるのか？ 160

4.2 共振と同調 164
4.2.1 コイルやバリコンでのチューニング 164

4.3 トランジスタと各部品との関係 168
4.3.1 よく見るトランジスタ回路 168
4.3.2 コンデンサC1・C2 168
4.3.3 電源電圧と各種電圧との関係 169
4.3.4 各抵抗器の値・各電流とhfe 170

4.4 増幅回路を理解する 176
4.4.1 増幅とは何か？ 176
4.4.2 トランジスタを使った増幅回路 176
4.4.3 トランジスタによる差動増幅回路 178
4.4.4 オペアンプによる増幅回路 180
4.4.5 バッファ回路（ボルテージフォロア回路） 186
4.4.6 電力増幅器（パワーアンプ） 186

4.5 トランジスタ回路をデジタル的に使う 196
4.5.1 トランジスタを単なるスイッチング回路として使うには？ 196
4.5.2 LEDとトランジスタの組み合わせ 198

4.6 トランジスタでパルス信号を作る 200
4.6.1 パルス信号 200
4.6.2 マルチバイブレータ 200
4.6.3 無安定マルチバイブレータ 200
4.6.4 単安定マルチバイブレータ 202
4.6.5 双安定マルチバイブレータ 202

4.7 演算回路を理解する 204
4.7.1 演算回路とは 204
4.7.2 加算回路 204
4.7.3 減算回路 205
4.7.4 積分回路 206
4.7.5 微分回路 208
4.7.6 比較回路 208

4.8 発振回路を理解する 210
4.8.1 規則正しい信号を作る 210
4.8.2 LC発振回路 210
4.8.3 水晶発振子の使い方 212
4.8.4 水晶発振器 (オシレータ) の使い方 214
4.8.5 簡単なクロック (TTLをフィードバックして作るクロック) 214
4.8.6 PLL (Phase Locked Loop) 214

4.9 タイマ回路を理解する 218
4.9.1 RCによる時定数回路 (時定数回路によるデジタル遅延回路) 218
4.9.2 時定数を持つ回路の使い道 218

4.10 フィルタ回路を理解する 222
4.10.1 波とフィルタ 222
4.10.2 ローパスフィルタ (LPF) 224
4.10.3 ハイパスフィルタ (HPF) 228
4.10.4 バンドパスフィルタ (BPF) 228
4.10.5 バンドエリミネーションフィルタ (BEF) 228
4.10.6 波の種類 (三角波と方形波) 230
4.10.7 シンセサイザの原理 230

4.11 電源回路を理解する ・・・・・・・・・・・・・・・・・・・・・・・・・・・・・ 234
 4.11.1 交流100Vから小さな電圧を作る ・・・・・・・・・・・・・・・・・・ 234
 4.11.2 直流の大きな電圧から小さな電圧を作る ・・・・・・・・・・・・・ 236
 4.11.3 小さな電圧から大きな電圧を作る ・・・・・・・・・・・・・・・・ 242
 4.11.4 定電流源 ・・・・・・・・・・・・・・・・・・・・・・・・・・・・・・・・・ 246

演習問題 ・・ 249

Chapter 5 ちょっと高度なアナログ回路とデジタル回路

5.1 変調回路 ・・・・・・・・・・・・・・・・・・・・・・・・・・・・・・・・・・・・・・ 254
 5.1.1 変調とは ・・・・・・・・・・・・・・・・・・・・・・・・・・・・・・・・・・ 254
 5.1.2 いろいろな変調方式 ・・・・・・・・・・・・・・・・・・・・・・・・・・ 254
 5.1.3 振幅変調（AM）・・・・・・・・・・・・・・・・・・・・・・・・・・・ 256
 5.1.4 SSB（抑圧搬送波単側波帯）・・・・・・・・・・・・・・・・・・ 260
 5.1.5 周波数変調（FM）・・・・・・・・・・・・・・・・・・・・・・・・・ 260

5.2 スーパーヘテロダイン回路 ・・・・・・・・・・・・・・・・・・・・・・・・ 266
 5.2.1 スーパーヘテロダイン回路とは ・・・・・・・・・・・・・・・・・・ 266
 5.2.2 受信機の基本構成について ・・・・・・・・・・・・・・・・・・・・ 266
 5.2.3 アンテナ・同調回路 ・・・・・・・・・・・・・・・・・・・・・・・・ 268
 5.2.4 高周波増幅器 ・・・・・・・・・・・・・・・・・・・・・・・・・・・・・ 268
 5.2.5 周波数変換回路（周波数混合器）・・・・・・・・・・・・・・・・ 269
 5.2.6 中間周波増幅器 ・・・・・・・・・・・・・・・・・・・・・・・・・・・ 270
 5.2.7 検波器 ・・・・・・・・・・・・・・・・・・・・・・・・・・・・・・・・・ 272
 5.2.8 低周波増幅回路 ・・・・・・・・・・・・・・・・・・・・・・・・・・・ 272

5.3 パルス信号の応用 ・・・・・・・・・・・・・・・・・・・・・・・・・・・・・・ 274
 5.3.1 インバータ回路 ・・・・・・・・・・・・・・・・・・・・・・・・・・・・ 274
 5.3.2 D級増幅器 ・・・・・・・・・・・・・・・・・・・・・・・・・・・・・・ 276

5.4 デジタル回路の使い方 ・・・・・・・・・・・・・・・・・・・・・・・・・・・ 278
 5.4.1 デジタル回路で使われる電圧 ・・・・・・・・・・・・・・・・・・・・ 278
 5.4.2 TTLの使い方 ・・・・・・・・・・・・・・・・・・・・・・・・・・・・・ 278
 5.4.3 CMOSの使い方 ・・・・・・・・・・・・・・・・・・・・・・・・・・ 282
 5.4.4 リセット ・・・・・・・・・・・・・・・・・・・・・・・・・・・・・・・・・ 286

5.5 高周波信号と設計 ・・・・・・・・・・・・・・・・・・・・・・・・・・・・・・ 288
 5.5.1 インピーダンスマッチングとダンピング抵抗 ・・・・・・・・・・・ 288
 5.5.2 バイパスコンデンサ ・・・・・・・・・・・・・・・・・・・・・・・・・ 290

|5|5|3| 差動信号 …………………………………………… 290

|5|6| 高周波回路と基板設計 …………………………………… 294
|5|6|1| 配線上に直角を作ってはいけないのはなぜ？ ……………… 294
|5|6|2| 高周波の配線上の下には必ずGNDラインを ……………… 294
|5|6|3| 差動信号は同じ長さで ………………………………… 296
|5|6|4| 電子回路基板は電磁放射のもと ……………………… 296

演習問題 ……………………………………………………… 299

Materials 資 料

資料A LTSpiceのインストールと使い方 ………………………… 302

資料B 主要部品メーカー一覧 ……………………………………… 317

資料C 演習問題 解答 ……………………………………………… 318

索 引 ……………………………………………………………… 325

コラム目次

Column①	重要な機構部品 ……………………………………	12
Column②	部品の購入場所 ……………………………………	17
Column③	基板の種類 …………………………………………	20
Column④	オペアンプを最初に作ったのは……………………	36
Column⑤	高速オペアンプ ……………………………………	40
Column⑥	トランジスタによる割り算回路 …………………	54
Column⑦	道具の話 ……………………………………………	88
Column⑧	たくさんある部品からどのように選ぶか？ ……	89
Column⑨	半田ごてや半田付け、半田の取り外しなどのノウハウ	98
Column⑩	何石、何球の意味 …………………………………	158
Column⑪	部品の配置 …………………………………………	164
Column⑫	デジタル回路の基板はラッピングか半田付けか …	166
Column⑬	実際の回路を作る手順とは ………………………	194
Column⑭	LSIの電圧の話 ……………………………………	198
Column⑮	トランジスタの発明 ………………………………	216
Column⑯	USBオシロスコープ ………………………………	264
Column⑰	情報収集、勉強でおすすめの雑誌 ………………	276
Column⑱	半田の種類 …………………………………………	292
Column⑲	テストピン …………………………………………	300

Chapter 1

アナログ回路とは

0と1の信号の状態しかないデジタル回路と違って、アナログ回路は連続した入力信号に応じて連続した信号が出力される回路です。アナログ回路は昔から電子回路で使われてきましたが、最近はデジタル回路が全盛となり、あまり見向きされなくなってきています。しかし、高速なデジタル回路で構成された機器には、実はアナログ回路のノウハウがたくさん詰まっています。将来的には、アナログ回路の知識がなければ高速デジタル回路も設計できなくなるでしょう。そこで、この章では、アナログ回路の重要さを理解するために、アナログ回路のあらましについてざっと眺めてみます。

p.1-20

… Analog Circuit …

1-1 なぜアナログ回路が重要視される?

なぜ今頃アナログ回路なのか?と思っていませんか? このデジタル全盛の時代にアナログ回路を勉強する必要があるのでしょうか? この章では本書の取っかかりとして、今アナログ回路が重要だとされる、さまざまなお話を取り上げます。

1-1-1 波と周期のお話

　　デジタルは0と1の数の集まりで、その理論もブール代数学に代表される論理数学であり、面倒な微分や積分といった数学に比べ直感的に簡単に思えるでしょう。それに対してアナログ回路を勉強するには、面倒な線形数学や複雑な電気回路の知識が必要となります。ではなぜアナログ回路を勉強する必要があるのでしょうか?

　　結論から言いますと、デジタル全盛の時代だからこそ、アナログ回路の基礎知識が必要と言えます。そこで最初に電気回路で非常に大事な考え方である波とは何なのかということについて取り上げていきましょう。

　　現在のパソコンは、CPU（Central Processing Unit）の内部速度が3G（ギガ）Hz（ヘルツ）という数年前には考えられなかった速度で動いていますし、パソコンのマザーボードも遅くても66M（メガ）Hz、速いものでは600MHz以上の速度で動作するものが当たり前のようになってきました。

　　例えば図1-1-1のように、600MHzの周波数の波はその1周期が約50c（センチ）m（メートル）となります（Memo参照）。これは、基点のところで大きさが「1」である波が、50cm先で再び「1」になることを表しています。しかし、波というからにはその大きさが50cmまでの間に変わってきます。1周期の半分、つまり、25cmのところでは波の大きさは「-1」、つまり基点の大きさに対して負（マイナス）となりますし、さらにその半分（1／4周期）つまり12.5cmのところでは、波の大きさは「0」となります。これは、基点では1の大きさの波も、ある距離を隔てると波の大きさが変わり、ある場所ではまったく波が出てこなくなることを意味しています。

Memo

電気信号の速さは光と同じで、約30万k（キロ）m／秒です。波の周波数は、1秒間にどのくらいの数の波を出したかで決まります。ですので、ある波の頂点から頂点の間隔は、30万kmを波の周波数で割れば出てくることになります。

1-1 なぜアナログ回路が重要視される？

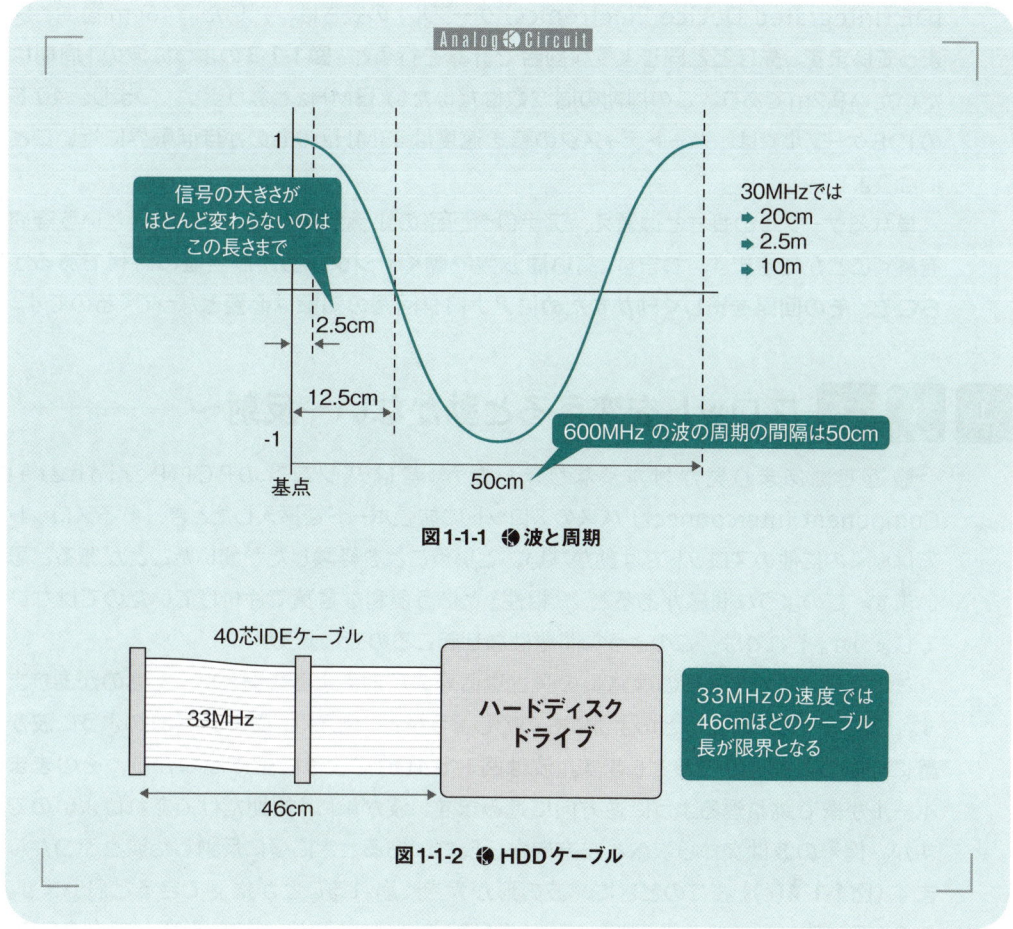

図1-1-1 ◆ 波と周期

図1-1-2 ◆ HDDケーブル

ところで、600MHzという非常に高い周波数で動くデジタル回路の配線の長さは、どれくらいが適当なのでしょうか？　図1-1-1を見ると、2.5cm程度までであれば、だいたい同じ波の大きさのままであることがわかります（📖Memo参照）。このことから、高い周波数で動く回路は、配線をあまり長くできないことが直感的にわかると思います。

> **📖 Memo**
> 専門的に言うと、波の大きさは-0.5dB（デシベル）程度であり、ほとんど減衰していません。dBについては、2-1節で詳しく説明します。

このような計算はいったい何を基本としているのでしょうか？　この答えの1つとして、「アナログ回路の知識が必要である」ということになります。例えば図1-1-2に示す昔よく使われたハードディスクドライブとコンピュータのマザーボードをつなぐケーブル（40芯

IDE（Integrated Device Electronics）ケーブル）の長さは、だいたい46cm程度と決まっています。先ほどと同じような割合で計算を行うと、**図1-1-3**のように波の1周期はだいたい9.2mであり、この周期の周波数はだいたい33MHzとなります。つまり、40芯のIDEケーブルでは、ハードディスクの転送速度は33MHzのものがほぼ限界に近いことになります。

単なるケーブルの長さとは言え、アナログ回路の知識があれば「なぜか？」という疑問を解くことができます。つまり、**高い周波数で動くデジタル回路が全盛の時代であるからこそ、その回路を正しく動かすためにアナログ回路の知識は必要**となってくるのです。

1-1-2 スロットを変えると動かない〜反射〜

最近ではあまり見かけなくなりましたが、昔はパソコンのPCI（Peripheral Component Interconnect）バスのスロットに拡張ボードを挿入したとき、あるスロットでは動くのに他のスロットでは動かない、ということを経験したか聞いたことがあると思います。このような問題があると、「相性」という便利な言葉で片付けていたのではないでしょうか。それでは、このような問題はなぜ起こるのでしょうか？

この原因として、信号の線路長の長さや信号の反射による影響といったものがあります。では信号の**反射**とはどのようなものでしょうか？　例えば、**図1-1-4(a)**のように波が壁に向かって動いているとします。波は**図1-1-4(b)**のように壁にぶつかり、そのままボールが壁で跳ね返るように逆方向に進みます。波が単に1周期だけであればよいのですが、信号の波は次から次へと左方向から現れ、あるときに壁に反射した波とぶつかります（**図1-1-4(c)**）。このときに、波の形が大きく崩れることが推測できると思います。このように波の形はある場所だけでなく信号線路全体で反射した波の影響がでますので、**図1-1-4(d)**のように信号波形は理想とは似ても似つかないものになり、信号がきちんと検出できないということになります。

例えば**図1-1-5**はデジタル信号の波形ですが、反射の影響でひどく波形が崩れており、本来であれば1の大きさや0の大きさであるべきところが、0または1と誤認される可能性があります。もし誤認されるようなことがあると、本来のデータとは違ったデータとなってしまうため、デジタル回路は間違った動作をしてしまうことになります。

また信号が高速である場合、1-1-1項で説明したように配線長によっては信号が変化してしまう場合もあり、これもデータを誤認させる原因のひとつになります。

このように、反射の影響や配線長の問題がある場合、最終的にはコンピュータは正常に動作しなくなります。つまり、PCIバス等の高速でデータが流れる信号線では、反射や配線長に配慮しなければなりません。昔のパソコンではこのあたりのノウハウがまだ蓄積しておらず、拡張ボードによっては動いたり動かなかったりといった問題が生じていました。

ところで、これらはノウハウだけでしか解決できないのでしょうか？

実はこれらの問題を解く鍵は、アナログ回路にあります。しかもそれは以前から電力

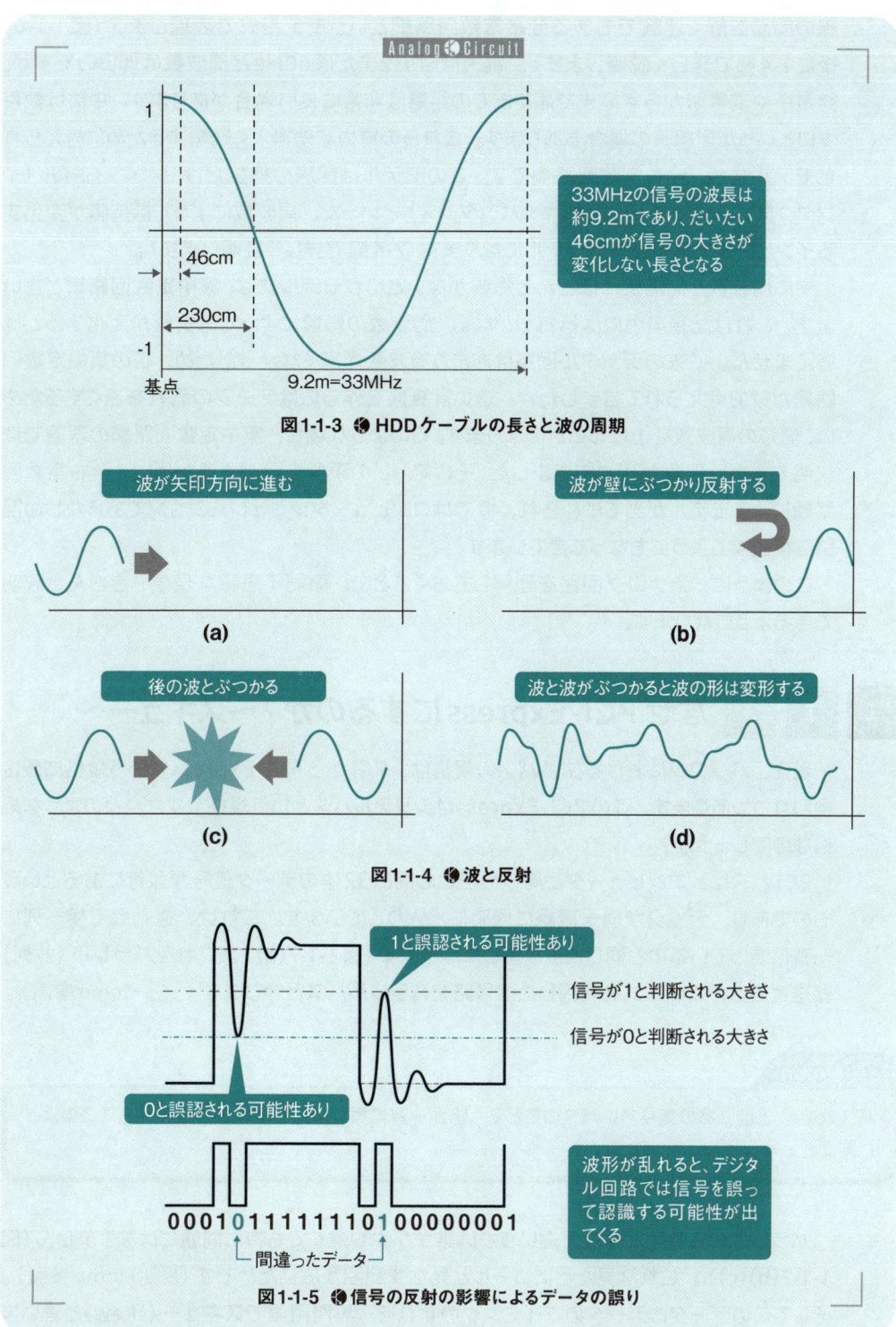

図1-1-3 ● HDDケーブルの長さと波の周期

図1-1-4 ● 波と反射

図1-1-5 ● 信号の反射の影響によるデータの誤り

線の問題を解く理論でもある**分布定数回路網**というモデル式で表現します（**図1-1-6**。後に1-4節で詳しく説明します）。電力は50Hzまたは60Hzと周波数は低いのですが、発電所や変電所から家庭まで届くまでの距離は非常に長い場合があります。中には数百キロといった配線長の場合もあります。これらの電力を効率よく送電するために考えられたモデル式が、分布定数回路網です。このモデルは配線の抵抗だけでなく、コイル（インダクタンス）やコンデンサ（キャパシタンス）といった、周波数によって抵抗値が変化する**インピーダンス**を含んだモデルになります（2-4節で詳しく説明します）。

逆に周波数と配線長にほとんど影響がないというモデル式は、**集中定数回路網**と言います。これは配線の中には抵抗しかなく、周波数の影響によって抵抗値が変化するとは考えません。従来のデジタル回路はあまり周波数が高くなかったため、この集中定数回路網だけで考えられてきましたが、速い計算機を作るにはデータの流れを速くするために、信号の周波数を上げることになります。このような場合、集中定数回路網の理論では説明できない現象が現れてきました。そこで、この現象を説明するために、分布定数回路網によるモデルが当てはめられ、今ではコンピュータシミュレーションであらかじめ回路を検証するようにもなってきています。

このように、アナログ回路を理解しておくことで、摩訶不思議な現象もきちんと説明できるようになります。

1-1-3 なぜPCI-Expressにするのか？〜スキュー〜

現在、パソコンにおける拡張バスの規格は、PCIからPCI-Expressという規格に置き換わりつつあります。このPCI-Expressはシリアルバスという規格ですが、どのような規格なのでしょうか？

PCIバスは、コンピュータと周辺機器との間に32本のデータ信号が並行にあるというものであり、データが横一直線に同時に出入りしています。これは、運動会で横一列に一斉に走っているのと同じような感じになります（**図1-1-7(a)**）。これを**パラレル（並列）転送**と言い、この方式を利用した信号路を**パラレルバス**と呼びます（ **Memo**参照）。

> **Memo**
> バス（bus）とは、あの乗り合いバスのことで、皆が一斉に乗り込んで運ばれる様子から、このように呼ばれます。

パラレルバスでは、速度が遅いうちは誰かがやや遅くても特に問題にはなりません（**図1-1-7(b)(c)**）。これは見た目にゴールと見なす範囲が広いためです（ **Memo**参照）。そしてこのデータとデータのタイミングのずれを、専門用語で**スキュー（skew）**と言います。しかし、速度がどんどん上がり、見た目にゴールと見なす範囲が狭くなってくると、

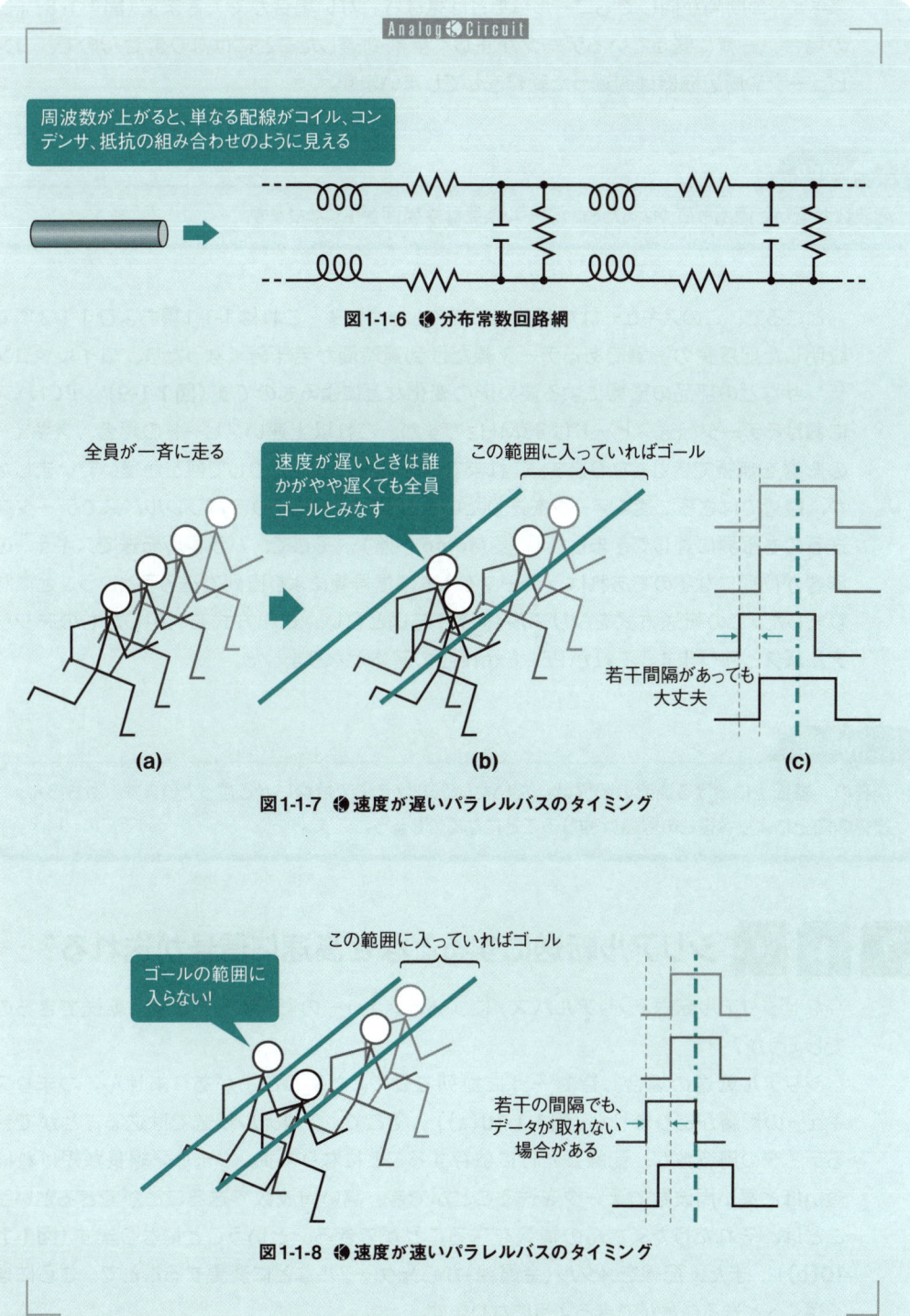

図1-1-6 ◆ 分布定数回路網

図1-1-7 ◆ 速度が遅いパラレルバスのタイミング

図1-1-8 ◆ 速度が速いパラレルバスのタイミング

スキューの間隔が同じでもゴールしたとは見なされない場合がでてきます（**図1-1-8**）。この場合、一斉に送っているデータが正しく全部到達したことにはなりませんので、コンピュータや周辺機器は間違った動作をしてしまいます。

> 📖 **Memo**
> 周波数が低いと周期も広くなるため、ゴールと見なす範囲が広くなります。

　ところで、このスキューはなぜ起こるのでしょうか？　これは1-1-1項および1-1-2項で説明した配線長の影響であるデータ線だけ到達時間が若干遅くなったり、コイルやコンデンサなどの部品の影響による波の形の変化などによるものです（**図1-1-9**）。PCIバスにおけるデータ転送スピードは33MHzですが、これ以上速いスピードの場合、スキューの影響を無視できなくなります。これまでは配線を工夫したりして何とか凌いでいましたが、最近ではさらに速くデータを送りたいという要求が高まり、パラレルバスでデータを送るのも限界に達してきました（📖Memo参照）。そこで、パラレル転送でスキューの影響が問題になるのであれば、データを1本の信号線により直列で送ろうということになりました。この転送方式を**シリアル（直列）転送**と言い、この方式を利用したものを**シリアルバス**と呼びます。これがPCI-Expressの基本となりました。

> 📖 **Memo**
> 現在の、基板上における速度の限界は、だいたい1GHzまでではないかと思っています。もちろん、技術の向上により今後この数値は伸びることになるでしょう。

1-1-4　シリアル転送にするとなぜ高速に信号が送れる？

　なぜシリアル転送（シリアルバス）にするとスキューの影響がなく、速く転送できるのでしょうか？

　シリアル転送の場合、皆で一斉に並列で動く、ということがありません。つまりスキューの影響がありません（**図1-1-10（a）**）。そこで、シリアル転送では送ることができるデータの周波数が、配線長だけに依存することになります。つまり配線長が短ければ短いほど高い周波数でデータを送ることができ、高い周波数で送ることができるということは、それだけたくさんの情報を送ることができる、ということになります（**図1-1-10（b）**）。また、配線をメタル（金属線）から光ケーブルなどに変更することで、さらに速く遠くへと送ることができるようになります。

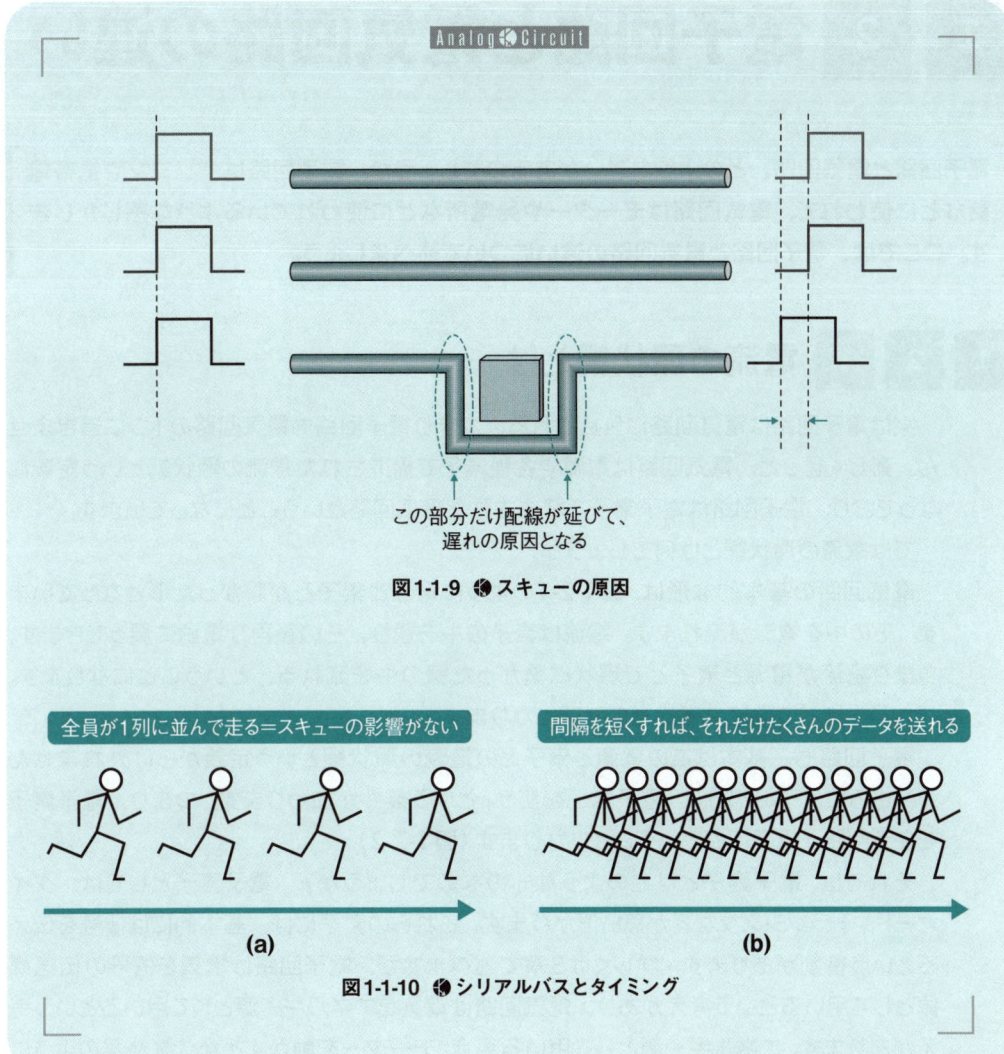

図1-1-9 ● スキューの原因

図1-1-10 ● シリアルバスとタイミング

Analog Circuit

1-2 電子回路と電気回路の違い

電子回路と電気回路、どのような違いがあるのでしょうか。電子回路はパソコンや携帯電話などに使われて、電気回路はモーターや発電所などに使われているような感じがします。ここでは、電子回路と電気回路の違いについて述べましょう。

1-2-1 電流の環状網とは

　実は電子回路は電気回路に包括される、つまり電子回路も電気回路の1つに過ぎません。難しく言うと、電気回路は電源や各種素子で構成された電流の環状網という定義になっており、電子回路は電子素子で構成された電気回路ということになっています。
　では電流の環状網とは何でしょうか？
　電気回路の基本的な形は、図1-2-1のように電源と素子とが繋がった形となっています。その中を電流が流れます。電流は素子の中を通り、その後再び電源に戻ってきます。つまり電流が電源と素子とで環状に繋がった線の中を流れる、ということになります。これが先ほどの電流の環状網の意味になります。
　電子回路も、基本はこの電源と素子との電流の環状網という定義からは外れませんが、さらに素子の部分に「電子素子を使う」という条件が加わります。つまり、電子素子を使う回路が電子回路ということになります（図1-2-2）。
　それでは、電子素子とはどのようなものなのでしょうか？　電子素子としては、ダイオードやトランジスタなどが思い浮かびます。これらの素子には、基本的には信号を伝えるという役割があります。詳しくは3章で述べますが、電子回路は電気を信号の伝送媒体として用いるという考えがあり、電気回路は電気をエネルギー源として用いるという考えがあります。エネルギー源として用いる場合、モーターを動かすとか、電熱器のように熱を出すなどとなります。

1-2-2 強電と弱電

　電気をエネルギー源として使うには、ある程度の電圧が必要となります。現在はだいたい48V（ボルト）を境にこれらが分類されており、48V以上でエネルギー源として使うものを強電、48V未満で信号の伝達媒体として使うものを弱電という呼び方があります。これらをまとめると、表1-2-1のようになります。

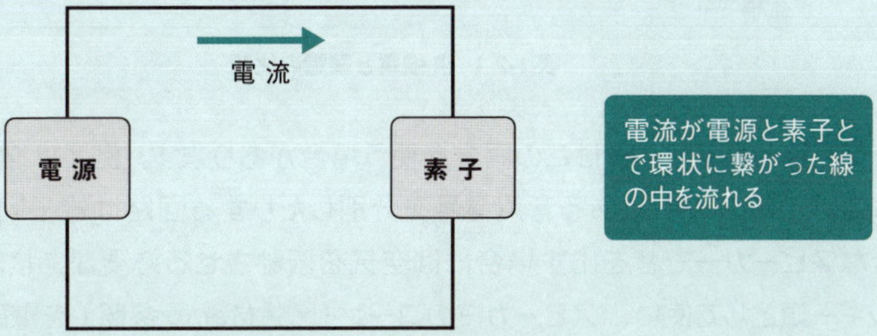

Analog●Circuit

```
     ←電流
┌─────────────┐
│             │
電源           素子
│             │
└─────────────┘
```

電流が電源と素子とで環状に繋がった線の中を流れる

図1-2-1 ● 基本的な電気回路

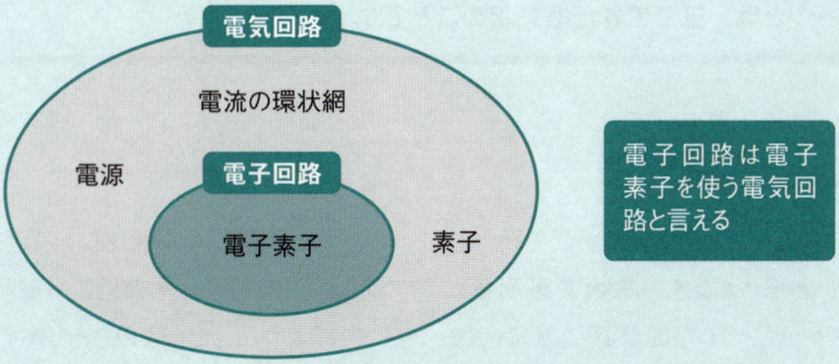

```
     電気回路
    電流の環状網
  電源    電子回路
        電子素子   素子
```

電子回路は電子素子を使う電気回路と言える

図1-2-2 ● 電気回路と電子回路

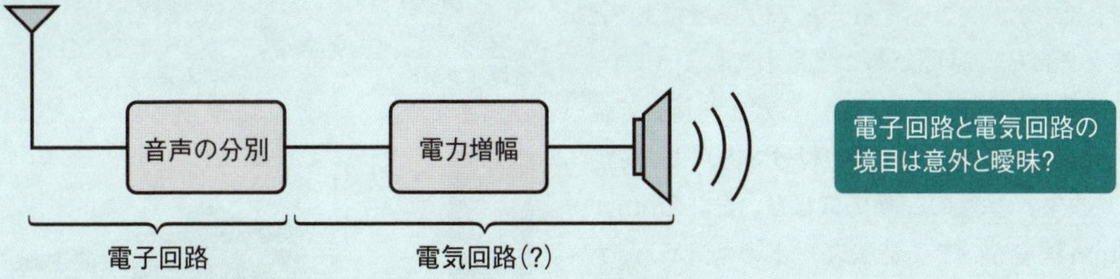

```
 Y
 │
 ├─[音声の分別]─[電力増幅]─[))
 └─────┬─────┘└─────┬─────┘
    電子回路      電気回路(?)
```

電子回路と電気回路の境目は意外と曖昧?

図1-2-3 ● ラジオは電子回路のみ?

Chapter 1 アナログ回路とは

	強電	弱電（電子回路）
電圧	48V以上	48V未満
電気の使用方法	エネルギー源として使用（動力ライン）	信号の伝送媒体として使用（信号ライン）
理論	電気工学	電子工学

表1-2-1 ● 強電と弱電の比較

　アナログ回路としては、実はこの両方を使う場合があります。例えば**図1-2-3**のようなラジオなどは、電波の中にある音声信号を分別したりする回路は電子回路（弱電）ですが、大きなスピーカーで音を出す場合には空気を振動させる必要がありますので、電気をエネルギー源として使い、スピーカーのコーン（Memo参照）を電磁石で動かす必要があります。もちろんスピーカーの駆動電圧が48V未満である場合もあり、厳密には電気回路や強電とも言えませんので非常に曖昧な感じとなります。

Memo
スピーカーのコーンとは、紙でできた振動板のことです。

Column① 重要な機構部品

　回路を基板に組んで、さぁ電源をいれて動作を確認しようかな、と思ったとき、基板の裏側である半田した面やラッピングした面が直接机に接触することに気が付くと思います。机はたいてい絶縁物なので気にしなければ特に問題はありませんが、やはり机に直接置くのはちょっと…という人に必要なのが「ゴム足」か「スタッド（stud）」になります。ゴム足は両面テープで基板を止めることができますが、あまり両面テープの強度はあるとは言えません。時間が経つと取れてしまいます。そこで基板の四隅に空いている穴を利用して金属の足（金属スタッド）を取り付けた方がより安定しています。基盤の四隅の穴はだいたい2mmから3mm程度なので、金属スタッドのネジが入るものを購入すれば大丈夫です。金属はそれなりに重いので、取り付けると基板全体が安定しますが、金属なので回路上のショートが気になります。そこで最近はプラスチック系統のスタッドも出てきています。価格も4個で50円程度と安いので、お手ごろでしょう。その他にも基板全体をケースの中に入れる、というのもありますが、試作品扱いであればスタッドで十分でしょう。●

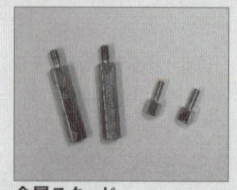
金属スタッド

ゴム足

プラスチックのスタッド

プラスチックケース
製品提供：タカチ電機工業

1-3 アナログとデジタルの違い

アナログ回路とデジタル回路の違いは何でしょうか？ 単なる部品の違いでしょうか？ それとも扱う信号の違いでしょうか？ ここでは、よく言われる「アナログ回路」と「デジタル回路」の違いについて、取り上げます。

1-3-1 アナログ信号とデジタル信号

アナログ回路には、図1-3-1(a)のように抵抗、コイル、コンデンサ、トランジスタなどの部品があり、**デジタル回路**には図1-3-1(b)のように単なるIC（Integrated Circuit；集積回路）の集まりという感覚があると思います。または、アナログ回路で扱う信号は図1-3-2(a)のように複雑な信号であるが、デジタル回路で扱う信号は図1-3-2(b)のように0と1の方形波だけという感覚もあるかと思います。これらの感覚はある意味正しいのですが、回路ではなく、まずは信号という側面で見てみたいと思います。

アナログ回路で扱う信号が、**アナログ信号**です。アナログ信号は、図1-3-2(a)のようにぱっと見て複雑な信号のように見えます。しかしアナログ信号の基本は、サイン波（SIN波）と呼ばれる基本的な波の集合体に過ぎません。これは、フーリエ（Fourier）変換と呼ばれる方法で知ることができます（Memo参照）。このフーリエ変換は、波をいろいろな大きさや周波数のサイン波に分解してくれます。つまり、どんなに複雑な波であっても、大きさや周波数は違えども多くの単純なサイン波の集まりである、と言えます。

> **Memo**
> すべての信号はSIN（サイン・正弦）またはCOS（コサイン・余弦）の波で表現できます。逆にSINまたはCOSの波が集まれば複雑な波が表現できます。これは「フーリエ級数展開」が基本となります。

デジタル回路で扱う信号が、**デジタル信号**です。ではデジタル信号はどうなのでしょうか？ デジタル信号は、日本語では「方形波（ほうけいは）」という呼び方がありますが、この方形波もやはりフーリエ変換を行うと色々な大きさや周波数のサイン波に分解することができます。つまりデジタル信号は、アナログ信号の特殊な波の1つであると言えます。

1-3-2 アナログ回路の長所・短所

アナログ信号を扱う回路をアナログ回路と呼び、デジタル信号を扱う回路をデジタル回路と呼ぶことは周知の如くですが、アナログ回路には、デジタル回路に比べ以下のような長所があります。

▶ アナログ信号は多値である（短い時間で伝えることができる情報量が多い）

デジタル信号は0と1しか扱えないのに対し、アナログ信号は連続した信号であるため、例えばデジタル信号では表現できない0と1の間の信号をも取り扱うことが可能です。これは図1-3-3のようにデジタル信号では複数の0と1の組み合わせで表現する情報（ここでは10進数で35）も、アナログ信号であれば非常に短い時間で表現が可能（☆の部分）となります。

▶ 高周波の信号が取り扱える

デジタル信号には、データとデータを区切るものが必要となります（サンプリング）。しかし、この区切る間隔は0にはできません。アナログ信号にはデータとデータを区切るものが存在しないため、理論的には非常に高い周波数の信号も取り扱うことができます。

アナログ回路には、以下のような短所もあります。

▶ 外乱に弱い（雑音、温度など）

デジタル信号と違い、アナログ信号はそのときどきの信号値に意味があるため、雑音などにより信号の値が変わると意味も違ったものになってしまいます。また電子素子には温度により特性が変わるものもあるため、同様に信号の値が変わってしまうことがあります。

▶ 素子のばらつきがある

素子には製造時の誤差が存在します。

▶ 小型化が難しいことがある

回路中にコイルやコンデンサが入るため、小型化が非常に難しくなっています。

これらのことを理解した上でアナログ回路を扱った方がよいでしょう。

Analog Circuit

いわゆるアナログ回路(a)とデジタル回路(b)のイメージ。

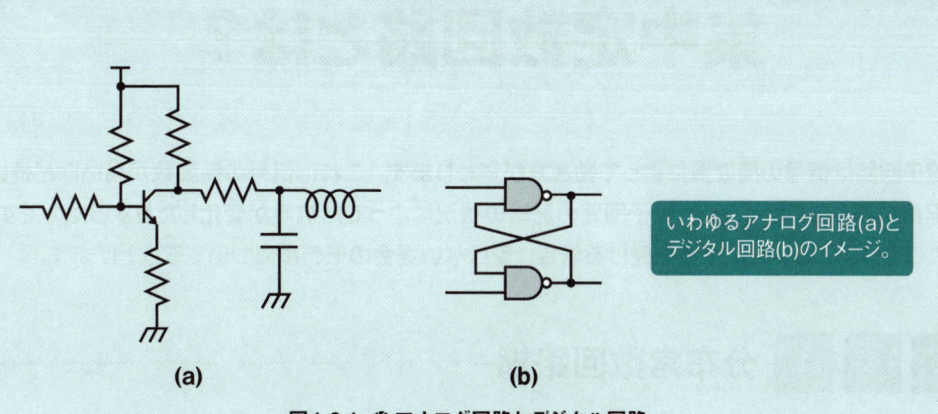

図1-3-1 アナログ回路とデジタル回路

アナログ信号は複雑でデジタル信号は単純?

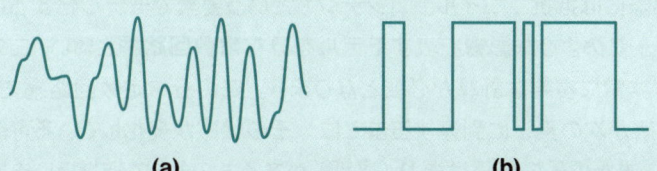

図1-3-2 アナログ信号とデジタル信号

35という情報もアナログ回路なら短い時間で表すことができる

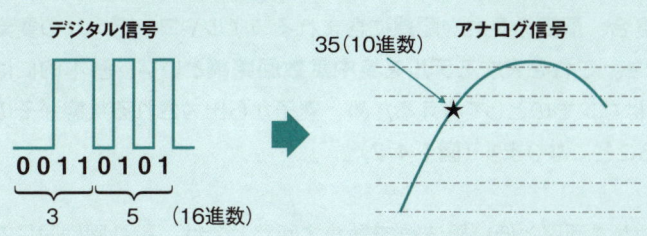

図1-3-3 デジタル信号とアナログ信号

1-4 分布常数回路と集中定数回路とは？

電子回路は信号の周波数によって動き方が変わります。これは信号の周波数が高いほど長い配線ができなくなったり、電子回路の配線の状況によって抵抗値が変化したりするためです。ここでは、こういった影響を受ける場合、受けない場合のモデルについて取り上げます。

1-4-1 分布定数回路網

電子回路が信号の周波数によって動き方が変わるのは、1-1-1項でも説明したように信号の周波数が高いほどあまり長く配線ができなくなったり、1-1-2項で説明したような電子回路の配線の状況によったコイルやコンデンサの成分による抵抗値の変化の影響が出てきたりするためです。

基板上の配線も、実際には抵抗、コイル、コンデンサという要素でモデル化することができます（**図1-4-1**）。このような影響を表すモデルを**分布定数回路網**といい、このモデルの動作の解析には非常に複雑な計算が必要となります。この分布定数回路網では、素子から出力される状態が次の素子に到達するまでに、その状態が変化している可能性が高いことになります。また信号の伝播は遅れ（遅延）があるものとして取り扱いますので、同じ設計の回路でも素子の状態やばらつきなどの要因によって、信号の状況が異なってきます。

1-4-2 集中定数回路網

信号の周波数が低い場合、配線の長さや配線に含まれるコイルやコンデンサの要素はあまり影響がなくなります。これを表すモデルを**集中定数回路網**といい、基本的には信号の伝播の遅れ（遅延）はないものとして考えるため、素子から出力される状態がそのまま次の素子に入力されることになります（**図1-4-2**）。

非常に高い周波数で動かす回路と低い周波数で動かす回路とでは、設計図は同じでも設計図に表れないパラメータがありますので、注意が必要となります。

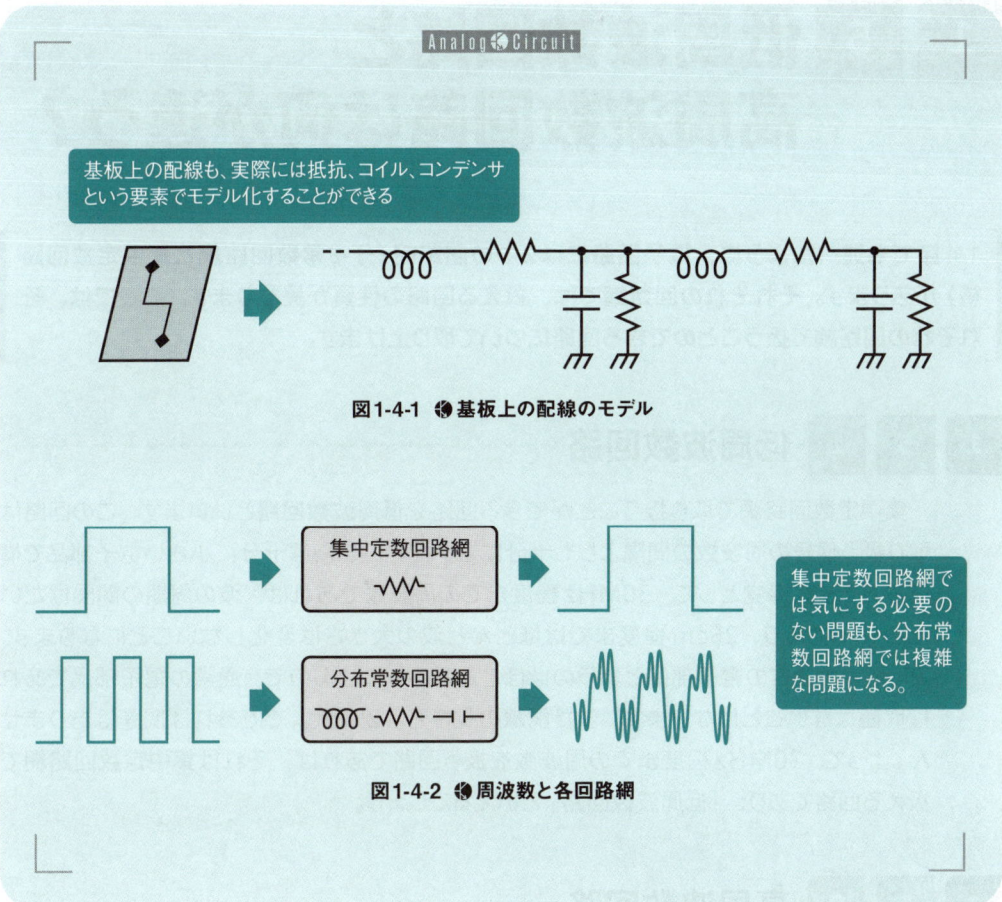

図1-4-1 ◆ 基板上の配線のモデル

図1-4-2 ◆ 周波数と各回路網

Column❷ 部品の購入場所

　昔（著者の幼少時分）は、アナログ部品を手に入れるためには秋葉原まで行く必要がありました。国鉄の駅（当時はまだJRではなかったので）を出て、駅に隣接するパーツ屋さんが密集するところ、大通りを渡ってすぐのビルの中、そしてしばらく歩くと「千石パーツ」や「秋月電子通商」がありました。また少し大きな通りに面したところには「若松通商」が。今でもこれらのパーツ屋さんは健在ですが、最近はこれらの店からインターネットによる通販からの購入がメインとなりました。だいたいが秋月電子か千石パーツでしょうか。

　でもネットだと意外な部品に遭遇することがありませんので、やはり出向いていってあれこれとのんびり楽しみながら面白そうな部品を見つけてみるのも一興でしょう。◆

Analog Circuit

1-5 低周波数回路と高周波数回路は何が違う？

1-4節でも述べたように、電子回路には2つの回路網（分布常数回路網と集中定数回路網）があります。それぞれの回路網では、扱える回路の性質が異なります。ここでは、それぞれの回路網で扱うことのできる回路について取り上げます。

1-5-1 低周波数回路

　集中定数回路網で取り扱うことができる回路を**低周波数回路**といいます。この回路は取り扱う信号の周波数の間隔よりも十分に短い配線、または十分に小さい電子部品で構成されます。感覚として、30MHz程度までの周波数であれば、波の周期の間隔はだいたい10mであり、25cm程度まではほとんど波の大きさは変化しないことになります。25cmの大きさの電子部品というのはほとんどありませんので、通常の電子部品であれば問題はないことになります。また配線の長さも、25cmまでであれば問題はありません。よって、30MHz程度までの周波数を扱う回路であれば、それは集中定数回路網で扱える回路であり、「低周波数回路」といえるでしょう。

1-5-2 高周波数回路

　高い周波数の信号を扱う回路の場合、分布定数回路網で扱う回路ということになり、**高周波数回路**となります。この場合、低周波数回路と同じ設計をすると動作が不安定、または動作しないということがありますので、回路で扱う信号の周波数がどの程度であるかを事前に確認する必要があります。

　なお3章でも述べますが、最近の電子部品は以前よりもまして小さい形状の部品となっています。小さいものになると、1m（ミリ）m程度の部品や数cm程度の配線の長さしか必要がない回路設計である場合もあります。最近では300MHz程度までの周波数を扱う回路でも集中定数回路網として設計可能となっており、どの程度の周波数を扱う回路が低周波数回路かまたは高周波数回路となるか、曖昧な部分があります。

演習問題

問題 1-1

下記の問について正しい場合には○を、正しくない場合には×を、（）内に記入しなさい。

(1) （　）電子回路は電流が環状に流れる。
(2) （　）電気回路は電子回路を包括する。
(3) （　）電子回路は電気をエネルギーとして使う。
(4) （　）電子回路は48V未満の電圧を主に使う。
(5) （　）電子素子は電気回路に含まれる。
(6) （　）100MHzの周波数の信号の波長（波の長さ）は1mである。
(7) （　）デジタル信号は低い周波数の波から高い周波数の波の集合体である。
(8) （　）電子回路は雑音や温度変化に強い。
(9) （　）分布定数回路はコイルやコンデンサのパラメータの影響が存在するモデルである。
(10) （　）シリアルバスはスキューの影響があるので、転送速度を上げることができない。
(11) （　）33MHzの周波数の波の信号があまり変化しないケーブルの長さは46cmである。
(12) （　）反射による影響で信号の形状が変化するのはアナログ回路だけである。
(13) （　）分布定数回路網は50Hzや60Hzの電力線のような低い周波数でしか適用されない。
(14) （　）集中定数回路網の場合、基板上の配線の影響を考える必要はない。
(15) （　）アナログ回路の部品には温度による影響や素子のばらつきがある。

解答はp.318にあります。

Column ❸ 基板の種類

部品を載せて配線を行う基板には、いろいろな種類があります。通常専門家が使う基板は「スルーホール基板」といって、貫通孔がたくさん空いており、両面のパッドが貫通孔で繋がっている基板を使います。また、「多層基板」といって、スルーホール基板ではありますが、内部一面にGNDがあるような基板もあります。さらに多層基板ではありませんが、部品面にGNDパターンのメッシュがある基板があります。これらの基板は少々高いのですが、内層やメッシュ部分にGNDを繋げるため、基板全体のインピーダンスを下げて雑音が乗りにくくなります。

普通のアマチュアが使う一般的な基板はたくさんの貫通孔が空いてはいるのですが、片面にしかパッドがないタイプ（片面基板）を用いることが多いでしょう。このような基板はコストが安いため、家電製品にも多用されています。片面にしかパッドがないため、部品を実装して、あまり長い時間半田ごてを当てているとパッドが剥がれてしまう場合がありますので、注意が必要です。

またちょっとした試作程度でしたら「ラグ板」というものがあります。これは基板に端子が複数付いている形をしており、この端子に部品を半田付けします。そして端子と端子の間を配線していくのですが、ぱっとみため空中配線に近い感じがありますので、あまり長く使うというものではないでしょう。しかし、価格も安く、またちょっとした回路には非常に便利なため、常備しておいてちょっとしたときに使うのに便利でしょう。

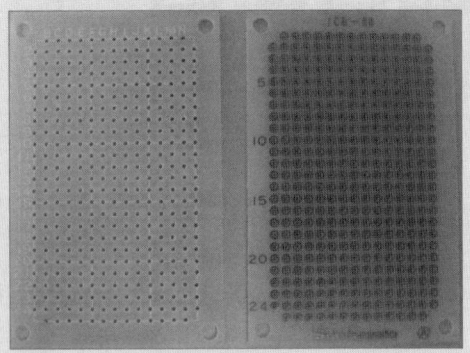
片面基板

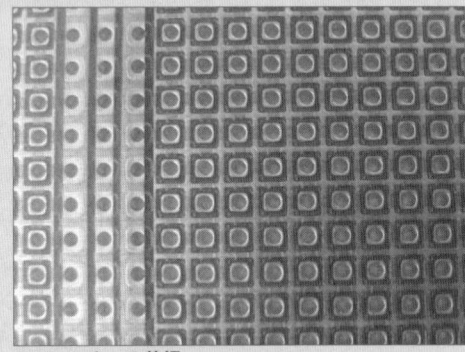
GNDメッシュの基板

写真提供：サトーパーツ

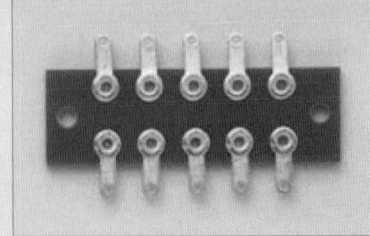
ラグ板

Chapter 2
アナログ回路に必要な法則

アナログ回路は、基本的な電気物理の法則に支配されています。この電気物理の基本となる法則が「マックスウェルの法則」というもので、非常に難解ではありますが、美しい式から成り立っています。しかし、実際に電子回路を設計するときはそこまでの知識はあまり必要とはされません。例えばオームの法則やキルヒホッフの法則がわかっていれば、だいたいの回路は理解することができます。この章では、基本的な電気・電子回路で使う単位や法則についてざっと見てみましょう。

> マックスウェルの法則は、rot$H$=J、rot$E$=-$\partial B/\partial t$（レンツの法則）、div$B$=0，div$D$=ρという複数の数式で成り立っています。なお、Hは磁束、Jは電流、Eは電界、Bは磁束密度、Dは誘電束を示します。

p.21-54

Analog Circuit

2-1 基本的な単位のお話

アナログ回路を理解するには、まずはアナログ回路で使われる基本的な「単位」について知っておく必要があります。ここでは、基本的な電気・電子回路で使われる単位について見ていきます。

2-1-1 V（ボルト・電圧）

電圧は基本的な単位の1つであり、記号はV、読み方はボルト（Volt）です。定義としては、「1ボルトとは1クーロンの電荷が移動するときの仕事が1ジュールのとき」、となっています。言葉から考えると電気の圧力のことですが、これはいったい何なのでしょうか？

電圧（voltage）は単なる圧力ではなく、電位（electric potential）と電位の差になります。例えば図2-1-1(a)は電位の差がない状態になります。この場合、同じ電位なので電荷は動きません。しかしながら図2-1-1(b)の場合、電位の差が発生すると、位置が高い方から低い方へ電荷が移動するようになります。この位置は電気的な位置エネルギーであり、高いほど位置エネルギーが高いことになります。この位置エネルギーを電位といい、電位の差を電位差（electric potential difference）といいます。

低い電圧と高い電圧の違いは図2-1-2のように電位差の違いになります。当然電位差が大きい方が電荷の移動は勢いがありますので、高い電圧の場合には電荷は勢いよくたくさん移動できることになります。

移動した電荷は何もしなければそのままですが、電気回路網においては電荷は網の中を廻ることになります。その場合、高い電位に電荷を押し上げる必要があります。図2-1-3は電荷を高い電位に押し上げる様子ですが、高い電位に押し上げるためのエネルギーを起電力といいます。起電力が大きい回路では電荷の量や移動が多い、つまり電流が多く流れることになります。

では電圧は高ければ高いほどよいのでしょうか？ 実はあまりにも高いと部品の耐圧を向上させる必要があるため、部品の形状を大きくする必要があります（図2-1-4）。それでは問題となりますので、電子回路で扱う電圧をだいたい24V以下ということにして考えます。この電圧も電池やバッテリーが基準となっています。自動車のバッテリーはだいたい12Vですが、鉛蓄電池が1個2Vの電圧を出しますので、合計で6個繋がった形になります（図2-1-5）。だいたいのアナログ回路は、+12Vや±6V、または±12Vという電圧で動いています。デジタル回路の場合、基本は5Vであり、最近は3.3Vや2.5Vまたはさらに低い電圧（Low Voltage）で動くものもあります。

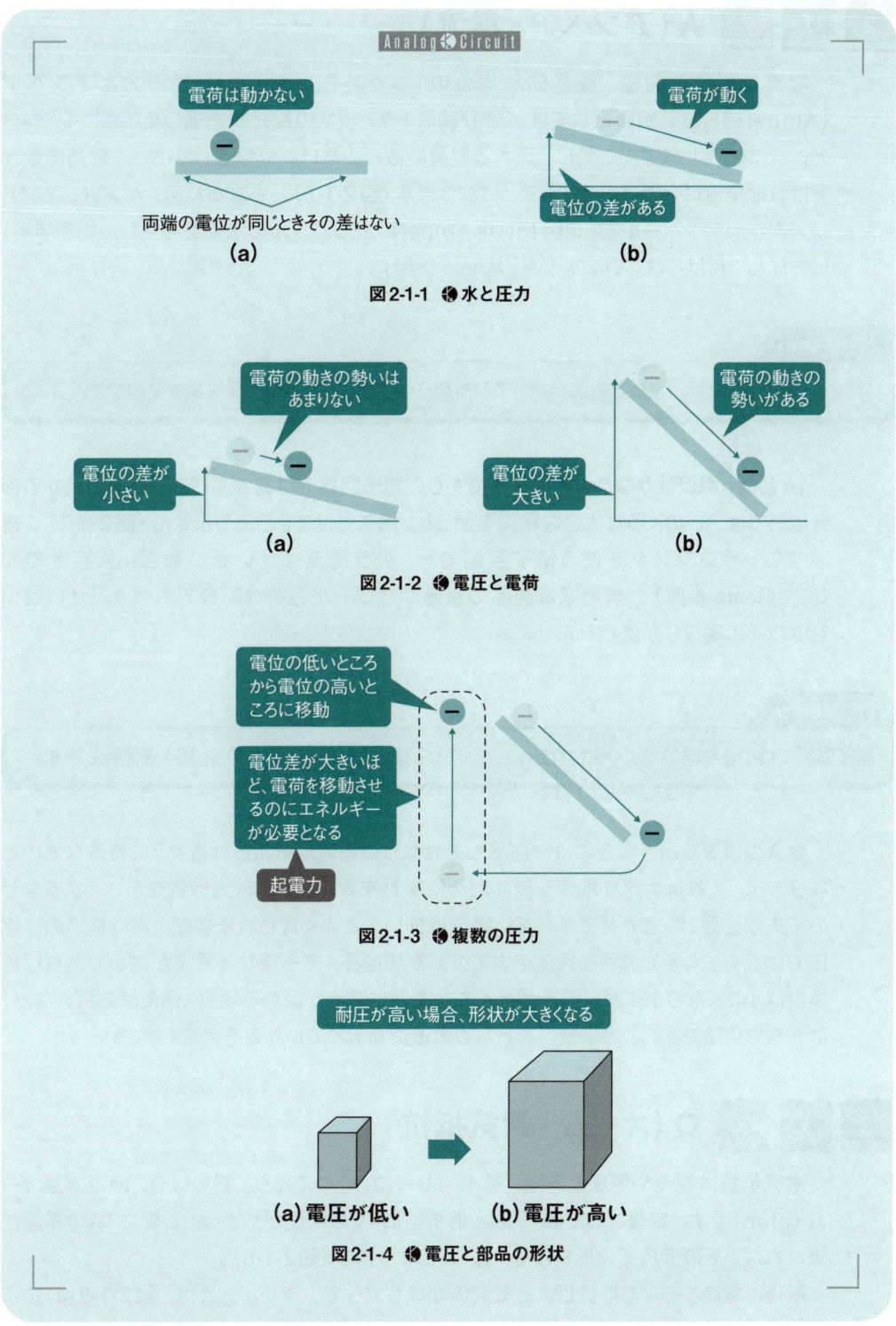

図2-1-1 水と圧力

図2-1-2 電圧と電荷

図2-1-3 複数の圧力

図2-1-4 電圧と部品の形状

2-1-2　A（アンペア・電流）

電流は電圧と同様、基本的な単位の1つであり、記号は**A**、読み方は**アンペア（Ampere）**です。定義としては、「1秒間に1クーロンの電荷が通過したときに1アンペア」、となっています。これは、流れる電荷の数が少なければ電流は小さく、電荷の数が多ければ電流は大きい、ということになります（**図2-1-6**）。ちなみにアンペアは、アンドレ・マリー・アンペール（Andre Marie Ampere、アンペールの法則を発見した物理学者）にちなんで付けられています（📖Memo 参照）。

> **Memo**
> アンペールの法則とは、電流と電流が流れている周りにできる磁場との関係を表す法則です。

1Aという電流はかなり大きな電流であり、電子回路では電源やパワーを必要とする部分以外では、このような大きな電流を使うということはあまりありません（**図2-1-7**）。後述するトランジスタを使う電子回路でも、扱う電流はせいぜい数mA程度です（📖Memo 参照）。また家電製品の電源やパワーが必要な部分でも数A、せいぜい10A以下の電流しか使われません。

> **Memo**
> 電子回路では小さな単位がよく使われます。m（ミリ）は10^{-3}、μ（マイクロ）は10^{-6}を意味します。

数Aの電流を扱う場合には、部品もそれなりの電流に耐えられるように特殊なものとなります。これは大きな電流を流すために線材を太くする、電気抵抗を小さくするなどの工夫が必要となるためです。高い電圧は怖い、とよく言われますが、実は怖いのは電圧ではなく、大量に流れる電流の方です。電圧は高くても流れる電流が微小であれば危険度は小さくなりますが、電圧が低くても大量に電流が流れる場合（例えば数百Aなど）は非常に危険です。この場合、それなりの電荷が流れていると考えてください。

2-1-3　Ω（オーム・電気抵抗）

電気抵抗は電流や電圧と同様、基本的な単位の1つであり、記号は**Ω**、読み方は**オーム（ohm）**です。定義としては、「ある抵抗器に1Vの電圧が加わったときに1Aの電流が流れれば、その抵抗器の抵抗値は1Ω」、となります（**図2-1-8**）。

電圧、電流、そして抵抗は、ある関係が成り立っています。例えば、**図2-1-9(a)**のよ

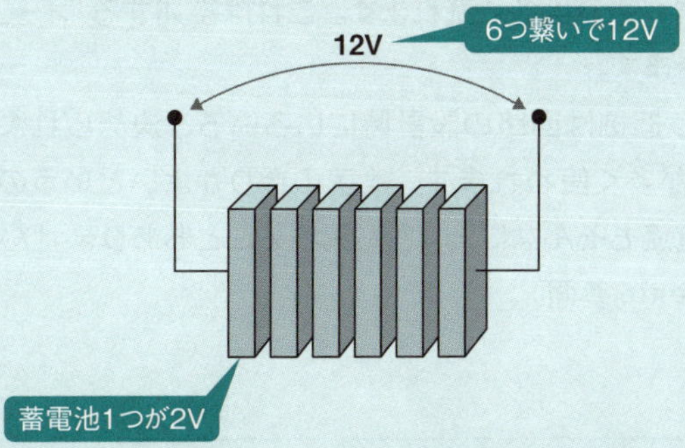

Analog Circuit

図2-1-5 ● バッテリーと電圧

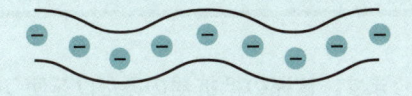

12V
6つ繋いで12V
蓄電池1つが2V

(a) 電荷の数が少ない ➡ 電流が小さい
(b) 電荷の数が多い ➡ 電流が大きい

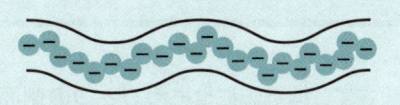

図2-1-6 ● 電荷と電流

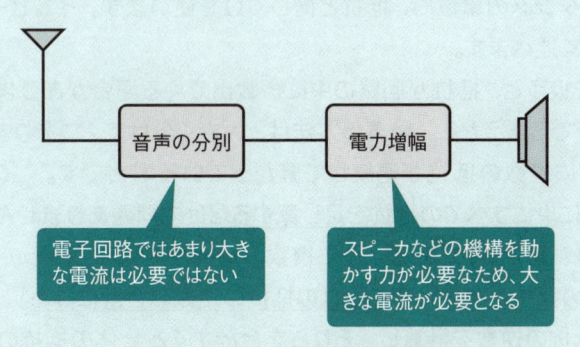

音声の分別 → 電力増幅

電子回路ではあまり大きな電流は必要ではない

スピーカなどの機構を動かす力が必要なため、大きな電流が必要となる

図2-1-7 ● 電子回路と電力増幅回路

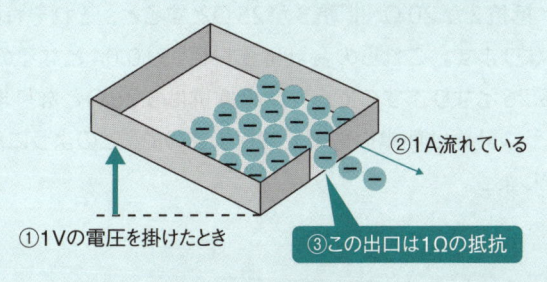

① 1Vの電圧を掛けたとき
② 1A流れている
③ この出口は1Ωの抵抗

図2-1-8 ● 抵抗値の定義

うに容器の口が広い、つまり抵抗値が小さい場合、電圧が同じでも電流はたくさん流れます。また図2-1-9(b)のように容器の口は変わらない、つまり抵抗値は変わらないが電圧が高い場合にも、電流は多く流れます。これは後述する「オームの法則」(2-2-1項参照)で表すことができます。

電子回路で扱う抵抗は回路の設計時にいろいろと決められますが、感覚的に1KΩや10KΩの抵抗値が多く使われます。数字のきりがよいというのもありますし、1KΩや10KΩの場合、電流もそんなにたくさん流れることもありませんので、安全ということもあります（Memo参照）。

> **Memo**
> 10KΩの抵抗器を使い、そこに加わる電圧が12Vの場合、電流は1.2mAしか流れません。これは後述するオームの法則で求められます。

さて、抵抗値にはもうひとつの側面があります。普通の抵抗器のみだけを使うのであれば問題はありませんが、コイルやコンデンサなどを使うと、扱う周波数によって抵抗値が変わってきます。このような抵抗のことを専門用語では「インピーダンス」と言います。インピーダンスの単位も、抵抗と同じくΩを使います。インピーダンスについては、2-4節で詳しく述べます。

電子回路を扱うと、抵抗が回路の中に複数出てくる場合があります。この計算はどのように行うのでしょうか？ 計算の方法は、大きく分けて2つあります。1つは、図2-1-10(a)のように複数の抵抗が連続して繋がっている場合です。この場合の全体の抵抗は、図のように単にすべての抵抗を足し算するだけで問題ありません。

面倒なのは、図2-1-10(b)のように複数の抵抗が並列に繋がっている場合です。この場合、「全体の抵抗の逆数はそれぞれの抵抗の逆数の合計になる」、となります。つまりそれぞれの抵抗の逆数を計算し、それらを合計すると全体の抵抗の逆数となっているので、それを元に戻す（逆数を戻す）と全体の抵抗が計算できます。例えば図2-1-10(b)の抵抗1が10Ω、抵抗2が20Ω、抵抗3が25Ωとすると、それぞれの抵抗の逆数は、0.1、0.05、0.04となります。これらの合計は0.1+0.05+0.04となるので、0.19となります。この逆数は約5.26となりますので、全体の抵抗は5.26Ωとなります。計算は面倒なのですが、このような計算は簡単に電卓でできますので、どのように計算するかだけを覚えておけばよいでしょう。

Analog Circuit

1V / 抵抗が低いと / 結果的に電流が多く流れる / 電荷がたくさん移動する
(a)

電圧が高いと / 電流が多く流れる
(b)

図2-1-9 ◆ 抵抗と電圧・電流の関係

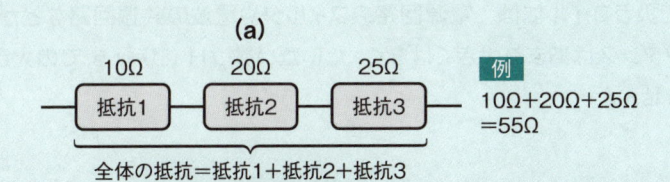

(a)

10Ω　20Ω　25Ω
抵抗1―抵抗2―抵抗3

全体の抵抗＝抵抗1＋抵抗2＋抵抗3

例
10Ω+20Ω+25Ω
=55Ω

直列の場合は足せばよい

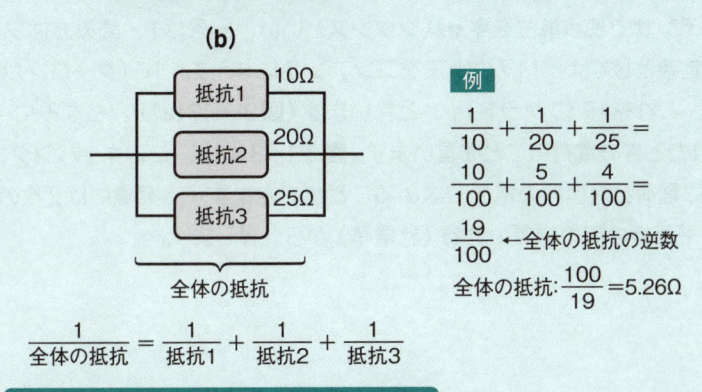

(b)

抵抗1　10Ω
抵抗2　20Ω
抵抗3　25Ω

全体の抵抗

$$\frac{1}{全体の抵抗} = \frac{1}{抵抗1} + \frac{1}{抵抗2} + \frac{1}{抵抗3}$$

例
$$\frac{1}{10} + \frac{1}{20} + \frac{1}{25} =$$
$$\frac{10}{100} + \frac{5}{100} + \frac{4}{100} =$$
$$\frac{19}{100} \leftarrow 全体の抵抗の逆数$$
全体の抵抗：$\frac{100}{19} = 5.26Ω$

並列の場合は逆数を加えてさらに逆数をとればよい

図2-1-10 ◆ 抵抗値の計算

2-1-4 H（ヘンリー・インダクタンス）

コイルで使う単位を**インダクタンス**といい、記号は**H**、読み方は**ヘンリー（Henry）**です。定義としては、「1秒間に流れる1Aの電流の変化に対して1Vの電圧が発生したとき、1ヘンリー」、としています。このインダクタンスは**図2-1-11**の式のようにコイルの直径、長さ、断面積、巻き数などから計算できます。インダクタンスを簡単に言ってしまうと、数値が大きいほど電流が通りにくいことを表しています。インダクタンスの原理については高校の物理や電磁気学の範疇なのですが（Memo 参照）、要は電流の変化に合わせてインダクタンスが変化しますので、高い周波数ほど電流が流れないということになります。つまり、直流は通りやすく、交流は通りにくいということになります（**図2-1-12**）。

> **Memo**
> インダクタンスの原理は、ファラデーの電磁誘導の法則、レンツの法則、自己誘導などの物理や電磁気の理論で説明することができます。

電子回路で扱うコイルには、電源回路のフィルタや電波の共振回路などがありますが、そのインダクタンスはあまり大きくはなく、だいたい数μH（10^{-6}）までの大きさまでのものしか扱いません。

2-1-5 F（ファラド・キャパシタンス）

コンデンサで使う単位を**キャパシタンス**といい、記号は**F**、読み方は**ファラド（Farad）**です。定義としては、「1Vの電圧をコンデンサに与えて、1C（クーロン）の電荷が溜まったとき、これを1F（ファラド）」、と言います（**図2-1-13(a)**）。ちなみに、1Cは1秒間に1A流れたときの電荷のことを言います（**図2-1-13(b)**）。このキャパシタンスは**図2-1-14**のように電荷と電極間の電圧で求めることができますが、実際には2枚の平行板の面積、間隔、平行板の間の物質の性質（誘電率）から計算します。

Analog●Circuit

巻き線を巻く磁束が変化すると巻き線電流が磁束の変化を打ち消す方向に誘導起電力が発生する。

$$e = -N\frac{d\phi}{dt}$$

N：巻数
ϕ：磁束

電流が変化すると磁束が変化し、それを打ち消すように誘導起電力が発生する。

$$e = -L\frac{dI}{dt}$$

L：自己インダクタンス
I：電流

ゆえに

$$L = N\frac{d\phi}{dI}$$

磁束φを求めるためにはコイルの断面積、透磁率、コイルの長さなどが必要

図2-1-11 ● インダクタンスの計算

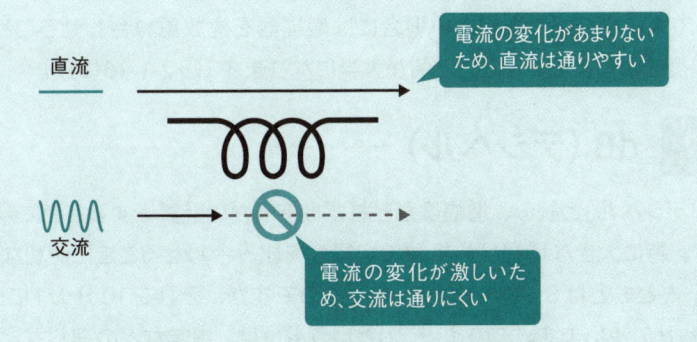

直流
電流の変化があまりないため、直流は通りやすい

交流
電流の変化が激しいため、交流は通りにくい

図2-1-12 ● インダクタンスと直流／交流信号

(a)

(b)

1秒間に1Aが流れたときの電荷を1C（クーロン）とする

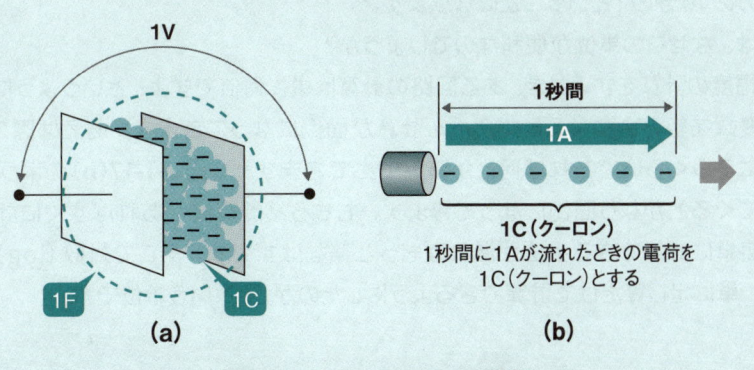

図2-1-13 ● キャパシタンスの定義

キャパシタンスの数値は大きければ大きいほど、たくさんの電荷を溜めることができます。コンデンサは基本的に電圧が変化すると電荷の移動があるため、直流を流さず、交流が流れるようになっています。そこで、キャパシタンスの値が小さいほど頻繁に電荷の移動が可能なため、高い周波数の電流を流すことができます（**図2-1-15**）。

電子回路で扱うコンデンサは、抵抗器に次いでいろいろなところで使われる素子なのですが、容量は大きくても数$100\mu F$（10^{-6}）、小さいとpF（10^{-12}）という単位で使われます。

2-1-6 増幅度

増幅度は、ある電子回路に入力した電圧または電流が出力でどのくらいの大きさになるかを計るためのものです（**図2-1-16(a)**）。増幅度の単位というのは特になく、あえて言えば「倍」という単位になります。そこで増幅器の増幅度は、「何倍」ということで表わされることになります。

ちなみに回路の増幅度はあまり大きいと誤差も大きくなるため、1つの増幅器の増幅度は大きくても100倍程度までであり、通常はだいたい10倍から20倍程度となっています。そして大きな増幅度を得たい場合には増幅器を複数重ね合わせることで、総計で大きな増幅度を得るようにしている例が大半になります（**図2-1-16(b)**）。

2-1-7 dB（デシベル）

dBは「デシベル」と読み、増幅度がどれだけあるかの計算をするときに非常に役に立つ単位です。特に大きな増幅度や複数の増幅度を組み合わせるときに便利な単位です。

dBは、もともとはB（ベル）という単位なのですが、それを10分の1にした単位d（デシ）を合わせて使います。このd（デシ）という単位は、中学などの理科などの授業でデシリットル（dL）という単位で使った記憶があるかと思います。つまりdB（デシベル）はB（ベル）の10分の1ということになります。

では、なぜこの単位が便利なのでしょうか？

増幅度の計算をするとき、ある回路の計算は単に何倍ですよ、というように出てきますが、複数を組み合わせるとだんだん計算が面倒になってきます。例えば**図2-1-17(a)**のように2つくらいであれば何とか暗算でもできますが、**図2-1-17(b)**のように数が多くなってくるとかなり面倒になってきます。もちろん計算機があればすぐに計算できますが、簡単に計算できる手法があればもっと楽なはずです。そこで対数（log）を使って表現し、単に足し算だけで計算できるようにしたのがdBという単位です。

クーロンの法則

$$Q = CV$$

Q：電荷（クーロン）
C：キャパシタンス
V：電圧

$$C = \frac{Q}{V} = \frac{\varepsilon S}{d}$$

ε：誘電率
S：平行板の面積
d：平行板の間隔

キャパシタンスの容量が増えるとは

① 平行板の面積が大きいこと
② 平行板の間隔が狭いこと
③ 誘電率が大きいこと

である。

図2-1-14 ◆ キャパシタンスの計算

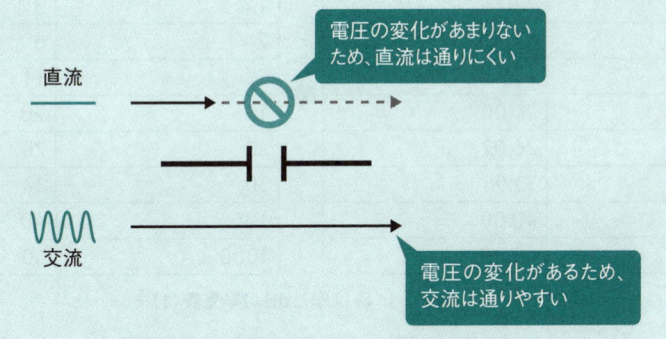

図2-1-15 ◆ キャパシタンスと直流／交流信号

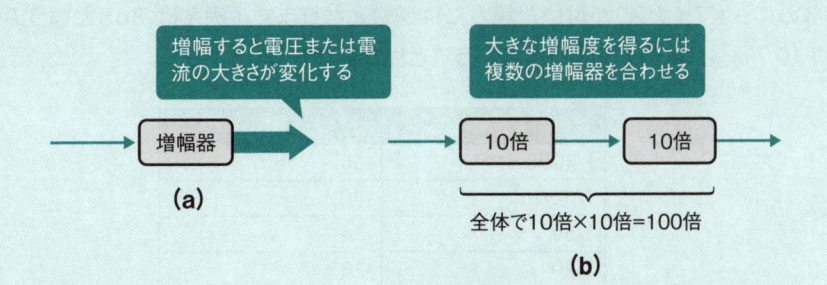

図2-1-16 ◆ 増幅度の定義

Chapter 2 アナログ回路に必要な法則

対数を使えば掛け算を使わなくても、足し算を使うことで同じことが計算できます。例えば図2-1-17(a)をdBで計算すると、**図2-1-18(a)**のように、同じように図2-1-17(b)は**図2-1-18(b)**のようになり、4つもある掛け算が単なる足し算となり、計算が楽なことがわかります。

またdBを使う効果として、倍率がものすごく大きな数値になるのに対して、非常に小さな数値で表現できるということもあります。例えば図2-1-18(b)の場合、その倍率は約40万倍ですが、dBの場合111.8dBという小さな値になります。これはグラフを書くときに非常に便利なものとなります。**図2-1-19**の左の図のように20倍までの増幅度は、1000倍の倍率表記のグラフでは非常に小さくしか表すことができず、よくわからなくなります。しかしdB表記の場合には小さな倍率でもそれなりの値となりますので、グラフに示した場合でもどのようになっているかを理解することができます。

しかしながら、毎回dBを計算するのは面倒です（**図2-1-20(a)**）。そこでだいたいの倍率とdBの関係は記憶してしまうのが早道であり、表2-1-1がそれになります。

倍率	dB
1	0.00
1.4	2.92
2	6.02
5	13.98
10	20.00
20	26.02
50	33.98
100	40.00
1000	60.00

倍率	dB
1	0
1.4	3
2	6
5	14
10	20
20	26
50	34
100	40
1000	60

表 2-1-1　倍率とdBの早見表(1)

だいたいは小数点を付けないで、右の表のように覚えておくのがよいでしょう。特に1.4倍の3dB、2倍の6dB、10倍の20dB等は周波数との関係でよく使うことになります。ちなみに−（マイナス）が付いた場合には逆数となります。例えば-3dBというのは1.4分の1（0.7）、-20dBは10分の1ということになります（表2-1-2）。

倍率	dB
1/1000	-60
1/100	-40
1/50	-34
1/20	-26
1/10	-20
1/5	-14
1/2	-6
1/1.4 (0.7)	-3
1	0

表 1-1-2　倍率とdBの早見表(2)

2-1 基本的な単位のお話

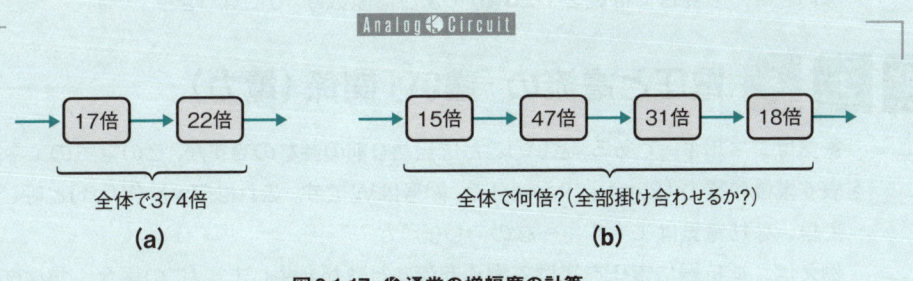

図2-1-17 通常の増幅度の計算

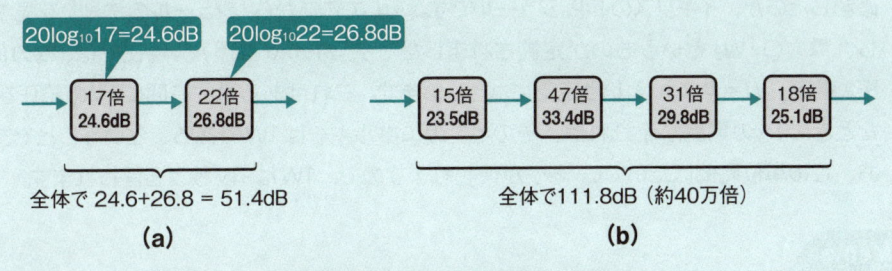

(a) 17倍 → 22倍 → 全体で374倍

(b) 15倍 → 47倍 → 31倍 → 18倍 → 全体で何倍？（全部掛け合わせるか？）

図2-1-18 dBによる増幅度の計算

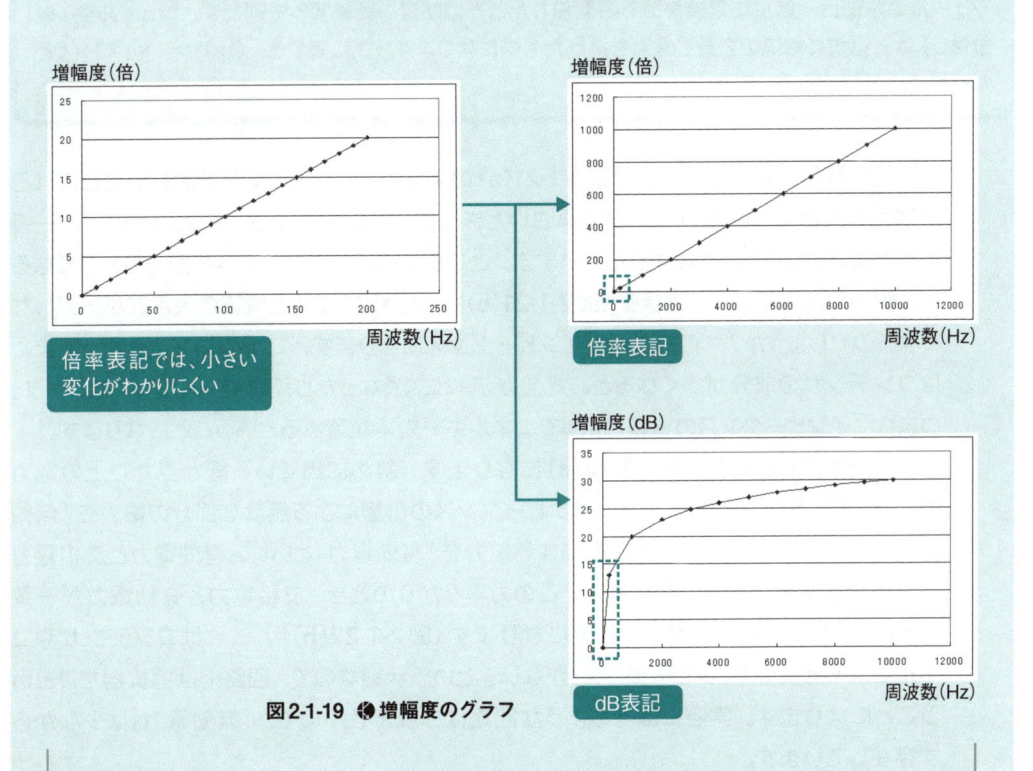

(a) $20\log_{10}17=24.6\text{dB}$、$20\log_{10}22=26.8\text{dB}$
17倍 24.6dB → 22倍 26.8dB
全体で 24.6+26.8 = 51.4dB

(b) 15倍 23.5dB → 47倍 33.4dB → 31倍 29.8dB → 18倍 25.1dB
全体で111.8dB（約40万倍）

倍率表記では、小さい変化がわかりにくい

倍率表記

dB表記

図2-1-19 増幅度のグラフ

33

なお、電力の場合には**図2-1-20(b)**のように係数が10になります。

2　1　8　電圧と電流の「濃い」関係（電力）

電気はエネルギーである、ということは当たり前の話なのですが、この電気のエネルギーを表す単位が**電力 (Electric Power)** で、記号は**W**です。これは**ワット (Watt)** と呼びます。

では、なぜ電気はエネルギーなのでしょうか？

例えば、抵抗器に電圧を掛けて電流を流すと熱が発生します（この場合、かなり小さい値の抵抗器でないと熱が出ているかどうかわかりません）。この熱はエネルギーであると確認したのが、イギリスのJ. P. ジュールです。そしてここから「ジュールの法則」を見つけ出し、電力の「W」というものが定義されました（Memo参照）。現在では、**電力は「電圧×電流」(W＝V×A)** という定義になっています。これはある単位時間に1Vの電圧を加えたときに1Aの電流が流れれば、そのときのエネルギーは1Wである、ということです。なお、この単位時間はたいてい「秒」が使われますので、1Wは1W秒とも言われます。

> **Memo**
> ジュールの法則は、抵抗に電流をある時間流したときの熱量を計算する法則です。ジュール熱（単位はJ）は、抵抗に電流の2乗と時間を掛けたものになります。式に表すと、Q[J]＝R×I×I×tとなります。

さて、電圧と電流の大きさは**図2-1-21(a)** のように同じタイミングで大きいときにはその電力も大きく、同じタイミングで小さいときにはその電力も小さい、というのが、一番効率がよいということはわかると思います。ところが電圧と電流の大きさが一致しなくなると、電力の効率が落ちてきます（**図2-1-21(b)**）。どうして電圧と電流の大きさが一致しなくなるのでしょうか？　この原因がインピーダンスになります。コイルの成分が多い、またはコンデンサの成分が多くなると、電流が流れにくくなったり流れやすくなったりします。つまり、インピーダンスの影響によってエネルギー効率が落ちるということになります。

これを図示したのが、**図2-1-22(a)** になります。斜めに出ている線が見かけ上の電力で、「皮相電力」と言います。またインピーダンスの影響による無駄な部分の電力を「無効電力」と呼びます。そして本当に存在する電力を「有効電力」といい、有効電力と皮相電力の間の角度 θ を「力率」と言います。この力率 θ が0のとき、皮相電力と有効電力が一致するので、まったく無駄がないことになります（**図2-1-22(b)**）。これはコンデンサやコイルによる抵抗分（インピーダンス）がない、という状態なので、回路上は抵抗器だけということになります。実際にはそのような回路はありませんので、「無効電力」は少なからず存在しています。

Analog◆Circuit

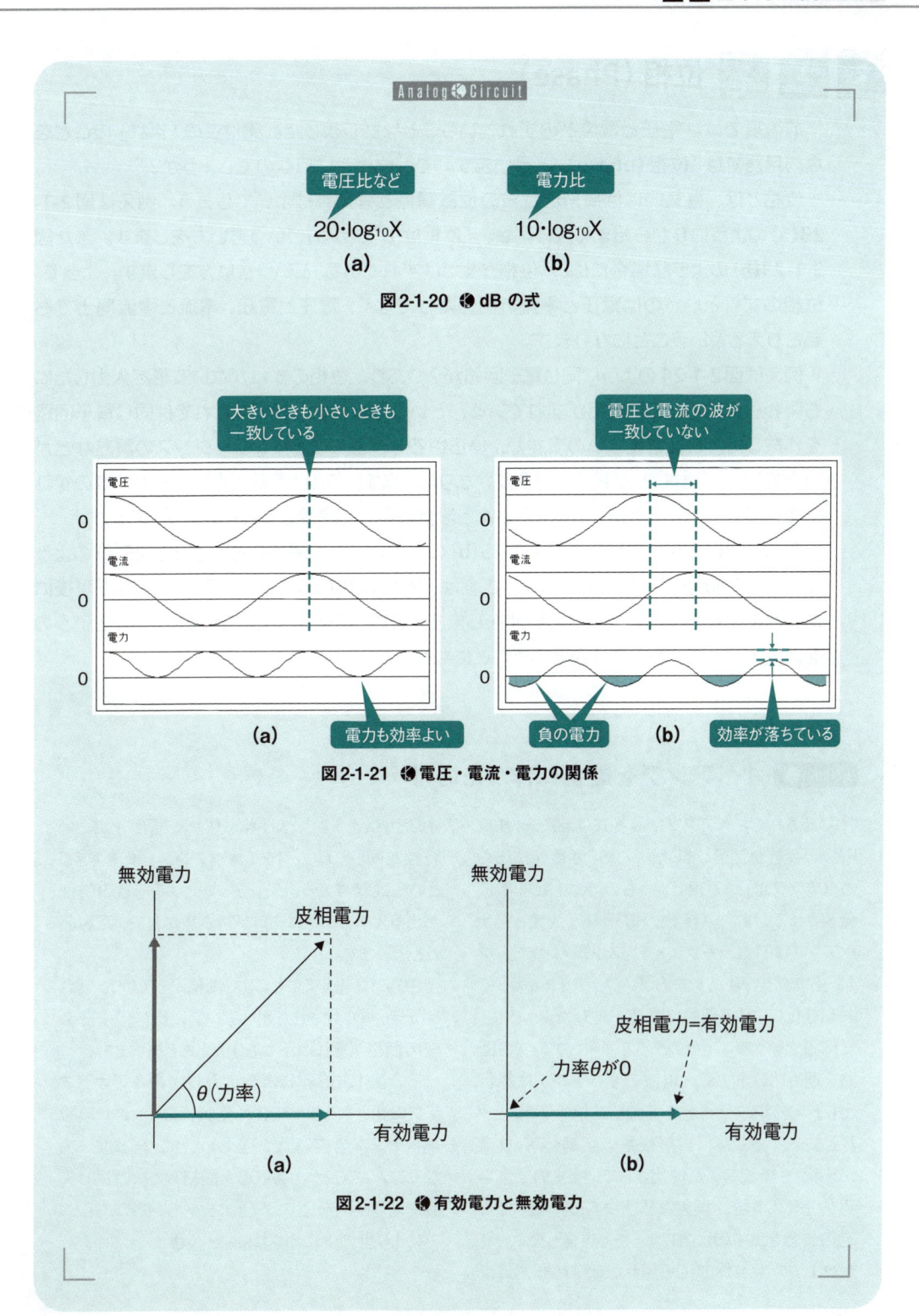

電圧比など	電力比
$20 \cdot \log_{10} X$	$10 \cdot \log_{10} X$
(a)	(b)

図2-1-20 ◆ dBの式

(a) 大きいときも小さいときも一致している → 電力も効率よい

(b) 電圧と電流の波が一致していない → 負の電力 / 効率が落ちている

図2-1-21 ◆ 電圧・電流・電力の関係

(a) 無効電力／皮相電力／θ（力率）／有効電力

(b) 無効電力／皮相電力=有効電力／力率θが0／有効電力

図2-1-22 ◆ 有効電力と無効電力

2-1-9 位相（Phase）

　前の項では、電圧と電流とのずれということを話しました。実はこの「ずれ」のことを専門用語では「**位相（phase）**」と言います。では位相とは何なのでしょうか？

　位相とは、電気的には周期的な波の位置関係と考えればよいでしょう。例えば**図2-1-23(a)**のように0から始まる波の場合、「位相は"0"である」という言い方をします。また**図2-1-23(b)**のような場合には、「位相がxだけずれている」という言い方をします。よって、位相のずれというのは電圧と電流の関係だけでなく、電圧と電圧、電流と電流同士でも起こりえるということになります。

　例えば**図2-1-24**のように同じ電子回路が2つあり、位相のずれがない波形を入力したにも関わらず、出力では位相がずれている、という場合があります。これでは同じ電子回路を作成した、とは言えないのですが、いろいろな部品によるインピーダンスの誤差などが原因でこのようなことが起こる場合がかなりあります。このようなときに、どの程度のずれであれば大丈夫か、ということをきちんと設計段階から考慮しておく必要があります。

　なお、位相のずれに関して**図2-1-25(b)**のような場合を**遅れ位相**、**図2-1-25(c)**のような場合を**進み位相**と呼んでいます。これは、**図2-1-25(a)**の基準波形の山の頂点が後にあるか前にあるかということで判断をします。これらがどのくらい遅れているかというのを時間で示したのが、**Delay**ということになります。

Column 4　オペアンプを最初に作ったのは…

　IC化されたオペアンプは最初にフェアチャイルドという会社が開発しました。このとき最初に出たオペアンプはμA702というもので、1964年に発表されています。複数の電子素子を使ったオペアンプはTI（テキサス・インスツルメンツ社）が1958年に発表していますが、フェアチャイルドによるIC化により爆発的に需要が伸びたようです。

　IC化というのは1つのチップでオペアンプの回路を埋め込みますが、以前のオペアンプは基板上にトランジスタや抵抗を実装して1つのモジュールとなっていました。当然複数の半導体等（トランジスタや抵抗等）が使用されていますので、半導体毎による特性誤差などでモジュールとして一定の特性を出すのは難しかったと想像します。それが1つの半導体でIC化された意味は非常に大きいといえます。つまり半導体が一緒ということは特性が同じトランジスタでオペアンプを構成できるということですから、モジュールとして一定の特性が出るオペアンプはプロが待ち焦がれていた製品だと思います。

　さらにIC化することにより価格が安くなり、それはモジュール化されたオペアンプに比べ何十分の一の価格（それ以下かも!）だったと思います。

　その後1965年に本当の意味での今のオペアンプの祖となるμA709が発表になり、これ以後オペアンプ全盛時代を迎えることになります。ちなみにμA702、μA709を設計した人は同じ人物で、ワイドラーというフェアチャイルドのエンジニアにより世の中に出されました。

Analog Circuit

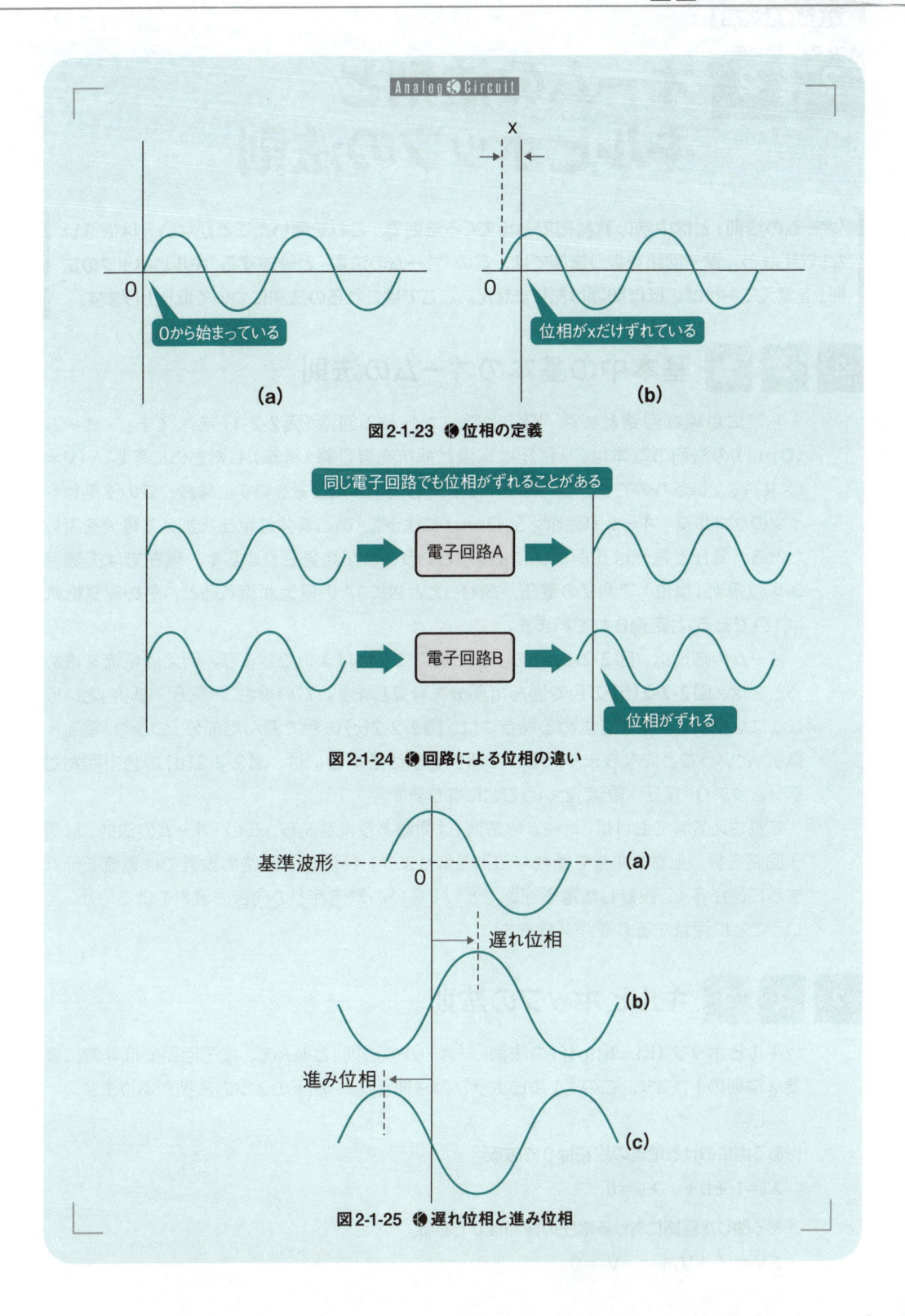

(a) 0から始まっている

(b) 位相がxだけずれている

図 2-1-23 ◆ 位相の定義

同じ電子回路でも位相がずれることがある

電子回路A

電子回路B

位相がずれる

図 2-1-24 ◆ 回路による位相の違い

基準波形 —— (a)

遅れ位相 (b)

進み位相 (c)

図 2-1-25 ◆ 遅れ位相と進み位相

2.2 オームの法則とキルヒホッフの法則

「オームの法則」とは中学の教科書でも出てくる法則で、これを聞いたことがない人はほぼいないでしょう。電子回路を扱う法則では、この「オームの法則」と後述する「キルヒホッフの法則」を覚えておけば、ほぼ問題はありません。ここではこれらの法則について取り上げます。

2.2.1 基本中の基本のオームの法則

非常に単純な回路として、電池と抵抗からなる回路（**図2-2-1**）を考えます。**オーム(Ohm)の法則**の基本は、「電圧は電流と抵抗を掛け算（積算）したものに等しい（V＝I×R）」、というものです。これは2-1-3項でも説明したとおりです。なお、この法則はドイツのゲオルク・オーム（Georg S. Ohm）によって「ある導体に電圧を加えて電流を流したとき、電圧と電流は比例関係にある」ということが発見されました。現在では国際標準単位系（SI単位）で「1Vの電圧が加わったときに1Aの電流が流れると、その電気抵抗は1Ωである」と定義されています。

オームの法則は、**図2-2-2(a)**のように覚えておけばよいでしょう。例えば電流を求めるときは、**図2-2-2(b)**の色で囲んだ部分を計算します。この場合、「電圧÷抵抗」ということになります。電圧を求める場合には、**図2-2-2(c)**の色で囲んだ部分、つまり「電流×抵抗」ということになります。そして抵抗を求める場合には、**図2-2-2(d)**の色で囲んだ部分、つまり「電圧÷電流」ということになります。

これさえ覚えておけば「オームの法則」は問題ありませんし、この「オームの法則」は電子回路を扱う上では非常に重要な法則となります。特に電子回路の設計では電流を計算することが多く、設計した電子回路で<u>どのくらいの電流</u>が<u>どの向き</u>に流れているのか、ということに注意する必要があります。

2.2.2 キルヒホッフの法則

キルヒホッフ（Kirchhoff）の法則は「オームの法則」と並んで、電子回路では非常に重要な法則の1つです。この「キルヒホッフの法則」には、以下の2つの法則があります。

①ある点における電流の総和は0である。

$$\sum_{i=1}^{n} I_i = I_1 + I_2 + \cdots + I_n = 0$$

②ある閉じた回路における電圧の総和は0である。

$$\sum_{i=1}^{n} V_i = V_1 + V_2 + \cdots + V_n = 0$$

2-2 オームの法則とキルヒホッフの法則

Analog Circuit

例
電圧が6V、抵抗が1kΩのとき、
流れる電流は
　　6V÷1000Ω＝6mA
となる。

図2-2-1 ● 基本的な回路

$$\frac{電圧}{電流 \times 抵抗}$$

(a)　　　(b)　　　(c)　　　(d)

図2-2-2 ● オームの法則

オームの法則で流れる電流を求めて、個々の抵抗の電圧の差を求める

電流3＝電流1＋電流2
(a)

電源電圧1＝電圧差2＋電圧差3
(b)

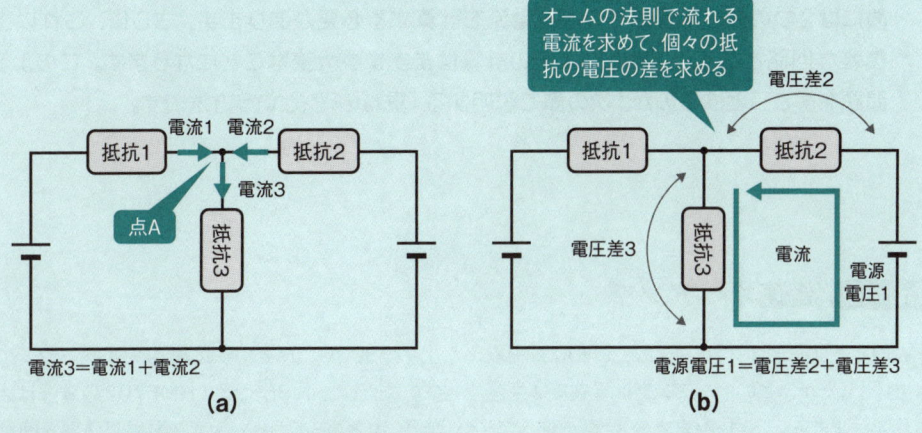

図2-2-3 ● キルヒホッフの法則

Chapter 2 アナログ回路に必要な法則

これではちょっとわかりづらいので、言い方を変えてみますと、以下のようになります。

①' ある点における入る電流の総和と出て行く電流の総和は等しい。
②' ある閉じた回路における電源の電圧の総和と各素子の電位差（電圧降下）の総和は等しい。

これを図に示すと、①の法則は図2-2-3(a)のように、②の法則は図2-2-3(b)のようになります。**図2-2-3(a)**は点Aにおいて2箇所から電流が流れ込み、1箇所から出て行きます。つまり、電流3は電流1と電流2の和と等しいということになります。よって、電流1から電流3までを足すと、電流は0となることになります。これが第一の法則となります。

図2-2-3(b)は、例えば右の閉じた回路だけを考えます。このとき電池が電源電圧1となります。また抵抗2と抵抗3を足し合わせ、オームの法則からこの閉じた回路に流れる電流を求めます（図2-2-3(b)の青い線）。流れる電流がわかったら、やはりオームの法則で抵抗2における電圧の差（電位差）を求めます。同じように、抵抗3における電圧の差も求めます。このとき、電源電圧1と求めた2つの電圧の差の和は等しいというのが第二の法則となります。

これら2つが「キルヒホッフの法則」になります。よく使う法則は第一法則ですが、オームの法則を使っていると自然と第二法則も使っていることに気が付きます。特に**図2-2-4**のような2つの抵抗の間の電圧の計算をするときなどが該当するでしょう。

たいていの回路は苦労さえいとわなければキルヒホッフの法則とオームの法則とを合わせることで解析することができます。しかし、この苦労はなかなか大変なもので、例えば**図2-2-5**のような簡単に見える回路でも、この回路の抵抗3に流れる電流を求めるためには2つの閉じた回路を考え、電流を計算する必要があります。さらに、これ以上の複雑な回路となった場合には、その計算はますます大変なことになります。このような問題を解こうとするのが、次の節で説明する「重ねの理」という方法です。

Column ❺ 高速オペアンプ

この本では高速オペアンプとしてLH0032を取り上げましたが、このオペアンプは現在では生産されていません。±18Vまでの電源が使えて、以外と大きな振幅の信号でも使える部品だったのですが、最近ではさらに高速のオペアンプが出ています。LHM6702は3200V/μsという高速で広帯域のオペアンプで、LHM6552はさらにその上の3800V/μsという超高速のオペアンプです。ただしLHM6552やLHM6702の電源は通常±5Vとなっており、大きな振幅が必要な回路には適当ではありません。最近の高速オペアンプは電源電圧を低くし、あまり熱を出さないようにしていますので、昔ながらの回路には昔ながらの電子素子が必要ということになるのでしょう。

Analog Circuit

電源

このように電源が繋がっていると考えると、これは1つの閉じた回路である

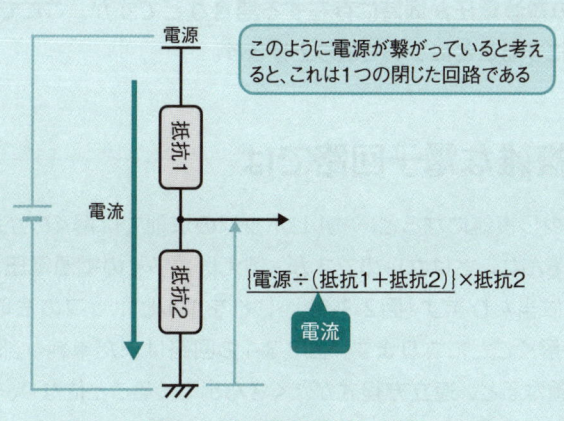

抵抗1

電流

抵抗2

{電源÷(抵抗1＋抵抗2)}×抵抗2

電流

図2-2-4 ● 抵抗分圧と第二法則

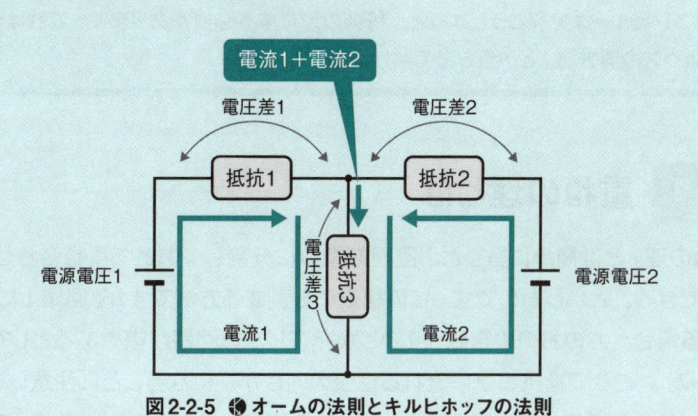

電流1＋電流2

電圧差1　電圧差2

抵抗1　抵抗2

電源電圧1　電圧差3　抵抗3　電流2　電源電圧2

電流1

図2-2-5 ● オームの法則とキルヒホッフの法則

Analog Circuit

2-3 複雑な回路は重ねの理で解く

電子回路も少し複雑になると、キルヒホッフの法則では解くのが面倒な場合が出てきます。例えば数多くの電源電圧が同時に存在する場合などですが、ここではこのような複雑な回路で計算を楽にすることについて取り上げます。

2-3-1 複雑な電子回路では

電子回路も少し複雑になると、キルヒホッフの法則では解くのが面倒な場合が出てきます。普通はそんなことはないのですが、例えば数多くの電源電圧が同時に存在する場合などがそれに当たります（**図2-3-1**）。これをキルヒホッフの法則で解こうとすると、連立方程式を解くことになります。図2-3-1の回路はまだ単純な部類に入りますが、これがいくつも重なると、連立方程式がたくさん出てくることになり、「面倒な」どころでは済まなくなります（**Memo**参照）。このような場合には**重ねの理**という方法を使うことで計算を楽にすることができます。

> **Memo**
> 連立方程式をコンピュータで解こうとすると、行列の形にする必要があります。これは数値解析の1つである、「ガウスの消去法」という方法で解けます。

2-3-2 重ねの理とは

「重ねの理」とは簡単に言うと、回路を複数に分割し、あとで重ね合わせることで全体が計算できる、というものです。この複数に分割する方法ですが、回路上に複数の電源が存在する場合、おのおのの電源が1つしか存在しない回路が複数あるとして考えてみます（**図2-3-2**）。ここで抵抗1, 2に流れる電流の向きが逆になることに注意してください。それぞれに流れる電流について、キルヒホッフの法則やオームの法則を使って解いていきます。後は、それらを単に足し合わせることで求める電流が計算できます（**図2-3-3**）。

電子回路で能動素子を多用する場合に使う場面もあるかと思いますので、覚えておいて損はない法則です。

2　3 複雑な回路は重ねの理で解く

図2-3-1 ● 複数の電力が存在する回路

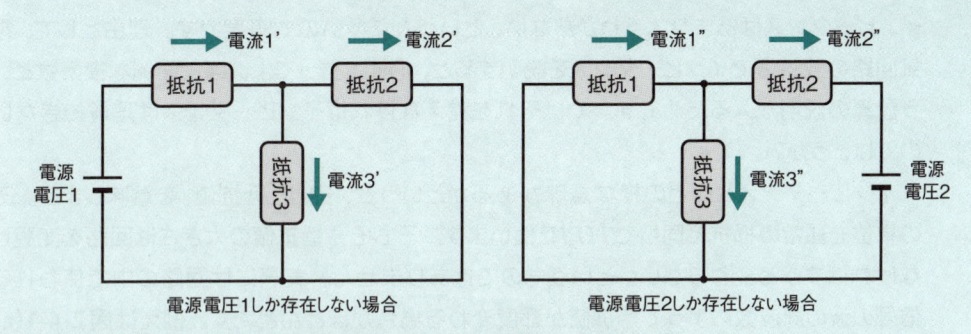

図2-3-2 ● おのおのの電源に分割した回路

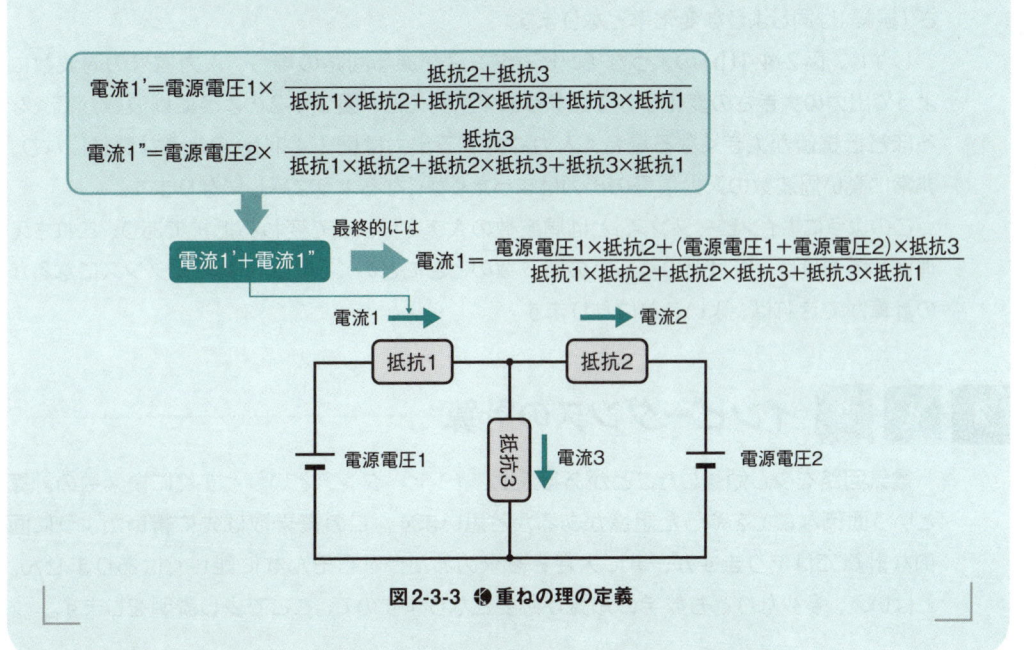

$$電流1' = 電源電圧1 \times \frac{抵抗2 + 抵抗3}{抵抗1 \times 抵抗2 + 抵抗2 \times 抵抗3 + 抵抗3 \times 抵抗1}$$

$$電流1'' = 電源電圧2 \times \frac{抵抗3}{抵抗1 \times 抵抗2 + 抵抗2 \times 抵抗3 + 抵抗3 \times 抵抗1}$$

電流1' + 電流1''　最終的には

$$電流1 = \frac{電源電圧1 \times 抵抗2 + (電源電圧1 + 電源電圧2) \times 抵抗3}{抵抗1 \times 抵抗2 + 抵抗2 \times 抵抗3 + 抵抗3 \times 抵抗1}$$

図2-3-3 ● 重ねの理の定義

2-4 インピーダンスを理解する

電子回路を扱っていると「インピーダンス」という言葉をよく聞きます。重要な言葉なのですが、あまりよくわからないという人が多いのも事実です。ここでは、できるだけ面倒な計算に触れずに、インピーダンスについて見ていきましょう。

2-4-1 周波数によって抵抗が変わる～インピーダンス～

インピーダンス(impedance)は、電子回路でよく聞く言葉の部類に入ります。しかし、インピーダンスはあまりよくわからない、という人が多いのも事実です。理由として、電気回路の教科書でインピーダンスを説明すると、必ずと言ってよいほど面倒な複素数という計算の説明が入るためです。ではそれを覚えなければインピーダンスは理解できないのでしょうか？

インピーダンスとはどの様な意味があるかというと、実は「抵抗値」を意味します。その単位も通常の抵抗と同じで「Ω」を使います。そもそも抵抗値の大きさは回路を変更しなければずっと変わらない、というものではありません。実際には回路の中で使われる信号の波の周波数によって抵抗値が都度変わる場合がほとんどです。例えば**図2-4-1(a)**のように単なる抵抗のみの回路は、入力信号の波の周波数に関わらず、出力の波の大きさ（振幅）は同じような変化率となります。

しかし、**図2-4-1(b)**のようなインピーダンスがある回路の場合、入力信号の周波数によって出力の大きさの変化率がことなります。例えば、**図2-4-2**のように周波数が高くなるほど抵抗値が大きくなる場合、入力に対する出力は図2-4-1(b)のような感じになり、非常に高い周波数の入力信号の出力はまったくなくなるような感じになります。

このように「インピーダンス」とは周波数の大きさによって変わる抵抗であり、これさえ理解しておけば、後はどのくらいの周波数のときにどのくらいのインピーダンスになるかの計算ができれば、よいことになります。

2-4-2 インピーダンスの計算

電気回路を少し勉強したことがある人は、インピーダンスというとすぐに複素数の計算という面倒なことをやった記憶があるかと思います。この複素数は先に書いたように面倒な計算ではありますが、単に大きさを求めるだけならそんなに難しくはありません。とはいえ、多少なりとも数学の知識が必要となりますので、ここで少し説明をします。

Analog Circuit

(a)

抵抗

入力信号の波の周波数によらず、入力に比例した出力

(b)

インピーダンス

入力信号の波の周波数によって、出力の振幅が変わる

図2-4-1 ● 抵抗だけの回路とインピーダンスのある回路

抵抗値

インピーダンスは周波数が変わると抵抗値が変わる

0　　　　　　　　　　　周波数

図2-4-2 ● インピーダンスと周波数の関係

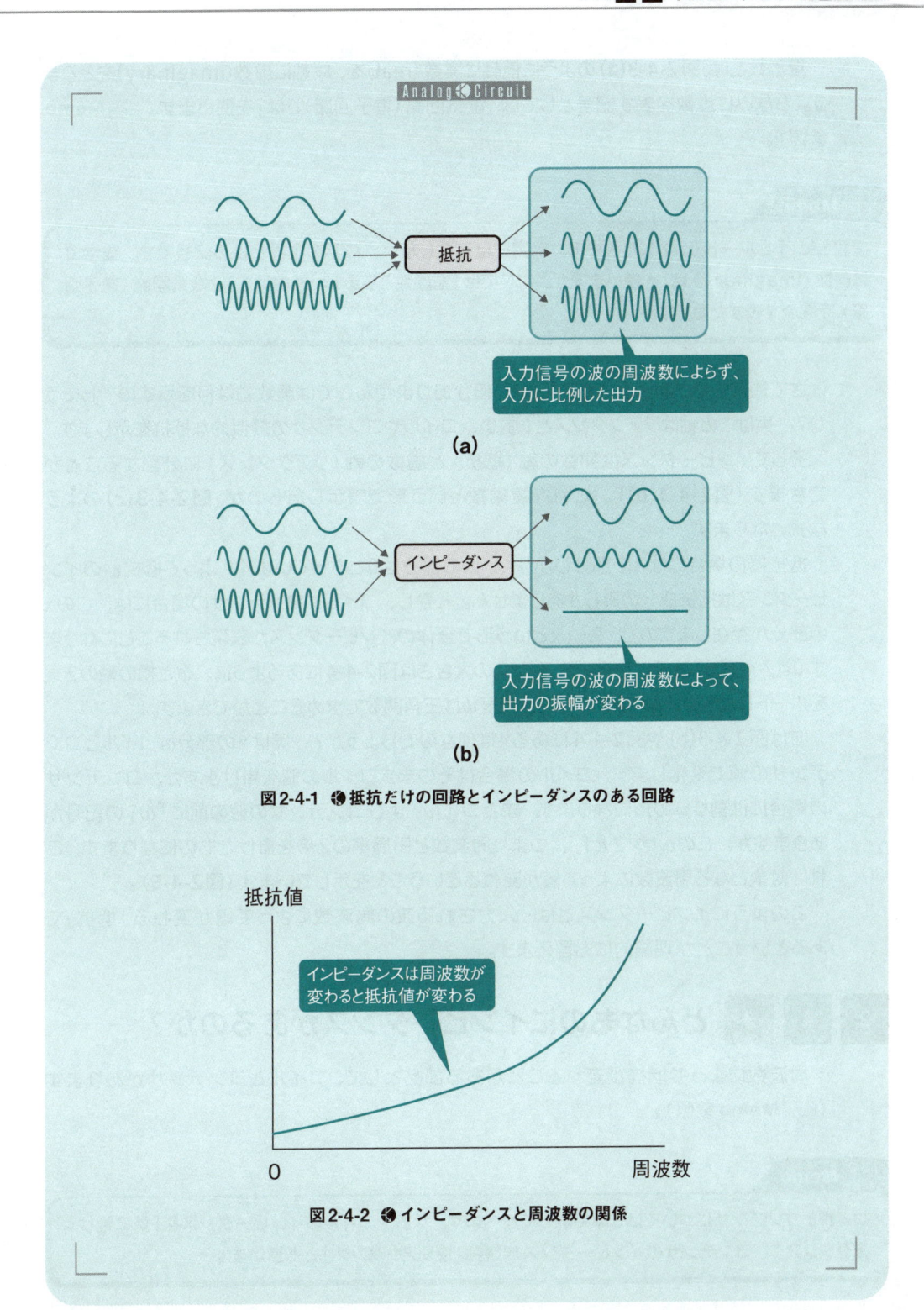

複素数とは、**図2-4-3(a)** のように横軸に実数（real）を、縦軸に虚数（imaginary）をとります。ちなみに虚数を表す記号としては、電気回路（電子回路）ではjを使います（Memo参照）。

> **Memo**
> 虚数とは-1をルート（√）したもので、現実には存在しない、数学の世界だけの記号です。数学では虚数（imaginary）はiを使いますが、ここではjを虚数とします。理由は、iは電気回路（電子回路）で電流を表すためです。

さて通常の抵抗は実数の方向にしか値がありません。では虚数軸は何を示すのでしょうか？ 実はこの軸はリアクタンスとも言い、コイルやコンデンサの擬似的な抵抗を示します。

そしてインピーダンスは実数の軸（抵抗）と虚数の軸（リアクタンス）に分割することができます（**図2-4-3(b)**）。これを複素数という形で表示したものが、**図2-4-3(c)** のような式となります。

抵抗器の場合にはRの部分しかなく、jxの部分は0となっています。よって抵抗器のインピーダンスは抵抗成分のみしかありません。しかし、コイルやコンデンサの場合には、このxの部分が存在しますので、R+jxという形で全体のインピーダンスが表現されることになります（図2-4-3(c)）。そしてインピーダンスの大きさは**図2-4-4**にあるように、縦と横の軸の2乗をルートしたものとなります。なお、角度ψは三角関数で求めることができます。

では図2-4-3(b)や図2-4-4にあるxは何なのでしょうか？ 実はxの部分はコイルとコンデンサの値で変化します。コイルの場合はそのままコイルの値を掛けますが、コンデンサの場合には割り算の形になります。またコイルおよびコンデンサの値の前に「ω」の記号がありますが、このωは「$2\pi f$」、つまり周波数と円周率の2倍を掛けたものになります。これは対象となる周波数によって値が変わるということを示しています（**図2-4-5**）。

このようにインピーダンスとは、入力される波の周波数によって値が変わる「抵抗」であるということが理論的にも言えます。

2-4-3 どんなものにインピーダンスがあるのか？

周波数によって抵抗が変わることがある部品として、コイルとコンデンサがあります（Memo参照）。

> **Memo**
> コイルとコンデンサについては3章で詳しく述べます。なお、コイルのインピーダンスを「誘導性リアクタンス」、コンデンサのインピーダンスを「容量性リアクタンス」とも言います。

2 4 インピーダンスを理解する

Analog Circuit

(a) (b) (c)

虚数j / 実数r / 0

虚数j（リアクタンス） / インピーダンス / Z / x / R / 実数r（抵抗）

抵抗器の場合 x = 0 なので Z = R のみ

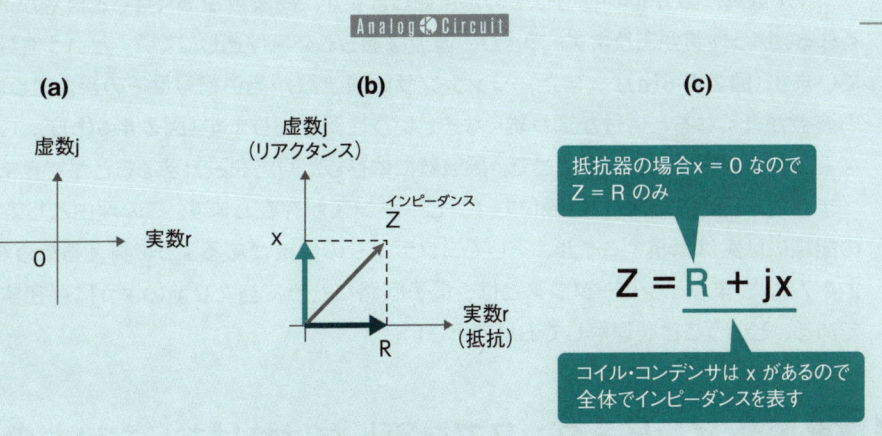

$$Z = R + jx$$

コイル・コンデンサは x があるので全体でインピーダンスを表す

図2-4-3 ● 複素数とインピーダンス

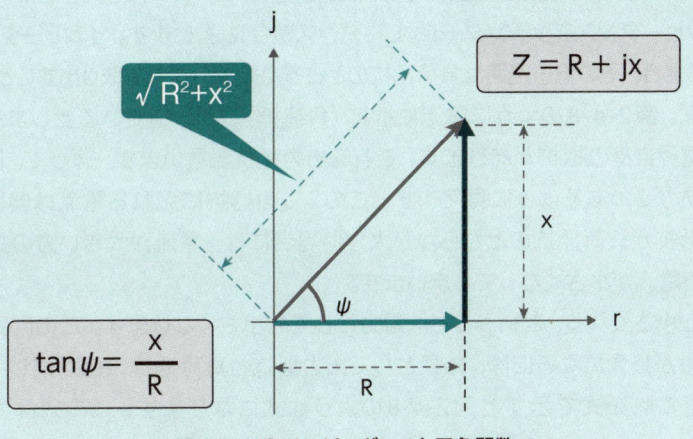

$$Z = R + jx$$

$$\sqrt{R^2 + x^2}$$

$$\tan\psi = \frac{x}{R}$$

図2-4-4 ● インピーダンスと三角関数

コイルの場合 → $j\omega L$

$$Z = R + jx$$

コンデンサの場合 → $\dfrac{1}{j\omega C}$

$\omega = 2\pi f$

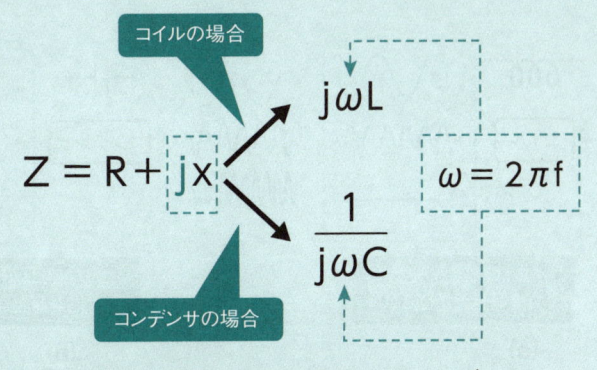

図2-4-5 ● コイルとコンデンサのインピーダンス

コイルは周波数が低い信号はそのまま通しますが、周波数が高くなると信号が通りにくくなるという性質があります。つまり、直流は通して交流は通しにくい、という性質を持っています（**図2-4-6(a)**）。また、コンデンサは周波数が高い信号はそのまま通しますが、周波数が低くなると信号が通り難くなるという性質があります（**図2-4-6(b)**）。このような素子が回路内に存在することで、周波数に依存した回路を設計することができます。

また電子回路の基板や配線にもインピーダンスが存在します。この理由として回路上の配線には実は抵抗、コイル、そしてコンデンサの要素があるように見えるためです（**図2-4-7**）。つまりインピーダンスとは、電子回路にとって当たり前のように存在するものである、ということを理解しておいて下さい。

2-4-4 インピーダンスで計算しなければならないもの

電子回路の計算で必要なことは、入力と出力のインピーダンスを同じ値にすることです。これを**インピーダンスマッチング**（インピーダンス整合）と言います。インピーダンスの整合がとれている場合、その電子回路は負荷抵抗のところで最大の電力を取り出すことができます。

例えば、**図2-4-8**のように電源に抵抗（負荷抵抗）がついているとします。また電源の中には電源自身の抵抗があります。これを出力抵抗と言います。よって、回路として考えると抵抗が2つあるように見えます。この2つの抵抗に流れる電流は同じ電流です。もし出力抵抗か負荷抵抗のどちらかが大きい場合には、電流が大きい方の抵抗の値に合わせるため電流が小さくなってしまいます。

電流が小さくなる、ということは電力としても小さくなります。この回路で負荷抵抗部分の電力が最大になるには、結果として出力抵抗と負荷抵抗の値が同じである必要があります。これを式で示すと図2-4-8のような式になります。この式はオームの法則と

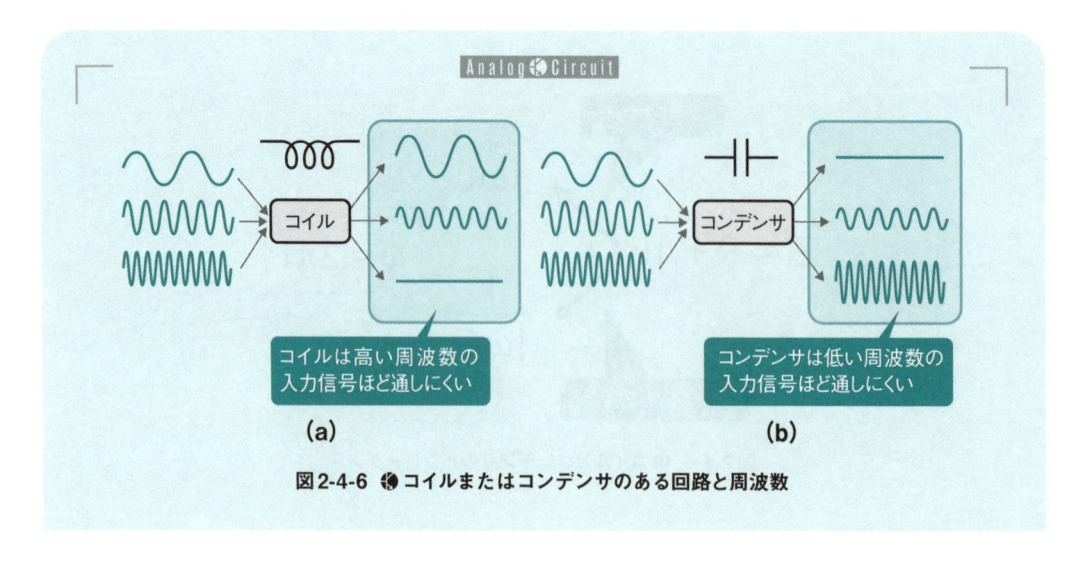

図2-4-6 ● コイルまたはコンデンサのある回路と周波数

(a) コイルは高い周波数の入力信号ほど通しにくい

(b) コンデンサは低い周波数の入力信号ほど通しにくい

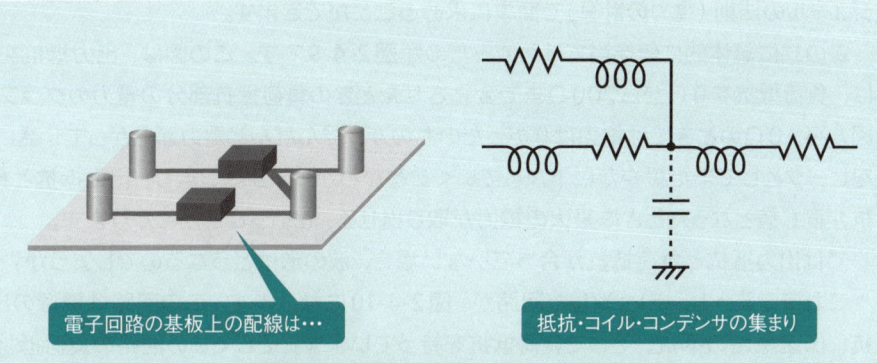

図2-4-7 ◆ 基板の配線とインピーダンス

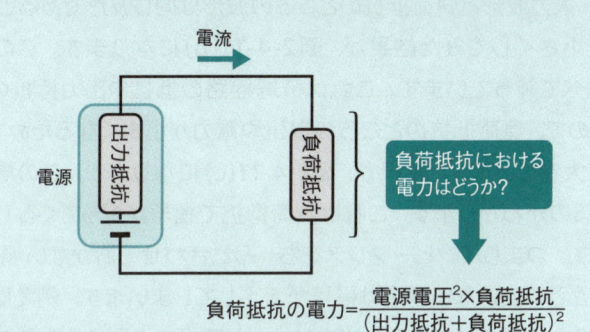

$$負荷抵抗の電力 = \frac{電源電圧^2 \times 負荷抵抗}{(出力抵抗 + 負荷抵抗)^2}$$

図2-4-8 ◆ 負荷抵抗と出力抵抗がある回路

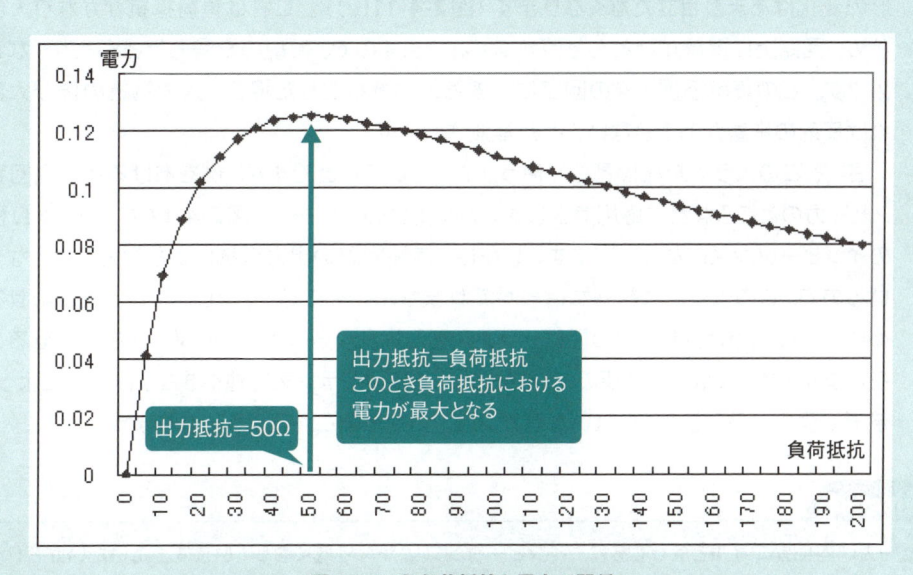

出力抵抗＝負荷抵抗
このとき負荷抵抗における
電力が最大となる

出力抵抗＝50Ω

図2-4-9 ◆ 負荷抵抗と電力の関係

ジュールの法則（電力の計算）で簡単に求めることができます。

この式に具体的に値を当てはめてみたのが図2-4-9です。この図は、出力抵抗を50Ωに、負荷抵抗を0Ωから200Ωまで変化させたときの負荷抵抗部分の電力のグラフです。図から、0Ωのときには電力は0だったのものが、だんだんと電力が上がっていき、50Ωをピークとしてまた緩やかに下がっていくことがわかります。つまり、出力抵抗と負荷抵抗が同じ値となったときに最大の電力が取り出せる、ということがわかります。

では出力抵抗と負荷抵抗が合っていない場合、波の形はどうなるのでしょうか？

これをシミュレーションした回路が、図2-4-10になります。この回路は電源の出力抵抗、伝送線路の抵抗、そして負荷抵抗を持っています。そしてこの回路の負荷抵抗を50Ω、つまり伝送線路の抵抗や出力抵抗と同じにした場合の波形が、図2-4-11(a)になります。この場合、入力波形と負荷抵抗のところの波形は同じ波形であることがわかります。

負荷抵抗を小さくしてみた結果が、図2-4-11(b)になります。この場合、出力波形は入力波形に比べて鈍っています。これは伝送線路の抵抗や出力抵抗のところで電流の値が決まりますので、負荷抵抗のところの電圧や電力が小さくなるためです。

負荷抵抗を大きくしてみた結果が、図2-4-11(c)になります。この場合、出力波形はやや波打っているのがわかります。これは負荷抵抗で信号が戻ってくる（反射をする）ために起こる現象です。つまりインピーダンスをちゃんと合わせておかない場合、つまりインピーダンスの整合がとれていない場合は信号が変形してしまいます。例えば負荷抵抗を500Ωにすると、100Ωの場合に比べその出力はもっと波打つようになります（図2-4-11(d)）。

しかしさらに負荷抵抗を高い値にした場合、例えば負荷抵抗を50KΩにした場合、波形の変化はあまり目立たなくなります（図2-4-11(e)）。これは負荷抵抗がかなり大きいため、回路上に電流がほとんど流れなくなりますので、反射の影響もほとんどなくなるためです。この負荷抵抗を次の回路に対する入力抵抗とした場合、入力抵抗の値が大きければ反射の影響があまりないことが推測されます。

さて、このような知識はどこで使うか？ ということですが、例をあげると増幅回路とスピーカのところなどに応用できます。たいていのスピーカは図2-4-12のように8Ω程度のインピーダンスになっています。しかし、増幅回路の出力抵抗はかなり大きめとなっているので、このままでは綺麗な信号が流れません。そこで、インピーダンスを合わせるために、増幅回路とスピーカの間にトランスを入れ、双方のインピーダンスを合わせることをします（詳しくは3-2-3項のインピーダンス整合トランスで述べます）。これによって、波形を歪ませることなくきれいな音がスピーカから聞こえるようになります。

> 📖 **Memo**
> スピーカは内部がコイルとなっており、インピーダンスはかなり低くなっています。だいたいが8Ω程度ですが、中には4Ωや30Ω程度のものもあります。トランスとはコイルの一種で、中空の鉄心に線材を巻いたものとなっています。詳しくは3章で述べます。

Analog●Circuit

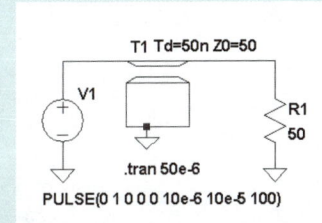

図2-4-10 ●負荷抵抗と出力抵抗があるシミュレーション回路

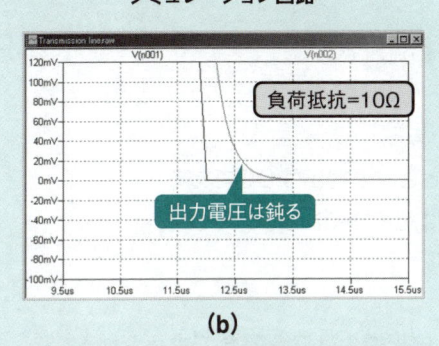

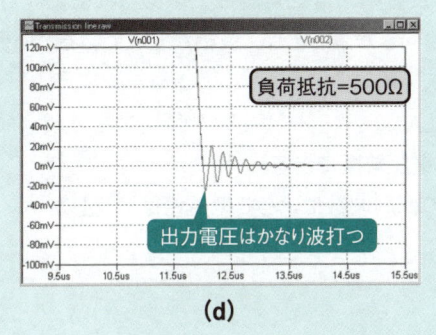

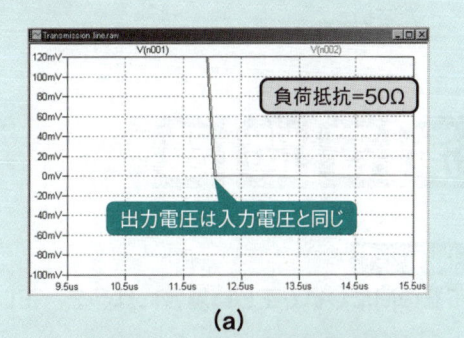

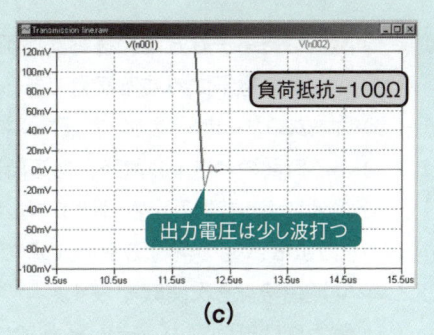

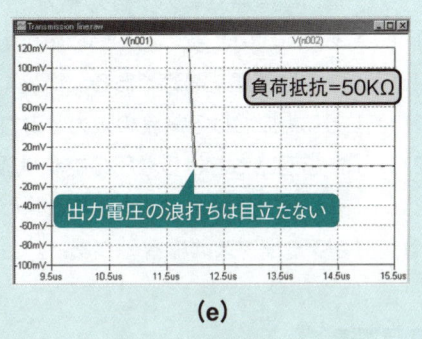

T1 Td=50n Z0=50
V1　　R1 50
.tran 50e-6
PULSE(0 1 0 0 0 10e-6 10e-5 100)

(a) 負荷抵抗=50Ω　出力電圧は入力電圧と同じ

(b) 負荷抵抗=10Ω　出力電圧は鈍る

(c) 負荷抵抗=100Ω　出力電圧は少し波打つ

(d) 負荷抵抗=500Ω　出力電圧はかなり波打つ

(e) 負荷抵抗=50KΩ　出力電圧の波打ちは目立たない

図2-4-11 ●負荷抵抗と出力抵抗の違いによるシミュレーション波形

増幅回路 — トランス — スピーカー

インピーダンス整合のためにトランスを入れる

インピーダンス 8Ω

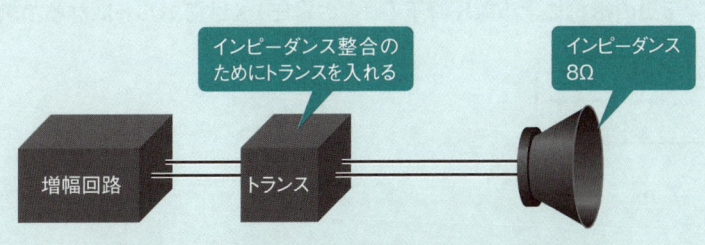

図2-4-12 ●スピーカーと増幅回路とのインピーダンス整合

なお、実際の回路は単純な抵抗ではなく、インピーダンスとなっているので、周波数による影響がかなり効いてきますし、計算は実際にはかなり複雑なことになりますので、注意してください。

演習問題

問題 2-1

下記の問について正しい場合には○を、正しくない場合には×を、()内に記入しなさい。

(1) (　) 電流はある一方方向に移動する価電子の流れである。
(2) (　) 電圧とは電子に対する圧力である。
(3) (　) オームの法則は「電流＝電圧×抵抗」である。
(4) (　) ある時間のとき＋の電圧、ある時間のとき－の電圧はDCである。
(5) (　) 電池によって生み出されるエネルギーは起電力である。
(6) (　) －20dBは元の信号の20分の1である。
(7) (　) 交流信号は2次関数で表す。
(8) (　) 電力には無効電力、有効電力があり、皮相電力は三角関数で求められる。
(9) (　) ある時間のとき、電圧と電流の大きさと向きが違うとき、位相がずれているという。
(10) (　) 電力は電圧÷電流である。
(11) (　) ある点における電流の入力と出力は等しい。
(12) (　) ある回路における電圧の総和は電源＋電圧降下である。
(13) (　) インピーダンスとは抵抗を意味しており、周波数によって抵抗値は変化しない。
(14) (　) リアクタンスは虚数軸にある。

問題 2-2

図のように直列に接続された15Ωと5Ωの抵抗と電圧が5[V]の直流電源により構成された回路において、5Ωの抵抗による電圧降下（両端の電圧）Xは何ボルトになるか求めなさい。

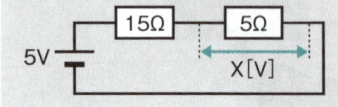

問題 2-3
下記の回路の全体の抵抗値は何Ωになるかを求めなさい。

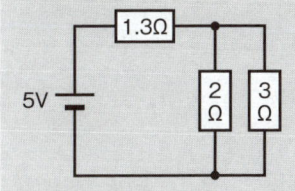

問題 2-4
下記の回路において 2Ωの抵抗に流れる電流を 1A とするとき、R1 の抵抗に流れる電流は何アンペアか求めなさい。

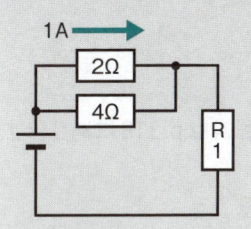

問題 2-5
下記の回路において AB 間に接続された 20Ωの抵抗に流れる電流 I は何アンペアか。重ねの理を利用して次の手順で求めなさい。

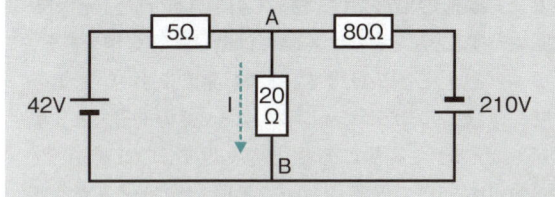

手順①： まず、42V の電圧源だけがあるときの回路を考え、この回路において 20Ωの抵抗に流れる電流 I_1 を求める。このとき電流 I_1 は A→B の向きに流れる。

手順②： 次に 210V の電圧源だけがあるときの回路を考え、この回路において 20Ωの抵抗に流れる電流 I_2 を求める。このとき電流 I_2 は B→A の向きに流れる。

手順③： 電流 I_1 と電流 I_2 を重ね合わせたものとして電流 I を求める。また電流 I の流れる方向も考えること。

問題 2-6
下記はインピーダンスについての図である。図中の (a) ～ (d) について適切な用語を記載しなさい。

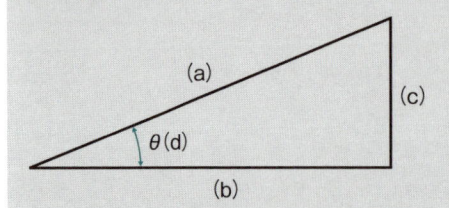

問題 2-7
次の複素数をオイラーの公式を用いて証明しなさい。

$$e^{j\pi} + 1 = 0$$

解答は p.318 にあります。

Column ⑥ トランジスタによる割り算回路

　電子回路による足し算や引き算回路はそんなに難しくありませんが、掛け算や割り算といった回路は簡単そうに思えて実はどうやって実現してよいか悩むことがあります。本書では掛け算回路に関してはトランスを用いた方法を紹介していますが（平衡変調回路）、割り算の場合にはトランジスタの特性を利用した方法があります。

　トランジスタの電圧―電流特性は図のようになっていますが、よく見るとある電圧までは入力に対して出力が歪んでしまうという部分があります。この部分は非線形と言われる部分ですが、数学的にはこの部分は対数、つまり log で表されます。対数の性質として対数上の引き算は元の数値（真数）に戻すと割り算になる、ということが知られています。つまり、このトランジスタの非線形の部分だけを使って引き算を行い、元に戻すことができれば実際には割り算が実現できる、ということになります。しかし非常に小さい電流を扱い、またトランジスタのばらつきの問題などを考えると、実際に基板上で実現するのは難しいため、IC の内部において実現されているんだ、と思ってください。

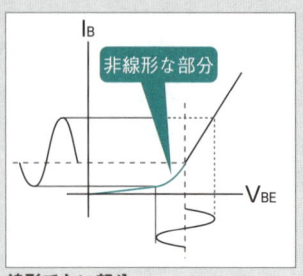

線形でない部分

Chapter 3

アナログ回路を構成する部品

アナログ電子回路で使われる部品は主に電子部品であり、電子部品は大きく受動部品と能動部品の2つに分かれます。また受動部品はさらに抵抗、コンデンサ、コイルの3つに、能動部品はダイオード、トランジスタ、オペアンプなどの種類に分けられます。この章では、これらの部品について、それぞれの紹介とどのように部品を選ぶかなどについてざっと見ていきましょう。

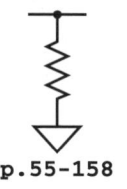

3-1 電子部品にはどんな種類がある？

電子部品とひとくちで言っても、それにはどのような種類があるのでしょうか？ 電子部品を紹介していくにあたって、まずはどのような種類があるのか全体を俯瞰してみることにしましょう。

3-1-1 大まかな部品の分類

電気製品で使われる大まかな部品の種類をまとめたものを図3-1-1に示します。電気部品はスイッチや電気コードなどであり、機構部品は電子回路によって動作する機械部品などを、構造部品は機器のケース（筐体）などとなります。

3-1-2 受動部品と能動部品

アナログ回路で使われる電子部品には以下の2つの種類があります。

- 受動部品：自らの性質のみで回路の特性が決まる。単体では機能しない。
- 能動部品：外部からの信号により入力に対する出力の状態を決める。

受動部品の種類には抵抗、コンデンサ、コイルなどの部品となり、これらの部品は電子回路のみならず、電気回路でも用いられる重要な部品です。このため受動部品はややこしい「複素数」と言われる実数と虚数の計算を伴うことで、理論的な回路の計算を行うことで使われる部品の値を求めることが可能です（Memo参照）。しかし、これらの計算はあくまでも電子部品が理想的な状態にあることが条件であり、実際に色々な材質で作られる受動部品は計算通りの値になるとは限らないことが多々あります。

> **Memo**
> 受動部品に関する複素数の話は、2-4節で行っています。

図3-1-2は受動部品のモデルになりますが、このZの部分（インピーダンスを表す、詳細は2-4節を参照）が受動部品の性質を表すパラメータとなります。
　能動部品はその主な作用として増幅作用があります。これは、能動部品に与えられた

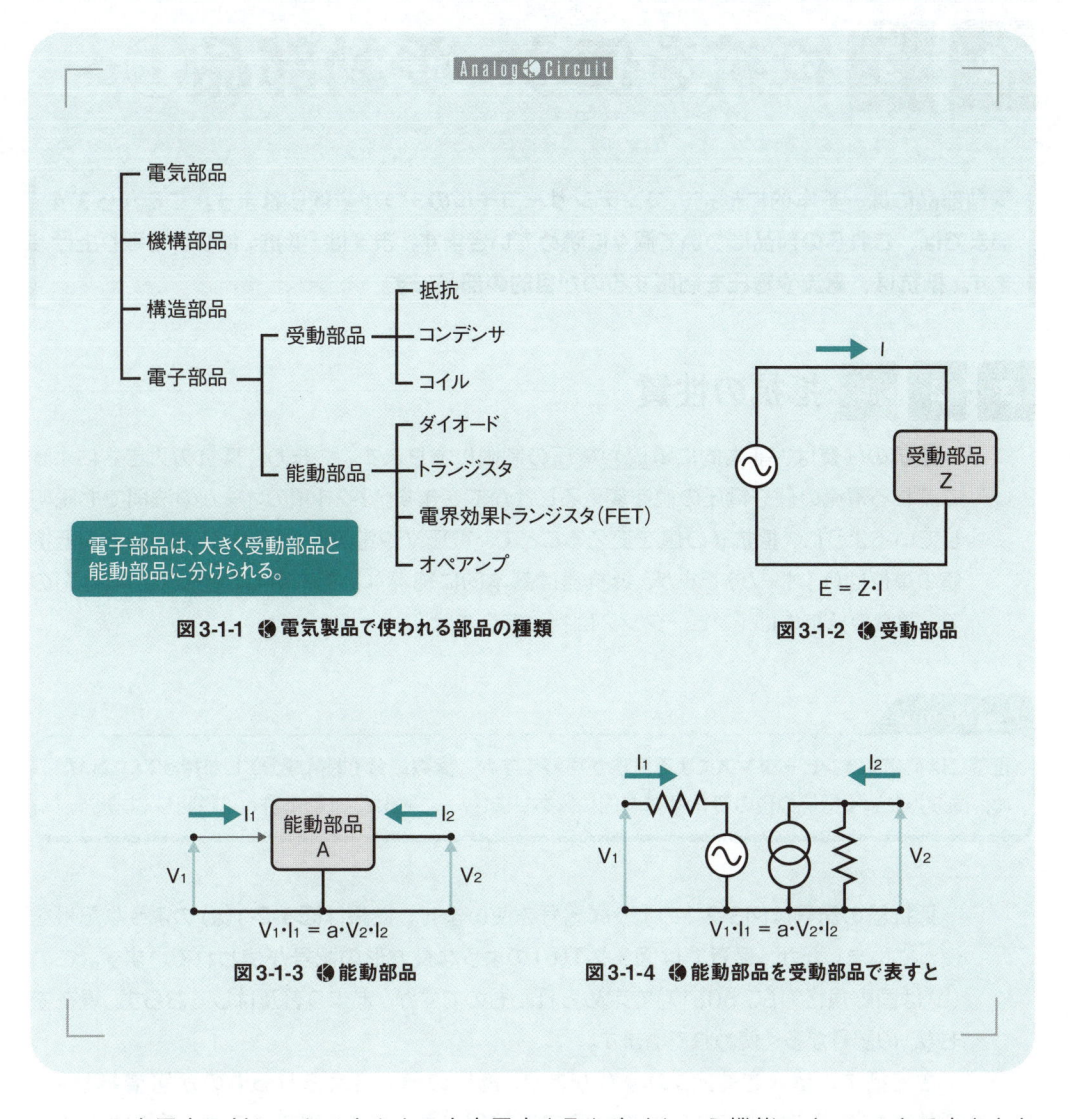

3-1 電子部品にはどんな種類がある？

Analog Circuit

電子部品は、大きく受動部品と能動部品に分けられる。

図3-1-1 ● 電気製品で使われる部品の種類

図3-1-2 ● 受動部品

$E = Z \cdot I$

図3-1-3 ● 能動部品

$V_1 \cdot I_1 = a \cdot V_2 \cdot I_2$

図3-1-4 ● 能動部品を受動部品で表すと

$V_1 \cdot I_1 = a \cdot V_2 \cdot I_2$

　入力電力に対してある大きさの出力電力を取り出すという機能です。このある大きさを一般的に「増幅」と呼びます。**図3-1-3**は能動部品のモデルになりますが、このAの部分が能動部品における増幅を表します。この能動部品は基本的にN型とP型（詳細は3-3節を参照）の2種類の半導体で構成されており、この2種類の半導体の組合せによっていろいろな機能を実現しています。

　さて、理論的に能動部品の1つであるトランジスタを受動部品の組合せで表すと**図3-1-4**のようになり、受動部品などで使われる数式で能動部品を表現することができますが、実際には個々の部品の特性や使い方に応じたパラメータを使うことで計算が可能です。これらのパラメータは部品の仕様書に載っていますので、コツさえわかれば回路を設計することはそんなに難しくはありません。

Analog Circuit

3-2 抵抗を使う～受動部品①～

受動部品には、基本的に抵抗、コンデンサ、コイルの3つが挙げられます。ここから3-4節までは、これらの部品について個々に眺めていきます。まずは「抵抗」について取り上げます。抵抗は、電流や電圧を制限するのが目的の部品です。

3-2-1 抵抗の性質

抵抗の性質は、基本的に電流や電圧の制限にあります。つまり、抵抗の大きさによって流れる電流の値や電圧の値を変えることができます。2-2-1項のオームの法則でも説明しているように、抵抗Rの値を変えることで、電圧Vや電流Iが変化します。なお、抵抗値の単位はΩ（オーム）ですが、抵抗器は基本的に純粋な抵抗成分しか持っていませんので、通常の抵抗にはインピーダンスは特にありません。

> **Memo**
> 正確には抵抗もインピーダンスによる表現が可能ですが、実数成分（抵抗成分）しか持っていないため、周波数による抵抗の値の変化は基本的にはありません。これは2-4節で詳しく説明しています。

抵抗器の記号は図3-2-1のような記号を使います。従来は図3-2-1(a)のような記号を使っていましたが、最近では図3-2-1(b)のような長方形の記号が使われています。この(b)は国際規格（IEC 60617）で定められたものですが、あまり普及はしておらず、現在でも(a)の記号が多く使われています。

さて抵抗には大きく2つの種類があり、抵抗の値を変えられるものが可変抵抗器、抵抗の値が固定されているものが固定抵抗器となります。図3-2-2は、抵抗器の種類をまとめたものです。抵抗器で必要なパラメータは何といっても抵抗値になります。抵抗値については後で詳しく述べます（3-2-9項 抵抗器の値を読む）が、標準規格がありますので、その規格の値に合ったものを選ぶことになります。また、抵抗値の精度も重要な要素であり、一般的な抵抗は±5％程度の誤差があります。例えば100Ωの抵抗を選んでも、実際には95Ωから105Ωまでの範囲のどこかに抵抗値があることになります。通常の回路では5％程度でも問題はありませんが、正確な値を必要とする回路の場合には1％や、それ以下の精度の抵抗器を選ぶ必要があります。

次に必要なパラメータは定格電力となります。抵抗の値Rと抵抗器に掛かる電圧Vから流れる電流Iは決まります。電流Iが決まれば、電力W（＝V・I）も決まります。このと

Analog Circuit

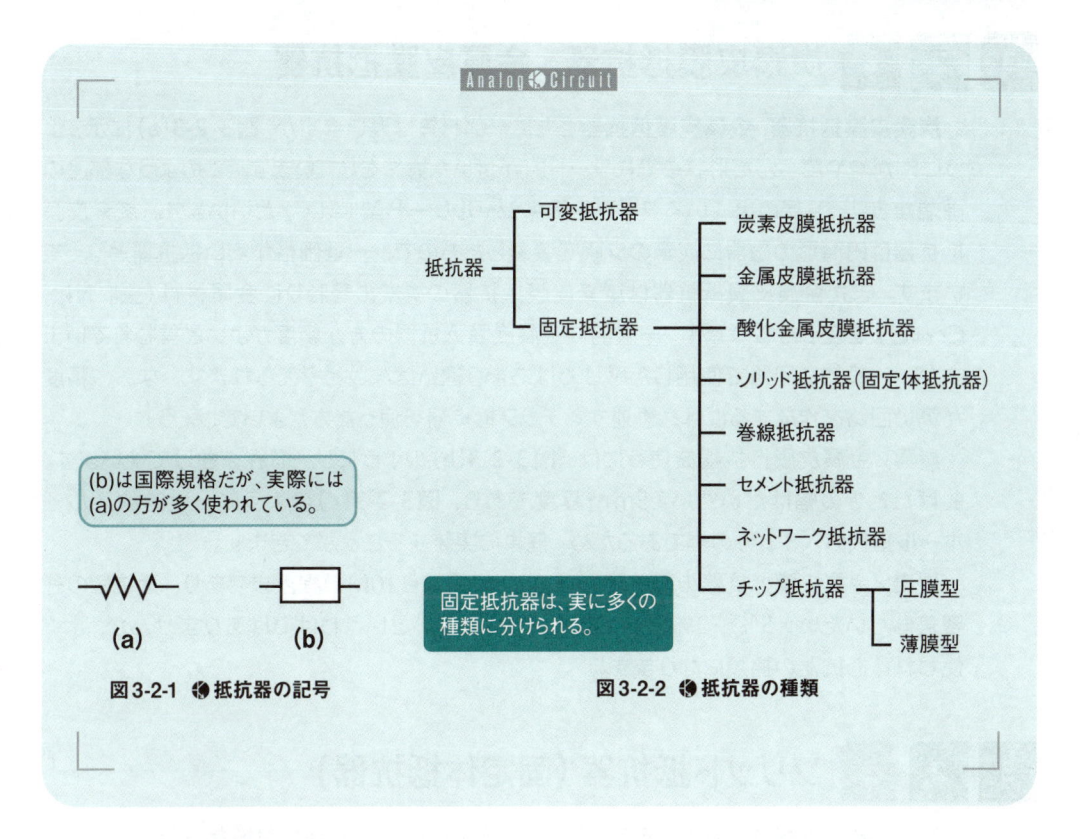

抵抗器
- 可変抵抗器
- 固定抵抗器
  - 炭素皮膜抵抗器
  - 金属皮膜抵抗器
  - 酸化金属皮膜抵抗器
  - ソリッド抵抗器(固定体抵抗器)
  - 巻線抵抗器
  - セメント抵抗器
  - ネットワーク抵抗器
  - チップ抵抗器
    - 厚膜型
    - 薄膜型

(b)は国際規格だが、実際には(a)の方が多く使われている。

(a)　(b)

図3-2-1 ◆ 抵抗器の記号

固定抵抗器は、実に多くの種類に分けられる。

図3-2-2 ◆ 抵抗器の種類

きの電力が抵抗器にかかる電力となり、この電力が定格電力を超えた場合、抵抗器は最悪の場合燃える場合があります。そこで、この定格電力を超えないような設計をする必要があります。だいたいの場合、電子回路では1/4W (250mW)〜1/16W (62.5mW)程度の定格電力の部品を選んでおけば大丈夫でしょう。もし大きな電流が流れる可能性がある場合、抵抗器に掛かる電力も大きくなりますので、大きな定格電力の抵抗器を選ぶ必要があります。

　その他のパラメータについては、必要に応じて確認をすればよいでしょう。表3-2-1に、抵抗器の種類といくつかのパラメータについてのまとめを示します。

種類	抵抗値範囲	精度	定格電力	耐電圧	周波数特性	形状
炭素・金属皮膜抵抗器	1〜1MΩ	5〜10%	1/4〜1/2W	300V〜500V程度	普通	普通
ソリッド抵抗器	2〜2MΩ	10〜20%	1/4〜1/2W	500V〜700V程度	普通	普通
巻線抵抗器	0.1〜100KΩ	0.5〜10%	1/2〜10W	150V〜1500V	悪い	普通
セメント抵抗器	0.1〜100Ω	3〜10%	2〜20W	400V程度	悪い	大きい
チップ抵抗器	1〜10MΩ	1〜5%	1/20〜11W	30V〜400V程度	非常に良い	小さい

表3-2-1 ◆ 抵抗器の種類とパラメータ

3-2-2 炭素皮膜抵抗器・金属皮膜抵抗器

炭素皮膜抵抗器、**金属皮膜抵抗器**ともに一部材質は違いますが、**図3-2-3(a)**に示すように端がやや膨らんだ形状の筒にリード線が付いた構造をしています。このような部品の両端からリード線の出ているタイプを**アキシャルリード型**（ALC）といいます。炭素皮膜抵抗器は円筒形の磁器に炭素の皮膜を装着したもので、一番価格が安い抵抗器となっています。また金属皮膜抵抗器は炭素皮膜抵抗器の炭素の替わりに金属材料（主にNi－Crなど）を使ったものです。一般的に金属皮膜抵抗器の方が精度がよいと言われていますが、一般的な回路で使用した感じではあまり違いはないと考えられます。なお、精度が高い回路を作成するには、後述するチップ抵抗器を使った方がよいでしょう。

炭素／金属皮膜抵抗器を使うには、**図3-2-3(b)**のようにリード線を曲げて使います。曲げたときの幅はだいたい7.5mm程度であり、**図3-2-3(c)**のように一般的なスルーホール基板の穴3つ分の幅であるため、簡単に実装することができます。

炭素／金属皮膜抵抗器の抵抗値はだいたい1Ωから10MΩ程度まであり、抵抗値の許容差もだいたい±5％～2％程度とあまり精度がよいというわけではありませんが、よく使われる抵抗器の種類になります。

3-2-3 ソリッド抵抗器（固定体抵抗器）

ソリッド抵抗器は、**図3-2-4**のように円筒形の型にリード線が付いた構造をしています。内部には炭素と樹脂を混ぜ合わせて固めたものが詰まっており、シンプルな材質と構造となっています。仕様的には700V程度までのかなり高い電圧に耐えることができますが、抵抗値の許容差は±20％とあまりよい精度とは言えません。ソリッド抵抗器は、主に電源回路等に用いられることが多い抵抗器です。なお、ソリッド抵抗器の抵抗値は2Ωから2MΩ程度まであります。

3-2-4 巻線抵抗器

巻線抵抗器は、**図3-2-5**のように円筒形の筒（主にセラミックなどの絶縁物が使われる）に金属の線を巻き付けた抵抗器で、巻き付けた線の長さによって抵抗値が決まります。なお抵抗許容差も±0.1％とかなり高精度の製品もあります。また、線材を太くすることで大容量の電流にも耐えられる抵抗器を作ることができます。ただし、筒に巻き付けているためどうしてもインダクタンス成分が入ることになり、高い周波数で使う場合には抵抗値（インピーダンス）が変わる可能性があるため、注意が必要となります。

3.2 抵抗を使う ～受動部品①～

Analog Circuit

(a) 炭素／金属皮膜抵抗器　　リード線

(b) リード線を曲げた状態　　だいたい7.5mm位の幅

(部品面)　(ハンダ面)　ハンダ

(c) スルーホール基板への実装

図3-2-3 ● 炭素／金属皮膜抵抗器

写真提供：釜屋電機

図3-2-4 ● ソリッド抵抗器

写真提供：タクマン電子

図3-2-5 ● 巻線抵抗器（内部）

写真提供：タクマン電子

図3-2-6 ● セメント抵抗器

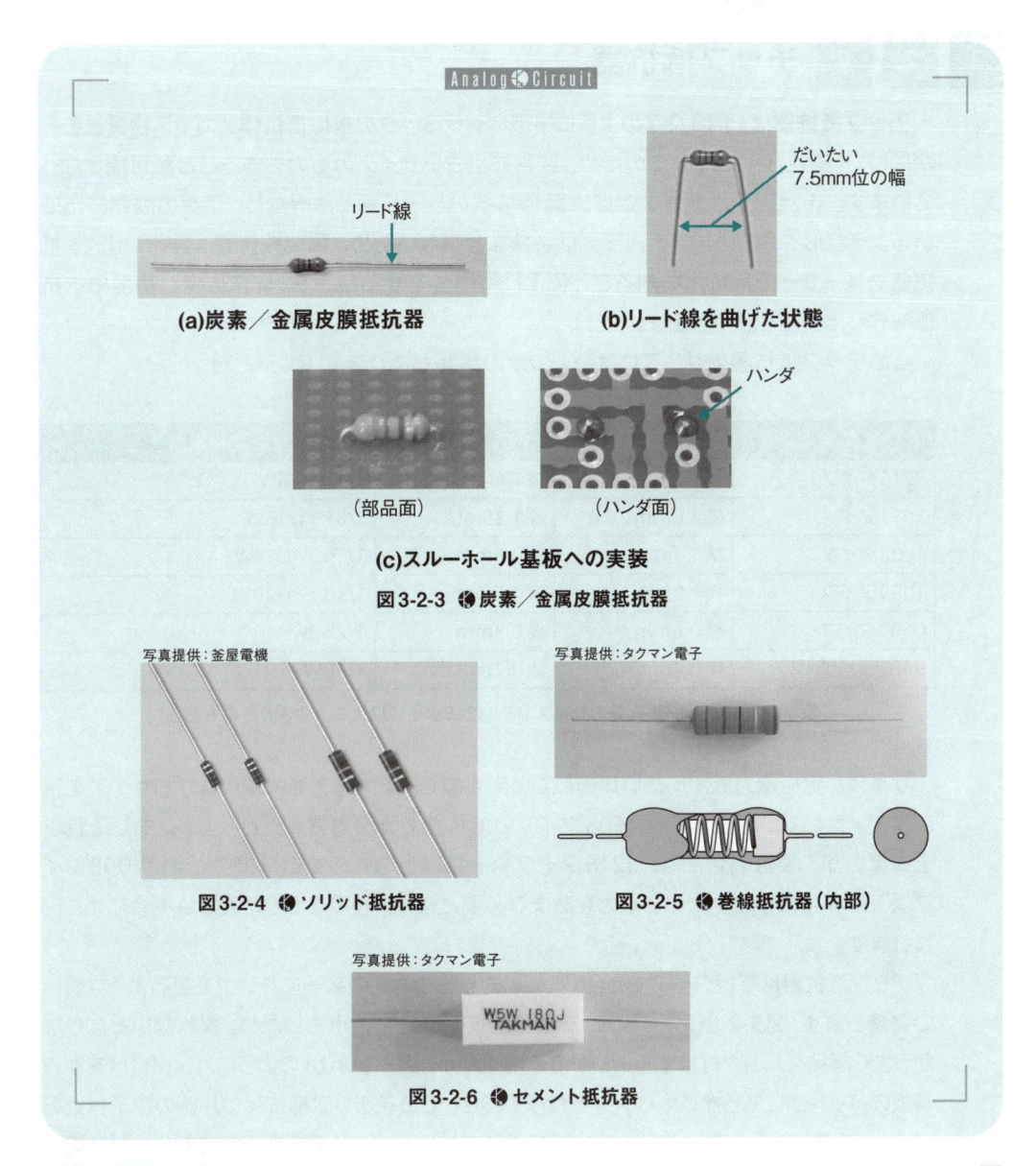

3.2.5 セメント抵抗器

セメント抵抗器は、内部に巻線または金属皮膜の抵抗体が入っており、それを**図3-2-6**のように大きなセメントで固めた形状をしています。この抵抗器はかなり大きく、一般的なアナログ電子回路ではあまり使うことがありませんが、主に10Ω以下の低抵抗や大きな電力が必要なときに使われます。この抵抗は、表面に抵抗値や定格電力が図3-2-6のように文字、数値で記載されていますので、どのようなものが使われているか直ちにわかります。

3-2-6 チップ抵抗器

チップ抵抗器は、**図3-2-7**のように平坦なセラミックの板に抵抗体とガラス物質とを一緒にして焼結しています。このため、非常に小さいサイズのものも作ることが可能となっています。また端子は炭素/金属皮膜抵抗器のリード線とは異なり、平板の両側に出ているような形をしています。内部には巻線などがないため、周波数特性は非常によく、抵抗値もレーザーで抵抗体を削ることにより微調整をすることで、非常に良い精度の抵抗器を作り出すことができます。

このチップ抵抗器のサイズにはいくつかの種類があります（表3-2-2）。

タイプ	横幅	縦幅	定格電力
3216タイプ	横3.2mm	縦1.6mm	1/4 〜 1/8W
2012タイプ	横2.0mm	縦1.25mm	1/8 〜 1/10W
1608タイプ	横1.6mm	縦0.8mm	1/10 〜 1/16W
1005タイプ	横1.0mm	縦0.5mm	1/10 〜 1/20W
0603タイプ	横0.6mm	縦0.3mm	1/20W
0402タイプ	横0.4mm	縦0.2mm	1/30W

表3-2-2 ● チップ抵抗器のサイズ（注：3216タイプ以上の大きさのものもある）

サイズと定格電力はだいたい比例していますので、最大電力を考慮しながらサイズを選びます。たいていの設計では1608タイプの抵抗器で十分と言えるでしょう。もしそれ以上に電力が必要な場合には、3216タイプやそれ以上のものを選びます。また1005タイプ以下は非常に小さいため、電力をあまり必要とせず、面積を取りたくない場合によく使われます。

チップ抵抗器は平板タイプであり、基板に対しては両端の端子にハンダを盛るような感じで実装します（**図3-2-8(a)**）。また、チップ抵抗器は非常に小さいため、慣れないとなかなかうまく部品をハンダ付けすることができませんが、**図3-2-8(b)**のようにハンダ付けをする基板のパッド部にあらかじめハンダを付けておき、その後チップ抵抗器の片側の端子付近をピンセットでつまみ、あらかじめハンダを付けておいたパッド部を半田ごてでハンダを溶かしつつ、もう片方の電極をそのパッド部に落とすようにします。うまくパッド部にチップ抵抗器の端子が付けば半田ごてを離し、もう片方のパッド部と抵抗の端子にハンダを付ければ、チップ抵抗器が実装できます。

3-2-7 その他の抵抗器

▶ ネットワーク抵抗器

抵抗器は基本的に2つの端子の間に1つの抵抗体が存在するという形状ですが、中に

Analog Circuit

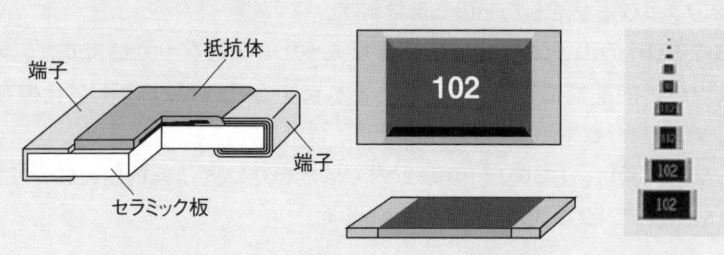

端子　抵抗体
端子
セラミック板

102

図3-2-7　チップ抵抗器

(a) 基板への実装　　　(b) 基板への実装方法

図3-2-8　チップ抵抗器の実装

(a) ネットワーク抵抗器

チップネットワーク抵抗器

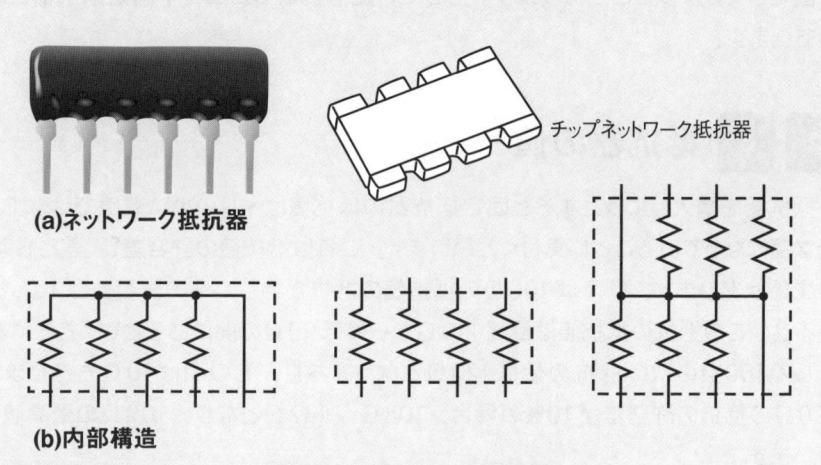

(b) 内部構造

図3-2-9　ネットワーク抵抗器

は複数の抵抗を1つのパッケージに入れたものがあります。これが**ネットワーク抵抗器**であり、図3-2-9(a)のようにリード線が複数出ています。またリード線タイプではなく、チップ抵抗器のような形状をしたものもあります。

内部は図3-2-9(b)のように複数の抵抗器が入ったものとなっていますが、メーカによってはこれ以外の内部構造を持つタイプもありますので、必要に応じて仕様を確認すればよいでしょう。

ネットワーク抵抗器は、1つのパッケージ内ではだいたい同じ抵抗値となっており、同じ値をたくさん使うデジタル回路でよく使われます。

可変抵抗器（半固定抵抗器）

抵抗値の値を変えることができる抵抗器が、**可変抵抗器**（ボリューム：Volume）です。図3-2-10(a)は、代表的な可変抵抗器となります。よく見掛けるのはつまみがついた大きな形状のものですが、中には基板に実装できる小さな形状のものもあります。この抵抗器は内部に長い抵抗体と、その抵抗体に接触する端子とから成り立っています（**図3-2-10(b) (c)**）。例えば、つまみを回すと図3-2-10(c)の矢印の部分が左右に動き、端子1から端子2までの抵抗値が変化するようになります。よって可変抵抗器はこの抵抗体と端子の接触する場所に応じて抵抗値を変える仕組みとなっています。可変抵抗器の抵抗値は一般的に最小値が0Ωですが、最大値はだいたい200Ωから1MΩまでの製品があります。

大きな形状の可変抵抗器はスピーカーなどの音量調整などに使われますが、小さな可変抵抗器の場合は波形を見ながら抵抗値を調整し、調整した後はそのまま蝋（ろう）などで固定してしまうこともあります。そこで可変抵抗器のことを**半固定抵抗器**と呼ぶ場合もあります。

3 2 8 抵抗器の値

抵抗器を購入しようとすると固定抵抗器の抵抗値はキリのよい数値ではなく、中途半端な値になっていることに気付くと思います。これは抵抗値の許容差（誤差とも考えます）と関係があります。例えば100Ωの抵抗値の抵抗があり、その許容差が10%とします。すると、この抵抗の抵抗値は最高110Ωから最低90Ωの間にあるということになります。そして100Ωの次の抵抗の値は120Ωとなっており、その間は10Ωもあります。この120Ωの抵抗の許容差が10%の場合、108Ω〜132Ωとなり、100Ωの最高値と重なり合います。

図3-2-11(a)は、これらについてわかりやすく図にしたものです。この図では許容差10%の抵抗値の場合、ある抵抗値の最高値とその次の抵抗値の最低値とがだいたい重なっていることがわかります。この許容差は製造時のばらつき、温度や時間による変化な

Analog Circuit

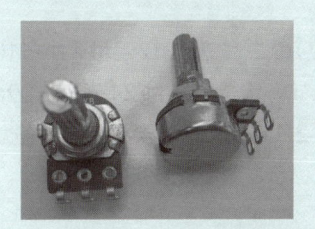

(a) 可変抵抗器 　　　　　　　　(b) 内部構造

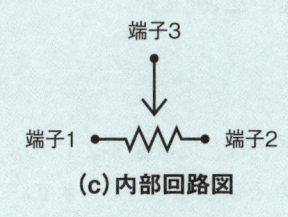

(c) 内部回路図

図3-2-10 ◆可変抵抗器

E12系列（±10%）

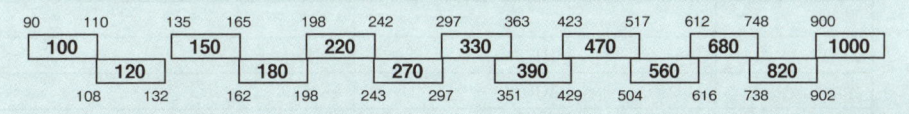

E24系列（±5%）

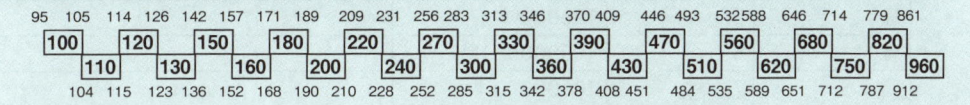

図3-2-11 ◆抵抗の値と許容差の関係 (a)

どいろいろな要因によって生じる誤差になります。つまり、100 Ωの抵抗は実際には90 Ωから110 Ωの間の値となっており、この範囲であることを見越して回路を設計する必要があります。もちろん許容差が小さければ抵抗値の範囲は狭くなります。

この許容差の範囲を、一般的に**E系列**というもので区別します。例えば許容差±10%のものは**E12系列**、許容差±5%のものは**E24系列**と呼びます。抵抗器を製造するメーカは、このE系列に沿って抵抗値を決めて製造しています。もし、このような取り決めが

なかったら種類が多くなり大変なことになり、回路を設計する際にどのメーカの何を選ぶか迷うことになります。そこで、このように誤差の範囲が各値の範囲で重なるようにしておけばよいわけです。

ちなみにこのE系列ですが、これはExponent（指数）のことで、E12とは1から10までと等比級数で12分割したもの、と言う意味があります。またE24は24分割、E96は96分割、さらにE192は192分割となっています（**図3-2-11(b)**）。つまり、許容差が小さいほど数は増える、つまり抵抗の値の種類が増えるということになります。

3.2.9 抵抗器の値を読む

カラーコード

炭素／金属皮膜、固定体抵抗などには**図3-2-12**のように色が付けられており、この色の組み合わせで抵抗値がわかるようになっています。この色のことを**カラーコード**と言い、E12/E24系列は4本の色が、E96/E192系列は5本の色が付けられています。

カラーコードには表3-2-3のようなルールがあります。

色	値	倍率	許容差
黒	0	1	—
茶色	1	10	±1%
赤	2	100	—
橙	3	1000 (1K)	—
黄	4	10000	—
緑	5	100000	—
青	6	1000000 (1M)	—
紫	7	10000000	—
灰	8	—	—
白	9	—	—
金	—	0.1	±5%
銀	—	0.01	±10%
（色なし）	—	—	±20%

表3-2-3 ❖ カラーコードのルール

炭素／金属皮膜抵抗器や固定体抵抗器をぱっと見たとき、端の方に金色か銀色の色が付いているのがわかります。これが付いていたら許容差だと思えばだいたい間違いはありません。この金や銀色を右にして、あとは左から色を読めばよいことになります。このとき最初の2色が値を、次の色が倍率を表します。例えば、一番左が赤、次が黒、次が黄、最後が銀色の場合、赤が2、黒が0で、値としては20を、倍率は黄の10000となり

Analog Circuit

E96系列（±1%）

100	102	105	107	110	113	115	118	121	124	127	130
133	137	140	143	147	150	154	158	162	165	169	174
178	182	187	191	196	200	205	210	215	221	226	232
237	243	249	255	261	267	274	280	287	294	301	309
316	324	332	340	348	357	365	374	383	392	402	412
422	432	442	453	464	475	487	499	511	523	536	549
562	576	590	604	619	634	649	665	681	698	715	732
750	768	787	806	825	845	866	887	909	931	953	976

E192系列（±0.5%）

100	101	102	104	105	106	107	109	110	111	113	114
115	117	118	120	121	123	124	126	127	129	130	132
133	135	137	138	140	142	143	145	147	149	150	152
154	156	158	160	162	164	165	167	169	172	174	176
178	180	182	184	187	189	191	193	196	198	200	203
205	208	210	213	215	218	221	223	226	229	232	234
237	240	243	246	249	252	255	258	261	264	267	271
274	277	280	284	287	291	294	298	301	305	309	312
316	320	324	328	332	336	340	344	348	352	357	361
365	370	374	379	383	388	392	397	402	407	412	417
422	427	432	437	442	448	453	459	464	470	475	481
487	493	499	505	511	517	523	530	536	542	549	556
562	569	576	583	590	597	604	612	619	626	634	642
649	657	665	673	681	690	698	706	715	723	732	741
750	759	768	777	787	796	806	816	825	835	845	856
866	876	887	898	909	920	931	942	953	965	976	988

図3-2-11　抵抗の値と許容差の関係 (b)

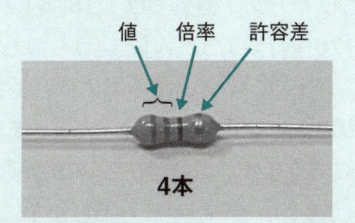

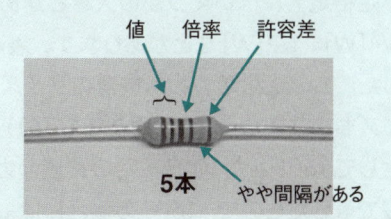

図3-2-12　カラーコード

これは20 × 10000 = 200KΩ ± 10%という意味になります。

なお許容差も金銀以外の場合がありますので、注意が必要な場合もあります。このような場合、許容差の色の幅は普通のより太いのですぐにわかります。

色の順番の覚え方はいろいろとありますので、自分に合った覚え方を見つけられるとよいでしょう。

数値表示

チップ抵抗器の場合、図3-2-13のように抵抗器の上に3桁または4桁の数値や記号が印刷されており、この数値や記号で抵抗値を示します。3桁または4桁いずれの場合も最後の数値が10の何乗という数になっており、その前の数値が値を示しています。例えば図3-2-13にあるように「103」の場合「10」が数値であり、「3」が10の3乗を表していますので、「10 000」となり、結果として「10KΩ」を示しています。また「3902」の場合は「390」が数値であり、「2」が10の2乗となりますので、「390 00」、つまり、39KΩを示します。さらにチップ抵抗の場合、小数点を示す記号Rというものがあります。このRが小数点の位置となります。例えば5R10の場合、5.10Ωとなります。

チップ抵抗の数値はかなり小さいので裸眼でははっきりと見えない場合もありますし、1005サイズ以下のチップ抵抗の場合、あまりにも小さすぎて数字が印刷できず何も書いていない場合もありますので、抵抗を測れるテスターを持っていた方がよいでしょう。

3-2-10 抵抗値と定格電力とサイズの関係

抵抗に電圧を掛けて、電流を流すとそこには熱が発生します。これは2-1-8項で説明しているジュール熱ですが、抵抗器自体もある程度の熱に耐えられるようになっている必要があります。もし熱のことをまったく無視すると、抵抗器がたちまち熱に負けて最悪の場合は燃え出すということがあります。そこで抵抗器には「定格電力」という仕様があります。この定格電力によって抵抗器に掛かる電圧と電流から計算される電力以下で使うことが求められています（図3-2-14）。

定格電力にはいくつかの大きさがあり、例としてチップ抵抗では1/16[W]、1/8[W]、1/4[W]、1/2[W]などがあります。最近では1/20[W]や1/32[W]というものも出てきました。この定格電力と抵抗器のサイズには関係があり、小さい定格電力ほど抵抗器のサイズも小さくなります（図3-2-15(a)）。ちなみにチップ抵抗の場合、大きさを表す数値として1608とか1005とかの数値がカタログにあります。これはチップのサイズを横と縦で表したもので、1608の場合には1.6mm × 0.8mmという意味があります。この表記はIEC（Memo参照）という国際規格で定められています（図3-2-15(b)）。また炭素皮膜や金属皮膜などの抵抗器はだいたい1/4[W]から1/2[W]程度の定格電力になっています。炭素／金属皮膜抵抗器にはあまり大きなものはありませんので、定格電力の種

3-2 抵抗を使う〜受動部品①〜

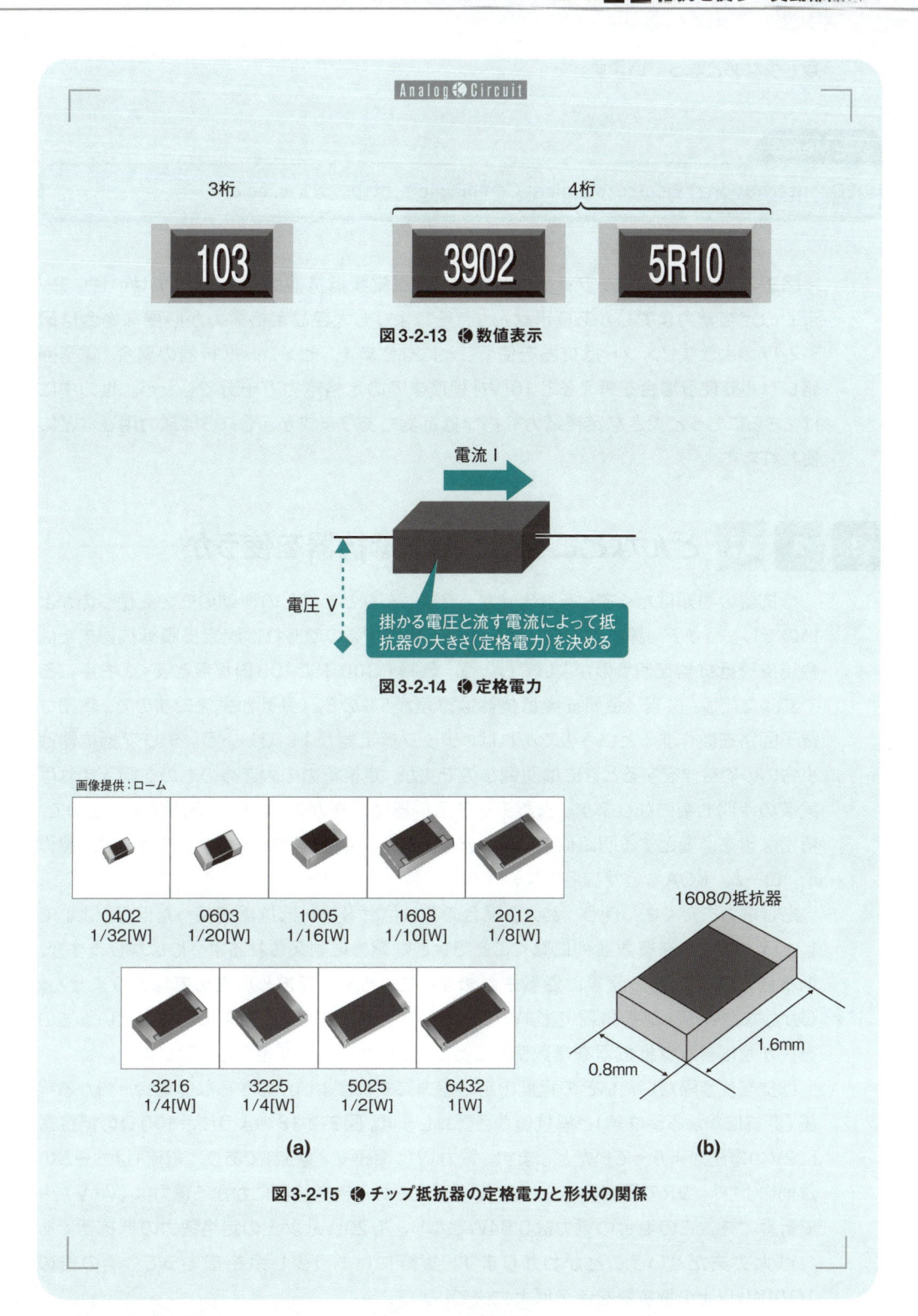

Analog Circuit

3桁　　　　4桁

103　　3902　　5R10

図3-2-13 ● 数値表示

電流 I
電圧 V

掛かる電圧と流す電流によって抵抗器の大きさ(定格電力)を決める

図3-2-14 ● 定格電力

画像提供：ローム

0402	0603	1005	1608	2012
1/32[W]	1/20[W]	1/16[W]	1/10[W]	1/8[W]

3216	3225	5025	6432
1/4[W]	1/4[W]	1/2[W]	1[W]

(a)

1608の抵抗器
0.8mm　1.6mm

(b)

図3-2-15 ● チップ抵抗器の定格電力と形状の関係

類も少なめとなっています。

> **Memo**
> IEC：International Electrotechnical Commission（http://www.iec.ch/）

　図3-2-16のようなチップ抵抗器や炭素／金属皮膜抵抗器は、大きくてもせいぜい1Wまでの定格電力までしかありませんが、それよりも大きな定格電力が必要な場合は図3-2-17のようなセメント抵抗器を使うことになります。セメント抵抗器の場合、電子回路レベルで使う場合を考えると10[W]程度までの定格電力で十分でしょう。世の中には、さらにもっと大きな定格電力を持つ抵抗器もありますが、それらは電力用途などに使われます。

3-2-11 どんなところにどんな抵抗器を使うか

　抵抗器の種類はたくさんありますが、ではどんなときにどの種類のものを使うのがよいのでしょうか？　基本的には、電子回路を自作するのであれば炭素皮膜抵抗器または金属皮膜抵抗器を使うのがよいでしょう。価格も100本で100円程度と安く、お手ごろです。ただし、炭素／金属皮膜抵抗器は誤差が5%のE24系列が主流ですので、精密な電子回路を製作するというのであれば、チップ抵抗器がよいでしょう。チップ抵抗器は小さいので自作をするときには面倒なのですが、定格電力の大きめのものを購入すれば実装の手間も楽になります。またチップ抵抗器は誤差が1%のE96系列が主流なので、精密な値を必要とする回路に向いています。チップ抵抗器のメーカとしては、村田製作所、ローム、KOAなどが有名です。

　もし電力をたくさん使う、という場合であればセメント抵抗器を使ったほうがよいでしょう。抵抗器を複数並列に繋ぐことで大きな電力に耐えられるようにはなりますが、抵抗値が各抵抗器の誤差に影響されますので、あまり好ましいものではありません。しかしながらチップ抵抗器でも1Wのものが存在しますので、実装の面倒さというものを抜かせばチップ抵抗器を複数使うことで、だいたいの用が足りると思います。

　抵抗を使う際だいたいどの程度の定格電力にすればよいかわからない場合、掛かる電圧（抵抗にかかる電位差）と抵抗値から計算します。図3-2-18のように、100Ωの抵抗器に2Vの電圧が掛かっていたとします。電力Wは電圧V×電流Iであり、電流Iはオームの法則によりI＝VRで置き換えられます。よってこのとき抵抗器にかかる電力は(V・V)/Rで計算でき、この場合の電力は0.04Wとなり、1/20[W]以上の定格電力の抵抗器であれば大丈夫だということがわかります。実際にはもう少し余裕をもって、その倍の1/10[W]以上の抵抗器を使えば大丈夫でしょう。

3.2 抵抗を使う～受動部品①～

Analog Circuit

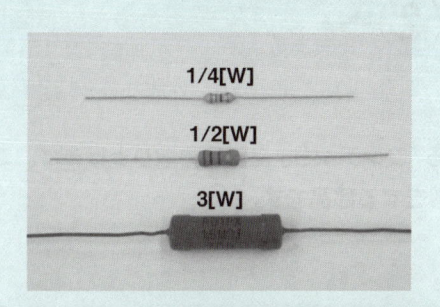

写真提供：タクマン電子

図3-2-16 ● 炭素／金属皮膜抵抗器の定格電力

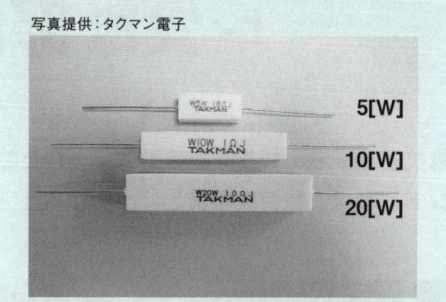

図3-2-17 ● セメント抵抗器の定格電力

抵抗器に掛かる電圧は
オームの法則から計算する

電圧 2V

抵抗値 100Ω

この抵抗に掛かる電力は
W=IV=(V×V)/Rとなり、具体的
には2×2/100=0.04W となる

1/20W以上の定格電力を持つ
抵抗器であればよいことがわかる

余裕をもって倍の1/10[W]の
定格電力の抵抗器を使えばよい

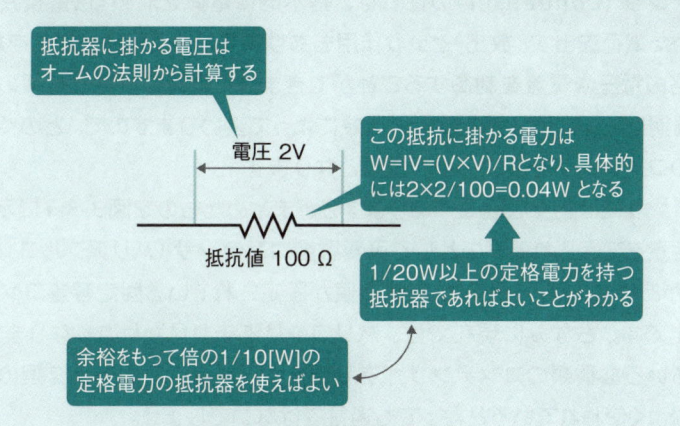

図3-2-18 ● 定格電力の計算

3-3 コンデンサを使う
～受動部品②～

抵抗器に続き、ここでは受動部品のひとつである「コンデンサ」について取り上げます。コンデンサは、電荷を蓄積し、放出するという動きをする部品です。

3-3-1 コンデンサの性質

コンデンサ（Condenser）の性質は、基本的に電荷を溜める（蓄積）ことにあります。また溜めた電荷を出す（放出）という作用もあります。この蓄積と放電を繰り返すことで、電子回路の電圧や電流を制御することができます。電荷の放電と蓄積の繰り返すことができる周期は、コンデンサの容量や種類によって変わりますので、どのくらいの容量でどの種類のコンデンサを選ぶのかが重要となります。

コンデンサには色々な種類がありますが、まとめたものを**図3-3-1**に示します。コンデンサの容量を変えられるものとして**可変容量コンデンサ**（バリアブルコンデンサ、通称バリコン）がありますが、一般的に容量の値が固定されている**固定容量コンデンサ**を使うことが大半です。ちなみに現在では、バリコンはあまり見かけなくなりました。それ以外にもいろいろな種類のコンデンサがありますが、現時点ではチップ型のセラミックコンデンサがよく使われていると言っても過言ではないでしょう。

コンデンサは、図3-3-2のような記号が使われています。通常は**図3-3-2(a)**のような記号を使いますが、電解コンデンサは**図3-3-2(b)**や**図3-3-2(c)**のような記号を使います。

コンデンサで必要なパラメータは、何と言っても**容量値**になります。この容量の単位は2-1-5項で説明したF（ファラド）を使います。容量が大きければそれだけたくさんの電荷を蓄積することができますが、その分コンデンサの大きさも大きくなります。またコンデンサがどれくらいの電圧に耐えられるか、どのくらいの周期で電荷を蓄積・放電可能か（周波数特性）、容量の許容値はどの程度あるか、等も重要なパラメータとなります。各種類の一般的なパラメータを**表3-3-1**に示します。

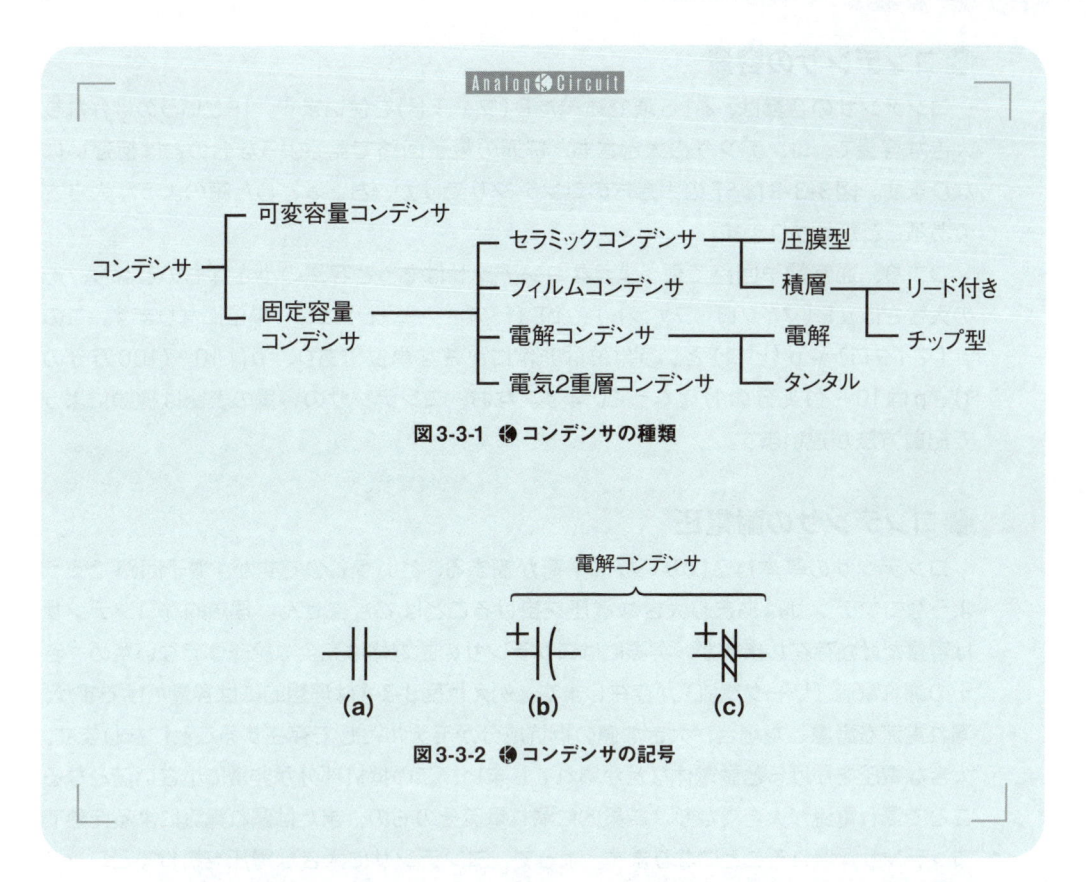

Analog Circuit

```
コンデンサ ─┬─ 可変容量コンデンサ
           └─ 固定容量   ─┬─ セラミックコンデンサ ─┬─ 圧膜型
              コンデンサ    ├─ フィルムコンデンサ    └─ 積層 ─┬─ リード付き
                          ├─ 電解コンデンサ   ─┬─ 電解      └─ チップ型
                          └─ 電気2重層コンデンサ └─ タンタル
```

図3-3-1 ● コンデンサの種類

(a) (b) 電解コンデンサ (c)

図3-3-2 ● コンデンサの記号

種類	容量範囲	精度（±）	耐電圧（DC）	極性
周波数特性		形状		
セラミックコンデンサ	1p 〜 100μF	5% 〜 20%	6.3V 〜 50V	なし
高周波数特性がよい		小さい〜普通		
フィルムコンデンサ	0.001μF 〜 10μF	2%、5%、10%	10V 〜 1000V	なし
高周波数特性がよい		普通〜やや大きい		
アルミ電解コンデンサ	1μF 〜 1F	± 20%、-20% to +80%	6.3V 〜 50V	あり
あまりよくない		大きい		
タンタルコンデンサ	6μF 〜 330μF	10%、20%	4V 〜 25V	あり
あまりよくない		やや大きい		
電気2重層コンデンサ	0.22F 〜 1F	-20% to +80%	3.3V 〜 5.5V	あり
あまりよくない		かなり大きい		

表3-3-1 ● コンデンサの種類とパラメータ

コンデンサの容量

コンデンサの容量は、2-1-5項で述べたF（ファラド）を使います。1Fというのはかなり大きな容量で、コンデンサの大きさも、普通の電子回路で見るようなものとは桁違いになります。**図3-3-3**は5Fの大きさのコンデンサですが、ちょっとした箱のような大きさであることがわかります。

つまり、通常電子回路で使うようなコンデンサはもっと容量の小さなものとなり、その大きさはμF（マイクロ・ファラド）やpF（ピコ・ファラド）という単位になります。このμ（マイクロ）やp（ピコ）という単位は非常に小さな単位であり、μは10^{-6}（100万分の1）、pは10^{-12}（1兆分の1）となっています。なお、コンデンサの容量の表記は種類によって記載方法が違います。

コンデンサの耐電圧

コンデンサの基本は2枚の平板に電荷が溜まる、というものですが、電子回路で使うようなコンデンサはあまり大きな電圧を掛けることはできません。理想的なコンデンサは容量だけが存在しますが、実際にはコンデンサの誘電体は完全な絶縁体でないため、若干の漏れ電流（リーク電流）が存在します。例えば**図3-3-4**は理想的には容量だけですが、漏れ電流を考慮した場合、大きな値の抵抗成分がモデルとして存在することになります。大きな電圧をかけると誘電体などが壊れてしまい、この抵抗部分が非常に小さい値となることで漏れ電流が大きくなり、結果的に漏れ電流そのもの、または漏れ電流による発熱でコンデンサが壊れることになります。よって、コンデンサに大きな電圧を掛けるとコンデンサの中が壊れてしまう、ということになります（**Memo**参照）。そこでコンデンサにはどの程度までなら圧力を掛けても問題ありません、という耐電圧という項目が各メーカのカタログに記載されています。

> **Memo** （この情報は2023/02/13のものです）
> 電解コンデンサの定格電圧についてはニチコンの資料に記載があります。
> https://www.nichicon.co.jp/products/pdfs/1101F.pdf

コンデンサの耐電圧は種類によって違いますが、だいたい4V、6.3V、16V、25V、50Vというように分かれています。耐電圧が高いものほどサイズが大きくなります。基本的にコンデンサに掛かる電圧以上の耐電圧が必要であり、2倍から3倍程度の余裕を持ったものを選ぶことが必要です。

コンデンサの周波数特性

コンデンサは交流を通して、直流を妨げるという性質があります。コンデンサは両極の電

3-3 コンデンサを使う〜受動部品②〜

写真提供：NECトーキン

図3-3-3 ◆ 大容量コンデンサ

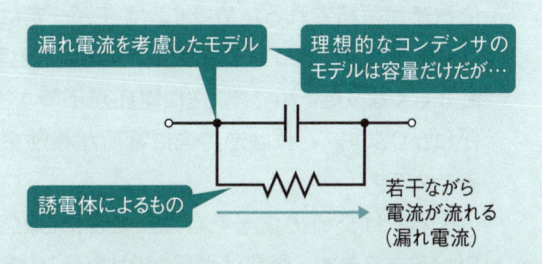

図3-3-4 ◆ コンデンサの耐圧と漏れ電流

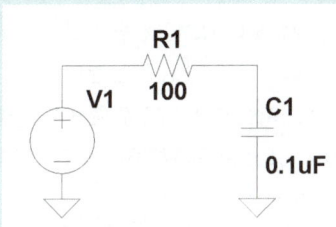

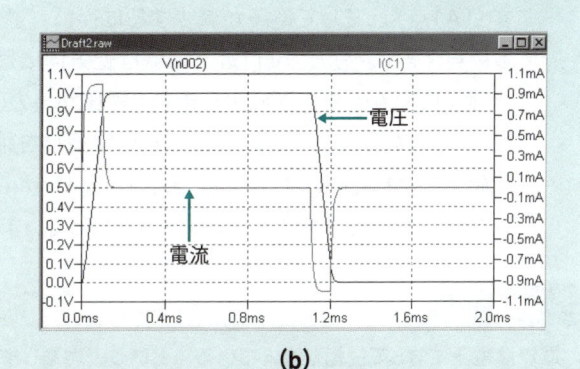

- 漏れ電流を考慮したモデル
- 理想的なコンデンサのモデルは容量だけだが…
- 誘電体によるもの
- 若干ながら電流が流れる（漏れ電流）

(a)

(b)

(c)

位相が90度進んでいるように見える

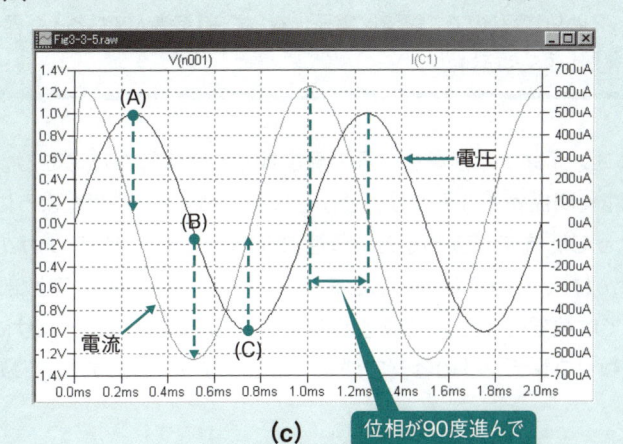

図3-3-5 ◆ コンデンサの電圧と電流の関係

圧が変化したときに電荷が蓄積される、または放出されるという動作をします。つまり、電圧が変化しない場合にはそこには電流が流れない、ということになります。例えば**図3-3-5(a)**のような回路を考えます。このとき**図3-3-5(b)**のような電圧をコンデンサに与えます。ここで電圧が上昇したとき、電流も正方向に流れるのがわかります。これはコンデンサに電荷が蓄積されるためです。電圧が一定になったとき（図では1V）、電流も流れなくなります。これはコンデンサに掛かる電圧と電源電圧とが一緒になったため、電荷の移動がなくなったためです。逆に電圧が下降すると、電流も逆方向（負の方向）に流れるのがわかります。これは逆方向に電荷が移動するため、電流が逆に流れているように見えるためです。

それでは交流の信号を与えたときにはどうなるのでしょうか？　この結果が**図3-3-5(c)**になります。最初は電圧が0Vから1Vまで上昇するに伴い急激に正方向に電流が流れます。しかし、その後電流は減少し、電圧が頂点の1Vに達すると電流は0Aになります（(A)点）。そして電圧が減少するに従い、逆方向（負の方向）に電流が流れているように見えます。電圧0V付近で電流は逆方向に最大に流れるように見え（(B)点）、その後徐々に電流の変化が減少します。電圧が負の頂点である-1Vに達したときに、再び電流は0Aとなります（(C)点）。これの繰返しを眺めると、電圧に対して電流がやや進んだ感じで流れているように見えます（**Memo**参照）。以上からわかるように、コンデンサは交流の信号を通すという性質を持っています。

> **Memo**
> 電流は電圧に対して位相が進んでいる、という表現をします。そして電流は$\pi/2$ほど進んでいるように見えます。$\pi/2$は90度なので、電流は電圧に対して90度進んでいるとも言います。位相については、2-1節を参照してください。

それではコンデンサの容量と信号の周波数との関係はあるのでしょうか？　少し考えるとなんとなく関係がありそうな感じがします。2章でも述べたように、コンデンサには周波数によって抵抗値が変わるという性質があります。コンデンサの場合（コンデンサに限りませんが）、この抵抗値のことをインピーダンスと言い、実数部と虚数部に分かれます。そして虚数部のことを「リアクタンス」と言います。コンデンサにおけるリアクタンスは、周波数とコンデンサの容量で決まることになっています（**Memo**参照）。

> **Memo**
> コンデンサのリアクタンスを、「容量性リアクタンス」と言います。

このリアクタンスと周波数の関係の理論的な式は1÷（2π×周波数×容量）で表され、周

3-3 コンデンサを使う ～受動部品②～

Analog Circuit

$$容量性リアクタンス = \frac{1}{2\pi fC}$$

容量が小さくなるとリアクタンスが大きくなる

図3-3-6 ● 容量性リアクタンスと周波数との関係

写真提供:村田製作所

(a)　(b)

図3-3-7 ● セラミックコンデンサ

ラジアルリード型
(RLC)

図3-3-8 ● セラミックコンデンサのリード線

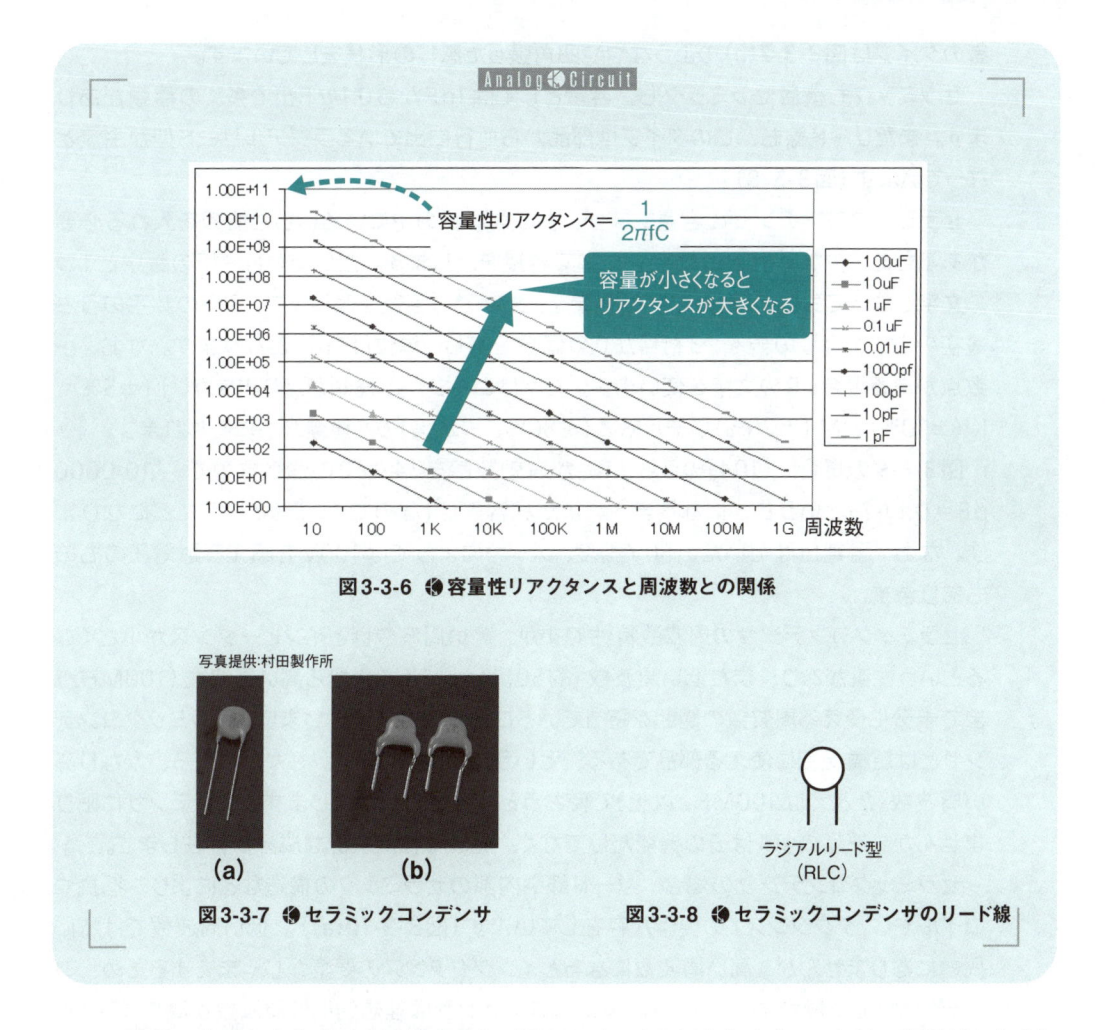

波数と容量を変化させて計算すると、**図3-3-6**のようになります。これは、容量が小さくなると容量性リアクタンスが大きくなることを表しています。つまり、大きな容量のコンデンサの場合、どんな周波数の信号でも通してしまっていたのが、小さな容量のコンデンサにすると、低い周波数の信号は通らなくなり、高い周波数の信号も段々と通りにくくなるということを示しています。この性質を利用して、どんな周波数の信号を通す、または通さないという回路設計をすることができます。

3-3-2 セラミックコンデンサ・積層セラミックコンデンサ

セラミックコンデンサには、セラミックを誘電体として電極を付けたタイプと、セラミックをたくさん重ね合わせて電極を両端に付けた積層タイプの2種類があります。前者のタイプは**図3-3-7(a)**のような円盤のような形状をしているものがほとんどです。後

者のタイプは**図3-3-7(b)**のようなやや四角張った感じの形状をしています。

　セラミックも積層セラミックも、容量としては1pFから0.1μFまで多くの種類があります。またリード線も、このタイプは部品から並行に出ているラジアルリード型が主流となっています（**図3-3-8**）。

　セラミックコンデンサの容量ですが、小さな形状の中にいろいろと情報を入れる必要があるため、少ない桁数の数字や文字で容量を示します。だいたいは3桁の数字と1つの文字となっており、3桁の数字で容量を、文字で許容差を表します。3桁の数字のうち最初の2つが容量の値を、3桁目が0の個数を表し、単位は「pF」となります。なお、小数点がある場合、Rの文字を使います。文字はいくつかの種類がありますが、J（±5%）、K（±10%）、M（±20%）、そしてZ（+80%、-20%）の4種類が主に使われます。

　図3-3-9の場合、「104」のうち「10」が有効数字を「4」が0の個数なので、「10 0000 pF = 0.1μF」ということになります。また許容差はJなので、±5%ということになります。なお、耐電圧はだいたい50V程度、メーカによっては100Vを超える耐電圧のものもあります。

　セラミックコンデンサの周波数特性ですが、高い周波数ほどインピーダンスが小さくなるという性質があり、また低い周波数（約500Hz～1KHz）から高い周波数（100MHz）まで十分に使える周波数の範囲を持っていることが特徴です。つまり、セラミックコンデンサとは結構便利に使える部品である、ということになります。しかしながら、かなり高い周波数（たとえば100MHz以上）で使おうとすると問題が生じます。コンデンサに限りませんが、部品の多くはその機能だけでなく、実は隠れた余計な成分が存在します。

　セラミックコンデンサの場合、リード線や内部のセラミックの構造などにより、抵抗やコイル（インダクタンス）の要素が存在しています（**図3-3-10(a)**）。低い周波数では特に問題になりませんが、高い周波数になるとインダクタンスの要素がじゃまをするため、コンデンサとして働かなくなります。本来のコンデンサは理想的には周波数が高くなるとインピーダンスが下がるものなのですが、先ほどのインダクタンスの影響で、ある周波数からインピーダンスが上がり始めてしまうという現象が生じます（**図3-3-10(b)**）。この点は、セラミックおよび積層セラミックコンデンサを使う上での注意点となります。なおセラミックコンデンサは使い勝手がよいので、至るところで使われており、特にデジタル回路における電源ノイズ除去のためのバイパスコンデンサのために、0.1μF等がよく使われます。

3　3　3　チップコンデンサ

　チップコンデンサは、積層セラミックコンデンサと同様、セラミックを誘電体として電極を両端に付けたものです（**図3-3-11(a)**）。**図3-3-11(b)**がチップコンデンサの外観

3.3 コンデンサを使う〜受動部品②〜

Analog Circuit

コンデンサの許容差を表す。
Jは±5%を表す

3桁の数字のうち最初の2桁が有効数字、3桁目が0の数を表す。
この場合、10が有効数字を、3桁目の4が0の数なので10 0000pF、つまり0.1μFとなる

104J

図3-3-9 ● セラミックコンデンサの容量の表示

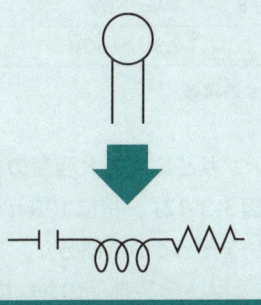

(a)
コンデンサは本来の機能のほかに抵抗やコイルの要素が存在する

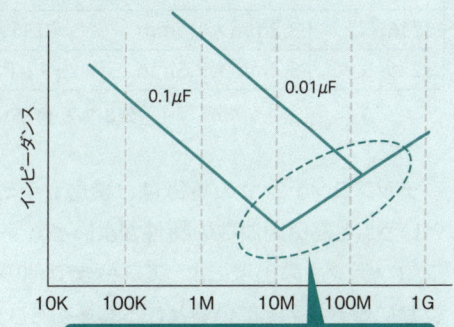

(b)
部品についているリードや内部の構造によるインダクタンスの影響により高い周波数ではコンデンサとしては働かなくなる

図3-3-10 ● セラミックコンデンサとインピーダンスとの関係

(a)
たくさんのセラミックを重ね、両端に電極を付けている

(b)
写真提供:村田製作所

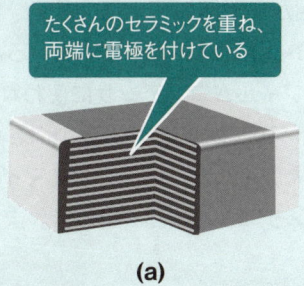

図3-3-11 ● チップコンデンサ

ですが、ちょっと見るとチップ抵抗器と同じような印象があります。しかしチップコンデンサの方が、やや背が高い場合が多いのと色が違う点があります。

チップコンデンサの大きさは、チップ抵抗と同様にいくつかの種類があります。**表3-3-2**に一般的なものをまとめてみました。

タイプ	大きさ	容量	定格電圧
0402	0.4mm×0.2mm	1pF〜100pF	6.3V〜16V
0603	0.6mm×0.3mm	100pF〜0.47μF	4V〜25V
1005	1.0mm×0.5mm	220pF〜4.7μF	4V〜50V
1608	1.6mm×0.8mm	1000pF〜0.1μF	4V〜50V
2125	2.0mm×1.25mm	22000pF〜47μF	4V〜50V
3216	3.2mm×1.6mm	0.15μF〜100μF	4V〜50V
3225	3.2mm×2.5mm	1μF〜100μF	6.3V〜50V

表3-3-2 チップコンデンサの種類

　チップコンデンサの特徴は、積層セラミックコンデンサと比べて大容量のものがある、という点と高い周波数の特性がよいということです（**図3-3-12**）。特に100μFというチップコンデンサの出現によって、今まで他のコンデンサを使っていた部分が、チップコンデンサに置き換わっているところも多くあります。現在では、実装部品のかなりの部分がこのチップコンデンサであると言っても過言ではないでしょう。これは容量の種類が多く、また製品のサイズが小さくなったためと考えられます。ただし人手でチップコンデンサを実装するのは結構大変ですし、0402タイプのものは顕微鏡とかなりの職人技がなければ実装することが難しいのが短所となります。

3-3-4 フィルムコンデンサ

　フィルムコンデンサは、フィルム材料を両側から電極の薄い箔で挟み、巻いたような構造をしています（**図3-3-13(a)**）。外観は**図3-3-13(b)**のようにいろいろと種類がありますが、基本的に四角い形状となっています。フィルムコンデンサに使われるフィルムの材料はプラスチック系の材料で、ポリエステル、スチロール、ポリプロピレン、ポリカーボネイトなどが使われ、特にポリエステルを使ったフィルムコンデンサを**マイラ・コンデンサ**、スチロールを使ったフィルムコンデンサを**スチコン**と呼んでいます。また箔にはアルミ箔、銅などが使われています。

　フィルムコンデンサの定格電圧は50V〜1000Vと非常に高いものがあります。また容量も0.001μF〜10μF程度までが一般的となっています。そして、フィルムコンデンサは周波数の特性もよく、チップコンデンサ並みの特性があります。

3-3 コンデンサを使う～受動部品②～

図3-3-12 ● チップコンデンサとインピーダンスとの関係

（セラミックコンデンサに比べ、高周波数での特性がよい）

図3-3-13 ● フィルムコンデンサ

図3-3-14 ● 電解コンデンサ

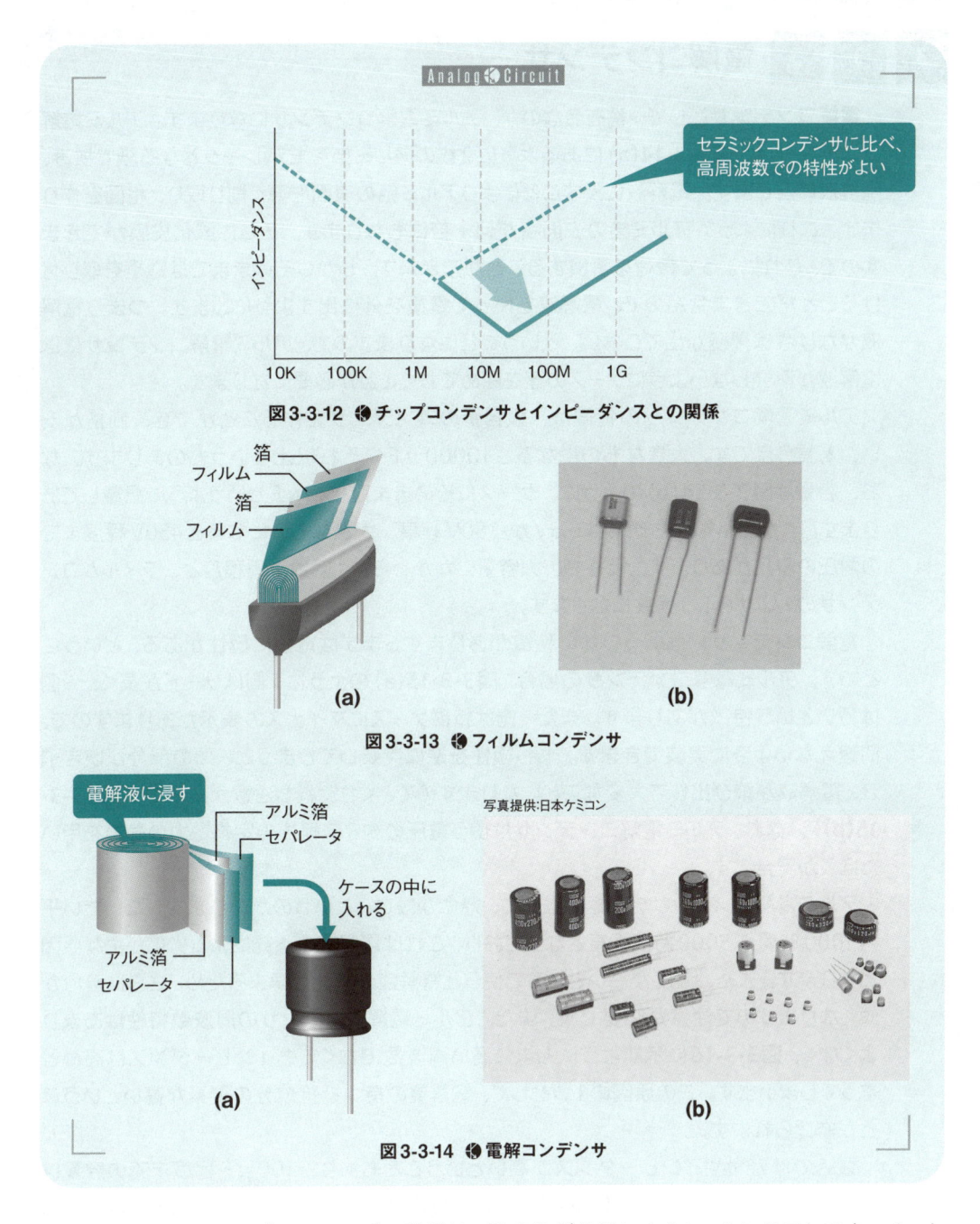

写真提供：日本ケミコン

　フィルムコンデンサの一番の特徴は、許容差が非常に小さい、ということです。メーカの種類にもよりますが、だいたいが±5％程度であり、非常によいものになると±1％という製品もあります。また温度による誤差も小さく、アナログ電子回路において精度が必要な部分に必ずと言っていいほど使われています。ただし価格がやや高めなのが、短所の1つに挙げられるでしょう。

3-3-5 電解コンデンサ

電解コンデンサとして一番有名なのが、アルミ電解コンデンサになります。アルミ電解コンデンサは、**図3-3-14(a)**にあるように2枚のアルミ箔をセパレータとなる紙で挟み、電解液に浸します。電解液に浸すことによりアルミ箔の表面を薄く削り取り、租面を作ります。これによってアルミ箔の表面積が何十倍にもなります。そこに酸化皮膜ができますので、これによって電荷を蓄積することができます。しかしそのままでは電極を取り付けることができませんので、電解液を使って電極を外に出すようにします。つまり電解液がなければ電極が出てこない、ということになりますので、アルミ電解コンデンサには電解液が蒸発しないようにケースの蓋を閉めておくことが必要になります。

アルミ電解コンデンサの特徴は、大容量のコンデンサを作ることができ、価格が安い、と言う点です。大きなものになると10000μFやそれ以上というものあります。なお、容量は**図3-3-14(b)**のように、ケースにそのまま直接何μFというように記載してあります。また定格電圧も通常は6.3Vから50V程度、大きなものになると450V程度までの耐圧の製品があります。価格も、大容量にかかわらず1個数十円程度と、フィルムコンデンサの1/2から1/3程度になります。

電解コンデンサにはいくつかの特徴があります。まずは電極に極性がある、ということです。アルミ電解コンデンサの場合、**図3-3-15(a)**のように＋側はリードが長く、－側は短いという特徴があります。また－側は特にケースにマイナスの表示がありますので、間違えないように実装できます。もし極性を逆に実装してしまうと、頭の部分が吹き飛び、電解液が飛び出して大変なことになりますので、くれぐれも注意が必要です（**図3-3-15(b)**）。なお、アルミ電解コンデンサは使う電圧の約3倍程度の定格電力のものを用いたほうが安全です。

アルミ電解コンデンサの問題点として、寿命が短い、というのがあります。だいたい平均1000時間〜5000時間程度となっており、これは電解液の蒸発による劣化が主な原因となります。また、温度が高いところで使うと電解液の蒸発が早まるため、さらに寿命が短くなりますので注意が必要です。また、アルミ電解コンデンサの周波数特性はあまりよくなく、**図3-3-16**に示すようにあまり高い周波数でなくてもインピーダンスは高めとなってしまいます。この原因の1つとして、電解質の持つ抵抗成分の要素が高いということが挙げられます。

最近では寿命やインピーダンスが高いということもあり、100μF程度までの容量は徐々にセラミックコンデンサに置き換わりつつあります。特にDCの降圧用電源回路では製品の小型化などの影響もあり、アルミ電解コンデンサよりセラミックコンデンサが使われるようになってきました。なお、インピーダンスの周波数特性を改善したアルミ電解型のコンデンサとして、パナソニック（旧三洋電機）から出ている「OS-CON」というものがあります（**図3-3-17(a)**）。これは電解液の部分に工夫を凝らしたもので、セラミックコ

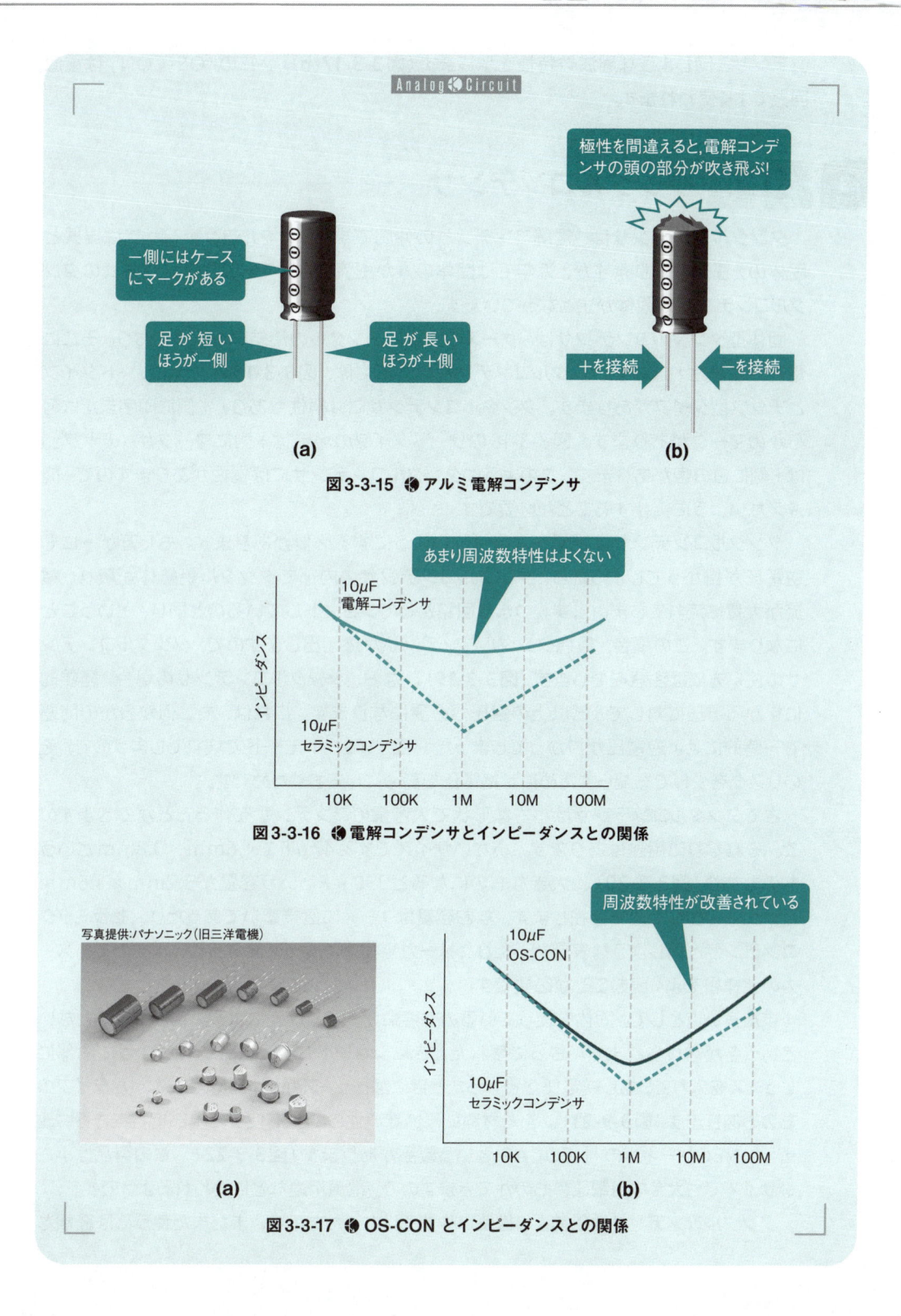

3 3 コンデンサを使う〜受動部品②〜

Analog Circuit

- 一側にはケースにマークがある
- 足が短いほうが−側
- 足が長いほうが＋側
- 極性を間違えると、電解コンデンサの頭の部分が吹き飛ぶ!
- ＋を接続
- −を接続

(a)　　　(b)

図 3-3-15 ● アルミ電解コンデンサ

- 10μF 電解コンデンサ
- 10μF セラミックコンデンサ
- あまり周波数特性はよくない

インピーダンス / 10K 100K 1M 10M 100M

図 3-3-16 ● 電解コンデンサとインピーダンスとの関係

写真提供:パナソニック(旧三洋電機)

- 10μF OS-CON
- 10μF セラミックコンデンサ
- 周波数特性が改善されている

インピーダンス / 10K 100K 1M 10M 100M

(a)　　　(b)

図 3-3-17 ● OS-CON とインピーダンスとの関係

ンデンサと同じような周波数特性を示します（**図3-3-17(b)**）。この「OS-CON」は電源回路でよく使われます。

3-3-6 タンタルコンデンサ

タンタルコンデンサは、電解コンデンサの仲間です。タンタルコンデンサには湿式と固体の2種類がありますが、近年では固体の方が主流になっており、面実装方式のタンタルコンデンサも固体が主となっています。

固体型タンタルコンデンサは、ケースの内部にタンタルの焼結体が入っており、そこに電荷が蓄積されます。タンタルコンデンサの外形には、**図3-3-18**のようにリードタイプとチップ型タイプがあります。タンタルコンデンサには極性があり、＋側に印字または何らかのマークがあります。図3-3-18のリードタイプの場合は＋側にマークが、チップ側は＋側に白の帯があります。このようにタンタルコンデンサには極性がありますので、間違えないように実装することが必要です。

タンタルコンデンサは逆電圧を掛けないようにする必要があります。もし万が一にも逆電圧が掛かってしまったら、タンタルコンデンサの内部でタンタル焼結体が壊れ、電流が大量に流れてしまいます。つまり回路としてショートしているのと同じ、ということになります。この場合、最悪タンタルコンデンサが燃え出しますので、タンタルコンデンサの使い方には注意を要します（**図3-3-19**）。なお、タンタルコンデンサの場合、経験的に掛かる電圧に対して3倍以上の耐圧が必要になります。これは、もし何からかの問題で一時的にせよ逆電圧が掛かってしまった場合、ショートモードで壊れてしまうので、そのリスクを少しでも減らすために定格電圧を高めにしておくためです。

さてタンタルコンデンサは小さな形状で大容量のコンデンサを作ることができますので、それなりに用途はあります。小さいサイズですと47μFで1.6mm×0.8mmというものもあり（**図3-3-20**）、大きなものになると330μFという容量が3.2mm×1.6mmという小さなサイズで存在します。なお容量はケースに直接書いてあったり、セラミックコンデンサと同じような表記だったりとメーカや種類によって異なっていますので、メーカの仕様書をよく読むことが必要です。

また良い点として、固体を使っているので寿命が長く、温度による変化がほとんどないという点が挙げられます。さらに壊れたときにショートになる欠点を補うように内部にヒューズを入れて、もし逆電圧が掛かったときにはヒューズが切れるようになったタイプのものもあります（**図3-3-21**）。また材料に高い電導性の物質を使って内部抵抗をさらに改善したNECトーキンの「NEOCAP」という製品があります（**図3-3-22**）。この製品は小さいサイズでも大きな耐電圧のものができますので、電源用途などに使われるようです。

タンタルコンデンサは以前よりは使いやすくはなったものの、まだまだ使うには経験な

3.3 コンデンサを使う〜受動部品②〜

Analog Circuit

写真提供：NECトーキン

図3-3-18 ● タンタルコンデンサ

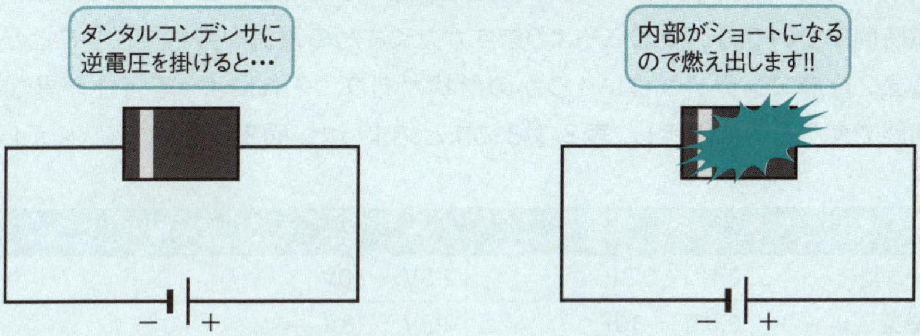

タンタルコンデンサに逆電圧を掛けると…

内部がショートになるので燃え出します!!

図3-3-19 ● タンタルコンデンサに逆電圧を掛けると…

写真提供：NECトーキン

ヒューズ入りのタンタルコンデンサ

図3-3-20 ● タンタルコンデンサの形状

図3-3-21 ● ヒューズ入りのタンタルコンデンサ

写真提供：NECトーキン

図3-3-22 ● NEOCAP

3-3-7 電気2重層コンデンサ

電気2重層コンデンサは、別名「スーパーキャパシタ」と呼ばれ、とにかく大容量を誇るコンデンサの1つとなっています。この電気2重層コンデンサは内部に固体と液体が存在し、その2つが接触している面に電荷が分布するという仕組みになっています（**図3-3-23**）。電圧を加えたときに固体と液体の面に正と負の電荷が分布し、電荷が蓄積されます。そして、電圧が加わらなくなったときに電荷が面から離れます。なお、電気2重層コンデンサはバッテリーのように化学反応を起こして電気を充電するのではないため、ほぼ半永久的に使えるということと、充電がものすごく速いという特徴があります。また放電時間についても、種類にもよりますがたくさんの電流を数秒間出すことが可能です。

電気2重層コンデンサはいくつかの形状があり、それによって特性が異なります。電子回路で使うものに限定し、**表3-3-3**にまとめました。**図3-3-24**に形状を示します。

形状	容量	定格電圧
コイン型	0.1F〜0.3F	2.5V〜30V
積層型	0.01F〜10F	2.5V〜18V
巻き型	10F〜100F	2.5V〜3.5V

表3-3-3 電気2重層コンデンサの特性

特徴としては、大きいものになると100Fという大きな容量が蓄積できることです。もっとも電子回路では、こんなに大きな値はあまり必要ではありません。用途としてはアナログ回路としてより、電源が切れたときのデジタル回路におけるメモリのバックアップのための電源用途になります。

この電気2重層コンデンサの欠点としては電圧が低いこと、および内部抵抗が大きいことなどが挙げられます。内部抵抗が大きいということは、雑音除去用のフィルタには使うことができません。ただしちょっとしたLEDの点灯などには使えると思いますので、夜間における安全対策用途として応用されている例もあります。

3-3-8 可変容量コンデンサ（バリアブルコンデンサ、バリコン）

可変容量コンデンサは、コンデンサの容量を変えることができるコンデンサで、**バリアブルコンデンサ（Variable Condenser）**、通称**バリコン**と言われます。**図3-3-25**に主なバリコンを示します。バリコンの原理は至って簡単です。**図3-3-26**のように、2枚の板がそれぞれ重なるような感じで配置されています。片方は固定で、片方が可動します。

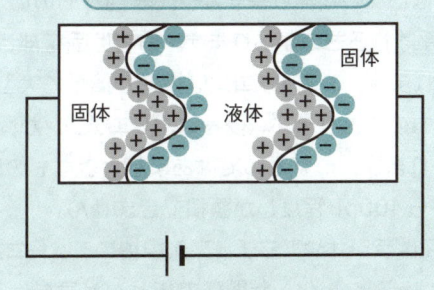

Analog Circuit

電圧を掛けると固体と液体の面に
正と負の電荷が分布する

図3-3-23 ● 電気2重層コンデンサの原理

写真提供:NECトーキン

図3-3-24 ● 電気2重層コンデンサ（スーパーキャパシタ）

エアバリコン　　　　ポリバリコン

図3-3-25 ● 可変容量コンデンサ

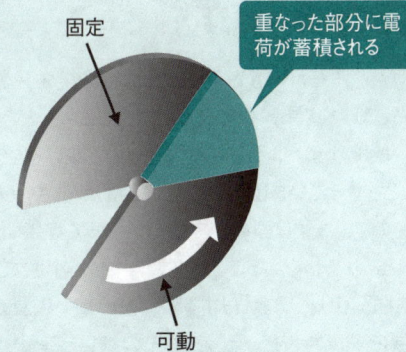

固定

重なった部分に電荷が蓄積される

可動

図3-3-26 ● 可変容量コンデンサの原理

このとき双方の重なった部分に電荷が蓄積するようになっており、可動する部分が動くと重なる面積が変わるため、蓄積できる容量が変化することになります。つまりバリコンは、固定部と可動部の重なる部分を変化させることで、容量を変更することが可能となるわけです。

　バリコンの種類にはいくつかありますが、代表的なものに**エアバリコン**と呼ばれるものと**ポリバリコン**と呼ばれるものがあります。前者は固定部と可動部の間は空気であり、そこに電荷が蓄積されます。エアバリコンは構造が簡単で大型化しやすいので、2000pFの容量が蓄積できるものもあります。後者はポリエチレンが固定部と可動部の間にあり、そこに電荷が蓄積されます。形状としてはあまり大きなものはなく、また容量も最高でもだいたい200pFから400pF程度しか蓄積できません。

　昔はバリコンと言えばラジオやアマチュア無線機のチューニング用途の部品に使われていましたが、最近ではデジタル化した関係でほとんど見掛けることがありません。現在では製造しているメーカも限られているので、部品もなかなか手に入りにくくなっているようです。

　さて可変容量コンデンサの仲間に、もう1つ**半固定コンデンサ**、別名**トリマ**と呼ばれるものがあります。**図3-3-27**にトリマを示します。これは小型のエアバリコンを、ドライバを使って回転させることができるようにしたものです。容量としてあまり大きなものは存在せず、せいぜい数pFから数十pFといったものです。トリマの用途は現在でも結構あるようで、調整が必要な回路によく使われています。

　このように、可変容量コンデンサの目的は容量を変えることで、回路上のインピーダンスを変更し、ある周波数の波のみを取り出したり、除いたりするような働きをさせることができます。しかし可動部があるので、どうしてもサイズが大きくなってしまうことが欠点となります。

Column ❼ 道具の話

　何だかんだ言いながらも道具は重要です。特に先が細い道具。昔の部品はどれもこれも大きくて、抵抗器などは手でリードをちょいと曲げるということもやっていました。最近の部品は小さいし、細いので、まずは頭の中でさてどうやって実装しよう、とあれこれ考えることが必要ですし、小さな部品を掴んだり、切ったりするのに先の細い道具が必要です。特にピンセット。先の細いピンセットは一番重要です。

　そして次に重要なのが半田ごて。そこいらに売っている20W程度の半田ごてでは、最近の面実装部品にはコテ先が大きすぎる場合があります。やはり先の細い半田ごてが必要です。お勧めはWellerなのですが、結構な価格になりますので、個人ではなかなか手が出ないのが問題です。●

Weller
http://www.gesco.co.jp/weller/top.html

3-3 コンデンサを使う ～受動部品②～

Analog Circuit

写真提供:京セラ

図 3-3-27 半固定コンデンサ

Column 8 たくさんある部品からどのように選ぶか？

世の中にはいろいろなメーカから多種多様な部品が販売されています。ではどのメーカのどの部品を選べばよいのでしょうか。トランジスタに代表される能動素子は設計の段階で決まるので特に問題はありませんが、抵抗、コンデンサ、コイルなどの受動部品や機構部品などは、それこそお店に行けばたくさん並んでいて、どれを選んでいいのか迷ってしまいます。個人的にはどのメーカでも多分大丈夫、と言う考えを持っています。実際設計図を見ながら各部品の特徴に合わせた部品の種類程度は選んでおく必要があります。例えばセラミックコンデンサであれば、村田だろうが、ロームだろうが、松下だろうがあまり変わりありません。つまり、設計図では表せない隠された仕様を読み取り、セラミックがよいか、電解がよいか、フィルムがよいか、というのを選択するのが一番の悩みどころになります。

これはやはり経験を積まないとなかなか難しいのですが、どんな周波数の信号を扱い、どの程度の期間動いていればよいのか、そしてコストはどの程度まで掛けられるかという話になります。回路設計をたくさんしている人は、だいたいこの辺りは経験上理解していますし、今まで扱った部品の中で扱いやすく、よく知っている部品を選ぶ傾向にありますので、この回路ならばこの部品だね、というような感じになります。

Analog Circuit

3-4 コイルを使う～受動部品③～

能動部品の最後では、「コイル」について取り上げます。コイルは、巻線により電気エネルギーを蓄えるという動きをする部品です。

3-4-1 コイルの性質

コイル (Coil) には電気エネルギーを蓄えるという性質があります。この性質はコイルに電流を流すことで発生する磁界によるものです（**図3-4-1**）。最初に電流が流れることにより磁界が発生しますが、電流が流れなくなり電流が0になると逆に磁界から電気エネルギー（電流）に変換され、磁界がなくなるまで電流が流れるようになります。よって、コイルには電気エネルギーを蓄える、という性質があることになります。

コイルにもいろいろな種類があり、巻き線、コアの種類、特性などの分類に分けられますが、お互いに関連付けられていますので、ここでは電子回路で使うということで**図3-4-2**に示すような特性にて分類を行いました。インダクタはあまり大きな電流を流さない用途に、トランスは大きな電流を流す用途に、という大雑把な分類となります。

さて、コイルの記号は図3-4-3のような記号となっています。インダクタの方は通常は**図3-4-3(a)** のような記号を使いますが、コア（鉄心やフェライト）がある場合など**図3-4-3(b)** の記号を、トランスは主に図3-4-3(b)か**図3-4-3(c)** の記号を使います。

コイルは電気エネルギーを蓄えるという性質があることを先に説明しましたが、これはコイルにおける電流の時間変化という意味も持ちます。つまり、流れる電流がなくなったとき、どのくらいの時間、電気エネルギーを電流に戻すことができるかということです。このパラメータを**インダクタンス**と言い、単位は2-1-4項で説明したH（ヘンリー）を使います。この値が大きければ大きいほど、蓄えるエネルギーは大きいことを示します。実際には1Hというのは非常に大きな値で、1Hを実現したトランスは**図3-4-4**に示すような大きな形状をしています。電子回路で使うコイルは、だいたいμH（マイクロ（10^{-6}）ヘンリー）という単位になります。トランスなどになると、Hという単位を使う場合があります。

3-4-2 コイルの電流

コイルを使う場合、どの程度の電流を流すことができるか、が重要になります。メーカの仕様書を見ると「許容直流電流」という項目があります。これは、これ以上の電流はコイルに流すことができませんということで、各メーカのカタログに記載されています。な

3 4 コイルを使う〜受動部品③〜

Analog Circuit

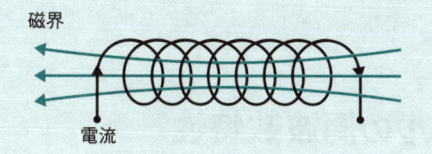

図3-4-1 ● コイルと磁界

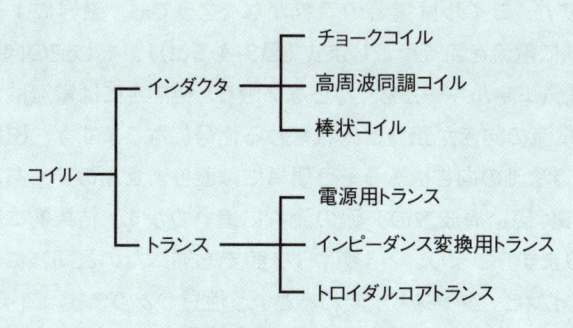

```
         ┌─ チョークコイル
    インダクタ ─┼─ 高周波同調コイル
         └─ 棒状コイル
コイル ─┤
         ┌─ 電源用トランス
    トランス ─┼─ インピーダンス変換用トランス
         └─ トロイダルコアトランス
```

図3-4-2 ● コイルの種類

(a)   (b)   (c)

図3-4-3 ● コイルの記号

写真提供：橋本電気

図3-4-4 ● 1H のチョークコイル

お、コイルのメーカによっては「温度上昇許容電流」というのがあります。これは、コイルの温度がある温度になったときの流すことができる電流量を示しています。これ以上流すとコイルが熱くなりますということなので、熱が問題になるときには、流す電流をこれ以下にする必要があります。

3-4-3 コイルの周波数特性

　コイルには直流を流して、交流を妨げるという性質があります。コイルは言わば単なる線を巻いただけということを考えると、直流を通すのは直感的にわかると思います。交流についてですが、コイルは電流の流れがなくなっても、磁界による電気エネルギーによって元の方向に電流を流そうとします（図3-4-5(a)）。もし逆の向きに電流を流そうとしても、この電気エネルギーがなくならない限り、逆向きには電流は流れません。

　交流信号は電流の向きが正負と入れ替わる信号になりますが、磁界による電気エネルギーのおかげで電流の向きはそうそう簡単には直りませんので、あまりにも高い周波数の場合、コイルは高い周波数の交流の流れに追いつかず、結果的に交流は流れにくいということになります。つまり、2-4節や3-3節でも述べたのと同様に、コイルにも周波数によって抵抗（インピーダンス）が変わるという性質があります。コイルのインピーダンスの虚数部は**誘導性リアクタンス**と言いますが、コイルにおけるリアクタンスも周波数とコイルの値で決まります。

　このリアクタンスと周波数との関係の理論的な式は「2π×周波数×コイルの値」となり、周波数とコイルの値を変化させて計算させたものが**図3-4-5(b)**のようになります。これは、コイルの値が大きくなるとリアクタンスが大きくなることを表しています。つまり、大きなコイルを付けると、高い周波数の信号は通りにくくなる、ということを示しています。この性質を利用して、コンデンサと同じようにどの周波数の信号や電流を通す、通さないという回路設計ができます。

3-4-4 チョークコイル

　チョークコイル(choke coil)はインダクタンスがかなり大きなコイルで、交流を通しにくい、つまり直流のみを通すコイルとなっています。このチョークコイルの記号は**図3-4-6**のようになっており、コイルの記号に付けられている線はコア材を表しています。このコア材によってインダクタンスを大きくしています（図3-4-4もチョークコイルの一種です）。

　コア材として**図3-4-7(a)**のようなリング型や**図3-4-7(b)**のようなEI型などが使われています。これらのコアの周りに線材を巻きつけることで、チョークコイルは作られています。リング型のコイルは製造するのは非常に面倒ですが、磁気がリングの中のみを通

3.4 コイルを使う〜受動部品③〜

(a)
磁界
電流がなくなっても…
磁界によって電流を流そうとする
すぐには逆の向きの電流は流れない

(b)
誘導性リアクタンス＝$2\pi fL$
値が大きくなるとリアクタンスが大きくなる
周波数

図3-4-5 ● コイルとインピーダンスの関係

図3-4-6 ● チョークコイルの記号

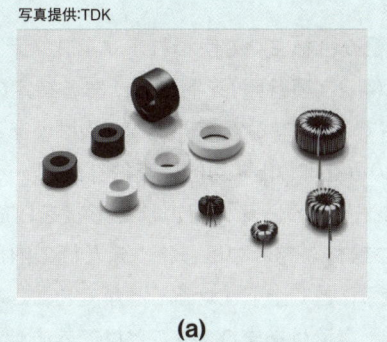

写真提供:TDK
(a)

写真提供:TDK
(b)

図3-4-7 ● コイルのコア材

るため、磁束が漏れず効率のよいコイルができます。EI型のコイルの場合はコアが分割されていますので、分割しているところから磁束が漏れていることがあり、やや効率が悪くなる場合があります。

　このようにチョークコイルはコア材に線を巻いたコイルなのですが、高い比透磁率（Memo参照）のコアを使えばその巻き数は少なくなります。つまりコア材の材質によって、小さな形状でも大きなインダクタンスのコイルを作ることができます。

> **Memo**
> 磁界の強さと磁束密度との関係が「透磁率」であり、真空の透磁率との比を「比透磁率」といいます。

　チョークコイルは主に電源などのフィルタに使われていますが、高周波用途のチョークコイルには鉄心に巻きつけただけのものもあります。なお、コア材には「鉄損」があり、高い周波数成分は鉄損によって熱になってしまいます（Memo参照）。

　図3-4-8は、磁石になりやすい物質の磁束密度と磁場との関係を示すものですが、この図の斜線部分が鉄損となります。物質によってはこの範囲が大きかったり、小さかったりします。よって、鉄損が大きなチョークコイルを使うと、高い周波数の雑音が除去されますので、電源の部分にわざと大きなチョークコイルを使う場合もあります。

> **Memo**
> 鉄損とは、コア材において交流が流れるときに失われる電気エネルギーのことです。

3-4-5 高周波同調コイル

　高周波同調コイルは、主にコンデンサと組み合わされて使われます。コンデンサをコイルと並行に繋ぐことにより並列共振回路（4-2-1項参照）を構成し、ある特定の周波数のみが通過するようにインピーダンスを設定できます。よって同調コイルは、ある一定の周波数に同調させて、特定の周波数の信号のみを取り出す目的に使われます。

　高周波同調コイルは、図3-4-9のようなシールドケースに包まれた形状をしています。シールドケースの中には筒があり、その筒に線材が巻きつけられ、また筒の内部にはコアがあります。このコアはドライバなどを使うことで上下させることができ、これによってインダクタンスを調整することができます。電流はあまり流すことはできませんが、インダクタンスとしては1μHから数mHまであります。また内部回路としては図3-4-10のようになっており、片側のコイルの中段から線が出ています。

図3-4-8 ◆ 磁束密度と磁場との関係

図3-4-9 ◆ 同調コイル

図3-4-10 ◆ 同調コイルの記号

写真提供：橋本電気

図3-4-11 ◆ ラジオ用同調コイル

図3-4-12 ◆ 電源トランス

図3-4-13 ◆ 電源トランスの記号

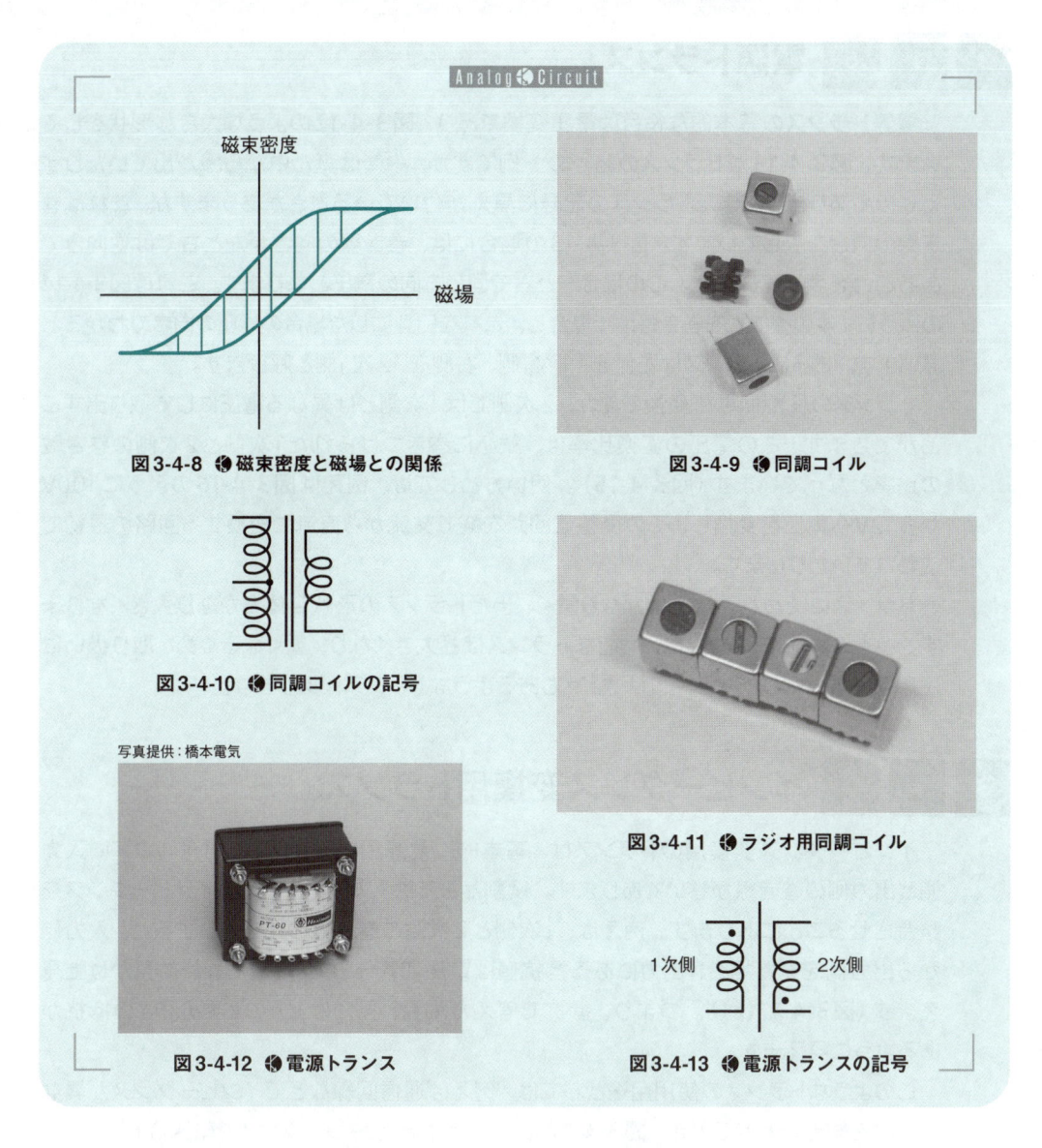

　ラジオの部品で使う同調コイルとして、局部発振器用（OSCコイル）や中間周波増幅器で使うIFT（Intermediate Frequency Transformer）などがあります。特にIFTは内部に同調用のコンデンサが入っており、わざわざ外部にコンデンサを付けなくても同調回路として動作するようなものとなっています。これらのラジオ用コイルは、コアの部分が使用用途によって色分けされています（**図3-4-11**、詳細は5-2節を参照してください）。
　これらの高周波同調コイルは、東光、ミツミなどから小さなメーカまで、いろいろなところで製造されています。

Chapter 3 アナログ回路を構成する部品

3-4-6 電源トランス

電源トランスの基本的な役目は電圧変換であり、**図3-4-12**のような大きな形状をしています。**図3-4-13**がトランスの記号の一例ですが、中には真ん中から線が出ていたりするものもあります。またトランスの記号に黒丸が付いているときがありますが、これは巻き線の向きを表しています。図3-4-13の場合には、巻き線の向きが左と右では逆向きであることを表しています。この場合左と右で同じ方向の電圧となります。これは**図3-4-14**のように1本の棒に線を巻き付けた場合と、これを□型にした場合の電圧の向きでわかると思います。さらにトランスは左側を「1次」側、右側を「2次」側と呼びます。

トランスの役割は電圧変換ですが、2次側では1次側とは異なる電圧にして取り出すことができます。この電圧の変換比率は、鉄心に巻きつけられた1次側と2次側の巻き数の比率となっています（**図3-4-15**）。使い方としては、例えば**図3-4-16**のように100Vから12Vへ電圧を変換し、その後整流回路を経て交流から直流に変換する回路の最初で使われていたりします。

トランスに使われる鉄心はかなり重く、またトランスの形状自体もかなり大きくなります。多くの電流を流すことが可能なトランスほど大きくなり、重くなるため、取り扱いに注意が必要となります。中には数Kgもあるようなトランスがあります。

3-4-7 インピーダンス変換用トランス

インピーダンス変換用のトランスは、基本的に電源用のトランスと同様にコアに入力側と出力側の巻き線が巻いてあります。役割としては1次側と2次側のインピーダンスを整合させることにあります。例えば、1次側と2次側の巻き数の比をnとすると、入力側から出力側を見た場合、出力にある抵抗値は電圧でn分の1、電流でn倍に見かけ上見えます（**図3-4-17(a)**）。つまり、抵抗で考えた場合、見かけ上nの2乗分の1の抵抗があるように見えます。

このようなトランスの使用用途としては、例えば通信回線などでインピーダンスが異なる線材を繋ぎ合わせるとき、**図3-4-17(b)**のような比を持つトランスで繋ぎ合わせれば、120Ωの線材と50Ωの線材を繋ぐことができます。このようなトランスは**中継トランス**と言われ、**図3-4-18(a)**のような形状をしています。またスピーカーのインピーダンスは4Ωから64Ωと非常に小さいので、電力増幅器からは見かけ上大きなインピーダンスになるように見せるために、**図3-4-18(b)**のようなトランスを用いています。形状としてはやや大きいものの、電源用のような大きなものではありません。

インピーダンス変換用トランスは、現在では通信用の中継機器用途など、いろいろなところで使われています。

3 4 コイルを使う〜受動部品③〜

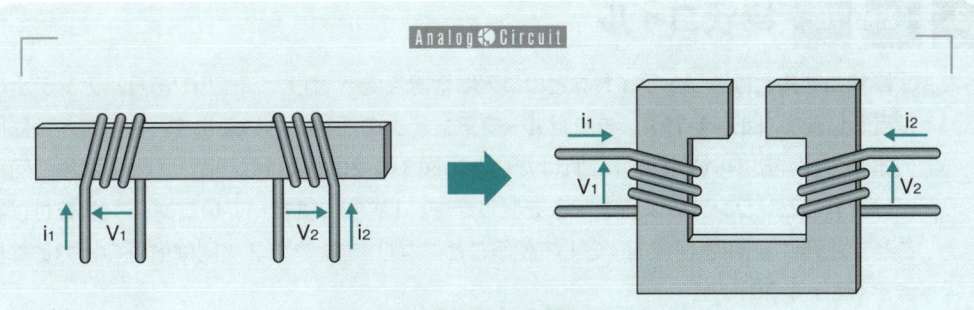

Analog Circuit

図3-4-14 ◆ トランスの巻きの向き

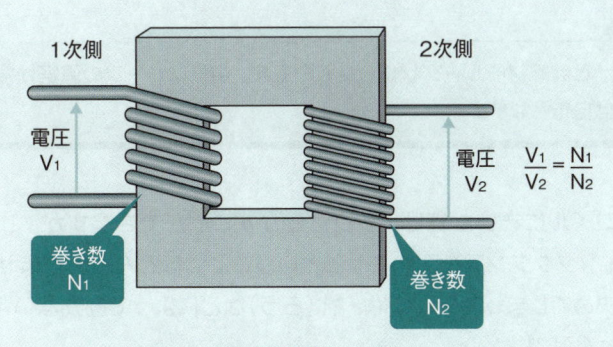

1次側　2次側

電圧 V_1　電圧 V_2

$$\frac{V_1}{V_2} = \frac{N_1}{N_2}$$

巻き数 N_1　巻き数 N_2

図3-4-15 ◆ 電圧変換と巻き数

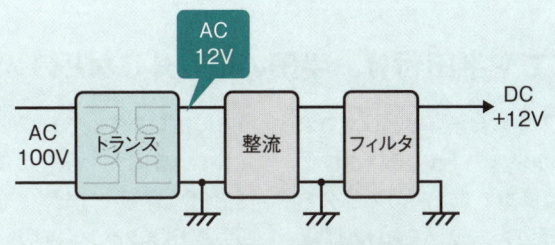

AC 100V → トランス（AC 12V）→ 整流 → フィルタ → DC +12V

図3-4-16 ◆ 電圧変換回路構成

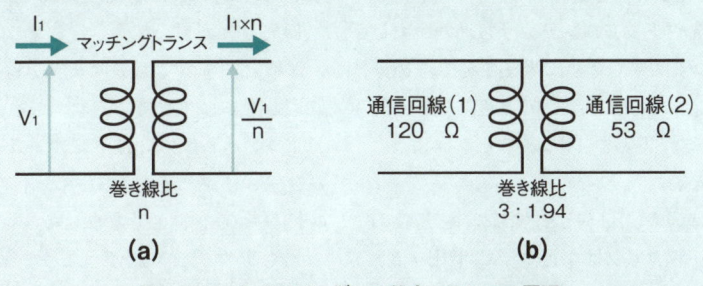

(a) マッチングトランス
I_1 → $I_1 \times n$
V_1　$\frac{V_1}{n}$
巻き線比 n

(b)
通信回線(1) 120 Ω　通信回線(2) 53 Ω
巻き線比 3：1.94

図3-4-17 ◆ インピーダンス整合トランスの原理

3-4-8 棒状コイル

棒状コイルとは、フェライトなどのコアに電線を巻き付けたコイルであり、アンテナの役目もします（**図3-4-19**）。これはループアンテナの一種ともいえます。棒状コイルには何本かの線が出ていますが、これはだいたい**図3-4-20**のような回路となっており、回路だけを見るとトランスのような印象を受けます。1次側にはたいていコンデンサを付けることで並列共振回路（4-2節）として使うことになります。また2次側は信号の出力となります（**図3-4-20**）。

> **Memo**
> ループアンテナとは線材をループ状にしたものです。中にはループの直径が数十cmのものもあります。たいていは自作となります。

棒状コイルに巻いた線は、多少は動かすことができますが、この巻き線自体を常に動かしてインダクタンスを変化させるということはほとんどありません。通常はおおよその位置を決めてしまったあとには、蝋（ろう）などによって動かないように固定してしまうことがほとんどです。

棒状コイルは、アンテナとしてだいたい100MHz以下で使うことができます。

Column 9 半田ごてや半田付け、半田の取り外しなどのノウハウ

半田ごてで部品を外すにはちょっとしたコツが必要です。スルーホール基板に実装されたリード線付きの部品は簡単です。Padの部分を暖めて、ピンセットで足を持ち上げてあげれば抜けますし、その後半田吸取線を上に乗せて、半田ごてで暖めてあげればOK。

チップ抵抗やチップコンデンサも細かいだけで、片方ずつすばやく交互に半田ごてで温めてあげれば難なくとれます。このとき、たまに部品がどっかに飛んでしまってなくならないように注意が必要です。

一番面倒なのが、ICやLSI関係。面実装のLSIのうちQFPタイプは4面全部に半田を流し込んで、順に少しずつ暖め、ピンセットで端を摘んで上に押し上げるような感じで頑張ればそのうちに抜けます。でもスルーホールに足が実装されているICが面倒。ここで「ハンダ吸い取り器」が登場。足を1ピン1ピン少しずつ、ハンダ吸い取り器でハンダを吸い上げて取るしかありません。一番大変なのがGNDのピンです。いつもここは最後になってしまいます。

何だかんだ言っても、ここまでの部品は頑張れば取れます。でもアマチュアレベルでは絶対に取れないし、実装できない、という部品があります。それはLSIの下にボールのような半田がびっしり乗っているBGAタイプです。これは専門業者でないとできません。

最もアマチュアが使うような部品にBGAはあまりありませんが。

Analog Circuit

写真提供:橋本電気

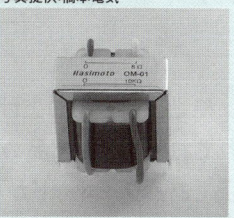

(a) (b)

図3-4-18 ◆ インピーダンス整合トランス

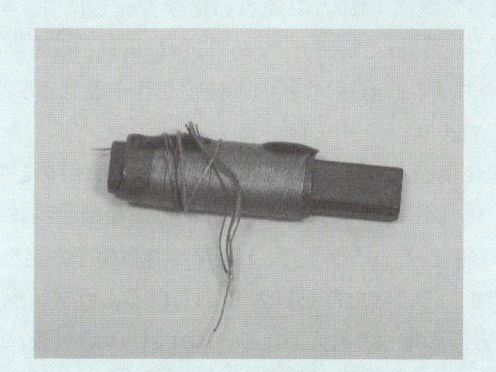

図3-4-19 ◆ 棒状コイル

棒状コイル

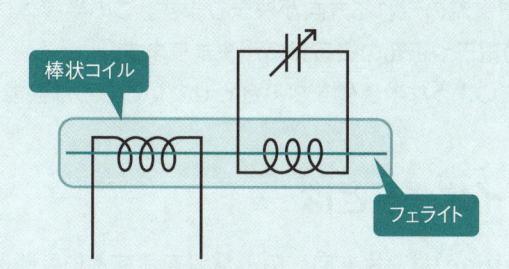

フェライト

図3-4-20 ◆ 棒状コイルの等価回路

Analog●Circuit

3-5 ダイオードを使う
～能動部品①～

ここからは、能動部品を取り上げていきます。能動部品の多くは「半導体」と呼ばれる物質から作られており、能動部品の挙動を決める重要な構造となっています。まずは、基本的な能動部品であるダイオードから取り上げていきましょう。

3-5-1 半導体とは

　能動部品の多くは**半導体（Semiconductor）**から作られています。この半導体というものは、条件によって電流（電荷）の流れる量が変化します。半導体にはゲルマニウム（Ge）やシリコン（Si）といった物質がベースに用いられ、この半導体にヒ素（As）、リン（P）、ホウ素（B）やガリウム（Ga）などの不純物を若干混ぜることで、2種類の型（**N型**と**P型**）の物質が作られます。

　この型は、**電子（electron）**または**正孔（ホール、hole）**のどちらが多く存在するかによって決められます。**図3-5-1**は、それぞれN型、P型の半導体を表しています。図よりN型半導体は電子が余っている様子が、P型半導体は電子が足りず、あたかも穴が空いているように見えます。このあたかも穴が空いているような状態を、「正孔」と言います。なお、電子は負の方向の電荷と考えるため、NegativeのNを、正孔は正の方向の電荷と考えるため、PositiveのPと表します。

　N型は電子が多く存在する半導体で、P型は正孔が多く存在する半導体となっています。この多く存在する電子または正孔が、半導体の中を自由に動き回ることができます。この動きによって電流の流れる方向が決まります。この半導体に電圧を加え、電流を流すことで、内部の電子や正孔の振る舞いが決まります。

　能動部品は、このような半導体を組み合わせていろいろな機能を実現しています。

3-5-2 ダイオードとは

　ダイオード（Diode）は、片方向にのみ電流を流すという部品です。ダイオードは**図3-5-2**のような記号を使い、それぞれの端子を**アノード（Anode）**、**カソード（Cathode）**と呼びます。日本語ではアノードは「陽極」、カソードは「陰極」と言いますが、端子の名前の語源は真空管からきています。つまり、昔のダイオードは真空管でできており、二極管と呼ばれていました。現在のダイオードはP型とN型の半導体を組み合わせてできていますが、端子の名前はそのまま残っています。また真空管の時代のすぐ後の時代で

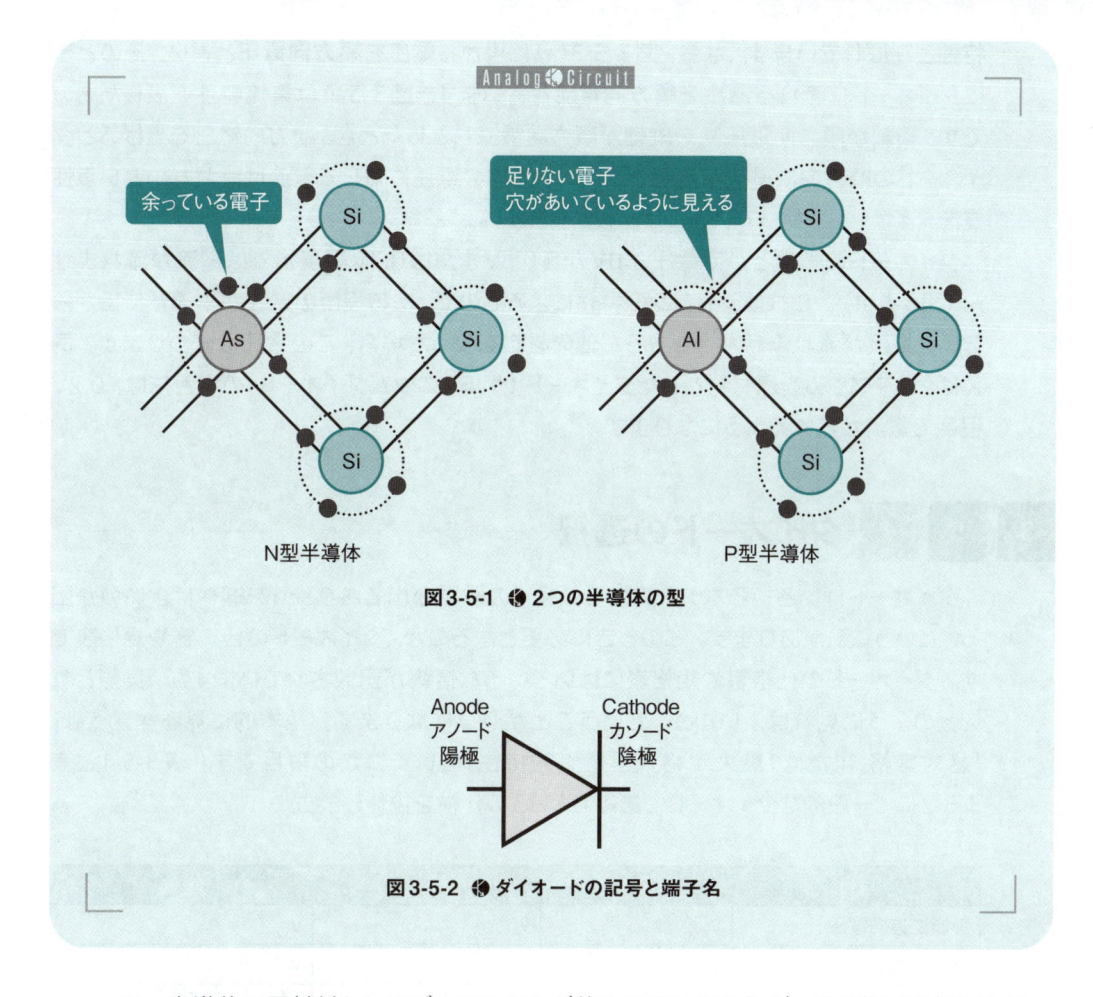

3-5 ダイオードを使う ～能動部品①～

Analog Circuit

余っている電子 → As (Si周囲)
足りない電子 穴があいているように見える → Al (Si周囲)

N型半導体　　　　　　　　　P型半導体

図3-5-1　2つの半導体の型

Anode
アノード
陽極

Cathode
カソード
陰極

図3-5-2　ダイオードの記号と端子名

は、半導体の原材料としてゲルマニウムが使われていましたが、その後は安価で大量に存在するシリコンを材料としたものが現在では主となっています。

　ダイオードの型番についてですが、日本では小信号用ダイオードは1Sから始まるというルールが決まっており、1はダイオードの意味、SはSemiconductor（半導体の略）となっています。その後に各メーカ独自の型番が続くことになっていますが、最近では各メーカ独自に型番を決めていることが多くなっています。特にチップ部品はその傾向が強いようです。また、海外のメーカの型番は、昔からメーカ独自の型番となっています。

3-5-3　ダイオードの性質

　ダイオードの基本性能は、<u>一方向にしか電流を流さないこと</u>にあります。つまり、アノード（陽極）からカソード（陰極）へは電流を流しますが、逆にカソードからアノードへは電流は流れないような性質をダイオードは持っています（**図3-5-3(a)(b)**）。これは**整流**

特性と呼ばれています。なお、図3-5-3(a)に掛かる電圧を順方向電圧と言い、そのときにダイオードに流れる電流を順方向電流と言います。図3-5-4は整流特性を表したものです。横軸が順方向電圧V_F、縦軸が順方向電流I_dとしたとき、順方向電圧を上げるとダイオードの順方向に電流が流れますが、逆方向の電圧に対して電流は流れないという性質をダイオードが持っていることがわかります。

ダイオードの特性として電圧が0Vから0.6Vまたは0.7V程度までは電流が流れません(図3-5-4)。これはシリコンの特性によるもので、ある程度の電圧が半導体に掛からないと電流が流れません。もちろん他の材料を使った場合、この電圧は変わります。例えばゲルマニウムを原材料としたダイオード(ゲルマニウムダイオード)の場合には、0.2V程度で電流が流れるようになります。

3-5-4 ダイオードの選択

ダイオードはいろいろなメーカから数多くの種類が出ており、何を選べばよいのか困る、ということがあります。このときに必要となるのが、ダイオードの仕様書や規格表です。ダイオードの仕様書や規格表にはいろいろな情報が記載されていますが、実際どれをどのように見ればよいのか、ということが必要になります。基本的に見るべき点は、「絶対定格」または「最大定格」と「電気的特性」のいくつかの項目です。表3-5-1と表3-5-2に、一般的なダイオードである1SS133の仕様を抜粋します。

項目	記号	最大	単位
尖頭逆方向電圧	V_{RM}	90	V
直流逆方向電圧	V_R	80	V
尖頭順方向電流	I_{FM}	400	mA
平均整流電流	I_O	130	mA
サージ電流(1s)	I_{surge}	600	mA
許容損失	P	300	mW
接合部温度	T_j	175	℃
保存温度	T_{stg}	－65〜175	℃

表3-5-1 ● ダイオード(1SS133)の絶対最大定格(Ta＝25℃) ※ローム 1SS133製品仕様より抜粋

項目	記号	最小	標準	最大	単位	測定条件
順方向電圧	V_F	—	—	1.2	V	I_F = 100mA
逆方向電流	I_R	—	—	0.5	μA	V_R = 80V
端子間容量	C_t	—	—	2	pF	V_R = 0.5V, f = 1MHz
逆回復時間	T_{rr}	—	—	4.0	ns	V_R = 6V, I_R = 10mA, R_L = 50Ω, I_{rr} = 1/10 I_R

表3-5-2 ● ダイオード(1SS133)の電気的特性(Ta＝25℃) ※ローム 1SS133製品仕様より抜粋

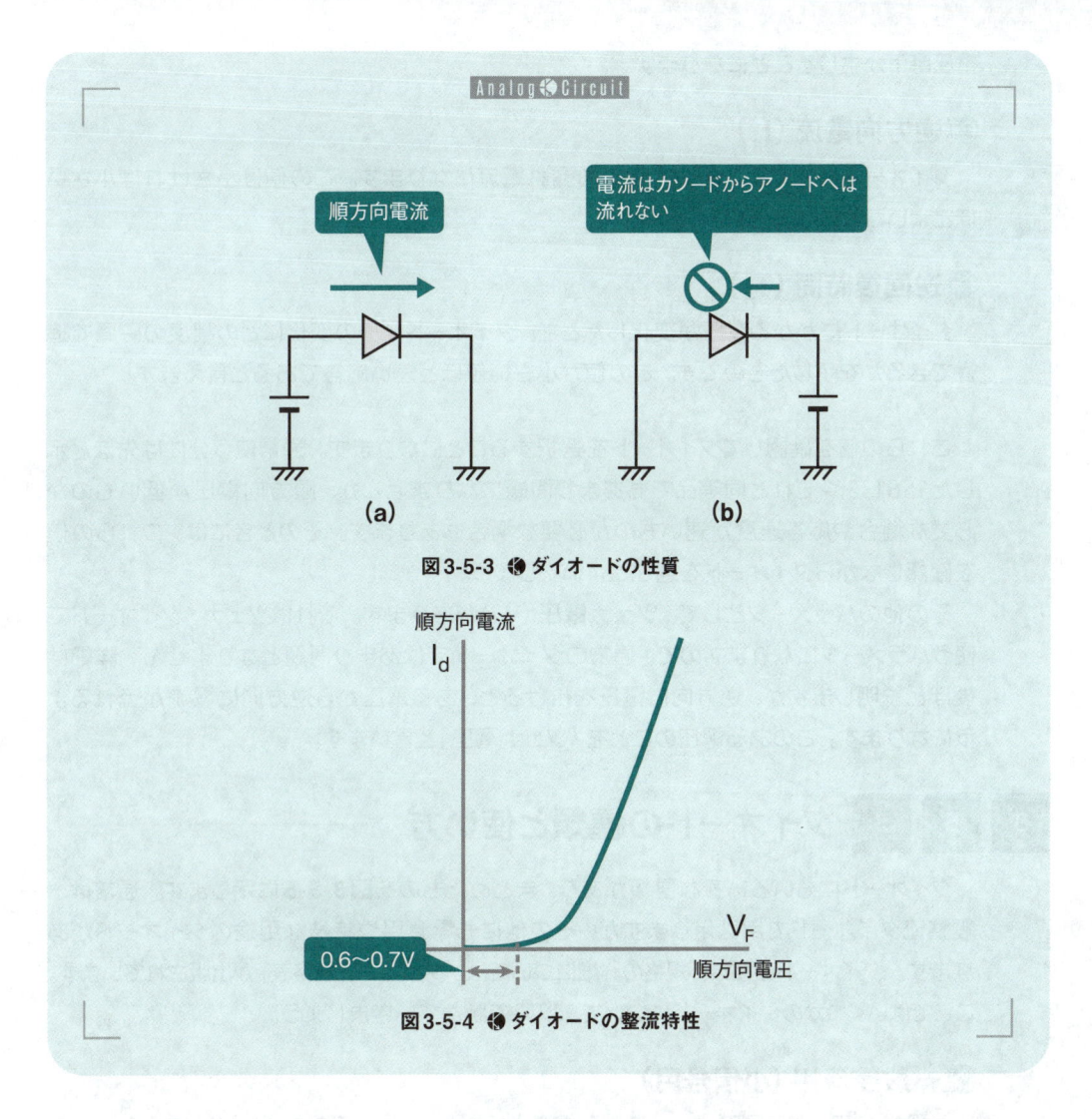

3 5 ダイオードを使う～能動部品①～

Analog Circuit

順方向電流

電流はカソードからアノードへは流れない

(a)　　　　　　　　(b)

図3-5-3 ● ダイオードの性質

順方向電流 I_d

0.6～0.7V

V_F

順方向電圧

図3-5-4 ● ダイオードの整流特性

絶対最大定格で重要なのは、**逆方向電圧**（V_R）の部分になります。この項目は、逆方向に電圧をかけてダイオードが壊れるぎりぎりの電圧になります。1SS133では、80V以上の電圧をかけるとダイオードが壊れる、ということになります。

さらに電気的特性で注目すべき項目は、「順方向電圧（V_F）」「逆方向電流（I_R）」そして「逆回復時間（T_{rr}）」になります。以降、各項目について簡単に説明します。

◉ 順方向電圧（V_F）

アノードからカソードに電流を流したときの、順方向電圧の最大値になります。この電圧の範囲は、ダイオードにとって電流が流れない範囲となります（図3-5-4）。よって、この順方向電圧は小さいほどすぐに電流が流れ始めることになります。なおダイオードの両端の電位差はほぼこの順方向電圧であり、ダイオードを使った場合この順方向電圧分の

電圧降下が生じることになります。

逆方向電流（I_R）

ダイオードに逆電圧を掛けたときの漏れ電流になります。この値は小さければ小さいほどよいことになります。

逆回復時間（T_{rr}）

ダイオードにかかる電圧が変化したとき、ダイオードがその変化にどの程度の時間で追従できるかを示したものです。この値が小さい値ほど速い応答であると言えます。

これらの値を確認してダイオードを選択することになります。通常使う分には先ほど示した1SS133やそれと同等品でもあまり問題になりませんが、順方向電圧が低いものが必要な場合や応答速度が速いものが必要な場合もあります。そのときには、これらの値を確認しながらダイオードを選ぶとよいでしょう。

その他のパラメータとして、**ツェナ電圧（V_Z）** があります。これはツェナ・ダイオードで使うパラメータになりますので、通常のダイオードではあまり問題となりません。詳細は後ほど説明しますが、逆方向に電圧を掛けると、ある電圧から逆方向に電流が流れるようになります。このある電圧のことを「ツェナ電圧」と言います。

3-5-5 ダイオードの種類と使い方

ダイオードにもいろいろな種類があり、まとめたものを**図3-5-5**に示します。通常は一般整流ダイオードで用は足りますが、その他にも電源用や特殊な用途のダイオードがあります。ダイオードの種類、規格の詳細については「ダイオード規格表」が出版されています。ここではいくつかのダイオードについて、以降で眺めていきましょう。

一般整流用（小信号用）

一般整流用（小信号用、**Memo**参照）ダイオードは、**図3-5-6(a)(b)** のようにガラス管やプラスチックパッケージに封入された形状をしています。最近では**図3-5-6(c)** のようなチップ型の形状をしているものが多く使われています。

> **Memo**
> 小信号用とは、だいたい40V以下の電圧の信号を指します。

一般整流用ダイオードは小信号用途で使われるため、だいたい数Vから50V程度までの電圧で使われています。また流すことができる電流も大きくても数百mA程度と、あまり大きな電流を流すことができません。

Analog Circuit

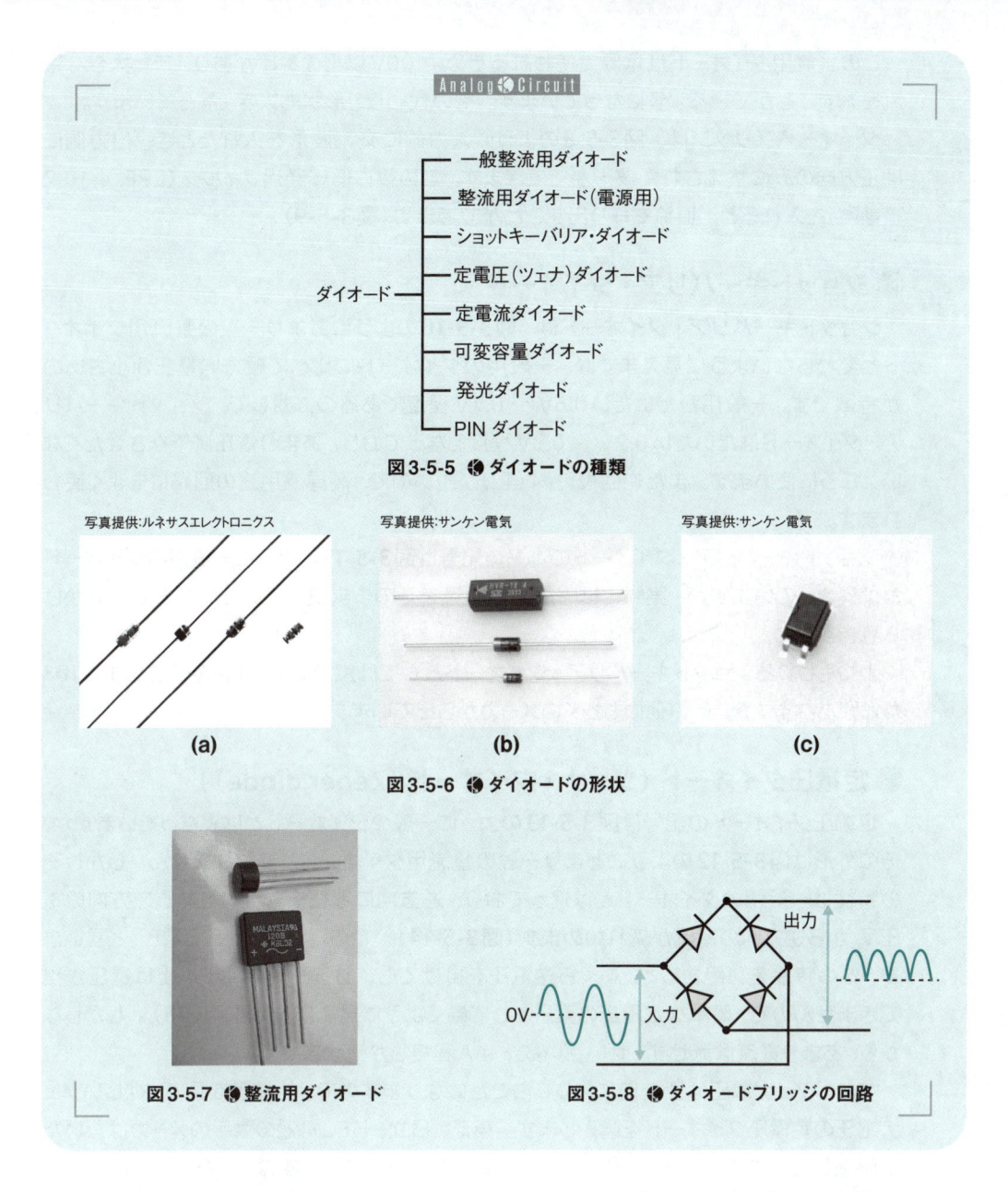

ダイオード ┬─ 一般整流用ダイオード
　　　　　├─ 整流用ダイオード(電源用)
　　　　　├─ ショットキーバリア・ダイオード
　　　　　├─ 定電圧(ツェナ)ダイオード
　　　　　├─ 定電流ダイオード
　　　　　├─ 可変容量ダイオード
　　　　　├─ 発光ダイオード
　　　　　└─ PINダイオード

図3-5-5 ◆ ダイオードの種類

写真提供:ルネサスエレクトロニクス　　写真提供:サンケン電気　　写真提供:サンケン電気

(a)　　　　　　　　　(b)　　　　　　　　　(c)

図3-5-6 ◆ ダイオードの形状

図3-5-7 ◆ 整流用ダイオード　　　　図3-5-8 ◆ ダイオードブリッジの回路

　有名な一般整流ダイオードとして東芝製の1S1588がありましたが、現在では廃品種となってしまいました。この1S1588と同じ特性を持っているダイオードとしてロームの1SS133がありますので、最近では1SS133がよく使われているようです。

▶ 整流用(電源用)

　電源で使われる整流用ダイオードは**図3-5-7**のような形状をしていますが、中身は**図3-5-8**のように4つのダイオードが繋がった**ダイオードブリッジ**となっています。

この整流用ダイオードは電源で使われるため、100V以上の耐圧があり、また大きな電流を流すことができるようになっています。その代わり、形状も大きくなっています。

ダイオードブリッジは、図3-5-8のように入力側に交流波形を入れたとき、出力側には正方向のみに整流された波形がでてきます。この後に低域通過フィルタ（LPF、4-10-2項参照）を入れると、直流を取り出すことができます（図3-5-9）。

ショットキーバリア・ダイオード

ショットキーバリア・ダイオードは、図3-5-10のようにあまり一般の整流用ダイオードと変わらないように見えますが、一般用のダイオードに比べて順方向電圧が小さいのが特徴です。一般用がだいたい0.6V〜0.7V程度であるのに対して、ショットキーバリア・ダイオードはだいたい0.2V〜0.3V程度となっており、あまり電圧降下をさせたくないところに使います。また逆回復時間（T_{rr}）が短いので、高周波用途の回路にもよく使われます。

ショットキーバリア・ダイオードの本来の記号は図3-5-11のように一般用のダイオードとは異なっていますが、実際には一般用の記号をそのまま使っている場合も多く見かけられます。

よく使われるショットキーバリア・ダイオードとしては東芝の1SS154や日立の1SS108などがありますが、その他にも多くのメーカから出ています。

定電圧ダイオード（ツェナ・ダイオード（Zener diode））

定電圧ダイオードの記号は図3-5-13のように一般のダイオードとは異なっていますが、その外形は図3-5-12のようにあまり一般の整流用ダイオードと変わりません。しかしその特性は一般用のダイオードとは違っており、逆方向に電圧をかけるとある逆方向の電圧V_Rから逆方向の電流が流れ始めます（図3-5-14）。この電圧を「ツェナ電圧」と言います。この特性を利用すると、いくら逆電圧を掛けても、ある一定の電圧以上は電圧が出てきませんので、簡単な定電圧の素子として働くように見えます（図3-5-15）。しかしながら、あまり電流は流せず、せいぜい数十mA程度しか流せません。

なお、ツェナ電圧は製造時に作りこむことになりますので、仕様書を見て、欲しいツェナ電圧の定電圧ダイオードを購入します。東芝、日立、NECなどの大手のメーカはだいたい製造していますし、ツェナ電圧も0.1V単位で細かくありますので、たいていは欲しい電圧のものが手に入ります。ただし、大きなツェナ電圧のものはあまり見当たりません。メーカにより40V程度までのツェナ電圧が取り揃えてありますので、ダイオード規格表などで調べてみるとよいでしょう。

定電流ダイオード

定電流ダイオードはCRDとも呼ばれ（4-11節でも定電流ダイオードについては述べています）、図3-5-16のように一般のダイオードと形状はあまり変わりませんが、入力する

3-5 ダイオードを使う〜能動部品①〜

Analog Circuit

図3-5-9 ◆ ダイオードブリッジの使い方

図3-5-10 ◆ ショットキーバリア・ダイオード

図3-5-11 ◆ ショットキーバリア・ダイオードの記号

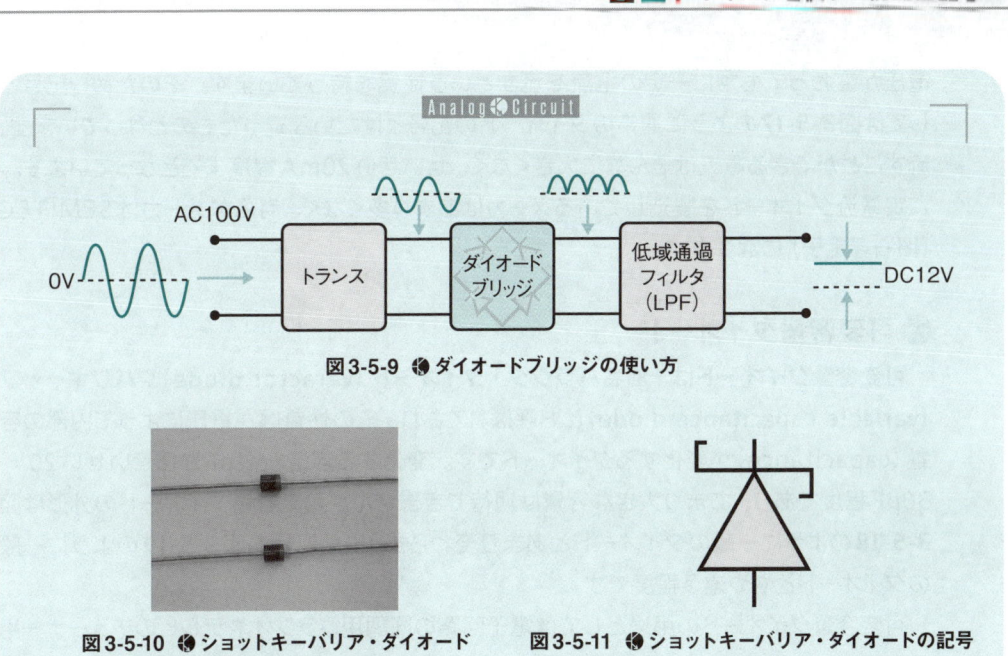

図3-5-12 ◆ ツェナーダイオード

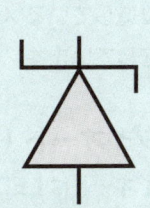

図3-5-13 ◆ ツェナーダイオードの記号

ある電圧になると逆方向の電流が流れ始める

V_R

図3-5-14 ◆ ツェナーダイオードの性質

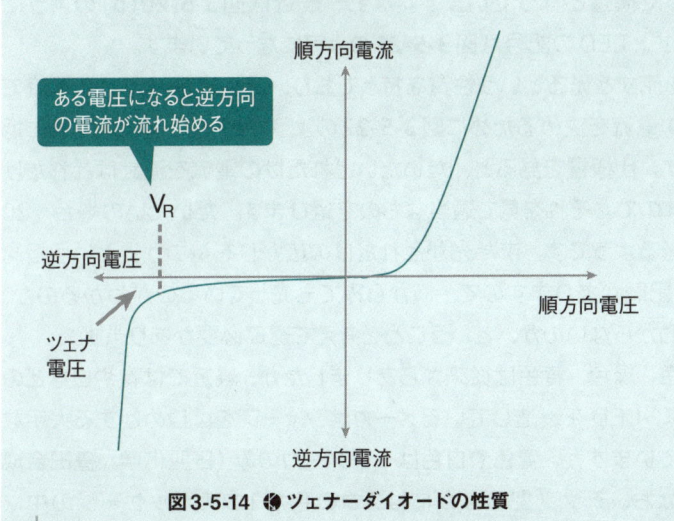

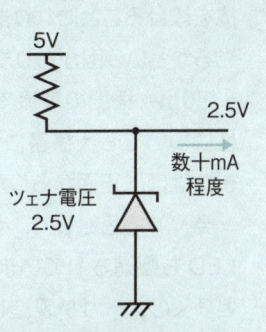

図3-5-15 ◆ ツェナーダイオードの使い方

電圧が変わっても常に一定の電流を流すという性質を持っています。そのため、記号としては図3-5-17のように通常のダイオードの記号とはだいぶ違ったものとなっています。流すことができる電流はそんなに大きくなく、せいぜい20mA程度までとなっています。

定電流ダイオードを製造しているメーカはあまり多くなく、有名なメーカはSEMITEC（旧石塚電子）になります。

可変容量ダイオード

可変容量ダイオードは、別名バラクタ・ダイオード (varactor diode)やバリキャップ (variable capacitance diode)とも呼ばれており、その性質は逆電圧によって内部の容量 (capacitance)が変化するダイオードです。変化する容量も数pFからせいぜい20〜30pF程度であり、あまり大きな容量は期待できません。可変容量ダイオードの外形は図3-5-18のように一般のダイオードとあまり変わらず、また記号も図3-5-19のように一般のダイオードとやや違う程度です。

可変容量ダイオードの用途としては電子回路の同調用、ラジオやテレビのチューナー用やVCO (Voltage Controlled Oscillator：電圧制御発振器、4-8-6項参照)などに使われます。製造しているメーカも多く、東芝、パナソニック、東光、ルネサスなど大手のメーカが製造をしています。

発光ダイオード (LED)

発光ダイオードはLED (Light Emitting Diode)と言われることが多く、通常は単に「LED」とだけで通じてしまう場合がほとんどです。外形は図3-5-20(a)のように光を通す樹脂の中に素子が入った構造となっています。なお、最近は図3-5-20(b)のようにチップ型の製品もあります。LEDの記号は図3-5-21のようになっています。

LEDは順方向に電圧を流すと光るという性質を持っており、その光量は流れる電流で決まります。そこで、流す電流を決めるために図3-5-22のようにLEDの前または後に抵抗を設けることになります。仕様書を見ると、だいたいどれだけの電流を流せばどれだけ光るかという図がありますので、それを見て適当なものを選びます。だいたいの場合、20〜30mA程度の電流で光るようです。また光がどれだけの広がりを持つか、という指向性についても仕様書には記載がありますので、横からみても光っているのがわかるのか、またはほぼ正面からしかわからないのか、ということを考えて選ぶ必要があります。

発光する色として、赤色、緑色、黄色は従来からありましたが、最近では青や白などのLEDも製造されています。LEDを製造しているメーカはシャープをはじめとする大手など多くのメーカが製造していますが、青色や白色は一部メーカのみ（日亜化学、豊田合成など）となっています。なお、チップ型のなかには2つの色が1つのパッケージの中に入っているものもありますので、必要に応じて選ぶとよいでしょう。

3-5 ダイオードを使う～能動部品①～

Analog Circuit

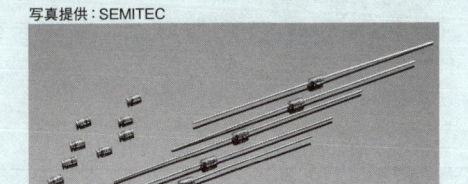

写真提供：SEMITEC

図3-5-16 ● 定電流ダイオード

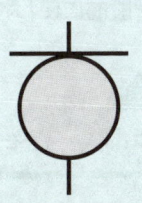

図3-5-17 ● 定電流ダイオードの記号

図3-5-18 ● 可変容量ダイオード

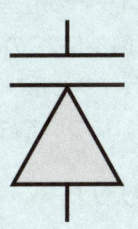

図3-5-19 ● 可変容量ダイオードの記号

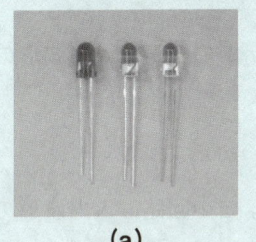

(a)　(b)

図3-5-20 ● 発光ダイオード(LED)

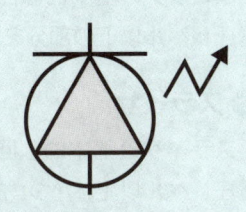

図3-5-21 ● 発光ダイオードの記号

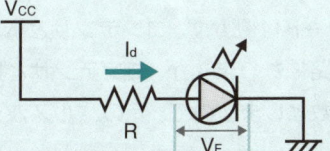

$I_d=20mA$, $V_F=1.2V$で光るLEDの場合、$V_{CC}=5V$とすると抵抗の値は$(5V-1.2V)/0.025A=190Ω$となる。

図3-5-22 ● 発光ダイオードの使用例

109

PINダイオード

PINダイオード (p-intrinsic-n Diode)は特殊な用途のダイオードで、流れる順電流で抵抗値が変化するダイオードです。抵抗値としては数Ωから数百Ω程度です。用途としては高周波信号用のスイッチやアッテネータ（Memo参照）などに使われますが、あまり一般的に使われるようなダイオードではありません。

> **Memo**
> アッテネータとは、信号を適度なレベルまで落とす減衰器のことです。

3-5-6 ダイオードを使った簡単な非線形回路

ダイオードの用途として、入力信号の波形を整形または変換をする回路があります。たとえば図3-5-23のように3種類の振幅の整形ができます。それぞれをクリッパ、リミッタ、スライサと呼び、入力波形に対する振幅を選択する、ということになります。以下にそれぞれについて説明します。

クリッパ

クリッパの基本的な回路は図3-5-24のようになります。この回路は入力波形のある電圧レベル以上の部分を取り出すことができます。

リミッタ

リミッタの基本的な回路は図3-5-25のようになります。この回路は入力波形のある電圧レベル以下の部分を取り出すことができます。

スライサ

スライサの基本的な回路は図3-5-26のようになります。この回路は入力波形のある電圧レベル以上、かつ、ある電圧レベル以下の部分を取り出すことができます。

その他、信号の直流レベルを変える回路としてクランパと呼ばれる回路があります。図3-5-27のように電圧より低い入力に対してはダイオードが働いて電圧Eが出力されますが、電圧より高い入力の場合には、ダイオードは働かず、コンデンサと抵抗の回路による波形が出力されます。この回路は微分回路になりますが、コンデンサと抵抗の値は入力信号の周波数に対して十分に大きな時定数としますので、元のパルス波形が出力されることになります。

以上のようなダイオードを使った回路によって、波形の必要な部分のみを取り出して信号の計測などの用途に使います。

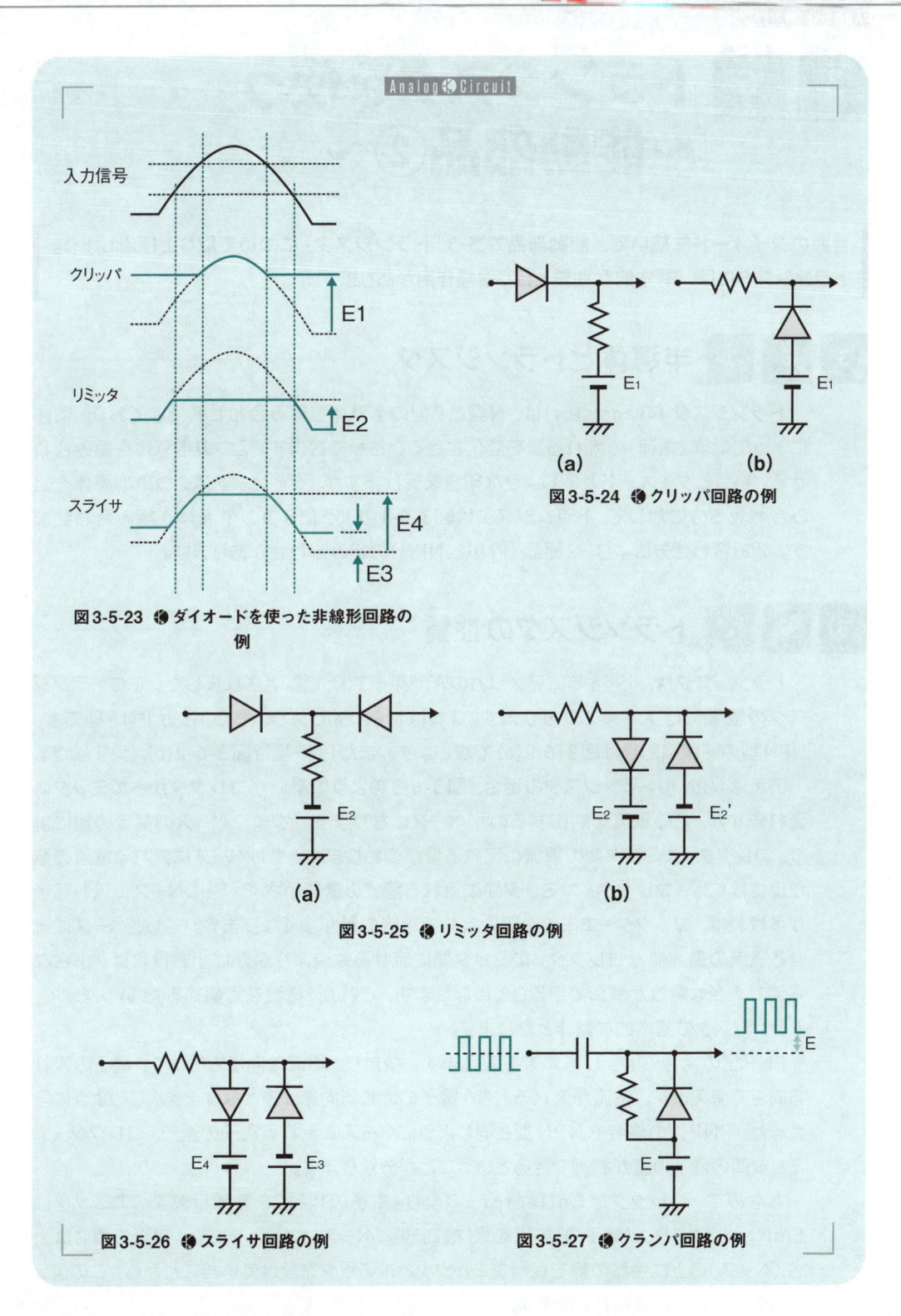

図3-5-23 ◆ ダイオードを使った非線形回路の例

図3-5-24 ◆ クリッパ回路の例

図3-5-25 ◆ リミッタ回路の例

図3-5-26 ◆ スライサ回路の例

図3-5-27 ◆ クランパ回路の例

3 6 トランジスタを使う ～能動部品②～

前節のダイオードに続いて、能動部品である「トランジスタ」について取り上げましょう。トランジスタには、基本的な性質として増幅作用があります。

3 6 1 半導体とトランジスタ

トランジスタ(Transistor)は、N型とP型の半導体を組み合わせてできており、条件によって電流(電荷)の流れる量を変化させることができます。2つの半導体を組み合わせるというとダイオードと同じような印象を受けますが、ダイオードは2つの半導体を組み合わせるのに対して、トランジスタは**図3-6-1**のように3つの半導体を組み合わせます。組み合わせ方により、2種類(PNPとNPN)の組み合わせがあります。

3 6 2 トランジスタの性質

トランジスタは、1948年にアメリカのAT&T研究所で発明されました。このトランジスタの種類には大きく2つあります。1つはNPN型であり、もう1つがPNP型です。NPN型の回路図記号は**図3-6-2(a)**で表します。またPNP型は**図3-6-2(b)**で表します。

例えばNPN型トランジスタの場合、**図3-6-3**のように電流が**コレクタ**から**エミッタ**に流れますが、この電流を制御するのが**ベース**になります。つまりベースの電流の量により、コレクタ−エミッタ間の電流の流れる量が変わります。もしベースに流れる電流の量が小さければ、コレクタ−エミッタ間に流れる電流の量も小さく、逆にベースに流れる量が多ければ、コレクタ−エミッタ間に流れる電流の量が多くなります。もし、ベースに流せる電流の最高値がコレクタ−エミッタ間に流せる電流より遙かに小さければ、小さな電流で大きな電流が制御できることになります。これが「電流を増幅する」という考えで、トランジスタの基本的な動作となります。

PNP型の場合には少し考え方を変えます。つまり、電流の向きではなく、電子の流れる向きで考えます。電流が流れるとき、電子の流れる向きは逆となります。このように考えると、PNP型の場合もNPN型と同じようにベースに流れる電子の量で、コレクタ−エミッタ間の電子の量が制御できるということが分かります。

ちなみに、コレクタは**Collector**、つまり(電子の)収集を意味します。エミッタは**Emitter**、つまり、(電子の)排出を意味します。ベースは**Base**であり、初期の頃には土台(ベース)の上に金属の線を使ってコレクタとエミッタを設けていたことから、このように名付けられたと言われています。

図3-6-1 ● トランジスタの構造

図3-6-2 ● トランジスタの記号

図3-6-3 ● トランジスタの性質

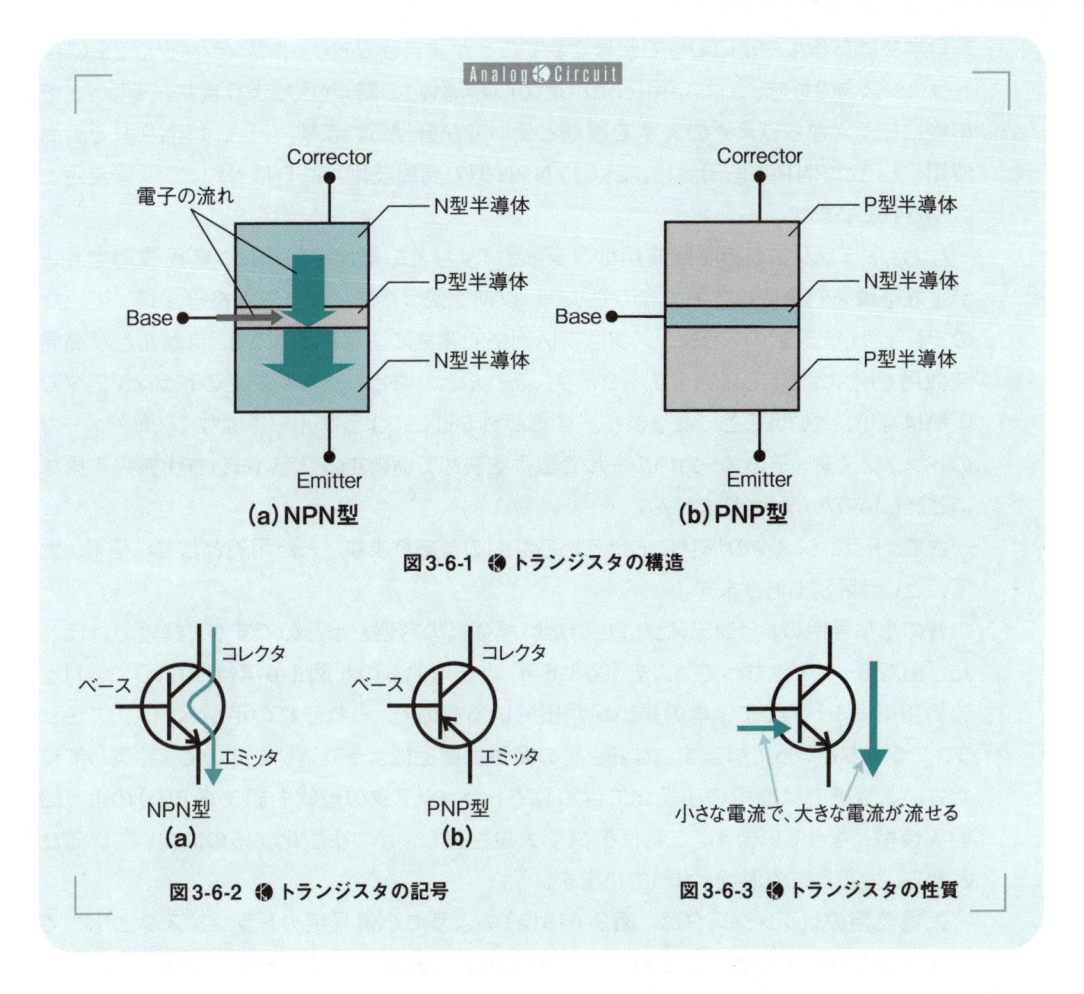

なおトランジスタは電子と正孔（hole）の2つのキャリアの動きによって電流を制御しますので、「バイポーラ」（bipolar）トランジスタとも呼ばれます。

3-6-3 トランジスタの種類

トランジスタには前述したPNP型、NPN型という2つの種類と、高周波用と低周波用という2つの使い方から、大きく4つに区別できます。表3-6-1が、その区別したものになります。

	高周波数用		低周波数用	
	小信号用	大電流用	小信号用	大電流用
PNP	2SA		2SB	
NPN	2SC		2SD	

表3-6-1 ● トランジスタの区別

日本ではあるルールに沿って記号で表すことが決まっており、トランジスタは2S（2はトランジスタの意味、SはSemiconductor（半導体）の略）から始まります。そして、その後に続くAからDまでの文字で種類と使い方が分けられます。2SAはPNP型で高周波用、2SBはPNPで低周波用、2SCはNPN型で高周波用、2SDはNPNで低周波用と区別されています。

なお、トランジスタの高周波用はラジオやTVなどの帯域を対象に、低周波用はオーディオ帯域を対象にしたものなのですが、以前は使う帯域によって価格等が違っていたのでしょうが、最近のトランジスタは安い価格で非常に性能がよいので、ほとんどが高周波数用で用が足りてしまいます。つまり、ほとんどの場合、2SAか2SCのトランジスタで問題はない、ということになります。なお海外ではこのようなルールはなく、海外メーカのトランジスタはそのメーカのルールで型番を決めていますので、いちいち仕様書を見ないと詳しいことがわかりません。

さて、トランジスタの形状にもいろいろなものがあります。また用途として小信号、大電流という区別もあります。

昔の小信号用のトランジスタはだいたいが金属の容器だったのですが、最近ではほとんど樹脂モールドとなっています（図3-6-4）。一般的なのが**図3-6-4(a)**のように半月型の樹脂モールドの下に3本の長い足が出ているもので、それぞれの足がベース、エミッタ、コレクタとなっています。なお、足の順番は製品によって違いますので、注意してください。最近では機器の小型化に合わせてトランジスタの形状も**図3-6-4(b)**のように面実装型となっています。これは機械で大量生産し、かつ小型化するのに向いていることから、主流はこの形状となっています。

大電流用のトランジスタは、**図3-6-5(a)**のように小信号用のトランジスタに比べて大きな形状をしています。これは大電流を流したときに発生する熱を逃がすために、型の一部に金属を使っていることによります。また中には**図3-6-5(b)**のように全体が金属というトランジスタもあり、このような型はかなりの熱を出しますので、注意してください。中には熱を逃がすために金属の放熱板（ヒートシンク）を付ける必要があるトランジスタもあります。

3-6-4　トランジスタの選択

数あるトランジスタからどのようなものを選べばよいのでしょうか？　このときに必要なのが、トランジスタの仕様書や規格表です。トランジスタの仕様書や規格表にはいろいろな情報が記載されているものの、実際これをどのように見ればよいか、ということが必要になります。なおトランジスタを一覧にした規格表として「トランジスタ規格表」が出版されています。

基本的に見るべき点は「絶対定格」または「最大定格」と言われるところ、直流電流増幅率（hfe）、およびトランジション周波数（f_T）になります。

Analog Circuit

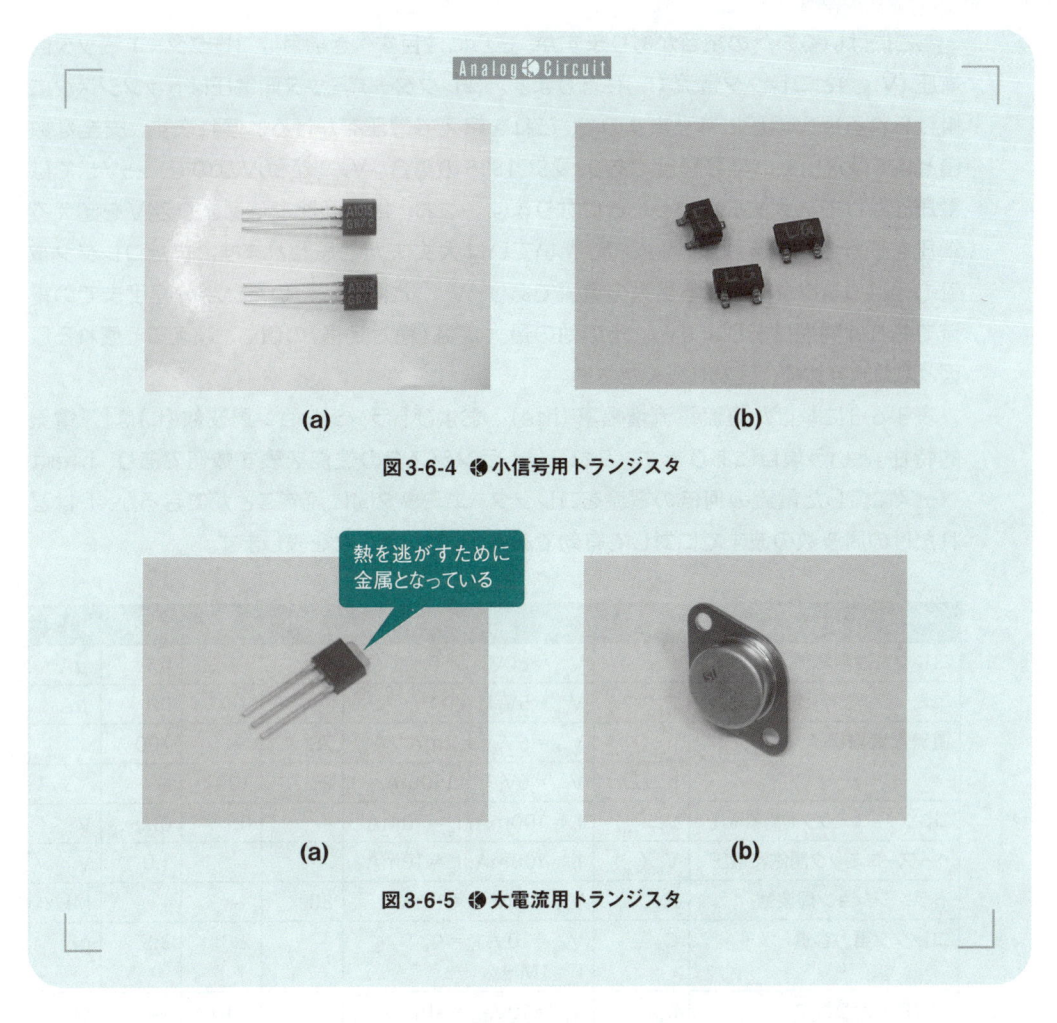

(a) (b)

図3-6-4 ● 小信号用トランジスタ

熱を逃がすために
金属となっている

(a) (b)

図3-6-5 ● 大電流用トランジスタ

　「絶対定格」または「最大定格」と言われる仕様は、この値を超えて電圧や電流、そして温度をかけるとトランジスタが壊れますよ、というものです。表3-6-2に一般的なNPN型トランジスタである2SC1815の仕様を抜粋します。

項目	記号	定格	単位
コレクタ-ベース間電圧	V_{CBO}	60	V
コレクタ-エミッタ間電圧	V_{CEO}	50	V
エミッタ-ベース間電圧	V_{EBO}	5	V
コレクタ電流	I_C	150	mA
ベース電流	I_B	50	mA
コレクタ損失	P_C	400	mW
接合温度	T_j	125	℃
保存温度	T_{stg}	-55～125	℃

表3-6-2 ● 2SC1815の仕様（最大定格・Ta＝25℃）　※東芝 2SC1815製品仕様より抜粋

ここにはいくつかの項目がありますが、さらに注目すべき項目はコレクタ−エミッタ間電圧（V_{CEO}）とコレクタ電流（I_C）になります。コレクタ−エミッタ間電圧はトランジスタに掛けられる最大電圧になりますので、これを超えて電圧をかけると壊れます。安全な数値としてはだいたい半分程度であり、2SC1815の場合、V_{CEO}が50Vなので、25Vまでは電圧をかけても大丈夫ということになります。なお、電子回路ではあまり24Vを超える電圧を使うことはありませんので、たいていは大丈夫だと思われます。またコレクタ電流（I_C）はコレクタに流せる最大の電流であり、V_{CEO}と同様にだいたい半分程度までの電流であれば問題はありません。その他の最大定格（絶対定格）の値も、超えると壊れる原因となりますので、注意してください。

表3-6-3に挙げた直流電流増幅率（hfe）、およびトランジション周波数（f_T）は、「電気的特性」という項目にあります。これらはトランジスタの性能を表す数値であり、hfeはベースに流した電流の何倍の電流をコレクタ−エミッタ間に流すことができるか、f_Tはどれだけの周波数の波までに対して有効であるか、ということを表します。

項目	記号	測定条件	最小	標準	最大	単位
コレクタ遮断電流	I_{CBO}	$V_{CB}=60V, I_E=0$	—	—	0.1	μA
エミッタ遮断電流	I_{EBO}	$V_{EB}=5V, I_C=0$	—	—	0.1	μA
直流電流増幅率	$h_{FE}(1)$ *	$V_{CE}=6V, I_C=2mA$	70	—	700	
	$h_{FE}(2)$	$V_{CE}=6V, I_C=150mA$	25	100	—	
コレクタ−エミッタ間飽和電圧	$V_{CE}(sat)$	$I_C=100mA, I_B=10mA$	—	0.1	0.25	V
ベース−エミッタ間飽和電圧	$V_{BE}(sat)$	$I_C=100mA, I_B=10mA$	—	—	1.0	V
トランジション周波数	f_T	$V_{CE}=10V, I_C=1mA$	80	—	—	MHz
コレクタ出力容量	C_{ob}	$V_{CB}=10V, I_E=0,$ $F=1MHz$	—	2.0	3.5	pF
ベース拡がり抵抗	f_{bb}'	$V_{CE}=10V, I_E=-1mA,$ $f=30MHz$	—	50	—	Ω
雑音指数	N_F	$V_{CE}=6V, I_C=0.1mA,$ $f=1kHz, R_G=10kΩ$	—	1	10	dB

* $h_{FE}(1)$の分類　O：0〜140、Y：120〜240、GR：200〜400、BL：350〜700

表3-6-3 ● 2SC1815の仕様（電気的特性・Ta＝25℃）　※東芝 2SC1815製品仕様より抜粋

ここで特に重要なのはhfeになります。hfeについては4-3節でも取り上げますが、非常に重要なパラメータです。hfeの値が大きければ大きいほど、入力に対して出力できる電流が大きいことを表します。だからといって単純に大きければいいというわけではありません。流せる出力電流は先ほどの最大定格であるI_Cの値は超えられません。また逆に出力に対して入力を小さくできるのですが、hfeが大きいと入力される電流があまりにも小さくなりすぎて、周囲の環境（温度や雑音）に弱くなるということもあります。ですから1つのトランジスタにおけるhfeの値は100〜300程度くらいで使うことを考えます。な

3 ⑥ トランジスタを使う～能動部品②～

Analog Circuit

図3-6-6 ◉ トランジスタの V_{BE}

東芝 2SC1815製品仕様より転載

図3-6-7 ◉ $V_{CE} - I_C$ 特性

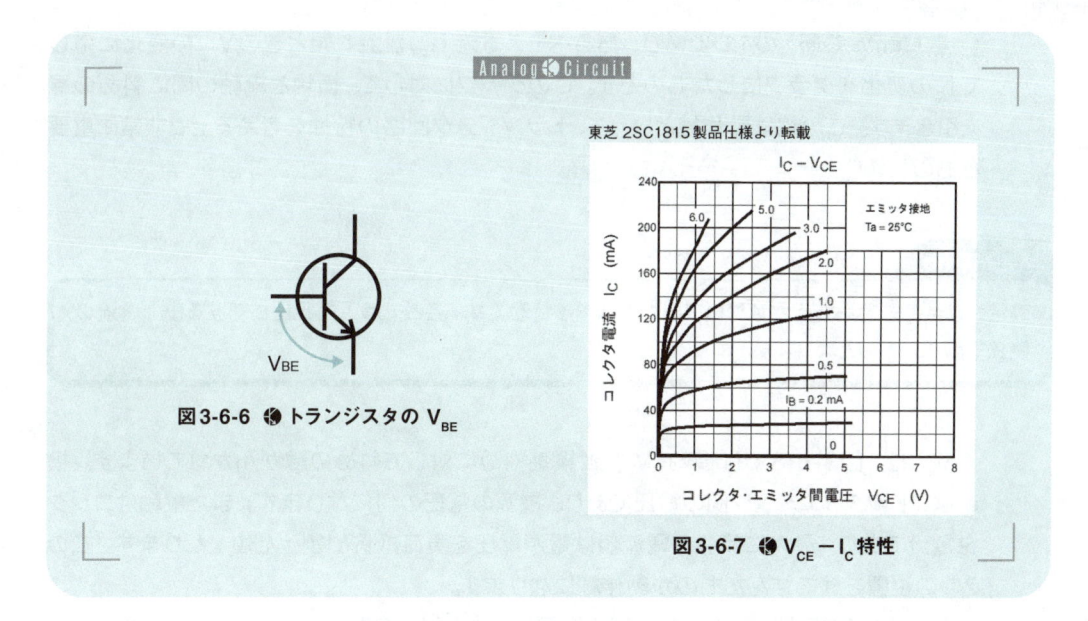

おメーカによってはこのhfeの値に対していくつかの分類がありますので、購入するときに注意してください。

トランジション周波数（f_T） は、使える周波数帯域ということになります。2SC1815の場合、f_Tが80MHzなので、このトランジスタは80MHz以下で使えるということを意味します。なお80MHz以上で使った場合にはhfeが小さくなり、最終的には入力と出力が同じ、つまりまったく役に立たないということになります。

さてこれ以外にも仕様書には書かれていませんが、重要な項目としてベース-エミッタ間電圧（V_{BE}）があります（図3-6-6）。この項目は半導体の特性ということになりますので、たいていのトランジスタでは0.6V～0.7Vという固定した数値になります（📖Memo 参照）。実はこの数値は非常に重要であり、トランジスタのコレクタ-エミッタ間に電流を流すには、ベースに電流を流すだけでなく、ベースとエミッタ間の電圧の差が0.6V以上あることが必要となります。つまり、ベースの電圧がエミッタの電圧より0.6V以上高くなければ、ベースにいくら電流を流してもトランジスタは動いてくれない、ということになります。

> 📖 **Memo**
> ベース-エミッタ間電圧（V_{BE}）は、ダイオードの項目でも述べたように、電流が流れない順方向電圧と同じ考え方になります。

回路自体の特性を考える上で必要なのが **$V_{CE} - I_C$ 特性**（コレクタ-エミッタ間電圧-コレクタ電流特性）と言われるものです（図3-6-7）。これはトランジスタの静特性

Chapter 3 アナログ回路を構成する部品

(📖Memo 参照)の1つであり、あるベース電流(I_B)が流れたときのV_{CE}の変化に応じてI_Cの変化をグラフにしたものです。このグラフに対して、横軸と縦軸の間に斜めの線を引きます。この線は**動作線**といって、トランジスタ回路の特性を考える上で非常に重要なものとなります。

> 📖**Memo**
>
> 静特性とは、入力を変化させないで出力を調べる特性です。ここでは入力電圧に対する出力電流の関係を調べたものとなります。

例えば、**図3-6-8**では横軸(V_{CE})と縦軸(I_C)に対して斜めの線が引かれています。横軸はコレクタ−エミッタ間の電圧であり、電源の電圧の値になります。また縦軸はコレクタ電流であり、最大に流れる電流値は電源電圧を負荷抵抗で割った値となります。この2つの位置を線で結んだものが動作線になります。

トランジスタ回路は、この動作線の範囲で入力と出力の関係が成り立つように設計を行います。なお設計するときに入力に対してどれだけの電流が流れるか、ということを確認しておく必要があります。図3-6-8の場合、コレクタ−エミッタ間電圧にあるVxの電圧を中心に信号が入力されたとします。電圧Vxから垂直に線を延ばすと、動作線に到達します。この位置を**動作点**と言います。そしてこの点に対するコレクタ電流はIxとなります。

よく考えると入力信号の波形がない場合でも常にVxの電圧がトランジスタに入力され、その結果コレクタ電流Ixが流れています。つまり、何も信号がなくても常に電流が流れているような状態が発生しています。これを解決する方法としては、動作点を動作線に沿って移動させることになりますが(**図3-6-9**)、その場合入力に対して出力電流が歪むという問題があります。これに関しては4-4節で詳しく述べます。

さて、以上のようなこれらの項目を確認し、自分で使うのに必要なトランジスタを選びます。なお、一般的にはNPN型として2SC1815が、PNP型として2SA1015が使いやすいトランジスタとして有名です。ちなみに2SC1815の前は2SC945がよく使われていました。最近でもまだ製造されていますので、部品を扱うお店では比較的手に入りやすい部品だと思います。

なお、パワーが必要な場合にはV_{CEO}やI_Cが大きなトランジスタを選びます。3A程度まで流せるトランジスタとしては2SB1375(PNP)や2SD2012(NPN)などがあります(**図3-6-10**)。これらのトランジスタは電流がたくさん流せるのですが、それに伴い熱もたくさん出ます。よって形状として通常のトランジスタより大きな形状をしています。

最近では、大電流を流したいのであればトランジスタを使うより、後述するFETを使うことが一般的となっています。

Analog Circuit

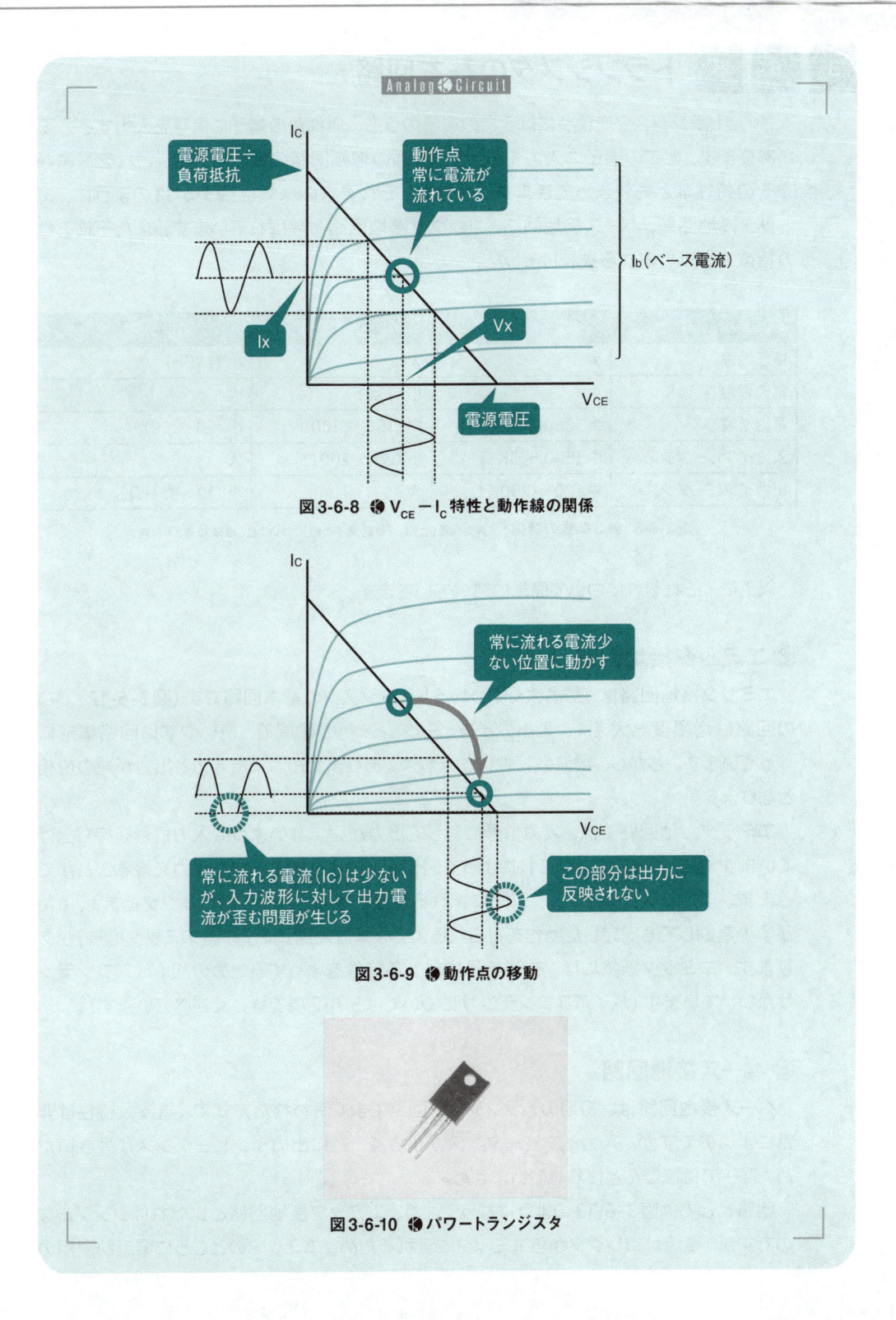

図3-6-8 $V_{CE}-I_C$ 特性と動作線の関係

- 電源電圧÷負荷抵抗
- 動作点 常に電流が流れている
- I_b（ベース電流）
- I_x
- V_x
- 電源電圧

図3-6-9 動作点の移動

- 常に流れる電流少ない位置に動かす
- 常に流れる電流（I_c）は少ないが、入力波形に対して出力電流が歪む問題が生じる
- この部分は出力に反映されない

図3-6-10 パワートランジスタ

3-6-5 トランジスタの基本回路

さて、トランジスタを使うには3本の端子のうち、何れかの端子に信号を入力する必要があります。どこの端子に入力するかで3種類の増幅回路の様式ができ、どれを選ぶかでその特性なども決まってきます。3種類のそれぞれの様式は**図3-6-11**のように、エミッタ接地回路、ベース接地回路、コレクタ接地回路と呼ばれています。またそれぞれの特徴を文献の表から抜粋しました。

	エミッタ接地	ベース接地	コレクタ接地
電圧増幅	大	大	小（1以下）
電流増幅	大	小（1以下）	大
電力増幅	大（2600〜3000）	中（100〜1000）	小（20〜50）
入力インピーダンス	中（500〜3KΩ）	小（20〜200Ω）	大
出力インピーダンス	中（20〜200KΩ）	大	小（10〜数百Ω）

表3-6-3 ● 3様式の特徴 ※押山保常（他）著、「改訂 電子回路」、コロナ社、昭和32年より抜粋

以下に、それぞれについて簡単に述べていきます。

▶ エミッタ接地回路

エミッタ接地回路は、最もよく使われるトランジスタの基本回路です（**図3-6-12**）。この回路は増幅度も大きく、入出力インピーダンスが中程度で、使いやすい回路構成になっています。しかし、周波数特性はあまりよくありません。また入力と出力が逆の位相となります。

エミッタ接地回路では、入力信号に対して出力が歪まないように入力信号を持ち上げています（固定バイアス）。これによって図3-6-8のように歪まない出力を得ることができます。またコレクタ－エミッタ間に流れる電流を制限する抵抗（コレクタ抵抗）、hfeが多少変動しても安定した動作を得られるような電流帰還用の抵抗（エミッタ抵抗）があります。エミッタ抵抗には、交流信号に対する特性をよくするためのバイパスコンデンサがついています（バイパスコンデンサについては5-4-2項で詳しく述べています）。

▶ ベース接地回路

ベース接地回路は、初期のトランジスタ回路でよく使われた方式で、周波数特性は非常によいのですが、入力インピーダンスが小さく、逆に出力インピーダンスが大きいため、現在ではほとんど使われていません。

回路としては図3-6-13のようになっており、エミッタ接地回路と比べればシンプルなのですが、電流はコレクタからエミッタに流れるため、エミッタのところに電流制限用の

Analog Circuit

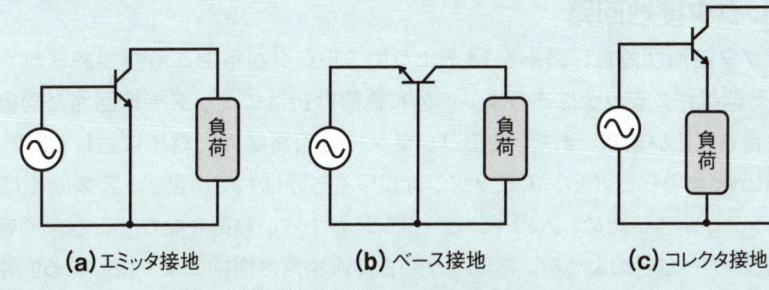

(a) エミッタ接地　　(b) ベース接地　　(c) コレクタ接地

図3-6-11 ● 各接地回路例

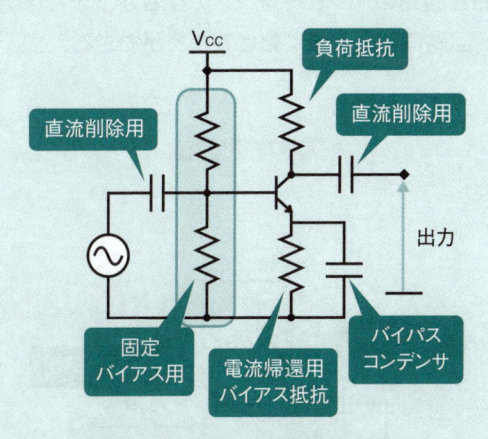

- V_{CC}
- 負荷抵抗
- 直流削除用
- 直流削除用
- 出力
- 固定バイアス用
- 電流帰還用バイアス抵抗
- バイパスコンデンサ

図3-6-12 ● エミッタ接地回路の例

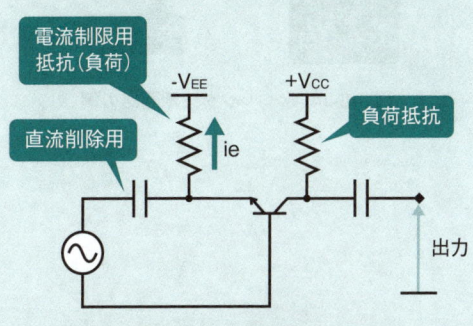

- 電流制限用抵抗(負荷)
- $-V_{EE}$
- $+V_{CC}$
- 負荷抵抗
- 直流削除用
- i_e
- 出力

図3-6-13 ● ベース接地回路の例

抵抗が必要となります。なお、このエミッタにある抵抗にはコレクタにある抵抗とは違う電源が必要となりますので、この方式は別名「2電源バイアス方式」とも呼ばれています。

▶ コレクタ接地回路

コレクタ接地回路は、**図3-6-14**のようにコレクタが電源に直接接続されている方式で、負荷抵抗がエミッタにあります。なお負荷抵抗はエミッタ接地回路と同様、電流帰還の役目もしています。また、このコレクタ接地回路は入力電圧に対して出力電圧が追従 (follow)することから、**エミッタフォロワ**とも呼ばれています。この回路は出力インピーダンスが小さいため、入力インピーダンスが小さい負荷を動かすことができます。例えばスピーカーなどのような、電流をたくさん流す電力増幅によく使われる回路となっています。

また入力インピーダンスが高いことからも、回路と回路の間に入るバッファの役目もします。つまり、回路と回路のインピーダンスの整合がうまくないときに、コレクタ接地回路を入れることで、回路同士をうまく繋げることができる、ということになります。

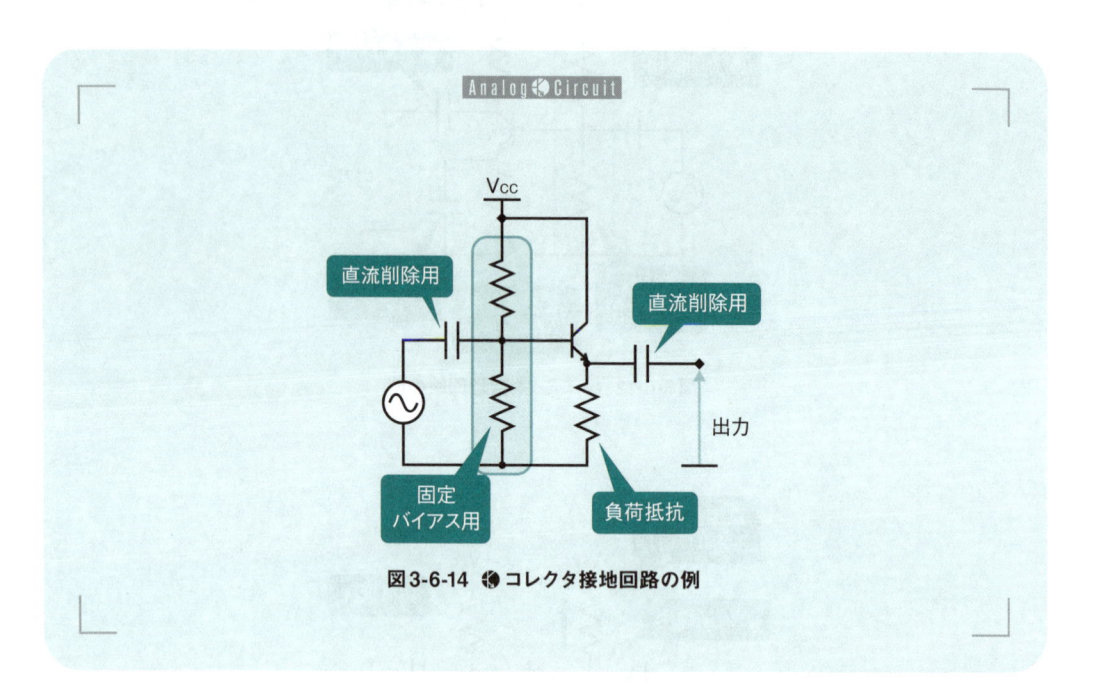

図3-6-14 ◈ コレクタ接地回路の例

3-7 電界効果トランジスタを使う
～能動部品③～

「FET」と呼ばれる「電界効果トランジスタ」について取り上げます。名前こそトランジスタですが、3-6節で取り上げたトランジスタとは構造が異なります。ただし、増幅作用という基本的な性質は同じです。

3-7-1 FETの性質

FETはField Effect Transistorの略で、日本語では**電界効果トランジスタ**と呼ばれます。FETは**図3-7-1**のような構造となっており、トランジスタとは違った構造をしているものの、N型とP型の半導体を使うことは同じです。またトランジスタと同じくN型とP型の組み合わせにより2種類の組み合わせがあります。

FETの種類には大きく2種類あり、1つは**Nチャネル型**と呼ばれ、もう1つは**Pチャネル型**と呼ばれています。たとえば一般的なMOS型FET（後述）のNチャネル型の回路図記号は**図3-7-2(a)または(c)**で表し、Pチャネル型の記号は**図3-7-2(b)または(d)**で表します。そしてNチャネル型FETの場合、電子は**図3-7-1(a)**のように**ソース**から**ドレイン**に流れますが、電流は電子の流れとは逆向きになりますので、**図3-7-3**のようにドレインからソースに流れることになります。このドレインからソースに流れる電流を**ゲート**によって調整します。ゲートの部分には電子も正孔も通さない**空乏層**という領域があるのですが（**図3-7-3(a)**）、ゲートに電圧を掛けると、この空乏層の領域の部分に電子または正孔が集まり、ソースとドレインの間に橋のようなものができます（**図3-7-3(b)**）。これは**チャネル**と言われ、これによってソース–ドレイン間の電子または正孔の移動が可能となります。ゲートの電圧によってこの橋の大きさが変わりますので、結果としてゲートの電圧によってドレインからソースに流れる電流の量を調整することができます。これは**図3-7-4**のように水路に門が取り付けられている状態に似ており、この門の役割をゲートが担っています。つまり、門を調節することで水量（電流）を調節することができるというわけで、FETはゲートの電圧によってこの門を調節します。

トランジスタと違うところは、トランジスタは電流の調整をベースに流れる「電流」で制御しますが、FETは電流の調整をゲートに掛かる「電圧」で制御する、と言う点です。この特性を「ドレイン電流−V_{GS}（$I_D - V_{GS}$）特性」と呼んでいます。なお、V_{GS}はゲート–ソース間電圧となります。**図3-7-5**は$I_D - V_{GS}$特性の一例ですが、V_{GS}を上げてゲートしきい値電圧を超えると、ドレインに電流が流れるということになります。

ちなみにFETは電子または正孔（hole）のどちらかのキャリアしか使いませんので、「ユニポーラ」(unipolar) トランジスタとも呼ばれます。

3-7-2 FETの種類

初期のFETはジャンクション型と言われる種類のみでしたが、近年半導体技術が進んだこともあって、量産が可能なMOS型(Metal Oxide Semiconductor)が主流となっています。ちなみに図3-7-1の構造はMOS型になります。先に述べたようにMOS型にもN型とP型がありますが、これはドレイン端子やソース端子の部分（チャネルの部分）がN型半導体かP型半導体かの違いとなります。

最近よく言われているCMOS半導体とはComplementary MOS（相補型MOS）の略で、Nチャネル型FETとPチャネル型の2つが同じ半導体チップの上にあることを示しています。**図3-7-6**はCMOSの代表的な回路になります。CMOSの特徴としては、2つあるFETのどちらかが必ずオフということになっており、片方のFETにしか電流は流れません。また出力側のインピーダンスが高い場合には電流もほとんど流れず、電圧のみが出力に現れることになります。

CMOSの入力もインピーダンスが高く、**図3-7-7**のようにCMOS同士で回路を形成した場合には電流はほとんど流れないため、内部の消費電力は非常に小さくなります。ただしオンとオフの切り替わるときに電流が少し流れるため、高い周波数の信号を流すと電流の消費量が増えることになります（**図3-7-8**）。

また、入力電圧がV_{CC}以上やGND以下になると、どちらかのFETが常にオンとなってしまい、その後に入力電圧を元に戻してもオンとなったFETはそのままであるため、この状態になってしまうと常に電流が流れ続けることになります。この現象を**ラッチアップ**と言い、最終的にはFETが壊れてしまうので注意が必要です。このためCMOSの場合には、電源電圧以上の入力電圧が端子に掛からないように注意を要します。特に静電気はかなりの高電圧となりますので、これが「CMOSは静電気に弱い」、ということになっています（**図3-7-9**）。なお最近のCMOSは静電気対策として端子に保護回路を入れていることが多くなりましたので、昔ほどは簡単に壊れなくなりました。

さて、FETの中には大電流を流せる**IGBT (Insulated Gate Bipolar Transistor)**というものがあります。通常のFETでも数A程度までなら電流を流せるものはありますが、IGBTは数十Aから数百A程度まで流せるものがあります。大電流を流せますので、用途としてはモータ制御や電力制御によく使われています。

IGBTはゲート部分にMOS型FETを付けたバイポーラトランジスタになりますので、正確にはFETであるとは言えません。しかしながら、トランジスタが電流で制御するのに対して、IGBTはFETと同様電圧で流れる電流を制御しますので、FETの一種であるとも言えます。なお、IGBTの記号はFETやトランジスタともやや異なっており、**図3-7-10(a)**

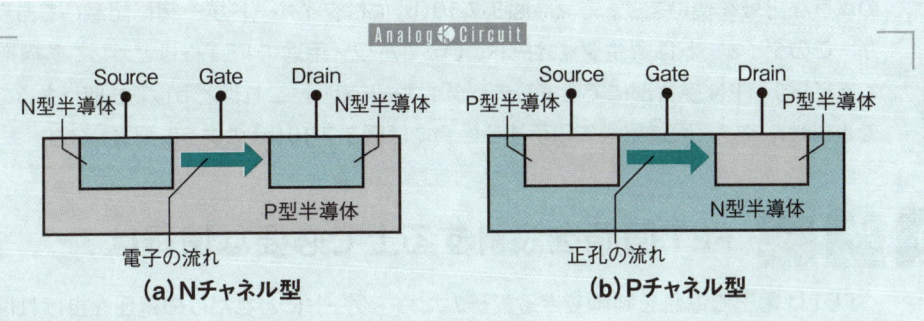

3.7 電界効果トランジスタを使う〜能動部品③〜

Analog Circuit

(a) Nチャネル型

(b) Pチャネル型

図3-7-1 ● FETの構造

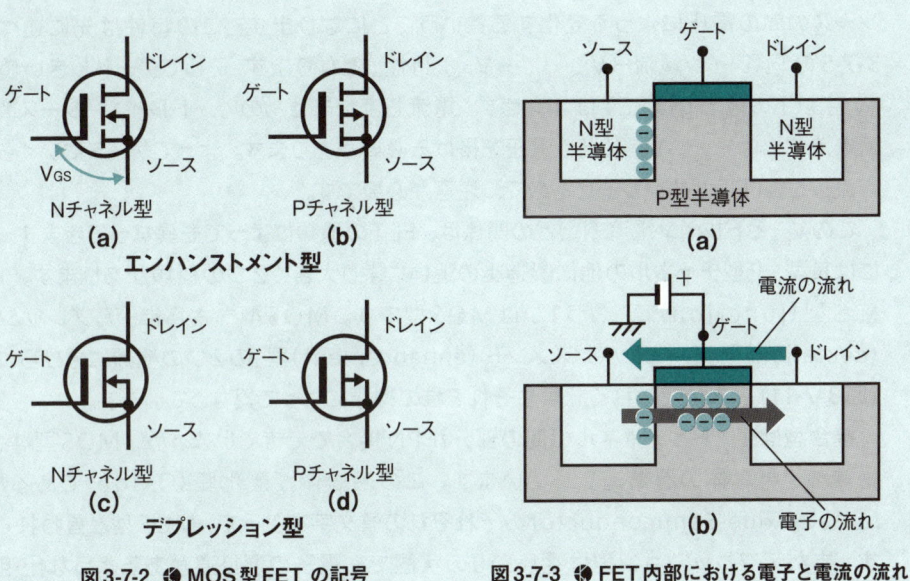

(a) Nチャネル型 (b) Pチャネル型
エンハンストメント型

(c) Nチャネル型 (d) Pチャネル型
デプレッション型

図3-7-2 ● MOS型FETの記号

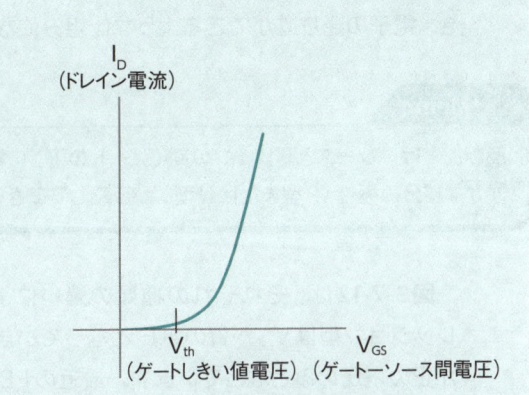

図3-7-3 ● FET内部における電子と電流の流れ

図3-7-4 ● FETの模式図

図3-7-5 ● $I_D - V_{GS}$ 特性

のような記号を使います。なお、figure3-7-10(b)にはダイオードが一緒に記載してありますが、このダイオードは**寄生ダイオード**といってパワー用途のFETにはどうしても構造上出てきてしまうPN接合部にできてしまうダイオードです。これはどうしても取り去ることができませんので、回路記号に明示する場合には図3-7-10(b)のように記載します。

3-7-3 FET回路を設計する上で必要な情報は？

　FETは電圧で電流を制御できる素子のため、ゲートにどれだけの電圧を掛ければどれだけの電流が流せるのか、という情報が必要になります。つまり、流せる電流はゲートとソースの間の電圧によって変化するということになります。この特性は先に述べた図3-7-5の「ドレイン電流－V_{GS}（I_D－V_{GS}）特性」となります。そしてゲートしきい値電圧（V_{th}）以下の電圧ではFETはオンせず、電流も流れませんので、ドレイン－ソース間に電流を流すにはV_{GS}にV_{th}以上の電圧を掛ける必要があります。よってゲートにいくら電流を流してもFETはオンしませんので、注意が必要です。

　このV_{GS}とドレイン電流（I_D）との関係は、FETの種類によっても異なってきます。FETにはN型、P型チャネルの他に製造上の違いにより大きく2つの種類があります。1つは接合型（Junction）で、もう1つはMOS型です。MOS型もさらに「デプレッション（depletion）型」と「エンハンスメント（enhancement）型」の2つの種類に分けられます（図3-7-11）。また使われる記号もそれぞれの種類によって異なっています。

　接合型はゲートとチャネルの間の部分がPN接合でできていますが、MOS型は金属、絶縁体、半導体の層構造をしています。この絶縁体が酸化膜（Oxide）であるため、**M**etal-**O**xide-**S**emiconductorのそれぞれの頭文字をとって、MOS型と言われています。またデプレッション型は電圧が0の状態でも電子の通り道があるような仕組みになっていますが、エンハンスメント型は正の電圧を加えることでゲートの下に反転層ができ、電子の通り道ができるような仕組みになっています。

> **Memo**
> 反転層とは、ソースとドレインの間（ゲートの下）に電圧をかけることで、ゲートの下の半導体のわずかな部分の極性（P型またはN型）が反転してできる層をいいます。

　図3-7-12は、それぞれの種類の違いによるI_D－V_{GS}特性になります。接合型とデプレッション型はV_{th}が負の電圧となっています。それに対してエンハンスメント型はV_{th}が正の電圧のみとなっています。最近のFETは扱いが簡単なエンハンスメント型が主流ですが、デプレッション型もP型とN型を2つ使うと図3-7-13のような特性のものができ、交流信号の入力に対して歪の少ない出力を出すことができます（**Memo**参照）。

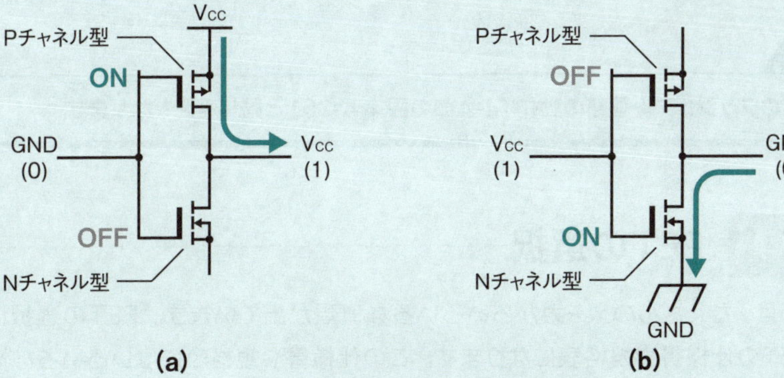

3.7 電界効果トランジスタを使う～能動部品③～

図3-7-6 ● CMOS回路の動作例

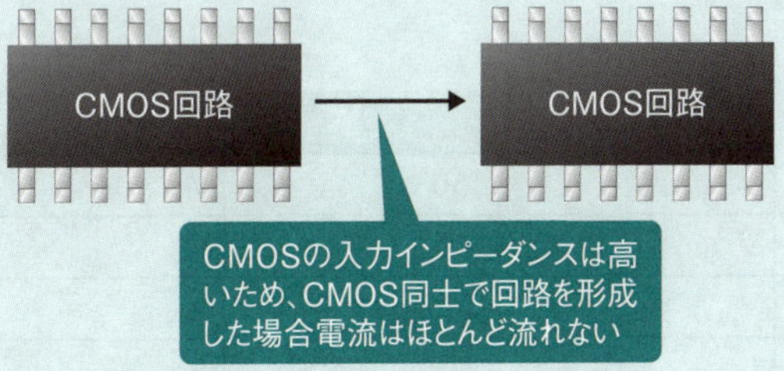

図3-7-7 ● CMOS回路同士の接続

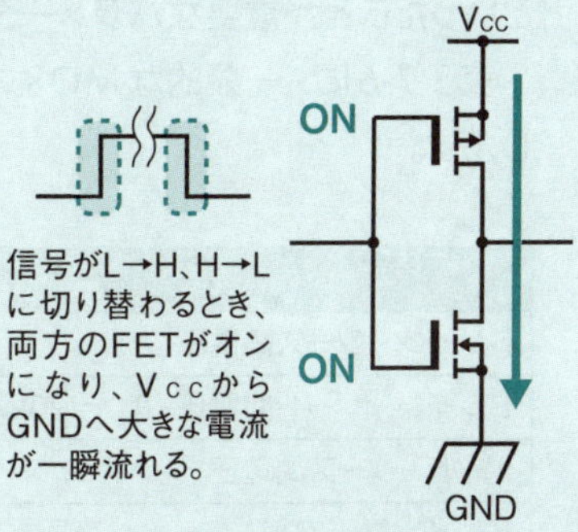

CMOSの入力インピーダンスは高いため、CMOS同士で回路を形成した場合電流はほとんど流れない

図3-7-8 ● CMOS回路におけるオンオフ時の動き

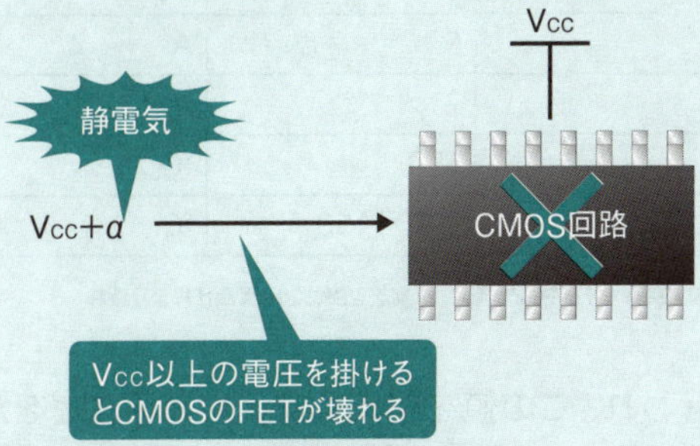

信号がL→H、H→Lに切り替わるとき、両方のFETがオンになり、VccからGNDへ大きな電流が一瞬流れる。

図3-7-9 ● CMOS回路は静電気に注意

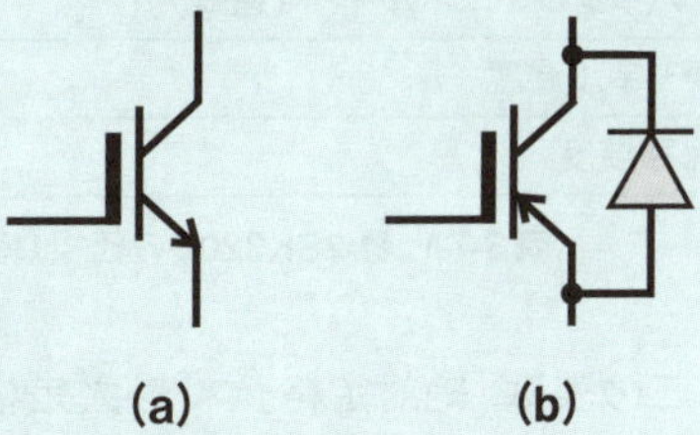

Vcc以上の電圧を掛けるとCMOSのFETが壊れる

図3-7-10 ● IGBTの記号

エンハンスメント型で構成した回路の場合には、交流信号を入力したときに0Vのところで歪んでしまいますので、入力する信号がどんなものかによってどの種類のFETを選べばよいのか考えることが必要となります。

> **Memo**
> トランジスタのプッシュプル回路の動作（4-4節の図4-4-36）と同じ考えとなります。

3-7-4 FETの選択

FETは、たくさんのメーカからいろいろな種類が出ています。FETの選択に必要なのが、FETの仕様書や規格表になります。この仕様書や規格表にはいろいろな情報が記載されていますが、実際にどのような点に注意すればよいかということが重要となります。基本的には、どれだけの電圧を掛けられるか、どれだけの電流を流すことができるのか、といったことが重要なパラメータとなります。

表3-7-6に、一般的なMOSエンハンスメント型のFETである2SK3205の仕様を抜粋します。

項目	記号	定格	単位
ドレイン－ソース間電圧	V_{DSS}	150	V
ドレイン－ゲート間電圧（$R_{GS}=20k\Omega$）	V_{GDR}	150	V
ゲート－ソース間電圧	V_{GSS}	±20	V
ドレイン電流（DC）	I_D	5	A
ドレイン電流（パルス）	I_{DP}	20	A
許容損失（Tc = 25℃）	P_D	20	W
アバランシェエネルギー（単発）	E_{AS}	71	mJ
アバランシェ電流	I_{AR}	5	A
アバランシェエネルギー（連続）	E_{AR}	2	mJ
チャネル温度	T_{ch}	150	℃
保存温度	T_{stg}	-55～150	℃

表3-7-1 ● 2SK3205の仕様（絶対最大定格・Ta＝25℃） ※東芝 2SK3205製品仕様より抜粋

この表は「絶対定格」や「最大定格」と言われ、この値を超えて電流や電圧などをかけてはいけませんよ、というものです。これ以上の値をかけるとFETが破壊される可能性が非常に大きくなります。ここで注目すべき最大定格はV_{DSS}とI_Dの部分になります。2SK3205の場合には、ドレイン－ソース間の電圧は150Vを越えてはいけませんし、ドレ

3-7 電界効果トランジスタを使う〜能動部品③〜

```
FET ─┬─ 接合型 (Junction)
     │
     └─ MOS型 ─┬─ デプレッション型 (Depletion)
               │
               └─ エンハンスメント型 (Enhancement)
```

図3-7-11 ● FETの種類

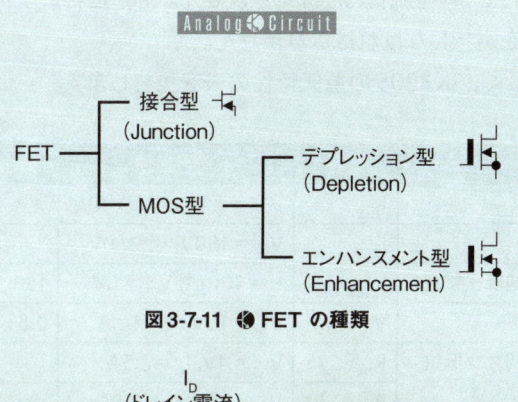

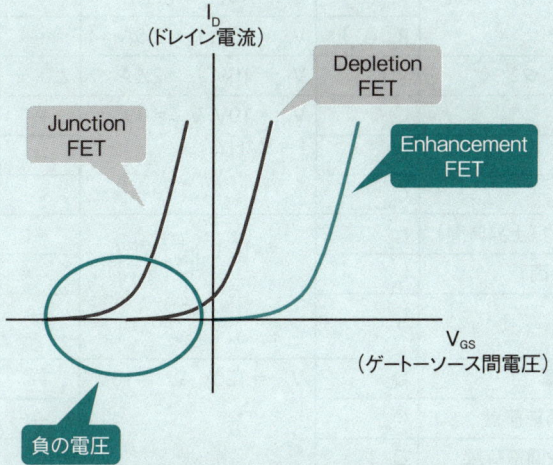

図3-7-12 ● FETの種類による特性の違い

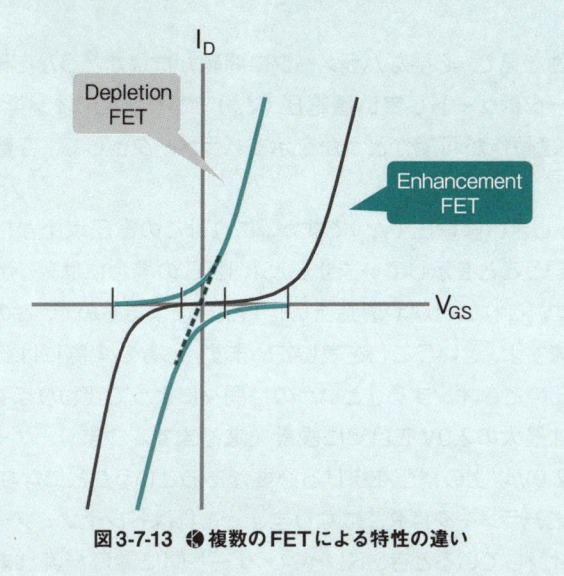

図3-7-13 ● 複数のFETによる特性の違い

イン電流は連続して5Aを流すことはできません。もしこれ以上に電流を流したいのであれば、違うFETを選択しなければなりません。

表3-7-2に同じく2SK3205の電気特性の表を抜粋します。

項目	記号	測定条件	最小	標準	最大	単位
ゲート漏れ電流	I_{GSS}	$V_{GS} = \pm 16V, V_{DS} = 0V$	—	—	±10	μA
ドレイン遮断電流	I_{DSS}	$V_{DS} = 150V, V_{GS} = 0V$	—	—	100	μA
ドレイン-ソース間降伏電圧	$V_{(BR)DSS}$	$I_D = 10mA, V_{GS} = 0V$	150	—	—	V
ゲートしきい値電圧	V_{th}	$V_{DS} = 10V, I_D = 1mA$	0.8	—	2.0	V
ドレイン-ソース間オン抵抗	$R_{DS(ON)}$	$V_{GS} = 4V, I_D = 2.5A$	—	0.54	0.75	Ω
	$R_{DS(ON)}$	$V_{GS} = 10V, I_D = 2.5A$	—	0.36	0.5	Ω
順方向伝達アドミタンス	$|Y_{fs}|$	$V_{DS} = 10V, I_D = 2.5A$	2.0	4.5	—	S
入力容量	C_{iss}	$V_{DS} = 10V, V_{GS} = 0V,$ $f = 1MHz$	—	330	—	pF
帰還容量	C_{rss}		—	50	—	
出力容量	C_{oss}		—	145	—	
スイッチング時間（上昇時間）	t_r	(回路図条件 $V_{GS}=10V, I_D=2.5A, R_L=40Ω, V_{DD}=100V,$ Duty ≤ 1%, $t_w=10μs$)	—	10	—	ns
〃（ターンオン時間）	t_{on}		—	15	—	
〃（下降時間）	t_f		—	10	—	
ゲート入力電荷量	Q_g	$V_{DD} ≒ 120V, V_{GS} = 10V,$ $I_D = 5A$	—	12	—	nC
ゲート-ソース間電荷量	Q_{gs}		—	8	—	
ゲート-ドレイン間電荷量	Q_{gd}		—	4	—	

表3-7-2 ● 2SK3205の仕様（電気特性・Ta＝25℃）※東芝 2SK3205製品仕様より抜粋

　この電気特性を見て、必要なパラメータに問題がないかどうかを確認します。この中で重要なパラメータは**ゲートしきい値電圧（V_{th}）**であり、次にオン抵抗（R_{DS}）になります。またFETの高速動作が可能かどうかを示すパラメータとして、容量やスイッチング時間があります。

　まず、ゲートしきい値電圧（V_{th}）ですが、これはこの電圧以上かけないとドレイン電流が流れないということを示しています。2SK3205の場合には最小が0.8V、最大が2.0Vとなっています。これは材料や製造上のばらつきによるもので、この間のどこかでゲートがオンになりますよ、ということを表しています。しかし実際には範囲が決まっているだけで、どの電圧のときオンする、というのは個々によって変わります。よってたいていの場合、ここでは最大の2.0Vを目安に設計を進めます。つまり、ゲートをオンしたいのであれば、必ず2.0V以上の電圧を掛ける必要があるということになります。

　次に見るべきパラメータはR_{DS}になります。これはドレイン-ソース間の抵抗になります。ゲートがオンしているとき、ドレイン-ゲート間に電流が流れますが、FET上の抵抗

は0Ωということはありません。そこで、オンしている間の抵抗はどのくらいなのかを示したのがオン抵抗R_{DS}になります。2SK3025の場合には、V_{GS}の値によって若干変わっています。V_{GS}が4Vでドレイン電流が2.5Aのとき、FETの抵抗値は最大で0.75Ωとなっています。この値は小さければ小さいほどよいので、使うFETがどれだけの抵抗分を持っているのかを把握しておく必要があります。

　FETがどれだけ高速に動くことができるかどうかを示すパラメータとして必要なのが、容量とスイッチング時間になります。入出力容量によって入力側および出力側のインピーダンスが決まりますので、どれだけの周波数の信号に対して使えるのか、という計算ができます。またFET自身のオンオフの特性がスイッチング時間になりますので、容量と合わせて考える必要があります。

　以上のパラメータを考慮しながら、どのようなFETを使ったらよいのかは、実際使うアプリケーションで決まってきます。大電流が必要なのか、小さな電圧でゲートをオンできればよいのか、高速で使う必要があるのか、ないのか等のことを種々考慮する必要があります。ちなみにDC-DCコンバータを使った電源回路の場合には、DC-DCコンバータICのメーカから推奨するFETが記載されていることが多く、流せる電流、スイッチング時間、しきい値電圧など合っているものを推薦しています。

　なお、パワー用途のFETには構造上ダイオードがドレイン-ソース間に寄生しています。このダイオードの逆回復時間T_{rr}はかなり速いものが多いので、モータ回路や電源回路では、このダイオードをうまく使えば回路にダイオードを付けなくても済む場合があります（Memo参照）。これについては、仕様書を見ながら検討を進める必要があるでしょう。

> **Memo**
> フリーホイールダイオードの代わりに使うことができます。

3-8 オペアンプを使う
～能動部品④～

能動部品の最後は、「オペアンプ」です。オペアンプは、「演算」増幅器と呼ばれる、変わった印象を与える名前の部品です。オペアンプは、その名のとおり、増幅作用を基本的な性質とします。

3-8-1 オペアンプの性質

オペアンプは**演算増幅器（Operational Amplifier）**と呼ばれ、入力端子2本、出力端子1本を持った増幅器のひとつです（**図3-8-1**）。オペアンプは、通称として「OPアンプ」や「OP AMP」と書かれることもあります。

オペアンプの基本は2本の入力端子から入る信号を引き算し、その結果を増幅するという性質を持っています。2本の入力端子として+と−の端子があり、+側の信号から−側の信号を引き算（差分）することになります（**図3-8-2**）。この+側の端子を**非反転入力端子**、−側を**反転入力端子**と言います。

オペアンプの特徴として、入力抵抗が非常に大きいこと、そして出力抵抗が非常に小さいことが挙げられます。入力抵抗が大きいということは、入力端子に流れ込む電流がほとんどないことを表しています。また出力抵抗が非常に小さいということは、出力から大きな電流を取り出すことができることを表しています（**図3-8-3**）。また入力に対する出力の割合（増幅度）も、かなり大きな値（理想的には無限大）となっています（**図3-8-4**）。例えばテキサスインスツルメンツ社の汎用オペアンプであるTL081の場合、入力抵抗は10^{12}Ω（**Memo**参照）、出力抵抗は50〜100Ω、増幅度は120dB（100万倍）となっています。

> **Memo**
> 10^{12}Ωは1T（テラ）Ωであり、非常に大きな抵抗値となっていることがわかります。

この増幅度が100万倍ということは、もし出力に10Vの振幅の波が出ていたとすると、2つの入力信号の差は10V÷100万ということで、10^{-6}V（10μV）という非常に小さな値となります。つまり入力の2本の端子の差はほとんど0Vであり、あたかも2本の入力端子は内部で繋がっているように見えます。無論本当に繋がっているのではなく仮想的に繋

3-8 オペアンプを使う～能動部品④～

Analog●Circuit

非反転入力端子
反転入力端子

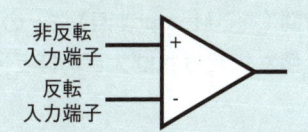

図3-8-1 ● オペアンプの記号

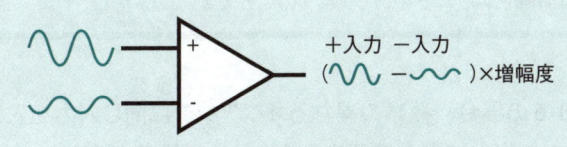

＋入力 －入力
（∿ － ∿）×増幅度

オペアンプは2つの入力の差を増幅する

図3-8-2 ● オペアンプの特性

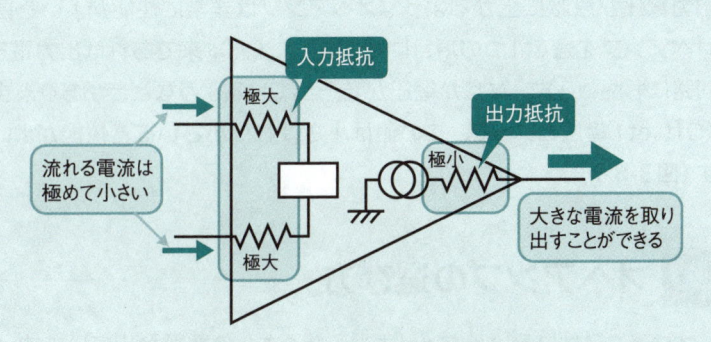

入力抵抗
極大
流れる電流は極めて小さい
極大
出力抵抗
極小
大きな電流を取り出すことができる

図3-8-3 ● オペアンプの内部等価回路

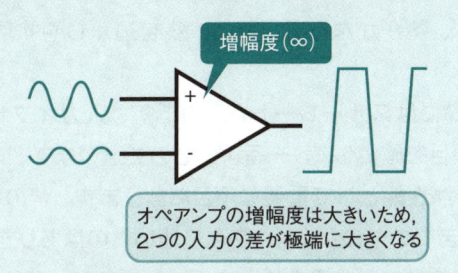

増幅度（∞）

オペアンプの増幅度は大きいため，2つの入力の差が極端に大きくなる

図3-8-4 ● オペアンプの増幅度

がっているように見えるため、この状態を**バーチャルショート（Virtual Short）**と呼んでいます（図3-8-5、イマージナリィショート（Imaginary Short）という場合もあります）。またオペアンプの性能を評価する項目の1つに「スルーレート（Slew rate）」というものがあります。これはある時間（Memo参照）にどのくらい電圧を上げることができるかという項目であり、この値が大きければ大きいほど非常に高速なオペアンプであるという見方をします。

> **Memo**
> スルーレートの、ある時間とは、1μs（10^{-6}秒）のことです。

例えば図3-8-6の場合、種類の異なるオペアンプに同じ入力を入れ、1μs（1マイクロ秒）経過したときの出力波形の電圧を見ます。一番電圧が高いのは（3）で、3Vの電圧が出ています。もし（2）の波形が3Vの電圧が出るまで待ったとすると2μsの時間がかかります。同様に（1）の波形が2Vの電圧がでるまでには3μsの時間がかかります。このように出力電圧が急激に上がるようなオペアンプは非常に性能がよいと言えます。この性能はオペアンプを選ぶ1つの項目になります。また本来であれば出力電圧が0Vになるような回路にも関わらず、なぜか電圧が若干出ているようなときがあります。これがオフセット（Offset）電圧といって、この値は小さければ小さいほど性能がよいということになります（図3-8-7）。

3-8-2 オペアンプの選び方

さて、オペアンプはいろいろなメーカからたくさんの種類が出ています。だいたいが図3-8-8(a)のようなプラスチックのパッケージに入っていますが、中には図3-8-8(b)のような金属のパッケージのものもあります。金属タイプのものは非常に高速（スルーレートが高い）なのですが、熱がかなり出るため、熱を逃がしやすいように金属パッケージとなっています。

オペアンプを選ぶにはスルーレート、入力抵抗、入力オフセット電圧、周波数特性そしてコストなどの項目を確認して、一番よいものを選びます。これらの項目の中でスルーレートとオフセットが性能として重要な項目になります。昔のオペアンプはスルーレートがだいたい1V/μsまでのものが多く、あまり速いものはありませんでした。最近は数V/μsというものもありますが、価格がやや高くなります。またオフセットも数mVというものでしたが、最近は数μVと非常に低オフセットのオペアンプもあります。周波数特性ですが、やはり低い周波数から高い周波数まで同じ性能である方が使い勝手があります。そこでどの程度までの周波数まで問題なく使えるか、という項目があります。

3-8 オペアンプを使う〜能動部品④〜

Analog Circuit

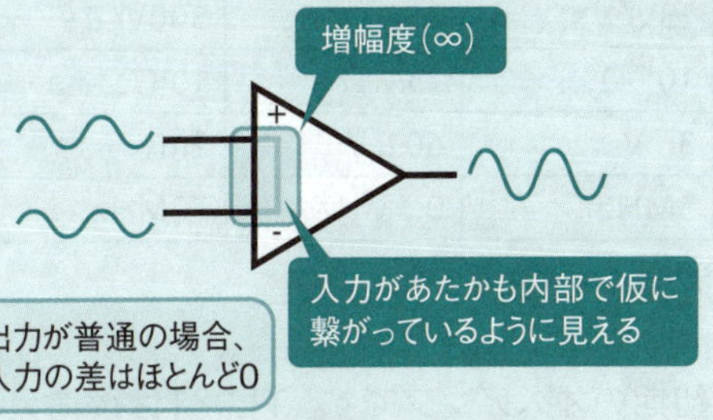

増幅度(∞)

出力が普通の場合、入力の差はほとんど0

図3-8-5 バーチャルショート

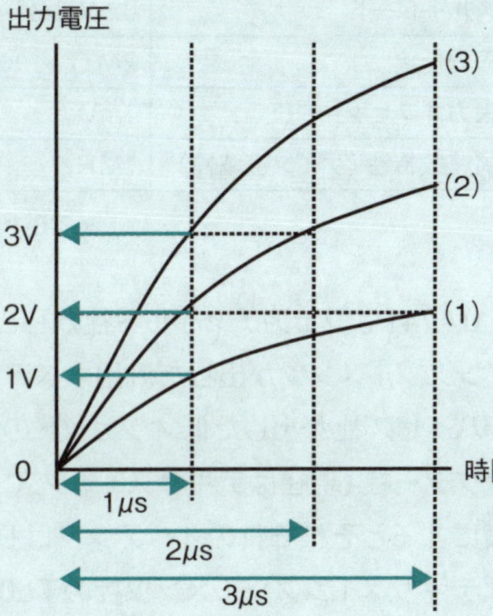

図3-8-6 スルーレート

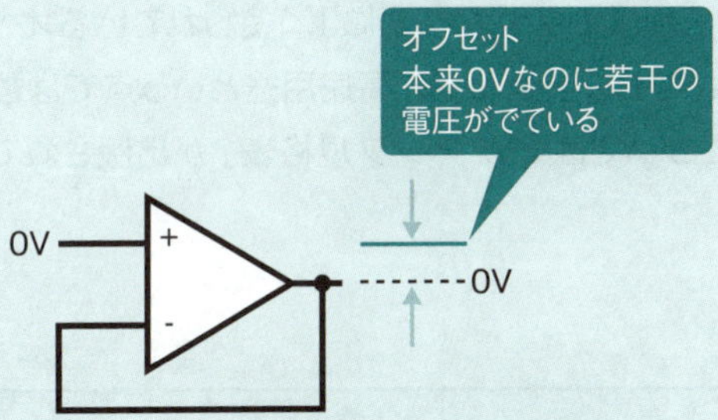

オフセット
本来0Vなのに若干の電圧がでている

図3-8-7 オフセット電圧

(a)　　　(b)

図3-8-8 オペアンプの形状

以上のような項目を主なオペアンプについて表にしたものが表3-8-1です。

	uA741	TL081	OP07C	LH0032
スルーレート	0.5V/μs	13V/μs	0.3V/μs	500V/μs
入力抵抗	2MΩ	$10^{12}\Omega$	33MΩ	$10^{12}\Omega$
入力オフセット電圧	1mV	3mV	60μV	2mV
周波数特性（ゲイン帯域幅）	1MHz	3MHz	0.6MHz	70MHz

表3-8-1 ●オペアンプの主な仕様

　uA741はフェアチャイルド社から出た初期のオペアンプです。TL081は後にテキサスインスツルメンツが出した汎用オペアンプです（Memo参照）。OP07Cはアナログ・デバイセズ社が出した低オフセットのオペアンプであり、LH0032はナショナルセミコンダクター社（現在はテキサス・インスツルメンツ社に統合）が出した高速オペアンプです。表にするとそれぞれのオペアンプは長所短所がありますが、例えば普通に使うのであればテキサスインスツルメンツ社のTL081などはスルーレート、周波数特性などを考えると手ごろではないかと思います。OP07は高精度の計測器などによく使われているオペアンプであり、LH0032は現在では生産されておりませんが、高速用途という点では群を抜いています。オペアンプの種類、規格については「OPアンプ規格表」が出版されています。

Memo

TL081には、1つのICパッケージに2つのオペアンプが入っているTL082や、4つ入っているTL084などのシリーズがあります。

　さて、オペアンプとトランジスタとの違いは、まずは入力端子が2つあること、増幅度が非常に大きいこと、大きな出力電流が取れることがあります。また4章の増幅回路のところで説明しますが、オペアンプによる増幅回路の計算はトランジスタ回路に比べ非常に簡単に計算でき、また手軽に回路を設計できる、という点にあります。さらに精度のよい回路が簡単に設計できるため、増幅回路を作るのであればオペアンプで設計するのが非常に楽にできます。

3-9 その他の半導体素子を使う ～能動部品⑤～

信号を伝える素子の中には、特殊な用途の素子があります。ここでは一般的にアナログ回路で使われることが多い「フォトカプラ」と「アナログ・スイッチ」について、仕組みと使うにあたり重要な項目を仕様書から読みとることを中心に述べていきます。

3-9-1 フォトカプラ

フォトカプラ (photo coupler)は、文字どおり「光で連結する」部品になります。つまりフォトカプラの中には、光を発する素子と光を受ける素子の2つが入っています。

フォトカプラの一番の用途は、異なる電源で動く信号の伝達に使うことにあります。例えば入力側の電源が非常に高い電圧で、出力側の電源が低い電圧の場合や、機械的なスイッチなどにより雑音が乗るようなところ、例えばモータなどの雑音の影響を直接出力側に伝えないようにしたい場合に使います。つまりフォトカプラは電気的に入力側と出力側を切り離すことが可能な素子になります（**図3-9-1**）。

フォトカプラの構造

フォトカプラの記号は、**図3-9-2**のような記号となっています。フォトカプラは光を発する素子として発光ダイオード (LED)と受光素子であるフォトトランジスタが1つのパッケージの中に一緒に入った構造となっています。図3-9-2の記号はそれを表しています。

> **Memo**
> フォトトランジスタとは、ベース電流を流してコレクタ電流を制御する代わりに、光を受光することでコレクタ電流を制御できる素子です。

フォトカプラの性質

ここでは、一般的な東芝製TLP521-1の仕様書を例にして眺めてみましょう。仕様書で見るべき点は「絶対最大定格」と「電気的特性」の2つになります。ここでは絶対最大定格と電気的特性の仕様を抜粋します（表3-9-1）。

	項目	記号	TLP521-1	TLP521-2/TLP521-4	単位
発光側	直流順電流	I_F	70	50	mA
	直流順電流低減率	$\Delta I_F/°C$	-0.93 (Ta ≧ 50℃)	-0.5 (Ta ≧ 25℃)	mA/℃
	パルス順電流	I_{FP}	1	←	A
	直流逆電圧	V_R	5	←	V
受光側	コレクターエミッタ間電圧	V_{CEO}	55	←	V
	エミッターコレクタ間電圧	V_{ECO}	7	←	V
	コレクタ電流	I_C	50	←	mA
	コレクタ損失（1回路）	P_C	150	100	mW
	コレクタ損失低減率 (Ta＝25℃以上)(1回路)	$\Delta P_C/°C$	-1.5	-1.0	mW/℃
	接合部温度	T_j	125	←	℃

表3-9-1 ● TLP521-1の仕様（絶対最大定格・Ta＝25℃） ※東芝 TLP521-1/2/4 製品仕様より抜粋

　表3-9-1を見てわかることが、仕様が「発光側」と「受光側」に分かれていることです。つまりそれぞれの素子に対して別々の絶対定格がある、ということになります。この絶対定格で重要な項目は、発光側の直流電流（I_F）、受光側のコレクターエミッタ間電圧（V_{CEO}）、そして受光側のコレクタ電流（I_C）になります。まずはこれらの項目を超えた電流、電圧を掛けてはいけません。

　この表ではTLP521-1の場合、発光側の直流電流は70mAを超えてはいけませんので、発光側素子に抵抗や定電流ダイオードなどを用いて電流を超えないようにします。また受光側のコレクタ・エミッタ間電圧は55Vで、コレクタ電流は50mAになります。よって受光側は55Vを超えた電圧の信号は使えない、ということになりますし、またインピーダンスが極端に低い負荷に対しても使えないことがわかります。これらの値を確認して、実際に自分が伝達する信号の入力と出力について考慮しておく必要があります。

　通常の使用では、電気的特性を確認しておくことが必要となりますが、それ以外にもフォトカプラの場合にはいくつか確認しておく項目があります。

　基本的にフォトカプラの場合、ダイオードに流れる電流でトランジスタに流れるコレクタ電流が決まります。これはI_C－I_F特性と言われ、**図3-9-3**のような特性図が仕様書の中にあります。これは発光側のダイオードにどの位の電流を流すと、受光側のトランジスタのコレクタにどのくらいの電流が流れるかを示したものです。だいたいコレクタ電流（I_C）に数mA流すことができれば問題はありませんので、入力電流（I_F）も数mA程度流せばよいことが図3-9-3よりわかります。

　なお、フォトカプラの後の回路にTTL（Transistor-Transistor-Logic）IC等のロジック回路がある場合、これらのロジックICの入力電流は数十μA程度となっています。つまり、出力側で数mA流せばだいたい10個程度のロジック回路に電流を供給可能というこ

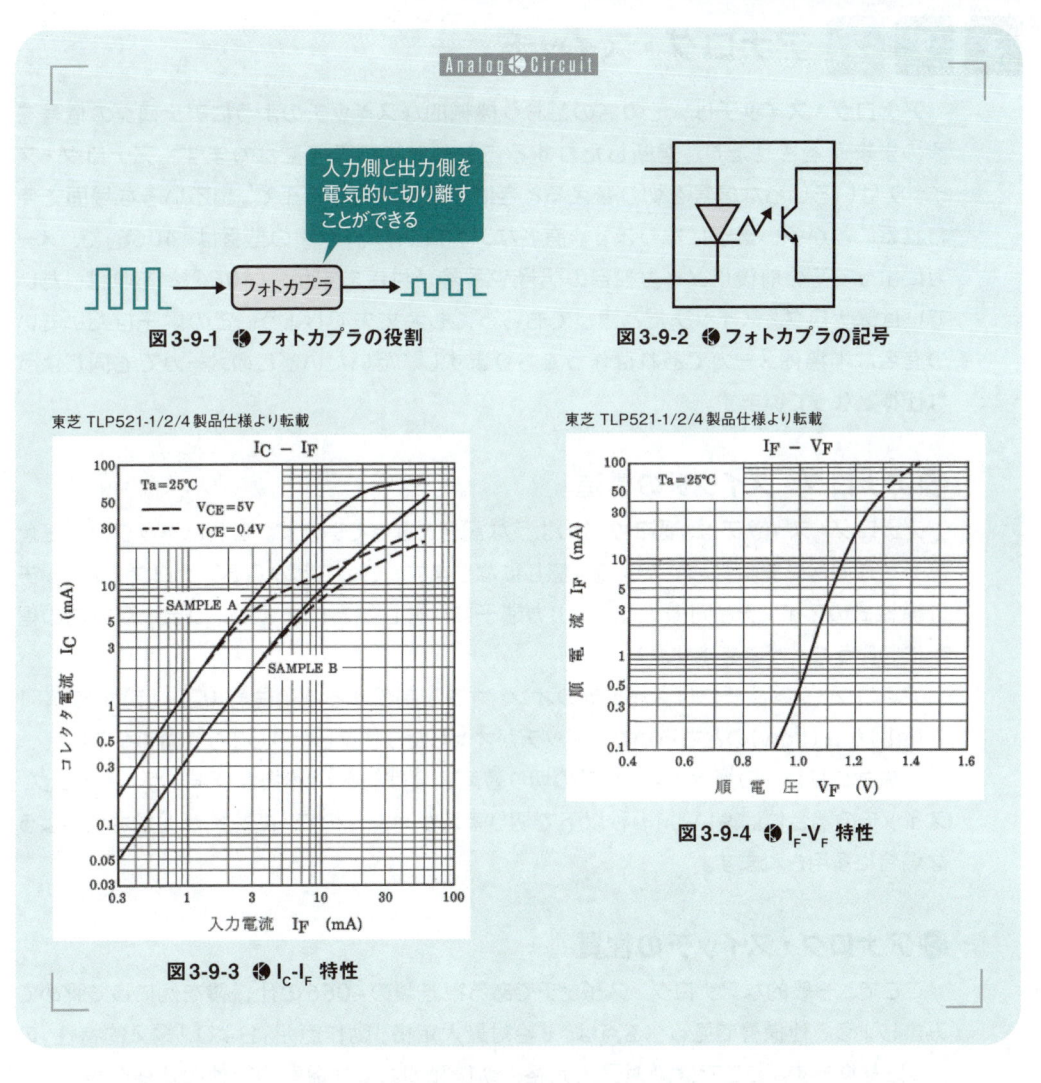

3.9 その他の半導体素子を使う〜能動部品⑤〜

Analog Circuit

入力側と出力側を電気的に切り離すことができる

図3-9-1 ◉ フォトカプラの役割

図3-9-2 ◉ フォトカプラの記号

東芝 TLP521-1/2/4 製品仕様より転載

図3-9-3 ◉ I_C-I_F 特性

東芝 TLP521-1/2/4 製品仕様より転載

図3-9-4 ◉ I_F-V_F 特性

とになります。そこで、1つの出力端子からいくつICを繋げることができるか、ということを表した数を**ファンアウト**と言います。

　発光側で流せる電流は図3-9-3に示すI_C－I_F特性で確認できますが、発光側でどれだけ電圧降下するか確認する必要があります。例えば受光側素子のコレクタに3mAの電流を流したいとします。その場合、I_C－I_F特性を見ると発光側でもだいたい3mAの電流を流すことが必要となります。発光側で3mAの電流を流すとI_F－V_F特性より発光ダイオードには1.1Vの順方向電圧が掛かることがわかります。これらを考えて発光ダイオードに繋ぐ抵抗（R_F）の値を考える必要があります（**図3-9-4**）。

　フォトカプラは、だいたいデジタル信号の入出力に使われるため、出力はオープンコレクタが使われており、Pull-up抵抗が出力に必要となっています（**図3-9-5**）。

3-9-2 アナログ・スイッチ

アナログ・スイッチは、その名のとおり機械的なスイッチのようにアナログの信号をそのまま通過させたり、遮断したりすることができる素子になります。アナログ・スイッチはいろいろな信号を切り替えるときに非常に便利な素子で、いろいろな場面で使われることが多い素子になります。有名なアナログ・スイッチの型番は「4066」で、メーカによってその前後にメーカ独自の記号や番号が付きますが、「4066」とあれば、たいていはアナログ・スイッチだと思ってもらっても大丈夫でしょう。この素子はたいていの有名な半導体メーカであれば作っておりますし、だいたいどこのメーカでも同じような仕様となっています。

● アナログ・スイッチの構造

アナログ・スイッチは、図3-9-6のような記号となっています。これはバッファの三角記号を逆向きに重ね合わせたような感じになります。このことからもアナログ・スイッチは機械式のスイッチと同様、入力・出力端子には極性はありません。つまり双方向の信号にも使うことができます。

アナログ・スイッチにはスイッチのオン、オフを制御する制御信号(CONT)があり、1(High)か0(Low)のどちらかでスイッチがオンしたりオフしたりします(**図3-9-7**)。

機械式のリレーの場合、スイッチの切り替え速度は約数m秒掛かりますが、アナログ・スイッチの場合には速いと1μ秒以下で切り替えが可能なので、高速性が要求されるような場合に多用されます。

● アナログ・スイッチの性質

ここで、一般的なアナログ・スイッチである東芝製の4066の仕様書を例にして眺めてみましょう。仕様書で見るべき点は、「絶対最大定格」「動作範囲」および「電気的特性」の3つになります。ここでは絶対最大定格、動作範囲および電気的特性の仕様を表3-9-2に抜粋します。

●絶対最大定格

項目	記号	定格	単位
電源電圧	V_{DD}	$V_{SS} - 0.5 \sim V_{SS} + 20$	V
コントロール入力電圧	V_{CIN}	$V_{SS} - 0.5 \sim V_{DD} + 0.5$	V
スイッチ入力/出力電圧	V_I/V_O	$V_{SS} - 0.5 \sim V_{DD} + 0.5$	V
許容損失	P_D	300 (DIP)/180 (SOP/TSSOP)	mW
オン時入出力間電位差	$V_I - V_O$	± 0.5	V
コントロール入力電流	I_{CIN}	± 10	mA
動作温度	T_{opr}	$-40 \sim 85$	℃

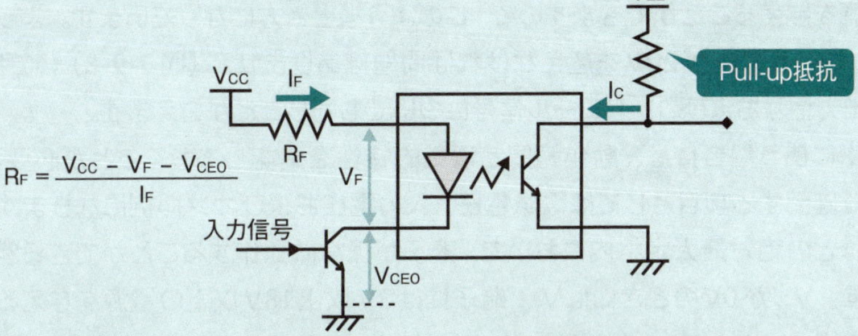

3 9 その他の半導体素子を使う～能動部品⑤～

Analog Circuit

$$R_F = \frac{V_{CC} - V_F - V_{CEO}}{I_F}$$

図3-9-5 フォトカプラの使用例

図3-9-6 アナログスイッチの記号

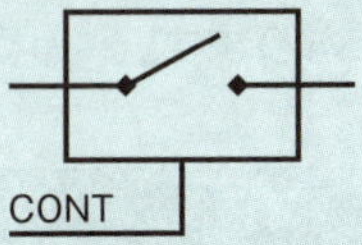

図3-9-7 アナログスイッチの模式図

● 動作範囲（$V_{SS} = 0V$）

項目	記号	測定条件	最小	標準	最大	単位
電源電圧	V_{DD}	—	3	—	18	V
入力／出力電圧	V_{IN}/V_{OUT}	—	0	—	V_{DD}	V

● 電気的特性

項目	記号	測定条件		−40℃		25℃			85℃		単位
		V_{SS}(V)	V_{DD}(V)	最小	最大	最小	標準	最大	最小	最大	
オン抵抗	R_{ON}	$0 \leq V_{IS} \leq V_{DD}$ $R_L = 10k\Omega$	5	—	800	—	290	950	—	1200	Ω
			10	—	210	—	120	250	—	300	
			15	—	140	—	85	160	—	200	

表3-9-2 アナログ・スイッチ（4066）の仕様　※東芝 TC4066BP製品仕様より抜粋

絶対最大定格の表で重要な項目は、電源電圧（V_{DD}）とスイッチ入出力電圧（V_I/V_O）およびコントロール入力電圧（V_{CIN}）になります。これらの項目を超えた電圧を与えてはなりません。この仕様書ではちょっとわかりにくいのですが、V_{SS}はGNDでなくてもよく、負の電源を与えることができますので、このような書き方になっています。よってV_{DD}端子とV_{SS}端子との差が20Vを超えなければ問題はありません（図3-9-8）。これは、スイッチ入出力信号およびコントロール信号についても同じことが言えます。

通常に使う場合には、動作範囲と電気的特性を確認しておくことが必要となります。ここで確認する項目としては電源電圧、入力電圧およびオン抵抗になります。動作範囲は先ほどの絶対最大定格内において、素子が正常に動作することができる範囲を決めています。V_{SS}が0VのときにはV_{DD}端子には3V以上18V以下の電源を与えることが可能となります。よってV_{SS}が−5Vのときには、V_{DD}は−2Vから13Vの範囲であれば問題ないということになります。入出力電圧に関しても同様で、V_{SS}が負の電源のときには、最小値がV_{SS}より下回らなければ問題はないと考えます。

それ以外に重要な項目が電気的特性のオン抵抗になります。これはスイッチがオンになったとき、入力から出力におけるインピーダンスはどの程度であるかを示したものになります（図3-9-9）。この値は小さければ小さいほどよい、ということになります。

その他に確認しておく項目があります。1つはスイッチング特性の入出力位相差の項目、もう1つは最大伝達周波数になります。

項目	記号	測定条件	V_{SS}(V)	V_{DD}(V)	最小	標準	最大	単位
スイッチ入出力位相差	φI-O	C_L = 50pF	0	5	—	15	40	ns
			0	10	—	8	20	
			0	15	—	5	15	
最大コントロール周波数	f_{max}(C)	R_L = 1kΩ, C_L = 50pF	0	5	—	10	—	MHz
			0	10	—	12	—	
			0	15	—	12	—	
最大伝達周波数	f_{max}(I-O)	R_L = 1kΩ, C_L = 50pF	-5	5	—	30	—	MHz

表3-9-3 ● アナログ・スイッチ（4066）の仕様（スイッチング特性（Ta＝25℃））

アナログ・スイッチはリレーや機械式のスイッチとは異なり、内部に半導体素子があるため、どうしても入力に対して出力はやや遅れてしまいます。遅れる時間は数nsから数十ns程度なのですが、この遅れが入出力の位相差として現れます（図3-9-10）。これが「スイッチング入出力位相差」の項目になります。この4066の場合には電源が5Vのとき、最大で40ns遅れるとあります。無論この値は小さければ小さいほどよい、ということになります。

Analog Circuit

図3-9-8 アナログスイッチの電源電圧

V_{DD}とV_{SS}との差が20Vを超えなければよい

図3-9-9 オン抵抗の等価回路

スイッチがオンになったときの素子内部の抵抗のことをオン抵抗という

図3-9-10 入出力の位相差

入力に対して出力が若干遅れる

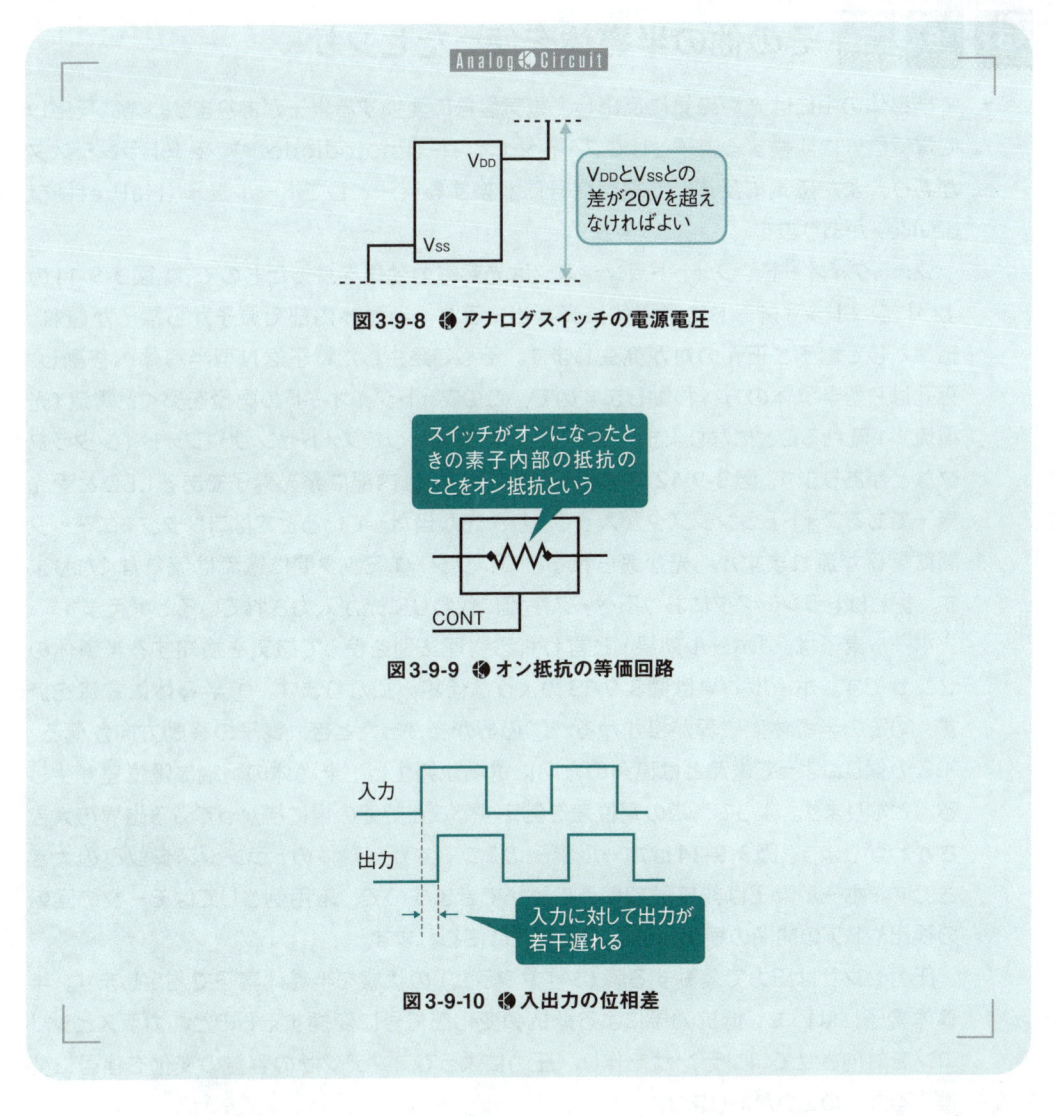

　また半導体素子のスイッチング特性により、通過できなくなる信号の周波数があります。これを表したのが「最大伝達周波数」の項目です。この4066の場合には、標準で30MHzまでの信号の入出力に対応が可能となっています。つまり、30MHzを超える信号は通過することが難しい、ということになります。
　さらにスイッチ可能な周波数を表したものが「最大コントロール周波数」になります。この4066の場合電源が5Vのときに10MHzとありますので、0.1μsecでオンとオフを切り替えることが可能ということになります。これはリレーの切り替え速度に比べ、1万倍以上速いということになります。

3-9-3 その他の半導体を使ったセンサ

　半導体の中には光や磁気に反応し、電気信号に変換する素子があります。光に反応して電気信号に変換する素子としてフォトダイオード（Photodiode）やフォトトランジスタがあり、また磁気に反応して電気信号に変換する素子としてホール素子（Hall effect device）があります。

　フォトダイオードやフォトトランジスタは光起電力効果を使ったものです。**図3-9-11**のようにフォトダイオードに半導体に光が当たると、半導体内部で原子から電子が離れ、結果として電子と正孔の対が発生します。そして発生した電子はN型半導体へ移動し、正孔はP型半導体の方へ移動しますので、このフォトダイオードの両極を繋ぐと電流（光電流）が流れることになります。これを使った部品としてフォトセンサやフォトインタラプタなどがあります。**図3-9-12**のフォトインタラプタは内部に発光素子であるLEDと受光素子であるフォトトランジスタが入っており、光が当たっているときはコレクタ－エミッタ間に電流が流れますが、光が遮られるとコレクタ－エミッタ間に電流は流れなくなります。言わばトランジスタにおけるベース電流に代わりに光が入力されていると考えます。

　ホール素子は、「ホール効果」と言われる物理法則を使って磁気を検知する半導体のセンサです。ホール効果は**図3-9-13**のような仕組みになります。①半導体に電流を流す、②その半導体に磁界が掛かる、③磁界が掛かったとき、電子の移動方向が偏る、④この偏りによって電流とは直角の方向に電場が発生し、半導体の両端に電位差が生じる、となります。よって、この電位差を測定することでその場に掛かっている磁界の大きさがわかります。**図3-9-14**はホール素子の1つですが、単体のトランジスタ並みの大きさです。ホール素子は非接触で使うことができますので、応用例としてはモータの回転の検出やドアの開閉の検出、位置検出などに使われます。

　圧力センサは圧力で差動する膜（ダイヤフラム）の状態を半導体素子で測定します。半導体素子にはピエゾ抵抗効果による抵抗の変化を信号に変換するものと、ガラスとシリコンを対向させてコンデンサを作り、圧力によってコンデンサの容量の変化を信号に変換する方法の2つがあります。

　図3-9-15は半導体技術を使った圧力センサです。歪ゲージが複数あり、圧力が加わるとその歪ゲージが縮んだり伸びたりします。その歪ゲージの状態変化が抵抗値となって表れますので、その抵抗値を信号に変換すれば圧力の掛かり具合がわかります。圧力センサは**図3-9-16(a)**のように色々な形状の種類がありますが、小さいものでは**図3-9-16(b)**のように直径3～4mm程度のものありますので、今では小型の携帯デバイスに入っている場合もあります。

3-9 その他の半導体素子を使う～能動部品⑤～

Analog Circuit

図 3-9-11 ● フォトダイオードの原理

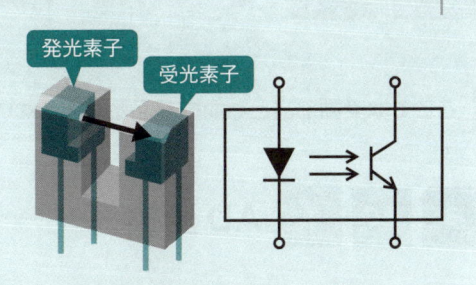

図 3-9-12 ● フォトインタラプタ

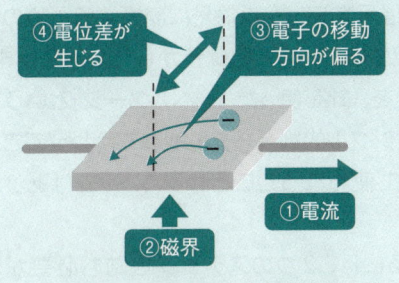

写真提供：旭化成エレクトロニクス

図 3-9-13 ● ホール素子の原理

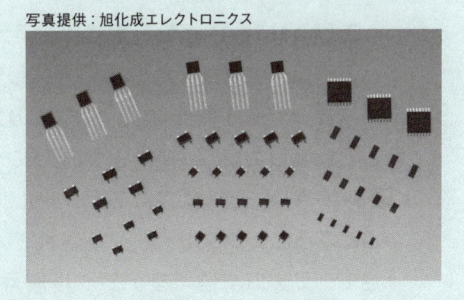

図 3-9-14 ● ホール素子

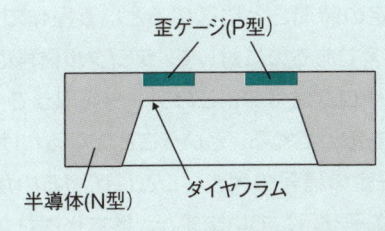

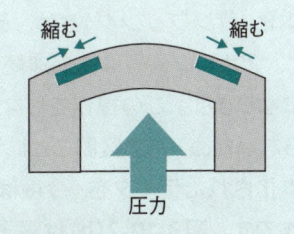

図 3-9-15 ● 圧力センサーの原理（半導体歪ゲージ）

写真提供：浜松光電

写真提供：アルプス電気

(a)　　　(b)

図 3-9-16 ● 圧力センサー

Analog Circuit

3-10 その他の部品についても知る

[ここでは受動部品とも能動部品とも言えない、その他の部品についていくつか取り上げます。]

3-10-1 AD変換

▶ 基本的な原理

　AD（Analog-Digital）変換は、アナログ信号をデジタル信号に変換するためのものです。アナログ信号をデジタル信号にして表現するということは昔から行われていました。例えばオーディオ機器など、昔は音の大きさを、針を使った「レベルメータ」というもので表していましたが、いつからかLEDによるデジタル的なメータに取って代わってきました（**図3-10-1**）。それ以外にもデジタル化されて使われるところは多く、今ではありとあらゆるところにデジタルデータが溢れています。

　さて、アナログ信号をデジタル信号にするには、2つのステップを踏む必要があります。最初に行うのが**標本化**と言われる操作であり、次に行うのが**量子化**と言われる操作です。

　標本化（サンプリング）とは、ある一定の時間ごとに区切るという操作です（**図3-10-2(a)**）。アナログ信号は本来連続した信号であるのに対して、デジタル信号は飛び飛びの信号になります。この操作をしないとアナログ信号のどこのデータを取ってくればよいかわからないため、ある区間ごとにデータを取ってくる、ということになるわけです。

　標本化されたデータを、今度はある一定の信号の大きさごとに区切るのが量子化という操作です。**図3-10-2(b)**は量子化の様子を示していますが、標本化されたデータが必ずしも量子化の区切りに合っているわけではなく、ずれている部分もあります。このずれのことを「量子化誤差」と言います。

　これらの操作を行った後のデータを示したのが**図3-10-2(c)**になります。元の波形がだいたいわかる感じで点が存在しますが、元の信号と比べるとやや異なっているのがわかります。なお、AD変換では標本化と量子化の数が多ければ、元のデータとの誤差が少なくなってきます（**図3-10-2(d)**）。

　AD変換では、標本化を行うためにクロックを、そして量子化を行うためのアナログデータを与えます。その結果、先に述べた標本化と量子化を経てデジタルデータが出力されます（**図3-10-3**）。誤差を少なくするためにはAD変換器に与えるクロック信号を速く、そしてAD変換器のデータ幅を大きくする必要がありますが、その分AD変換器の価格も高くなります。

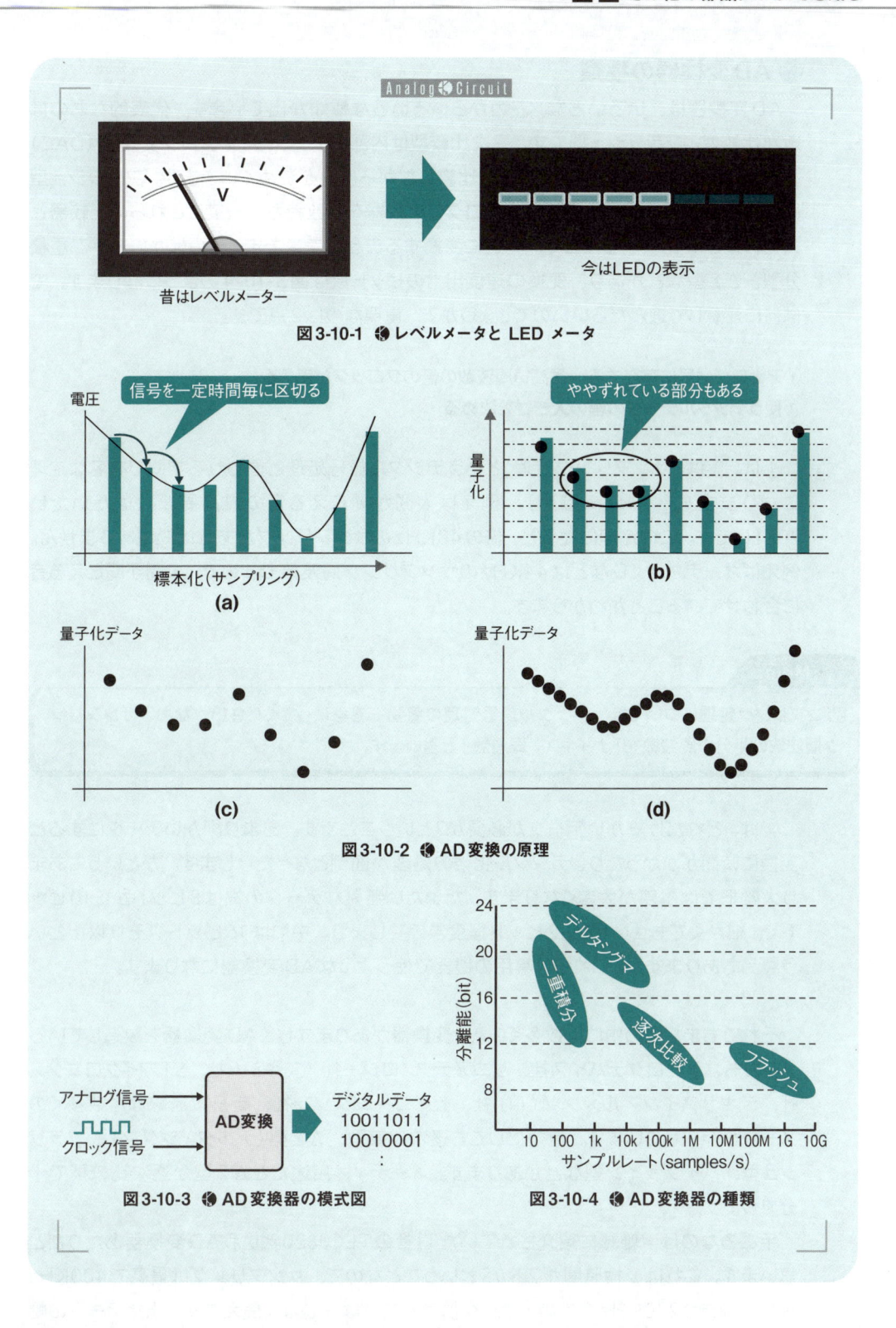

3 10 その他の部品についても知る

Analog Circuit

昔はレベルメーター　　　今はLEDの表示

図3-10-1 ● レベルメータと LED メータ

電圧／信号を一定時間毎に区切る／標本化(サンプリング) (a)

量子化／ややずれている部分もある (b)

量子化データ (c)

量子化データ (d)

図3-10-2 ● AD変換の原理

アナログ信号 → AD変換 → デジタルデータ
クロック信号 →　　　　　10011011
　　　　　　　　　　　　10010001
　　　　　　　　　　　　　：

図3-10-3 ● AD変換器の模式図

分離能(bit)／デルタシグマ／二重積分／逐次比較／フラッシュ／サンプルレート(samples/s)

図3-10-4 ● AD変換器の種類

AD変換器の種類

　AD変換器は、いろいろなメーカからいろいろな種類が出ています。代表的なものは逐次比較型とフラッシュ型です。逐次比較型は内部にデジタル－アナログ変換器（DAC）を持っており、入力の電圧とDACを比較しながら出力を決めていきます。フラッシュ型は変換速度が最も速く、内部にアナログの比較器を多数持ち、一度にこれらの比較器と入力の電圧を比較することで、高速に変換することができます。そのほかにも、二重積分型、ΔΣ型などがあり、変換の速度出力のビット数は**図3-10-4**のようになります。では何に注意して選んだらいいのでしょうか？　重要なのは2点です。

①アナログ信号に存在する一番高い周波数の倍のクロックが使える
②使うデジタルデータの幅の大きさを決める

　①は、実は「サンプリング定理」というデジタル信号処理と言われる学問で有名な定理になります（Memo 参照）。例えば人間が聞こえる音の最高周波数はだいたい20KHzです。この定理に従うと、倍の40KHzのサンプリングがあれば問題ありません。例えばオーディオCDなどは44KHzのサンプリング周波数ですので、人間が聞こえる音に合わせていることがわかります。

> **Memo**
> サンプリング定理については、デジタル信号処理の書物を参考にしてください。なお、サンプリング周波数の半分の周波数を「ナイキスト周波数」と言います。

　②は、どれだけ細かいデータが必要か？ということです。あまり細かいデータにすると変換に時間がかかったり、デジタル化後の処理が面倒となったりします。かといってあまり大雑把では誤差が大きくなります。だいたい無難なデータの幅は8ビットから10ビットで、細かくてもせいぜい12ビット程度まででしょう。中には16ビットやそれ以上という製品もありますが、これらは専用の機器で使うようなAD変換器になります。

　それでもまだ世の中には数多くのAD変換器がありますし、AD変換器を製造しているメーカも、アナログデバイス社、リニアテクノロジー社、マキシム社、STマイクロニクス社、テキサスインスルメンツ（TI）社、セイコーエプソン社、新日本無線など数多くのメーカが存在しています。種類にしても逐次比較型、ΔΣ型（デルタ・シグマ）、フラッシュ型、パイプライン型などがあります。オーディオ用途だとΔΣ型か逐次比較型で十分でしょう。

　手ごろなのは、雑誌に紹介されていたTI社のTLC0820というAD変換器あたりだと思います。これは変換時間が2.5μSということなので、サンプリングは最高で400KHz程度、つまり200KHzまでのアナログ信号であれば問題なく使えます。またデータの幅

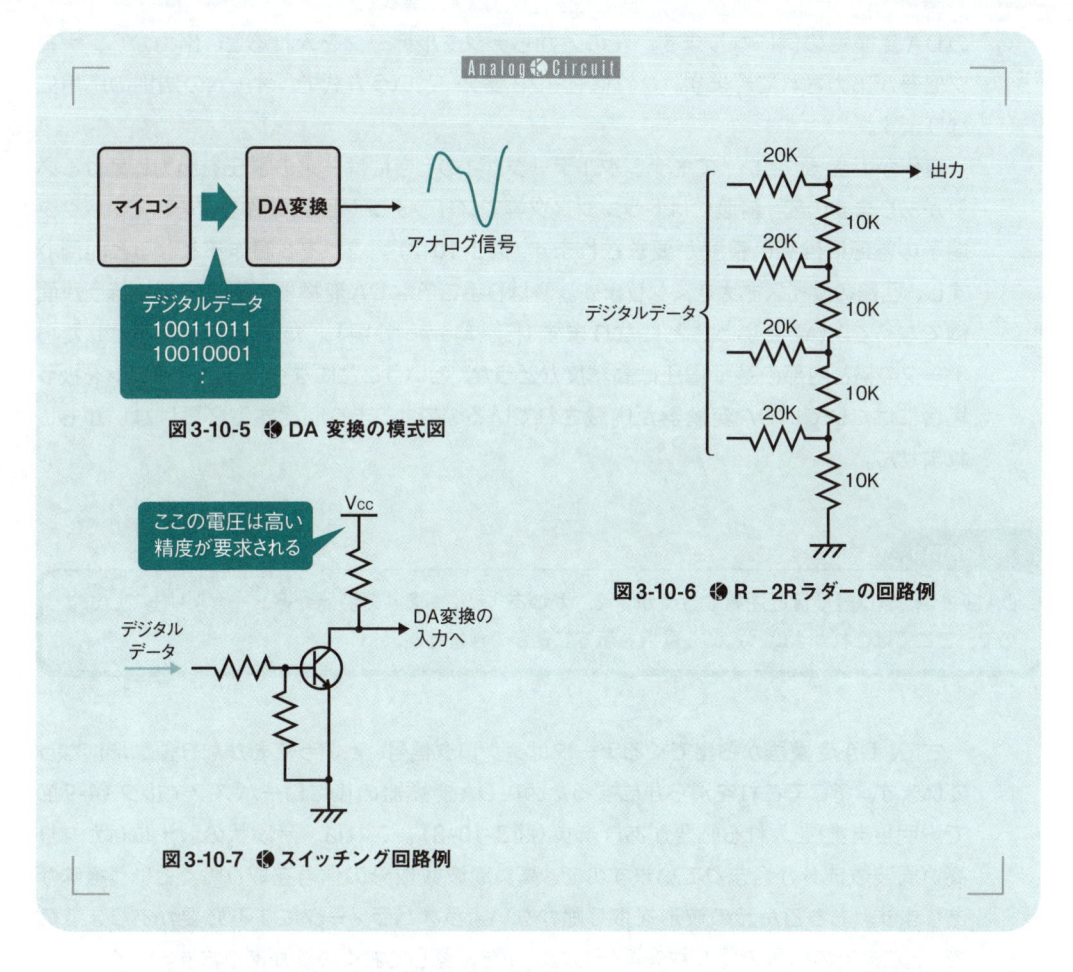

図 3-10-5 ◆ DA 変換の模式図

図 3-10-6 ◆ R－2R ラダーの回路例

図 3-10-7 ◆ スイッチング回路例

も8ビットということで手ごろなAD変換器でしょう。かなり速いのが必要であればフラッシュ型になりますが、価格も高くなります。最近では2GHzでサンプリングできるAD変換器があります。またマイコンを使う場合、AD変換器が内蔵されている場合もあります。このときもどのくらいのサンプリングの速さで、データの幅はどのくらいかというのを確認しておく必要があります。

3 10 2 DA 変換

▶ 基本的な原理

DA (Digital-Analog)変換は、デジタルデータをアナログ信号に変換するためのものです（**図 3-10-5**）。マイコンなどから出てきた音楽データをアナログデータにして増幅回路に入れれば、スピーカーから音が出てくる、という用途などに使われています。

DA変換は、実は抵抗と基準電圧さえあれば自作が可能です。**図 3-10-6**は4ビット

のDA変換器の例になります。左の方からデジタルデータを入れると、出力からアナログ信号が出力されてきます。これはR－2Rラダーという方式で、オームの法則の応用になります。

　自作ができる、といってもデジタルデータが1のときには一定の電圧を出力し続ける必要がありますので、前段にはトランジスタ等でスイッチング回路を作り、そしてコレクタ端子の電源には高い精度が要求されます（**図3-10-7**）。これを8個作るとなると面倒ですし、回路のサイズも大きくなります。やはり手ごろなDA変換器を選んできたほうが面倒でなくてよい、ということになります（ Memo 参照）。ただし注意するとしたらデータの幅と内部の基準電圧は高精度かどうか、ということになります。マイコンを扱う場合にはたいていDA変換器が内蔵されているので、あまり心配する必要はないかもしれません。

> **Memo**
> DA変換は、AD変換ほど注意する点がなく、かつあまりにも多くの製品が各メーカより出ていますので、ここではこれがよい、という選択を示すことができません。

　さて、DA変換器から出てくるデータはアナログ信号、といってもかなり歪な形になっています。そこでこれを滑らかにするためにDA変換器の後にローパスフィルタ（4-9節で説明します）を入れる必要があります（**図3-10-8**）。これは、階段状の波形にはかなり高い周波数成分が含まれていますので、高い周波数成分の信号を取り除くという意味があります。もちろん元の波形を取り除かないようなパラメータにする必要がありますので、どこまでの信号の周波数を再現したいかを確認しておく必要があります。

3.10.3　リレー

　リレー（Relay） は、電気信号を入れると機械的にスイッチが入ったり切れたりするものです。原理としては電磁石と接点で構成されており、電磁石に電流が流れると接点が閉じ、電流が切れると接点が開く、という非常に簡単な構造になっています（**図3-10-9**）。

　リレーにはいくつか種類がありますが、電子回路で使うようなリレーは「リードリレー」と言って、ケースに入ったリードを電磁石で直接動かす方式になります。リードリレーの外形は**図3-10-10**のような形状になっており、電磁石、リードなどはケースに封入されています。

　リレーのよい点というのは、接点が金属であり、余計な半導体などがない、ということです。つまり入力された信号がそのまま出力されることになり、複数使うことで信号の切り替えも簡単にできます（**図3-10-11**）。また信号の遅れもありません。ただしあまり

3-10 その他の部品についても知る

Analog Circuit

図3-10-8 ◆ DA変換後の低域通過フィルタ

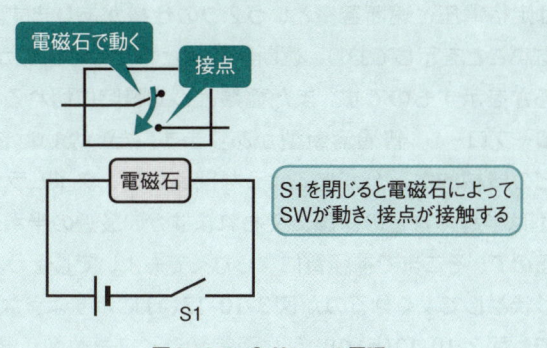

電磁石で動く　接点

電磁石

S1

S1を閉じると電磁石によって
SWが動き、接点が接触する

図3-10-9 ◆ リレーの原理

入力1
制御1
入力2
制御2
Vcc

入力1か入力2かを
リレーによって選択

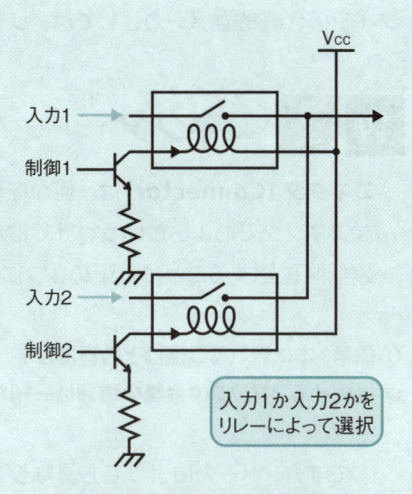

図3-10-10 ◆ リードリレー　　　**図3-10-11** ◆ リレーの複数使用例

高い周波数の信号は、リードリレーのリード部分におけるリアクタンス成分の影響を受けるので、その場合には高周波用途のリレーを使う必要があります。

リードリレーはだいたい5Vや3.3Vで駆動しますので、アナログ回路でも簡単に使うことができます。リードリレーを製造している代表的なメーカとしては、オムロンなどがあります。

3-10-4 ヒューズ

ヒューズ（Fuse） は、過大な電流が回路に流れたときに電流を流さないためにカットする部品です。ヒューズが切れないように回路を設計することは大事ですが、何かあったときにすぐに切れてくれるようなヒューズを選ぶことも重要です。

ヒューズには定格電圧と遮断容量という2つの仕様があります。定格電圧はその電圧以上では使えないことを示しており、遮断容量はどれだけの電流が流れたときにヒューズが切れてくれるかを示すものです。また種類として瞬時に切れる速動溶断型、タイムラグ溶断型（スローブロー）、普通溶断型があります。だいたいは普通遮断型で十分ですが、モータなどの機械的な部分があるような回路には、タイムラグ型が使われるようです。また速動型は半導体などの保護に使われますが、最近の半導体は昔より保護回路が強化されているので、そこまで神経質にならなくてもよいでしょう。

ヒューズの形状としてよく見るのが**図3-10-12(a)** に示すようなガラス管に入ったものですが、最近では**図3-10-12(b)** のような面実装タイプも数多く出ています。さらに小さいものありますので、いろいろと目的に合ったものを探してみるとよいでしょう。面実装タイプの代表的なメーカとしては、リテルヒューズになります。

3-10-5 コネクタ

コネクタ（Connector） は、何かを繋ごうとするときに必ず必要になる部品ですが、どんなコネクタでもよいというわけではありません。

最低限確認することは以下の2つになります。

①信号1本に流れる電流はどの程度か？
②接続するコネクタの金属の種類は一緒か？

①ですが、メーカによっても異なりますが、ピン1本あたり2A程度から0.5A程度まで幅広くあります。よくコネクタに電源やGNDを配置しますが、ピン1本あたりどのくらいの電流が流せるかの確認が必要になります。足りなければピン数を増やすか、コネクタの種類を変更する必要があります。

Analog Circuit

写真提供：リテルヒューズ

(a)

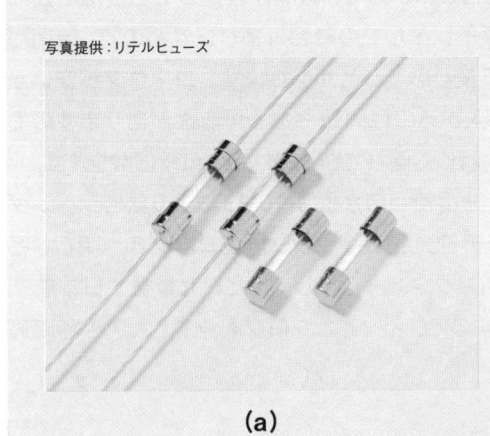

写真提供：リテルヒューズ

(b)

図3-10-12 ● ヒューズ

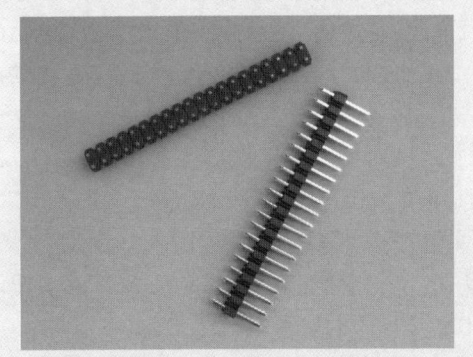

(a) オス（ピンヘッダ）　　　(b) メス（レセプタクル）

図3-10-13 ● コネクタの一例

②の金属の材質ですが、オス側のコネクタとメス側のコネクタの金属の材質がもし一緒でない場合、時間が経ったときに接触不良が発生する可能性があることに注意してください。同じ金属であれば原子レベルで融合しますので、時間が経過しても接触不良にはなりにくいのですが、違う金属の場合、原子レベルでの融合はありませんので、時間が経過すると酸化や汚れなどの影響で接触不良ということがあります。コネクタが安いからといって、別々の金属の端子のものを購入するのは問題になる可能性がありますので注意してください。なおコネクタの端子金属として優れているのは金（Au）になります。

コネクタの種類には多種多様あります。一番使うのが**図3-10-13**のようなピンヘッダとレセプタクルの組み合わせでしょう。その他丸型コネクタ、角型コネクタ、FPCなど色々なタイプが各メーカより出ています。コネクタメーカとしてはヒロセ電機や日本航空電子、日本圧着端子などのメーカがありますので、色々とカタログを見て、大きさ等で適切なものを選んでみてください。

3-10-6 スイッチ

スイッチの基本概念は**図3-10-14**のように回路の開閉を行う部品です。スイッチが開いている場合にはa～b間には電流は流れません。逆にスイッチが閉じている場合にはa～b間に電流が流れるようになります。スイッチにはこの開閉ができるような機構が入っています。

図3-10-15は各種スイッチの例になります。（a）はトグルスイッチと言われており、スイッチを左右に振ることで回路の開閉を行います。（b）はプッシュスイッチと言われており、スイッチを押すと回路が閉じ、離すと回路は開きます。（c）はDIPスイッチ（ディップスイッチ）と言われており、複数のスイッチがコンパクトに纏まっています。このDIPスイッチはスイッチをスライドさせることで回路の開閉を行います。

電源関係のスイッチにはだいたいトグルスイッチが用いられており、状態を変化させるなどに使う場合にはプッシュスイッチが、機能などの設定で、ほぼ半固定的に使う場合にはDIPスイッチなどが使われます。

スイッチを使う場合として単に回路の線上に用いる場合と"1"または"0"の信号を伝える場合があります。前者の線上に用いる場合は、電源回路の開閉や回路の切り替えなどに使われます。回路の途中にスイッチを入れることになりますが、気を付ける点としてはスイッチに流すことができる電流の大きさになります。もしスイッチに流すことができる電流の方が回路に流れる電流より小さい場合には、最悪燃えてしまう可能性がありますので、注意して下さい。これはスイッチの仕様書を見れば確認できます。

信号を伝える回路の切り替えには**図3-10-16**のように抵抗による分圧を使うことで、スイッチが押されたときに"1"または"0"を認識させるようにします。プッシュスイッチの

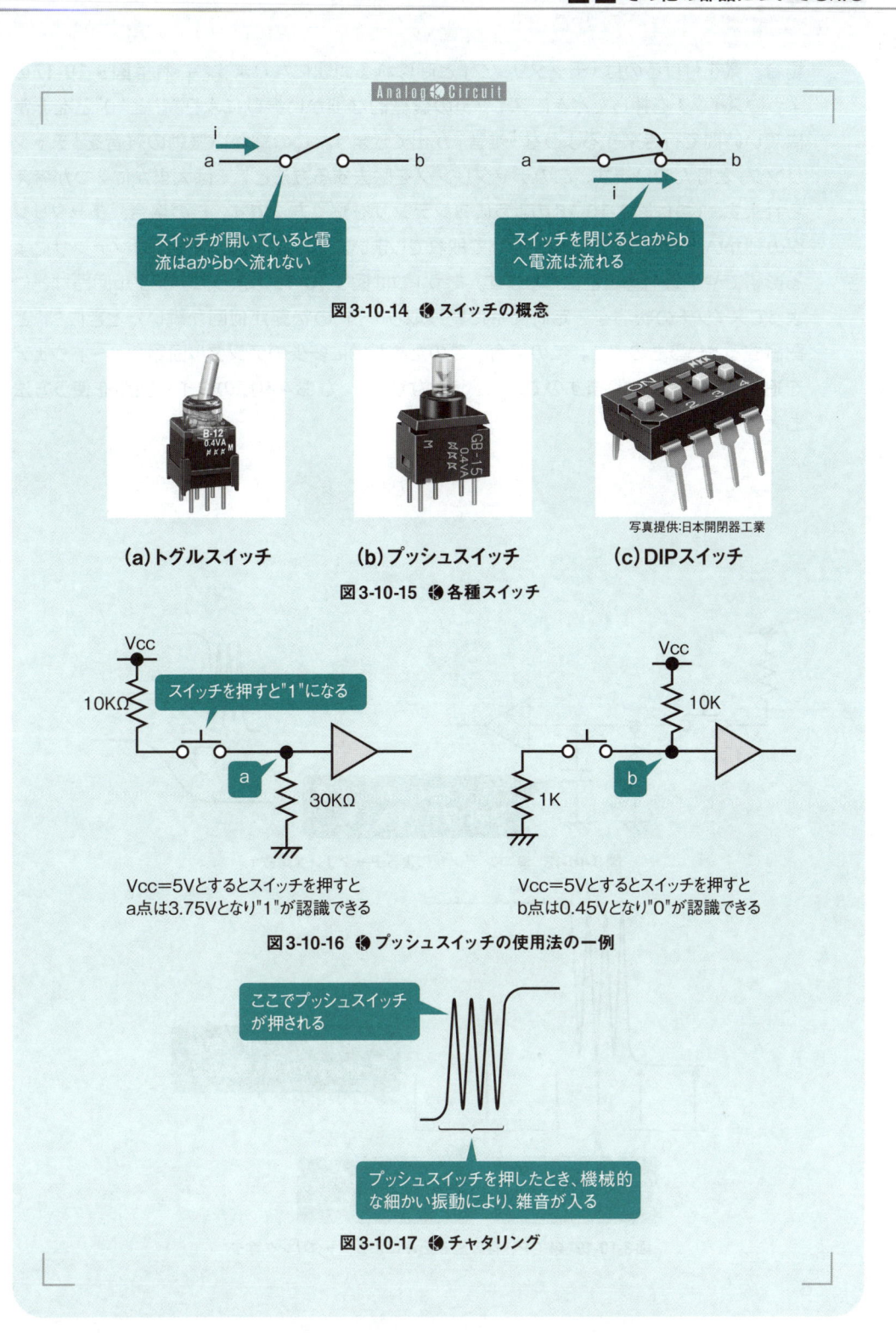

3-10 その他の部品についても知る

Analog Circuit

スイッチが開いていると電流はaからbへ流れない

スイッチを閉じるとaからbへ電流は流れる

図3-10-14 ● スイッチの概念

(a)トグルスイッチ　　(b)プッシュスイッチ　　(c)DIPスイッチ

写真提供:日本開閉器工業

図3-10-15 ● 各種スイッチ

スイッチを押すと"1"になる

Vcc=5Vとするとスイッチを押すとa点は3.75Vとなり"1"が認識できる

Vcc=5Vとするとスイッチを押すとb点は0.45Vとなり"0"が認識できる

図3-10-16 ● プッシュスイッチの使用法の一例

ここでプッシュスイッチが押される

プッシュスイッチを押したとき、機械的な細かい振動により、雑音が入る

図3-10-17 ● チャタリング

場合、気を付けるのは「チャタリング」と呼ばれる問題になります。これは**図3-10-17**のようにスイッチを押したときにスイッチの機械的な細かい振動により"1"と"0"とを非常に短い時間で行き来するような「雑音」が出てきます。この細かい振動の雑音を「チャタリング」と呼んでいます。このチャタリングを除去する方法としては大まかに2つが考えられます。1つは**図3-10-18**のようにコンデンサを繋ぐ方法です。この場合、チャタリングの細かい雑音はコンデンサによって取れてしまいます。ただし、信号がコンデンサによる影響でやや遅れることになります。もう1つは**図3-10-19**のようにデジタル回路などによってスイッチの状態を一定時間毎に読み取り、"1"の状態が何回か続いたときに"1"と認識するというものです。この場合、このためだけに多少のデジタル回路のハードウェアを追加することになりますのでコスト増となります。なお4-9節のタイマ回路を使う方法も考えられます。

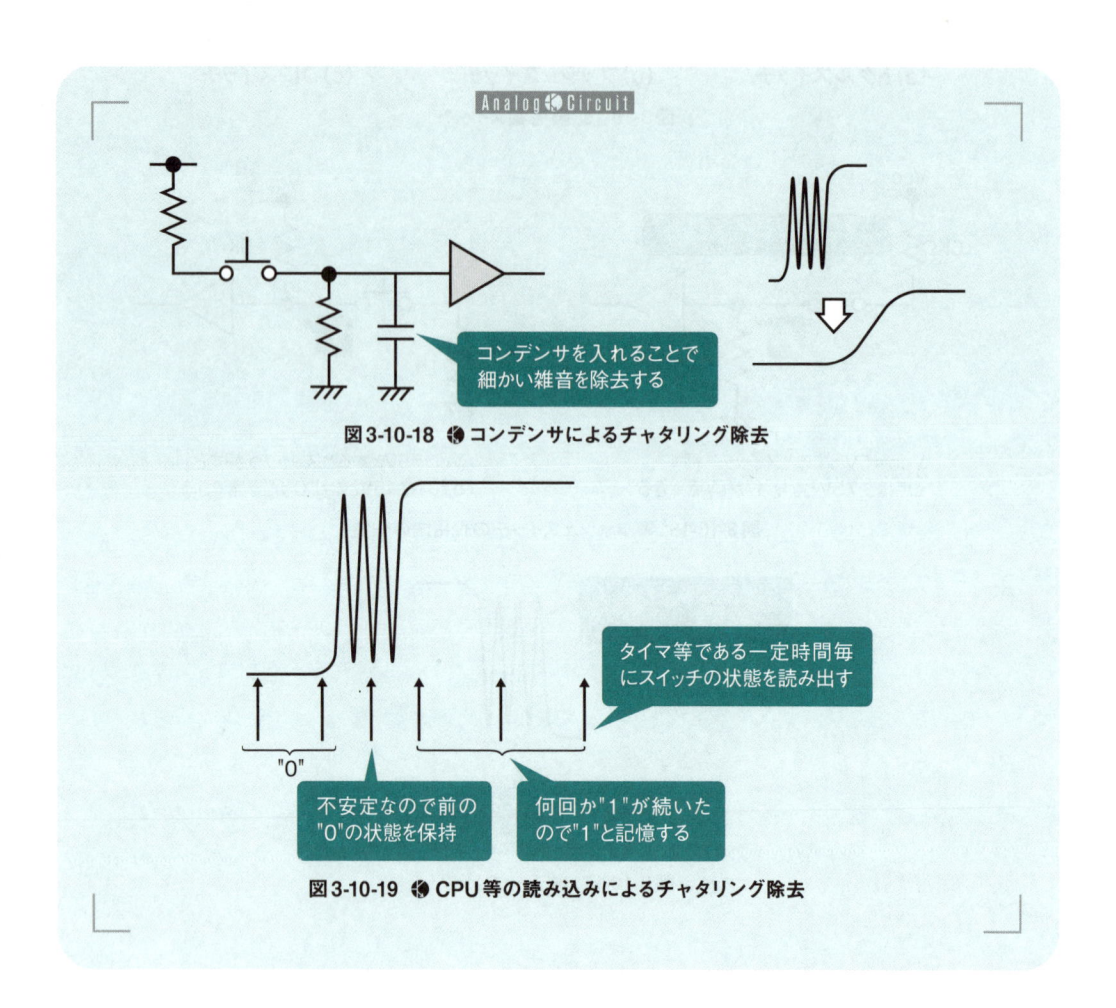

図3-10-18 ● コンデンサによるチャタリング除去

図3-10-19 ● CPU等の読み込みによるチャタリング除去

演習問題

問題 3-1
下記の問について正しい場合には○を、正しくない場合には×を、()内に記入しなさい。

(1) (　) コイルは直流は通しにくく、交流は通しやすい。
(2) (　) コンデンサは直流は通しにくく、交流は通しやすい。
(3) (　) 抵抗は交流は通しにくく、直流は通しやすい。
(4) (　) よく使われる容量の小さなコンデンサはアルミ電解コンデンサである。
(5) (　) トランスは1次側と2次側の巻き数によって出力の電圧を変換できる。
(6) (　) 受動部品は定格電力や定格電圧、定格電流を越えて使うと燃える。
(7) (　) 受動部品はオームの法則で表すことができる。
(8) (　) ダイオードは電流を一方向にしか流さない。
(9) (　) ダイオードは受動部品である。
(10) (　) 出力と入力の関係は増幅率で表すことができる。
(11) (　) LEDを使う際には電流制限のための抵抗が必要である。
(12) (　) 光に反応して電子の移動方向が偏るのがホール素子である。
(13) (　) 半導体にはp型とn型があり、ホールが存在するのがn型である。
(14) (　) VCEとICの関係を示す直線は負荷直線と言う。
(15) (　) バイポーラとは「1極」のことであり、価電子のみを表す。
(16) (　) PNPトランジスタの記号はエミッタの矢印が外を向いている。
(17) (　) NPNトランジスタは電流がコレクタからエミッタに流れる。
(18) (　) 増幅回路ではdBが使われる、dBはBの1/10である。
(19) (　) 並列共振回路は不要な信号をGNDに流す。
(20) (　) エミッタ接地回路はコレクタから出力を取り出すことができる。
(21) (　) FETはホールと価電子の2つのキャリアを使う。
(22) (　) エンハンスメント型のFETはソースドレイン間にチャネルが最初から形成される。
(23) (　) CMOSはクロックのHigh/Lowの切り替わり時でも電流はあまり流れず、速いクロックでも熱は発生しない。
(24) (　) 理想オペアンプは入力抵抗0Ω、出力抵抗0Ωである。
(25) (　) 理想オペアンプは入力段に電流が流れない。
(26) (　) バーチャルショートはオペアンプ内部で実際に繋がっている。
(27) (　) AD変換は符号化、量子化、標本化の順番で処理される。
(28) (　) フラッシュ型のAD変換器より、デルタシグマ型のAD変換器の方が速く変換できる。

(29)（　）DA変換回路の基本は積分回路である。
(30)（　）DA変換後の波形には高周波数成分の信号が含まれている。
(31)（　）スイッチにはチャタリングの影響があるので、コンデンサを入れて影響を小さくする。

問題 3-2

下記の素子について図中の (a) 〜 (e) に適切な用語・記号または数値を記載しなさい。

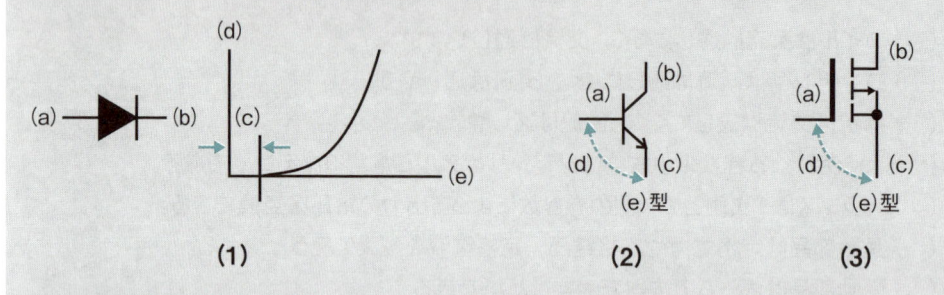

(1)　　　　　(2)　　　　　(3)

問題 3-3

下の回路において R = 10 Ω、L = 0.1H とし、50Hz の交流電流を流すものとする。R と L の合成回路のインピーダンス z と位相角 θ を求めなさい。

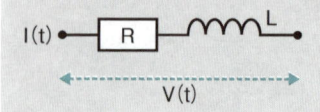

解答は p.320 にあります。

Column ⑩ 何石、何球の意味

　電子回路をやったことがある人は、トランジスタのことを「石（いし）」という言い方をします。慣れない人が聞くと「何でだろう?」と思いますが、電子回路屋もあまり語源を知りません。一般的に言われるのは半導体の材料であるシリコンは珪素であるため、トランジスタの個数の単位として「石」と言う言い方になった、ということです。昔のトランジスタラジオはよく"5石スーパー"などという言い方をしており、これだけでスーパーヘテロダイン方式で、5個のトランジスタが使われている、ということがわかります。今でもLSIやICのことを「石」という言い方をしている方が多いので、この言い方は根強いものがあります。

　同じような単位に「球」という言い方があります。これは真空管の個数の単位ですが、この由来は一般的に真空管に火を入れる（電源を入れる）と真空管がほんのりの明るくなります。これが電球のように見えるので、その単位として「球」が使われるようになった、という説があります。

　電子回路屋さんの話には、このように特殊な用語が使われることが多いので、はじめは慣れるのに多少時間が掛かりますが、気が付くと自分も同じレベルで話をしていた、ということなります。

Chapter 4

さまざまな
アナログ回路

複雑そうに見える回路も、実は基本的な回路を組み合わせているだけに過ぎません。後は、どのように組み合わさっているかを考えるだけになりますが、そのためには基本的な回路を十分に理解しておく必要があります。この章では、アナログ信号の考え方や増幅器といった、基本的な電子回路について取り上げていきます。

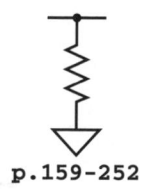

p.159-252

4-1 交流と直流

さまざまな回路を見ていくには、電気信号の性質を理解することがまず重要となります。ここでは、もっとも基本的なことである交流と直流の違いについて取り上げましょう。

4-1-1 どのような違いがあるのか？

基本的に電気信号は、電圧の変化によって情報を伝えています。この電気信号の変化を読み取っていろいろな情報を送っています。電気信号の変化としては2つの考え方があります。1つは、電圧や電流の方向そのものを変えてしまうというものです。これは電圧や電流の向きは一定ではなく、**図4-1-1(a)** のように時間とともに正方向や負の方向に変化するというものです。もう少しわかりやすく言うと、**図4-1-1(b)** の電流の場合、あるときには右矢印方向であったものが、時間が経過すると左矢印方向に変化してしまうというものです。このように方向が変化するものを**交流 (AC; Alternating Current)** と呼んでいます。なお、本来交流とは方向の変化がある周期である場合を指すことが一般的です。

もう1つは電圧や電流の方向は変わらないものの、時間の経過とともに電圧や電流の大きさが変化する場合です（**図4-1-2(a)**）。なお、時間の経過とともに電圧や電流の大きさが変化しないものを**直流 (DC; Direct Current)** と呼んでいます（**図4-1-2(b)**）。しかし、図4-1-2(a)の場合も電圧や電流の向きが変わらないため、広い意味で直流と呼ばれることがあります。

一般的に電子回路で扱うアナログ信号は、基本的に正の方向（これは1つの方向という意味があります）のみの信号の変化だけを考えます（**図4-1-3(a)**）。例えば**図4-1-3(b)** のように正負の方向にある信号は、電圧を持ち上げて正方向だけの信号とします。これを「**バイアス (bias)** を与える」と言います。

4-1-2 なぜ信号線に直列にコンデンサを入れるのか？

それでは信号のバイアスはどのように与えるのでしょうか？　まず入力される信号は、もともとどのようなバイアスが与えられているのかがわかりません（**図4-1-4**）。例え理論的にわかったとしても、熱や部品の誤差等の違いにより電圧が異なってしまうということが考えられます。そこで、まずは信号に与えられたバイアスを取り除くことをします。

Analog Circuit

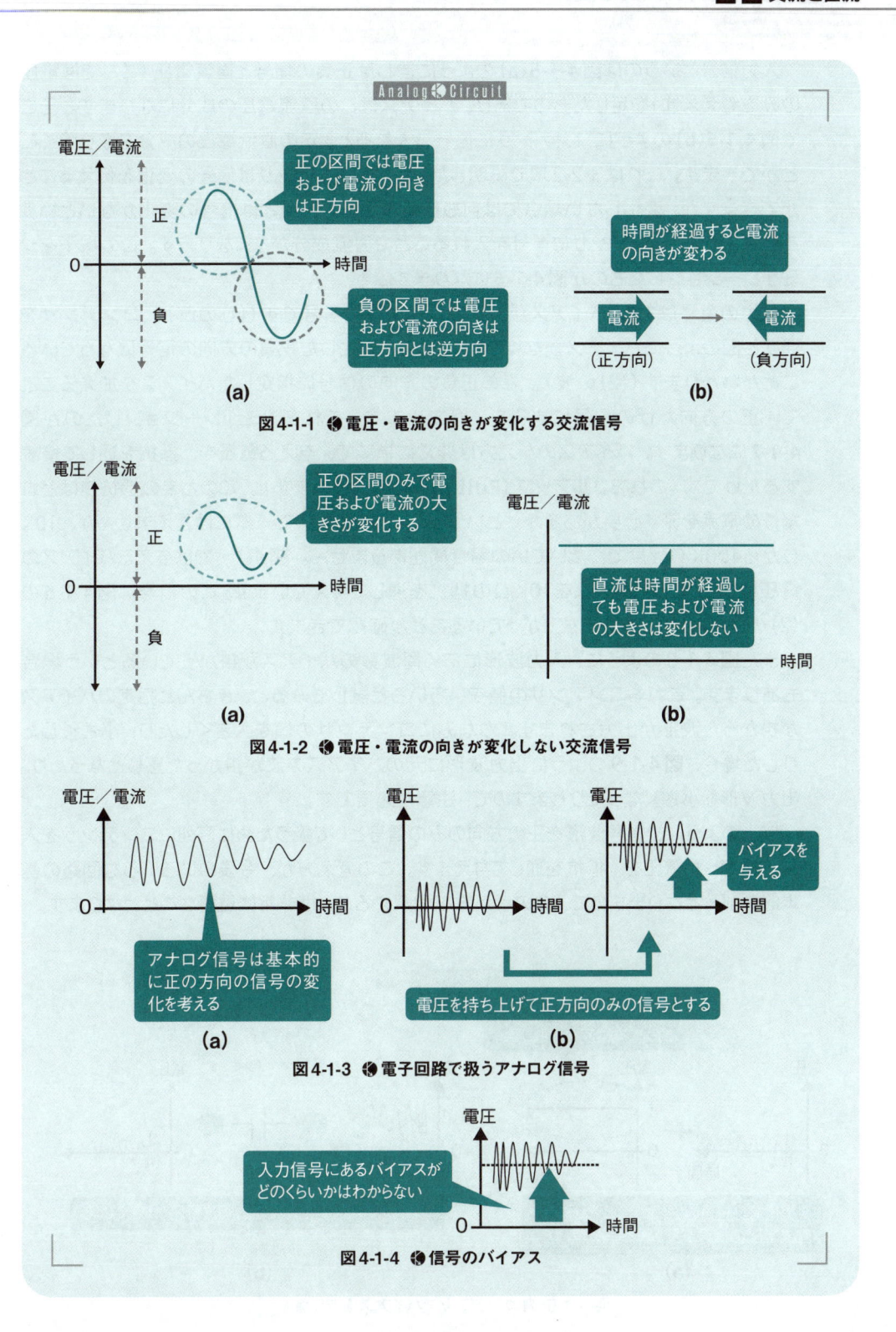

図4-1-1 ◆ 電圧・電流の向きが変化する交流信号

(a) 正の区間では電圧および電流の向きは正方向／負の区間では電圧および電流の向きは正方向とは逆方向

(b) 時間が経過すると電流の向きが変わる（電流（正方向）→ 電流（負方向））

図4-1-2 ◆ 電圧・電流の向きが変化しない交流信号

(a) 正の区間のみで電圧および電流の大きさが変化する

(b) 直流は時間が経過しても電圧および電流の大きさは変化しない

図4-1-3 ◆ 電子回路で扱うアナログ信号

(a) アナログ信号は基本的に正の方向の信号の変化を考える

(b) 電圧を持ち上げて正方向のみの信号とする／バイアスを与える

図4-1-4 ◆ 信号のバイアス

入力信号にあるバイアスがどのくらいかはわからない

入力信号というのは図4-1-5(a)のように言わば正負の信号と直流電圧（ここでは電圧のみを考えます）を足したものであり、バイアスはこの直流電圧の成分になります。そこで図4-1-5(b)のようにコンデンサに信号を入れると、この直流電圧の成分を取り除くことができます。これは3-2-2項で説明したように、コンデンサは信号の変化を伝えることができますが、変化しない場合には何も伝えません。直流とは信号の変化がないということですので、コンデンサに信号を入れることで直流成分がなくなります。この様子をシミュレーションしたものが図4-1-6になります。

入力の信号は1Vのバイアスがある1MHzの波の信号です（(1)の波）。コンデンサを通すと図のようにバイアスがなくなり、0Vを中心とした正負の方向の信号になっていることがわかります（(2)の波）。この正負の方向の信号に指定したバイアスを加えることで、正の方向だけの信号にすることができます。これをシミュレーションしたのが図4-1-7になります。バイアスの与え方は非常に単純で、与える電圧を、抵抗を通して接続するだけです（これを**プルアップ (Pull-up)** 抵抗と言います）。このときの抵抗値はどれだけの電流を流す必要があるか、ということになりますので一概には言えませんが、10KΩから100KΩ程度で、たいていの場合問題ありません。図4-1-7では与えるバイアスの電圧は0.5Vとして、それを10KΩの抵抗を通して与えています。この信号は図4-1-6の(2)の信号よりも0.5V持ち上がっていることが確認できます。

また図4-1-8のように、入力波形にある周波数のバイアスが掛かっているという場合もあります。これもコンデンサの値をいろいろと試してみると、きちんと指定のバイアスが掛かった波形が出力されます。ちなみにコンデンサの値を大きくしたり、小さくしたりした場合、図4-1-9のように出力波形に元のバイアスの波が掛かった感じとなったり、出力波形が小さくなったりしますので、注意が必要です。

以上のように、信号波形を正の方向のみの信号として扱うために直列にコンデンサを入れ、指定した電圧を、抵抗を通して与えます。この考え方が、今後のいろいろな回路の基本的な部分となりますので、この考え方を理解することは非常に重要なこととなります。

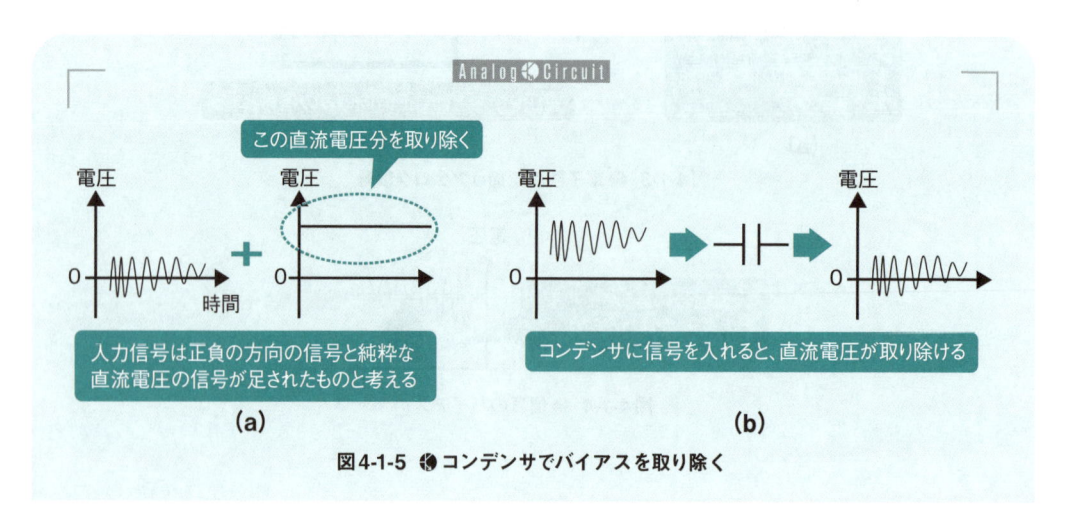

図4-1-5 ● コンデンサでバイアスを取り除く

4-1 交流と直流

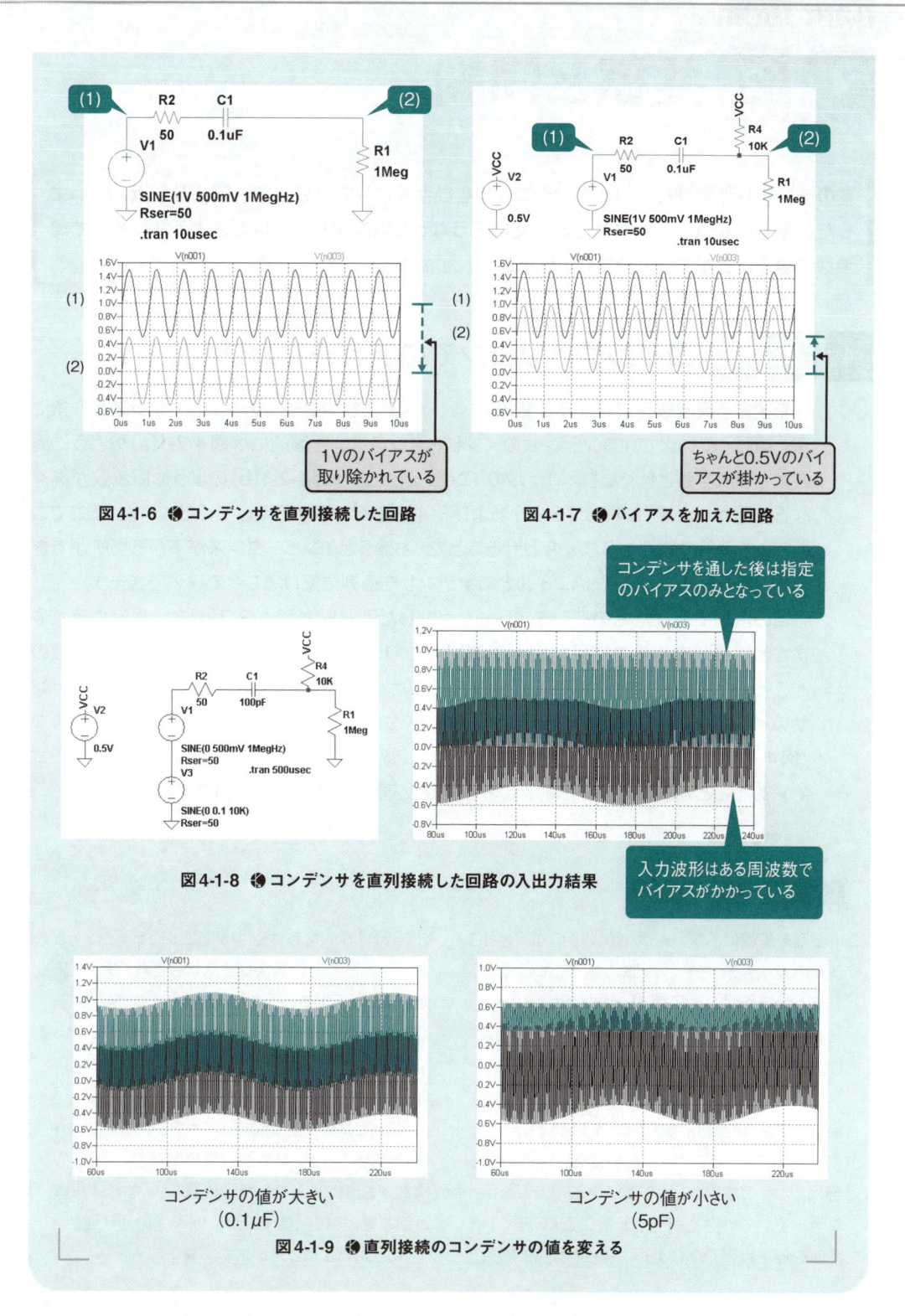

図4-1-6 ◆ コンデンサを直列接続した回路

1Vのバイアスが取り除かれている

図4-1-7 ◆ バイアスを加えた回路

ちゃんと0.5Vのバイアスが掛かっている

コンデンサを通した後は指定のバイアスのみとなっている

図4-1-8 ◆ コンデンサを直列接続した回路の入出力結果

入力波形はある周波数でバイアスがかかっている

コンデンサの値が大きい
(0.1μF)

コンデンサの値が小さい
(5pF)

図4-1-9 ◆ 直列接続のコンデンサの値を変える

Analog Circuit

4-2 共振と同調

> 昔のラジオや無線機は、バリコンやコイルを動かすことで自分の望む周波数を選んでいました。今でも安いラジオなどはだいたいそうなっていますが、ではどのような仕組みで周波数を選ぶことができるのでしょうか？

4-2-1 コイルやバリコンでのチューニング

　希望する周波数を選択する仕組みには、コンデンサやコイルのインピーダンスが非常に深く関わっています。コンデンサのインピーダンスは、理想的には**図4-2-1(a)**のように周波数が高くなると低くなり、コイルのインピーダンスは**図4-2-1(b)**のように周波数が高くなると上がります（これらは3-3節および3-4節をそれぞれ参照してください）。そこでこの2つの素子の特性をうまく合わせることで、ちょうどインピーダンスが下がる場所ができます（**図4-2-1(c)**）。これはコイルとコンデンサを直列に繋げることで実現できます。

　この直列に繋げたものをシミュレーションした回路図が**図4-2-2(a)**で、電流の流れやすさと周波数の関係の結果が**図4-2-2(b)**になります。この結果を見ると、ある周波数のところだけ電流が大きく流れる部分があることがわかります。これはコイルとコンデンサのインピーダンスがこの部分だけ極端に小さくなっているということを示しています（**図4-2-2(c)**）。この現象を**共振**といいます。この共振の周波数は、図4-2-2(a)にある式で求めることができます。なお、この回路を「直列共振回路」と言います。

Column⑪　部品の配置

　部品を基板にどのように取り付けるのか、けっこう悩む場合があります。綺麗に並べたい、という気持ちもありますし、配線をしやすくしたい、という気持ちもあります。しかし最初に考えることは、GNDと電源はどのように部品に供給するか、ということです。つまり、電源とGNDの供給がしやすいような部品の配置を考えることが最初でしょう。

　その次に考えることは、高い周波数を取り扱う部品についてです。しかし高い周波数を取り扱う場合、たいてい部品同士を非常に近くに置く、または基板上に置くのではなく、直接部品と部品とをくっ付ける、言わば空中配線という考えがあります。そこで高周波を扱う部品は、どれくらいの範囲があれば足りるのかをだいたい考えます。

　あとは最も配線が込み入りやすい部品について考えます。このような部品の場合、なるべく込み入りやすい部分については何も部品を置かないようにしておき、後で間違えてもすぐに修正ができるようにしておきます。残りの部品は多少配線の接続が面倒になっても綺麗に置くか、または配線が簡単なように配置するか、個々人のやりやすいようにすればよいと思います。

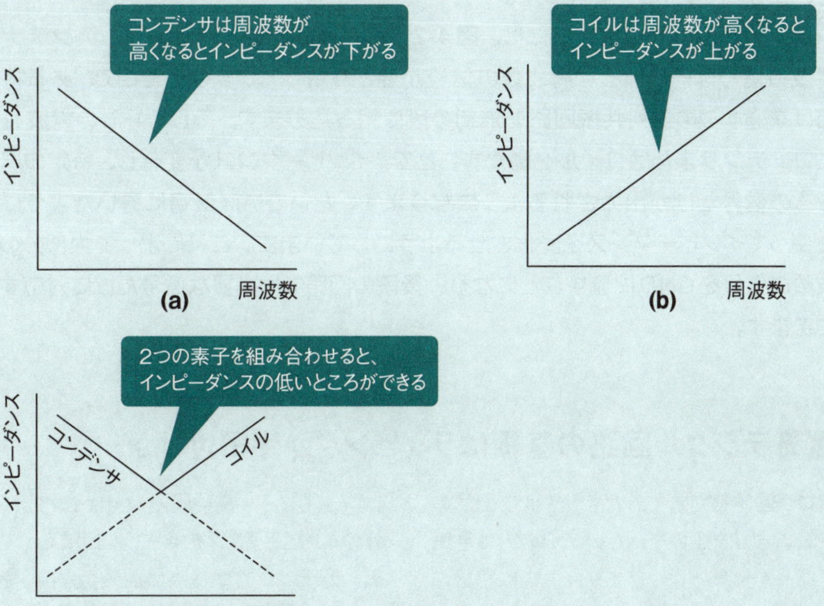

Analog Circuit

(a) コンデンサは周波数が高くなるとインピーダンスが下がる

(b) コイルは周波数が高くなるとインピーダンスが上がる

(c) 2つの素子を組み合わせると、インピーダンスの低いところができる

図4-2-1 ● コイルとコンデンサのインピーダンス

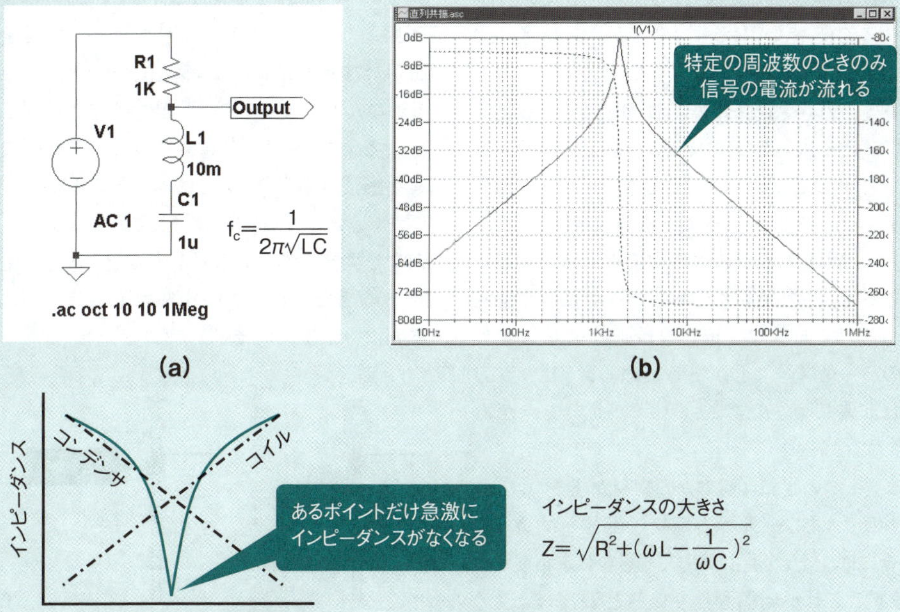

(a) 回路図: R1 1K、V1 AC 1、L1 10m、C1 1u、Output

$$f_c = \frac{1}{2\pi\sqrt{LC}}$$

.ac oct 10 10 1Meg

(b) 特定の周波数のときのみ信号の電流が流れる

(c) あるポイントだけ急激にインピーダンスがなくなる

インピーダンスの大きさ
$$Z = \sqrt{R^2 + \left(\omega L - \frac{1}{\omega C}\right)^2}$$

図4-2-2 ● 直列共振回路

なお、この直列共振回路とは別に、並列にコイルとコンデンサを並べた「並列共振回路」というものがあります（**図4-2-4(a)**）。これはある特定の周波数のみ電流が流れない、というものです（**図4-2-4(b)**）。

ラジオなどの選局をするには、**図4-2-3**のような回路となります。アンテナから来た電波の信号はいろいろな周波数の信号が混ざり合っています。そこで、ある特定の信号だけを通すこの並列共振回路を最初の段に組み込みます。そして好みの電波を選ぶためにコンデンサまたはコイルを動かすことで、インピーダンスが変化し、特定の周波数のところの信号だけが出力されるようになります。たいていは最初に書いたようにバリコンを使ってインピーダンスを変化させるようにしています。これによって大部分の不要な周波数の信号をGNDに流すことになり、後段の回路では必要な信号だけに対応することができます。

Column⑫ デジタル回路の基板はラッピングか半田付けか

アナログ回路を実装するとき、やはり配線の長さが気になりますので、たいていの方は半田付けで部品を付けるようですが、中には基板に部品を載せず、部品と部品を直接付けてしまう別名空中配線という技を出す場合もあります。空中配線は確かに配線長が短くなり、インピーダンス的にもよくなるようですが、振動等に弱いためあまりお勧めはできません。

さて、デジタル回路の基板の配線ですが、これには2種類の方法があります。1つはラッピングといって、デジタルICを長い足のソケットに入れて、その足に線材を巻きつける方式です。このラッピングには専用のツールが必要なのですが、手巻きのものでしたら1000円程度から売っています。デジタル回路の基板は多くのデータ信号などがあるため、ラッピング方式は非常に楽なのですが、いくつかの欠点があります。

まず1つの足には何本かの線材が巻きつけられますので、もし一番下の線材の配線が間違った場合には、上から順に取って巻きなおす必要があります。これが結構面倒な作業となります。もう一つは足に巻きつける方式のため、これがコイルとなってしまい、高い周波数ではインダクタンス成分のインピーダンスを持ってしまうことです。つまり、ラッピング方式は高い周波数を扱う場合には非常に不向きな方法となります。

しかしこれらを解決する手段として残されているのは、配線を全部半田付けするか、または専用基板を作るかしかありません。線材を半田付けするのはなかなか難しいのですが、慣れるとなんとかなります。半田付け方式は部品と線材を直接半田付けしますので、線材がコイルを形成するということはめったにありません。しかし、あまりにも多くの配線がある場合にはかなり大変な作業となりますので、お金に余裕がある場合には、やはり専用基板を作成した方がよいでしょう。

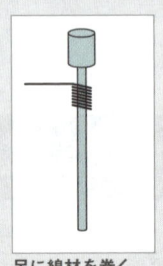

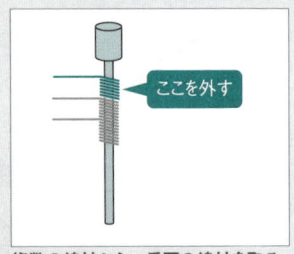

足に線材を巻く　　複数の線材から一番下の線材を取る

図4-2-3 ◆ 同調回路

$$fc = \frac{1}{2\pi\sqrt{LC}}$$

.ac oct 10 10 1Meg

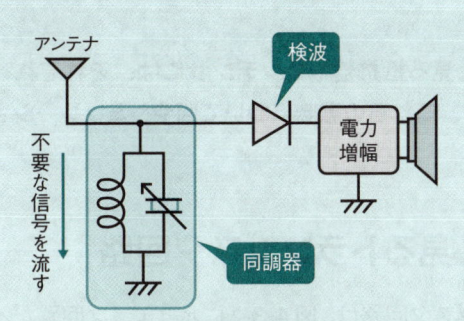

(a)

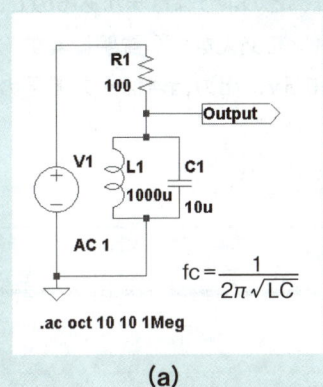

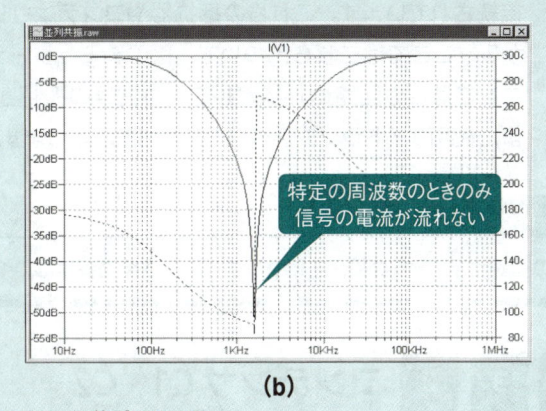

特定の周波数のときのみ
信号の電流が流れない

(b)

図4-2-4 ◆ 並列共振回路

4-3 トランジスタと各部品との関係

> トランジスタ回路でよく見る抵抗器やコンデンサには、それぞれどのような意味があるのでしょうか？ ここでは、これらの意味について図やシミュレーションを交えながら説明していきます。

4-3-1 よく見るトランジスタ回路

よく見るトランジスタ回路は、**図4-3-1**に示すような回路だと思います（Memo参照）。もちろん、これ以外にもいろいろな回路がありますが、この回路は基本的なトランジスタ増幅回路になります。さて、図4-3-1の回路には抵抗やコンデンサなどが複数接続されています。これらの抵抗器やコンデンサには、どのような意味があるのでしょうか？ ここではこれらについて、図やシミュレーションを交えながら説明します。なお、ここではこの回路の仕様として入力信号の振幅が±0.5V、出力信号は入力信号の2倍、また使用するトランジスタは「2SC1815」とします。

> **Memo**
> この回路は「エミッタ接地」といいます。3-6節を参照してください。

4-3-2 コンデンサC1・C2

C1やC2のコンデンサは4-1節で説明したとおり、入力信号や出力信号における直流成分のバイアスを取り除く役目をしています。ここの値は、VinやVoutの周波数によって決める必要があります。詳しくは4-10節のフィルタ回路で説明しますが、C1は入力側の抵抗（インピーダンス）、C2は出力側の抵抗（インピーダンス）によって高い周波数を通さないフィルタが構成されます。

C1やC2のコンデンサの値をあまり小さくすると高い周波数に対応できなくなりますので、ここは思いきって大きな値のコンデンサを置くことにします（**図4-3-2(a)**）。なお、最近のチップ型のセラミックコンデンサは100μF程度までの大きなものもありますが、比較的手に入りやすい1μF程度を選ぶとよいでしょう。

昔はセラミックコンデンサで大きな容量のものがありませんでしたので電解コンデンサが使われていましたが、電解コンデンサには+と−の極性があるため、どの向きに+側を付ければよいか考える必要があります。基本的にはコンデンサの後にバイアス用の抵抗器がある場合（図4-3-1の場合Rb1とRb2およびRc）、バイアス側の抵抗がある方に+側を向けるようにします（**図4-3-2(b)**）。

Analog Circuit

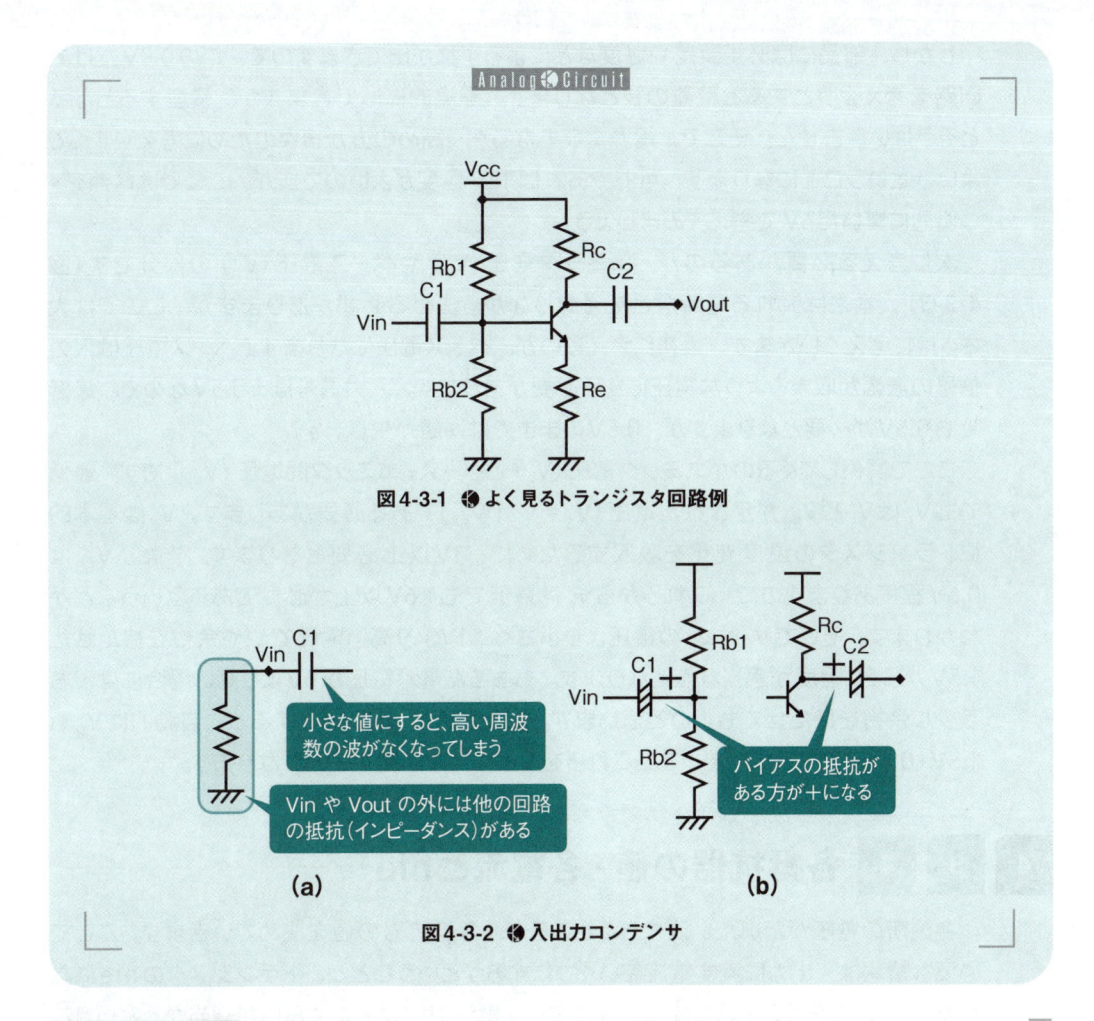

図4-3-1 ◆ よく見るトランジスタ回路例

- 小さな値にすると、高い周波数の波がなくなってしまう
- VinやVoutの外には他の回路の抵抗（インピーダンス）がある
- バイアスの抵抗がある方が＋になる

(a)　　　　(b)

図4-3-2 ◆ 入出力コンデンサ

4-3-3 電源電圧と各種電圧との関係

　次に考える必要があるのが、電源電圧になります。この電源電圧は2-1節で説明したように、だいたい電池の電圧である1.5Vの倍数にするのが適当です。といっても1.5Vで動く電子回路を設計するのはかなり大変です。理由として、トランジスタには3-6節で説明したV_{BE}と言われる半導体特有の電圧降下があります。このV_{BE}は、だいたいどのトランジスタでも0.6V程度ありますので（Memo参照）、1.5Vから0.6Vを引く残りの0.9Vだけの電圧で、残りのすべてを考慮することになります。

> **Memo**
> ここではV_{BE}は0.6Vとします。詳しくは3-6節を参照してください。

しかし、部品には必ず誤差や温度などによるずれが出てきますので、この0.9Vだけで回路を考えようとすると至難の技となります。理論的にはできますが、量産するとなるとそうはいきません。そこで、電源電圧もなるべく高めの方が後々のために考えやすくてよい、ということになります。可能であれば12V程度がよいのですが、ここでは電池を4つ直列に繋いだ6Vで考えてみましょう。

次に考える必要があるのが、エミッタ電圧（V_E）やベース電圧（V_B）の部分です（図4-3-3）。本来は流れる電流などを考慮しながら決める必要がありますが、ここでは大ざっぱに考えていきます。最初に考えるのが、ベース電圧になります。ベース電圧は入力信号の振幅が収まるような電圧にする必要があります。入力信号は±0.5Vなので、最低でも0.5Vが必要となりますが、0.5Vのままでは問題が生じます。

ここで関係してくるのがエミッタ電圧（V_E）とベース-エミッタ間電圧（V_{BE}）です。最低でもV_BはV_EとV_{BE}が足された電圧（$V_B = V_E + V_{BE}$）である必要があります。V_Eは基本的にトランジスタの温度変化を吸収するために、1V以上必要となります。また、V_{BE}は0.6V程度ありますので、これらからV_Bは最低でも1.6V以上が必要であるということがわかります。そこでV_EはV_Cの電圧より小さく、1Vより高い電圧でやや余裕を持たせた1.5Vから2V程度が適当な値となります。もちろん電源電圧が6Vより高い場合には、もう少し余裕を持たせてもよいと思います。ここではV_Eを1.5Vとすると、自動的にV_Bも1.5V+0.6V=2.1Vと出てきます。これらをまとめたのが図4-3-4になります。

4-3-4 各抵抗器の値・各電流とhfe

各箇所の電圧がだいたい決まったところで、各抵抗器の値を決めていきます。ここで必要な情報は、出力に流す電流をいくつにするかということと、トランジスタのhfeになります（3-6節を参照）。まずは流すエミッタ電流（I_E）はどのくらいが適当か、ということです。エミッタ電流は3-6節にも書いたように、ほぼコレクタ電流（I_C）と等しいと考えて問題ありません。これはベース電流（I_B）が非常に小さいため、コレクタ電流≒エミッタ電流となるためです。

エミッタ電流ですが、後段の回路の特性にもよりますが、本来はトランジスタの仕様書を見て、最大コレクタ電流より小さく、エミッタ電流と周波数との関係が一番よいところ、またはコレクタ電流とhfeとの関係がよいところを選ぶ必要があります。今回使うトランジスタである2SC1815の場合、最大コレクタ電流は150mAとなっていますので、流す電流はそれ以下である必要があります。また仕様書にはエミッタ電流と周波数との関係の図はなく、コレクタ電流とhfeとの関係の図しかありませんので、この図を見てどうするかを考える必要があります。

図4-3-5は2SC1815の特性図の一部ですが、この図からV_{CE}が6Vのときコレクタ電流は0.1mAから70mA程度まで安定したhfe（約200）であることがわかります。しかし電流

4-3 トランジスタと各部品との関係

Analog Circuit

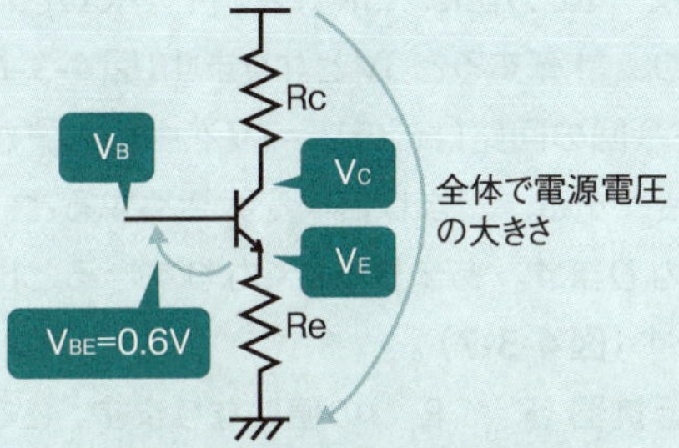

図4-3-3 トランジスタの各電圧

- V_B
- V_C
- V_E
- $V_{BE}=0.6V$
- Rc, Re
- 全体で電源電圧の大きさ

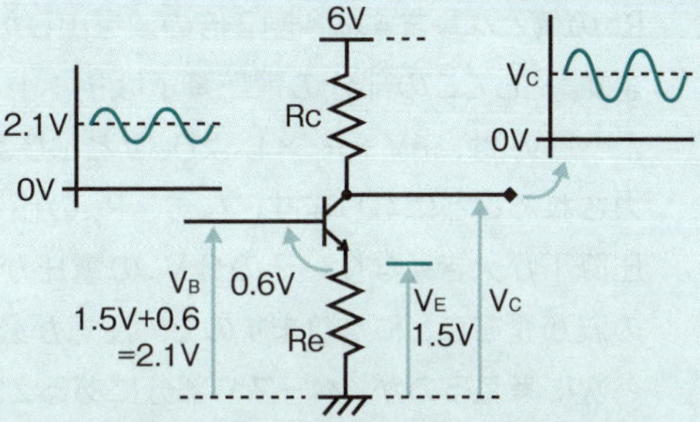

図4-3-4 トランジスタの各電圧の例

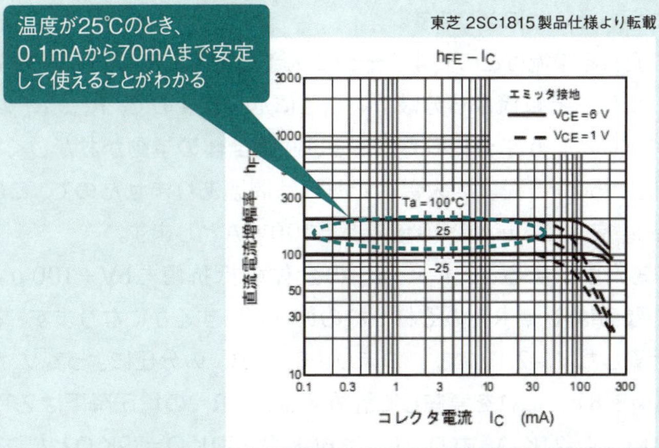

- 6V
- 2.1V, 0V
- V_C, 0V
- Rc, Re
- V_B 1.5V+0.6 =2.1V
- 0.6V
- V_E 1.5V
- V_C

東芝 2SC1815 製品仕様より転載

温度が25℃のとき、0.1mAから70mAまで安定して使えることがわかる

$h_{FE} - I_C$
エミッタ接地
― $V_{CE}=6V$
--- $V_{CE}=1V$

Ta = 100℃, 25, -25

直流電流増幅率 h_{FE}
コレクタ電流 I_C (mA)

図4-3-5 コレクタ電流とhfeとの関係

が大きいと、使う抵抗器の定格電力が大きくなり、その分抵抗器の形状も大きくなります。だいたいは1mAから10mA程度、大きくても40mA程度までのコレクタ電流にする例が多いようです。もちろん先に書いたように、後段の電子回路の特性（インピーダンス等）により電流の大きさが決められる場合もありますので、その点は注意が必要です。ここではあまり大きなコレクタ電流にするのではなく、小さくて計算にちょうどよい1mAとし

171

ます。また、これも先に書いたようにエミッタ電流≒コレクタ電流なので、これから各抵抗値を決めていきます。

最初にReですが、オームの法則から1.5V÷1mA=1500Ω=1.5KΩとなります。次に決めるのがRcですが、入力信号に対して出力信号の大きさを決めるのが、これらのRcとReになります。つまりReに入力信号に対する出力信号の大きさ（増幅度）を掛けるとRcの値となります。今回2倍の波を出したいので、Rcの値は1.5KΩ×2倍=3KΩとなります。そしてこの部分の電圧降下は$R_C \times I_C$であり、計算すると3Vとなります（図4-3-6）。よってV_Cは、$6V - R_C \times I_C$より3Vとなります。今回の回路はこのV_C=3Vを中心に波が出力されることになります。なお、R_Cの値を大きくする、つまり倍率を大きくすると、電圧降下が大きくなり、その分V_Cの電圧が低くなります。あまり小さくなりすぎると出力の波が歪むことになりますので、注意が必要です（図4-3-7）。

次に考えるのが、ベースの部分にある2つの抵抗器（R_{b1}、R_{b2}）の値になります。ここで考慮するのがベース電流（I_B）となります。ベース電流を決めるのに必要な情報は、コレクタ電流（I_C）とhfeの2つになります。ベース電流はコレクタ電流をhfeで割れば、計算できます。ここではコレクタ電流は1mAで、hfeは図4-3-5から200とします。これから、ベース電流は1mA÷200=5μAとなります。つまりベースに5μAの電流を流すと、1mAのコレクタ電流が流れることになります。

このときR_{b1}、R_{b2}に流れる電流はこのI_Bより十分に大きな電流である必要があります。これは、I_BはR_{b1}、R_{b2}に流れる電流から分岐することになりますので、R_{b1}、R_{b2}に流れる電流が十分に大きくないとI_Bが十分に確保できず、回路全体の挙動がおかしくなるためです。だいたい10倍から20倍程度の大きさであれば問題ありませんので、ここではR_{b1}、R_{b2}に流れる電流I_{RB}をI_Bの5μAの20倍である100μAとします。

R_{b1}、R_{b2}に流れる電流が決まると、R_{b1}、R_{b2}の全体の抵抗値も6V÷100μAより60KΩと決まります。残るはR_{b1}、R_{b2}のそれぞれの値をどうするかになります。ここで考慮するのが、先に計算したV_B=2.1Vです。つまり、R_{b1}、R_{b2}の分圧によってV_Bが決まることになります（図4-3-8）。これを考慮して計算すると、R_{b2}の電圧降下は2.1VとなるためR_{b2}は2.1V÷100μA=21KΩとなり、R_{b1}は60KΩ－21KΩ=39KΩとなります。

図4-3-9に、これまで求めた各部品の値を入れた回路図を示します。またシミュレーション結果を図4-3-10に示します。図4-3-10(a)は入出力の波形ですが、入力波形に対して出力波形が2倍の大きさになっていることがわかります。ただし波形はちょうど反転したような感じになっています（📖Memo参照）。また図4-3-10(b)はトランジスタの各部の波形です。V_EとV_Bの関係はちょうど0.6V程度の差があることがわかります。またV_Cの波形も、ほぼ計算どおり3V付近を中心に波形が振幅していることがわかります。さらに図4-3-11にこの回路の周波数特性を示します。1MHzまでの波に対してほぼ5.7dB、つまり約2倍の波形を安定的に出力することができることがわかります。また位相も180°、つまり反転することがわかります。

4.3 トランジスタと各部品との関係

Analog Circuit

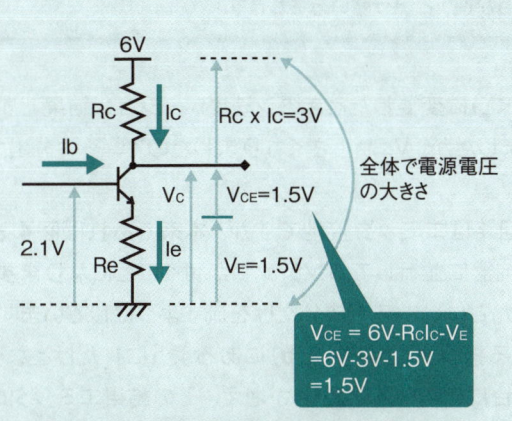

図4-3-6 ◆ 各電流と各電圧との関係

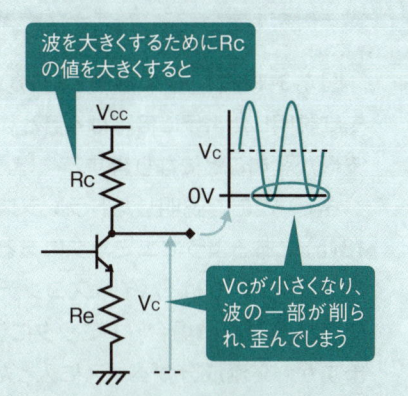

$V_{CE} = 6V - R_C I_C - V_E$
$= 6V - 3V - 1.5V$
$= 1.5V$

図4-3-7 ◆ 出力信号の振幅とRcとの関係

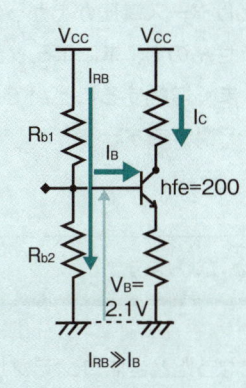

波を大きくするためにRcの値を大きくすると

Vcが小さくなり、波の一部が削られ、歪んでしまう

図4-3-8 ◆ ベースに掛かるバイアス電圧

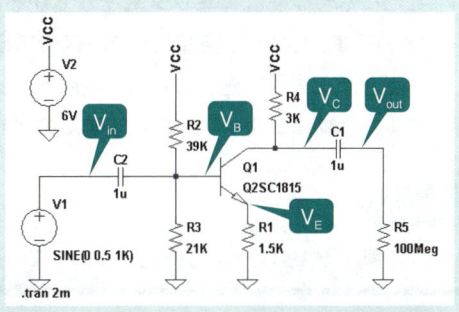

$I_{RB} \gg I_B$

図4-3-9 ◆ トランジスタ回路における各部品の値

(a)

(b)

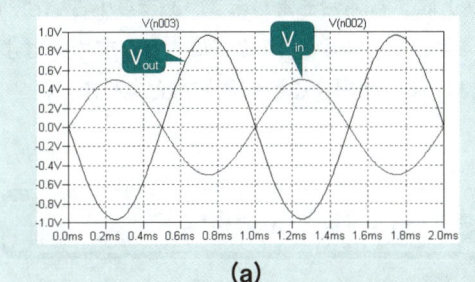

図4-3-10 ◆ トランジスタ回路のシミュレーション結果

> **Memo**
> 波形が反転している状態を、専門用語では「位相が逆」という言い方をします。

　図4-3-12は、R_Cの値を3KΩから6KΩに変更したときのシミュレーション結果です。先に説明したように倍率は4倍となりましたが、V_Cが小さくなりましたので、その分出力波形が歪むことになります。

　さて、ここで説明したトランジスタ回路はエミッタ接地ですが、本来であれば図4-3-13(a)にあるようにエミッタにある抵抗器に並行してコンデンサが付くことになります。このコンデンサは「バイパスコンデンサ」といい、交流成分だけを流すようにしています。交流成分がない場合、エミッタに流れる抵抗は図4-3-13(b)にあるようにI_eだけとなりますが、交流成分がベースに入った場合にはベース電流Ibが増え、その結果エミッタの電流I_eも増えます。

　エミッタの電流が増える、ということはオームの法則によりエミッタ電圧V_Eが上がることになります。エミッタ電圧が上がるとV_{BE}の分だけベース電圧が上がったことになるはずです。しかし、実際にはベースの電圧は上がりませんので、単にエミッタの電圧だけが上がったような感じになり、結局トランジスタはうまく増幅することができなくなります（Memo参照）。これを防ぐのがバイパスコンデンサです。

> **Memo**
> 専門的には交流信号に対して負帰還が掛かっている、ということになります。

　バイパスコンデンサはエミッタ電圧が上がりそうになったときにコンデンサがその分の電流を吸収し、逆に下がったときにはコンデンサから供給します。つまりバイパスコンデンサを付けることで、エミッタの電圧は交流に対して安定した状態になります。だいたいの値は1μFから10μF程度ですが、それ以上にする場合もあります。あまり小さいと効果はありません。文献（Memo参照）によれば、図4-3-14の式によって求めればよいとありますので、参考にしてください。なおfは、増幅する最低周波数となります。

> **Memo**
> 奥澤清吉著、「はじめてトランジスタ回路を設計する本」、誠文堂新光社、昭和52年

　以上で説明したように、トランジスタの回路は抵抗器やコンデンサがいくつかありますが、考え方はそんなに難しくありません。計算も単に四則演算（＋－×÷）とオームの法則さえ知っていれば難なく計算できるものばかりです。

4　3 トランジスタと各部品との関係

Analog●Circuit

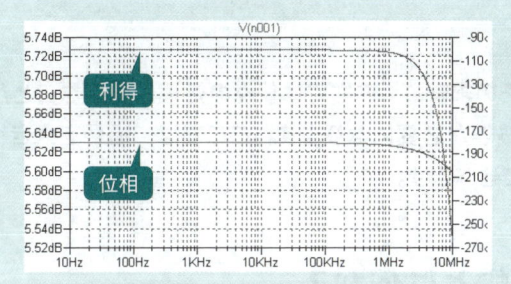

図4-3-11 ● 回路の周波数特性

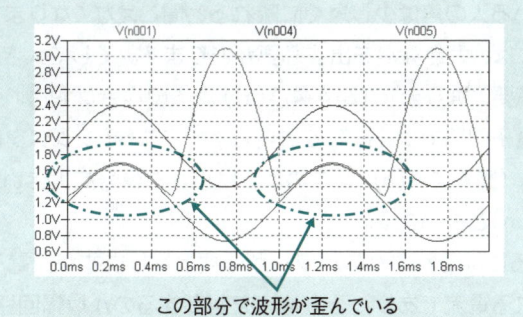

利得
位相

この部分で波形が歪んでいる

図4-3-12 ● Rcの値を変更したシミュレーション結果

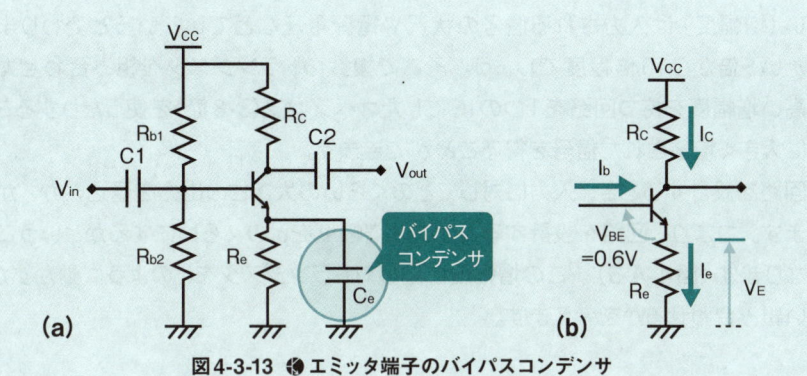

(a) バイパスコンデンサ

(b)

図4-3-13 ● エミッタ端子のバイパスコンデンサ

$$Ce(\mu F) = \frac{159 \times hfe}{f(Hz) \times Re(K\Omega)}$$

例
最低周波数を5kHzとしたとき、
$$\frac{159 \times 200}{5000 \times 1.5} = 4.24(\mu F)$$

図4-3-14 ● バイパスコンデンサの値を決める

Analog Circuit

4-4 増幅回路を理解する

> 信号は、入力されたそのままの大きさでは後々の処理が面倒なことがあります。そこで信号の大きさを変える処理が必要になります。ここでは、信号を大きくしたり小さくしたりする増幅回路について述べます。

4-4-1 増幅とは何か？

普通に話している人の声は少し遠くに離れると聞こえなくなります。遠くに離れた人に届くようにするには、大きな声を出す必要があります。そして大きな声を出すには、それなりのパワーが必要となります（図4-4-1(a)）。人の場合は頑張れば大きな声を出すことができますが、電子回路では4-3節で説明したようなトランジスタ回路を使って小さな信号を大きくします（図4-4-1(b)）。このように小さな信号を大きい信号に変えることを**増幅（amplification）**と言います。

信号を増幅するにはそれなりのパワーが必要となりますが、電子回路ではこのパワーが電源で与えられる電流であり、その電流を制御するのが増幅回路ということになります（図4-4-2）。増幅回路で使われる半導体は基本的にトランジスタですが、1個のトランジスタでは大きくする度合いに限界があります。トランジスタ1個で実現できる増幅の度合い（増幅度）は入力される信号の状況や電源電圧などでいろいろと変わりますが、だいたい5倍から10倍程度でしょう。そこで複数のトランジスタを組み合わせたり、または高い増幅度を持つ回路を1つのICにしたオペアンプ（3-8節）を使ったりすることで、さらに大きく増幅された信号を得ることができます。

回路を設計するとき、入力に対してどのくらいの大きさの出力を見込むか、が必要になります。つまり、回路を設計するときには増幅度をどのくらいにするかということが必要となります（図4-4-3）。この増幅度に応じてトランジスタをどのように動かすか、どのくらい組み合わせるかを考えます。

4-4-2 トランジスタを使った増幅回路

トランジスタを用いた増幅器の基本は、4-3節で説明したエミッタ接地増幅回路になります。4-3節で説明したとおり図4-4-4が基本的な回路となります。たいていの場合はこのエミッタ接地回路で片が付きますが、もう少し大きな増幅度が欲しい場合があります。増幅度は入力に対して出力できる電流の大きさを表す hfe が重要なパラメータとなります。この hfe が大きいトランジスタを使うと、それだけ増幅度も大きな回路ができ

Analog Circuit

図4-4-1 ◆ 増幅とは何か

(a) 普通の声 パワー:小 / 大きな声 パワー:大

(b) パワーを与える / 小さな信号 → 大きな信号

図4-4-2 ◆ 増幅回路の役割

電源 → 増幅回路

図4-4-3 ◆ 増幅度とは

入力 → 増幅回路（2倍の増幅度）→ 出力（入力に対して、2倍の出力）

図4-4-4 ◆ 基本的なエミッタ接地増幅回路

V_{CC}, R_{b1}, R_c, C_1, C_2, V_{in}, V_{out}, R_{b2}, R_e, C_e

図4-4-5 ◆ ダーリントン接続

全体のhfe = Q1のhfe×Q2のhfe

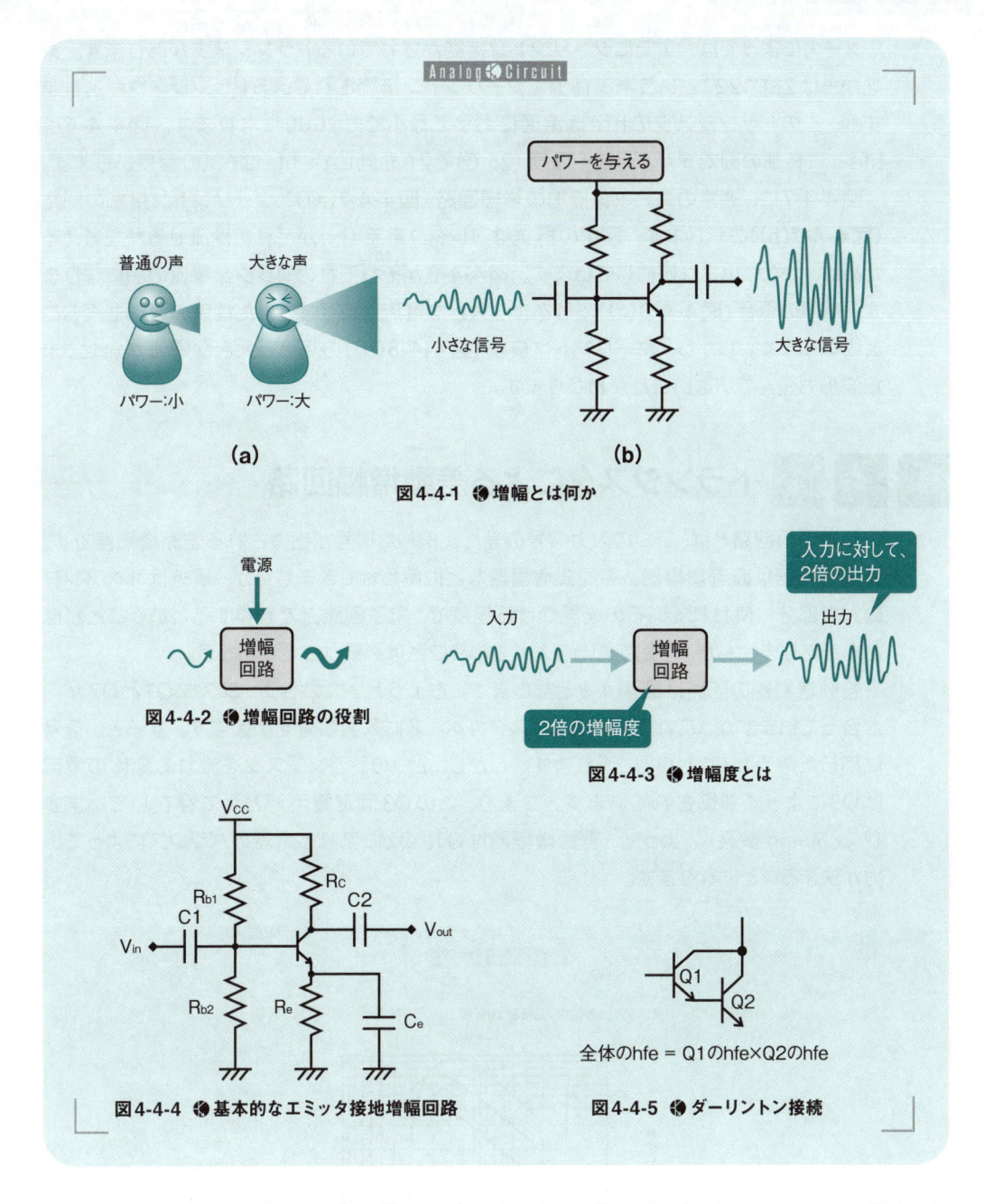

ます。しかし、普通のトランジスタにおけるhfeの大きさはだいたい100〜300程度となりますので、もう少し大きなhfeが欲しくなる場合には、**図4-4-5**のようにトランジスタを2段にして繋げる**ダーリントン接続**という方法があります。この場合の全体のhfeは2つのトランジスタのhfeの積となります。つまり、両方のhfeが100であれば、全体のhfeは100×100=10000という非常に大きな値になります。

メーカによっては、すでにダーリントン接続がされているトランジスタがあります。東芝からは2SD1222という半導体上でダーリントン接続されているトランジスタがありますが、このトランジスタのhfeは常温において最小でも2000になります。図4-4-6はhfe－I_C特性の図ですが、通常の温度（25℃）で2Aも流せて、hfeは6000程度あります。

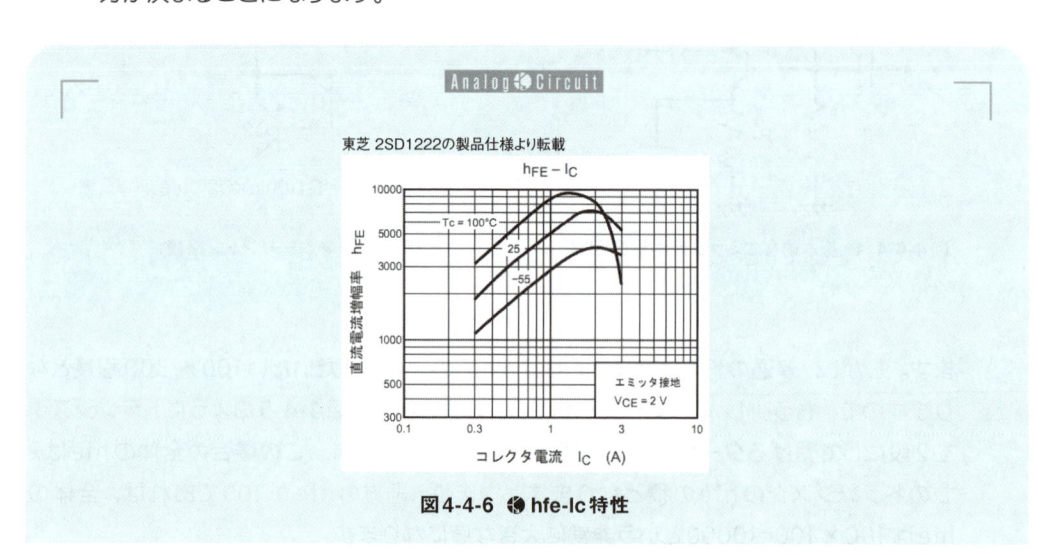

図4-4-7に、通常のエミッタ接地の増幅回路（**図4-4-7(a)**）とダーリントン接続の回路（**図4-4-7(b)**）を示します。図中の抵抗はコレクタ電流（I_C）がどれだけ流せるかを考えるために、かなり小さな値にしています。図4-4-8がそれぞれのコレクタ電流の図になります。通常の場合（**図4-4-8(a)**）ではあまり大きな電流は流せず、また電流の波形も歪むことになります。しかし、ダーリントン接続（**図4-4-8(b)**）の場合、大きな電流が流せ、また波形も歪んでいないことがわかります。

4 4 3 トランジスタによる差動増幅回路

差動増幅回路とは、2つの入力信号の差に比例した信号が出力される差動増幅器です。差動増幅器は直流増幅器、高周波増幅器などに使われてきましたが、最近はオペアンプの入力部分に使われているのを見かける程度で、電子回路上で製作するということがほとんどありませんが、理屈を知っておくということは必要なことでしょう。

差動増幅器の回路は**図4-4-9**となります。ちょうど2つのトランジスタQ1とQ2が向き合っていますが、これらのトランジスタのベースに入力信号を加えます。すると、信号に応じた電流がQ1とQ2に流れます。しかし、2つのトランジスタを流れる全体の電流はQ3によって制御されています。つまり、このQ3は定電流源として存在しています（Memo参照）。よって、差動増幅器はQ1、Q2に流れる電流のバランスによって出力が決まることになります。

図4-4-6 ● hfe-Ic特性

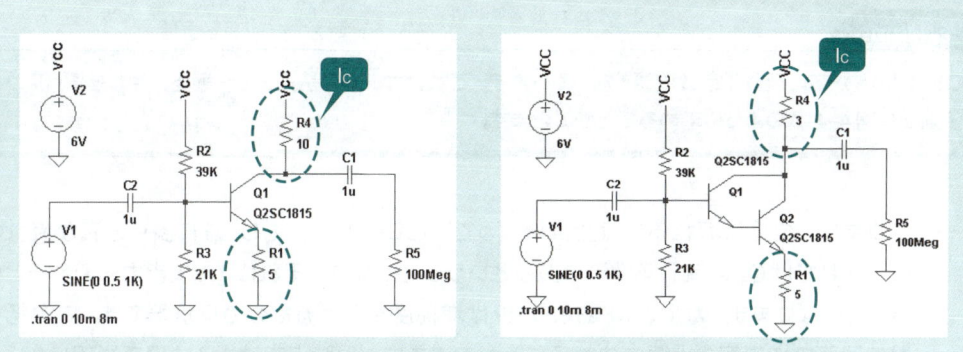

図4-4-7 ● 通常の増幅回路とダーリントン接続の増幅回路

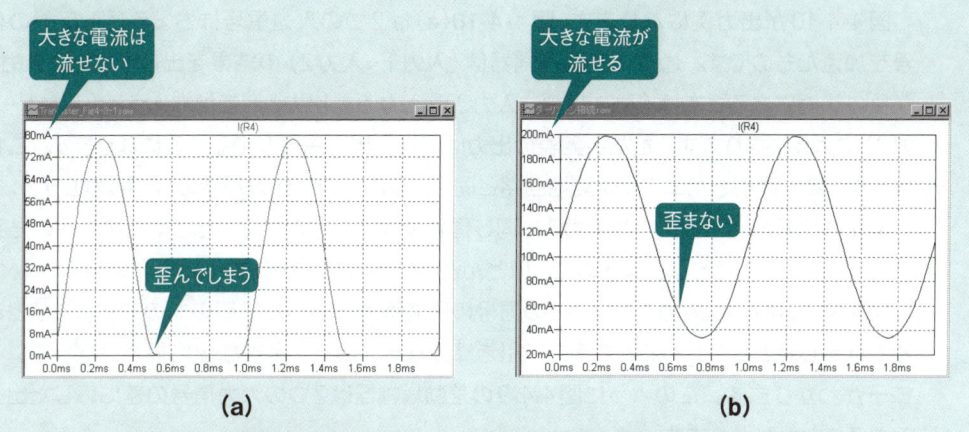

(a)　(b)

図4-4-8 ● 通常の増幅回路とダーリントン接続の増幅回路のシミュレーション結果

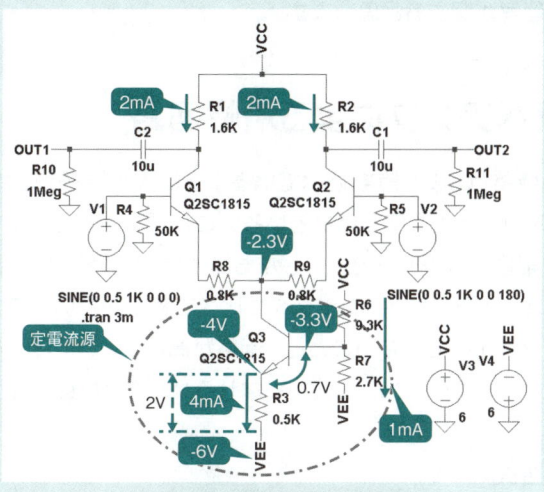

図4-4-9 ● 差動増幅回路

> **Memo**
> Q3は4mAが常に流れる定電流源となっています。これはオームの法則、V_{BE}電圧、キルヒホッフの法則から図4-4-9のように求めることができます。

　つまり、全体に流れる電流量は決まっていることから、もしQ1に多く電流が流れれば、それだけQ2に流れる電流は減るということになり、それによって出力も変わるということになります。なお、R8およびR9は増幅度を下げるための抵抗器です。この抵抗器で回路の増幅度の上限を決めることができます。現時点では4-3-4項で説明したように約2倍の増幅度にしてあります。

　図4-4-10が出力例になります。**図4-4-10(a)**は2つの入力信号にちょうど正反対の信号を加えたものです。通常、差動増幅器は（入力1－入力2）の結果を出しますが、入力2が負の状態にあるときは（入力1－（－入力2））となり、出力としてはちょうど（入力1＋入力2）のようになります。ただし実際の出力は、逆の出力信号がでることになります。これは、3-6節で説明したエミッタ接地回路と同じように入力と出力が逆の位相になります。

　図4-4-10(b)は、入力1と入力2に同じ信号を入れたときになります。このときの結果は（入力1－入力2）となりますので、ほとんど0の出力となります。

　図4-4-10(c)は、入力1と入力2の信号の周波数をずらした状態のものです。あるところでは足し算となり、あるところでは引き算となっており、複雑な出力信号となっている様子がわかります。このように図4-4-9の差動増幅器は2つの入力信号の差に応じた出力となることがわかります。

　他の部分については、シミュレーションを行うことによって電流や電圧を確認していただければ、より理解が深まると思います。

4-4-4 オペアンプによる増幅回路

　オペアンプの特徴は、3-8節で述べているように入力端子が2本あることです。つまり、この2本の入力をうまく使えばいろいろなことができるわけです。またトランジスタとの違いは、増幅度が非常に大きく、しかも簡単に増幅回路を設計することができるということです。オペアンプはトランジスタに比べて利点が多いのですが、欠点と言えば形状がトランジスタに比べて大きいことと、価格が高いこと、くらいでしょう。電子回路を設計する者にとって、オペアンプを使いこなせるかどうかが鍵になります。

▶ 反転増幅回路

　オペアンプの中でもっとも基本となる増幅回路が、**反転増幅回路**です。この回路は入力した信号に対し、まったく逆の（逆位相）信号が増幅されて出力されて出てくることか

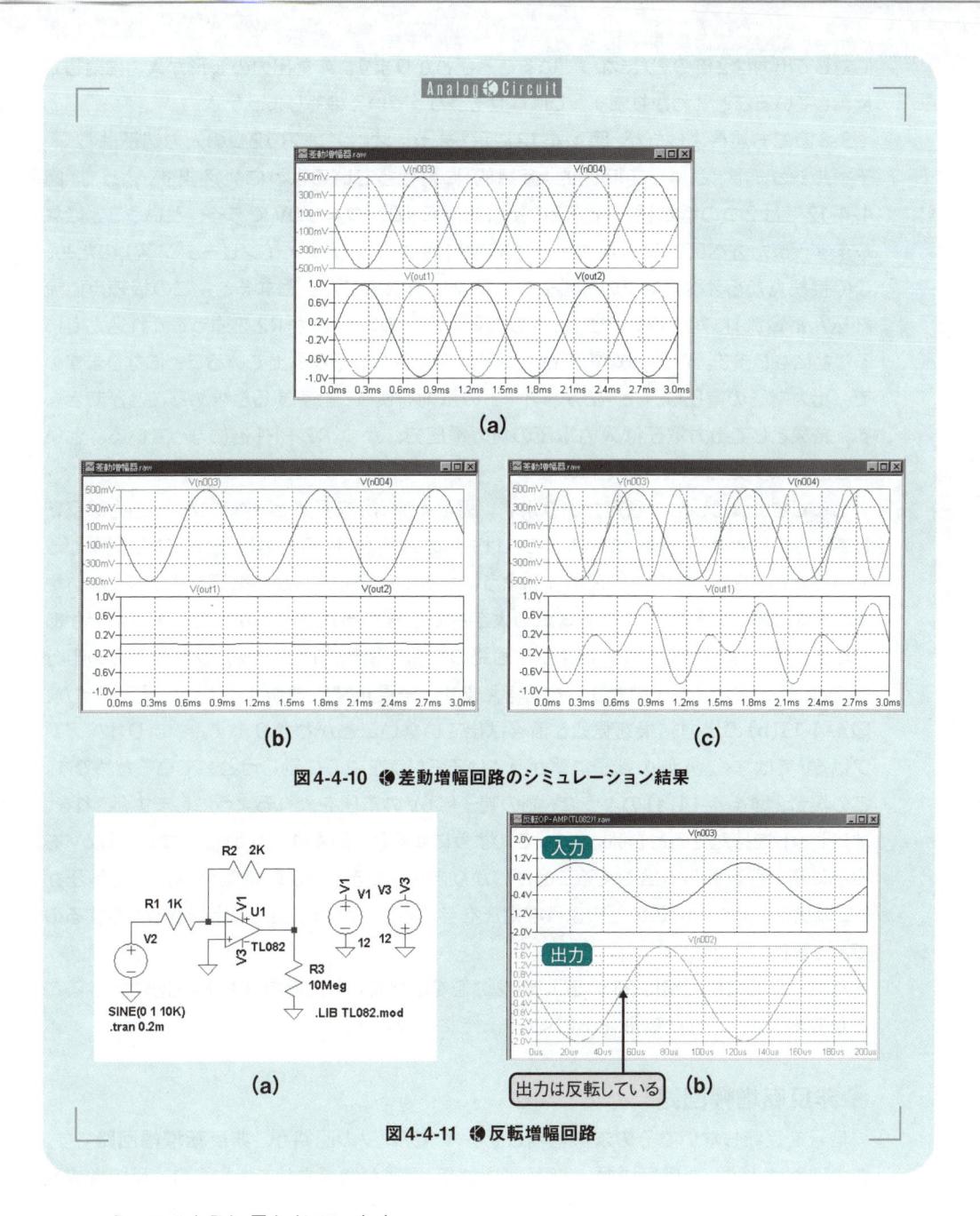

図4-4-10 ◆ 差動増幅回路のシミュレーション結果

図4-4-11 ◆ 反転増幅回路

ら、このように言われています。

　反転増幅回路の基本回路は**図4-4-11(a)**のようになります。ここで重要なのはR1とR2の2つの抵抗器の値だけです。実は増幅度はこの2つの抵抗の値だけで計算でき、しかも**R2÷R1**だけという手軽さです。図4-4-11(a)は2KΩ÷1KΩなので、増幅度は2倍となっています。実際にこれをシミュレーションした結果が**図4-4-11(b)**ですが、確かに入力1V

に対して出力は2倍の2Vになっていることがわかります。また出力の波形が入力に対して反転していることもわかります。ではなぜそうなっているのでしょうか？

3-8節でも述べましたが、**図4-4-12**に示すようにオペアンプの2つの入力端子は「バーチャルショート」といって擬似的（仮想的）に繋がっているように見えます。よって、**図4-4-12**では2つの抵抗器R1とR2の接続点はGND、つまり0Vである、ということになります。またオペアンプの入力端子は非常に高い抵抗（ハイ・インピーダンス）のため、この接続点からオペアンプの−端子へは電流は流れません。となると、この接続点に流れ込んだ電流iに対してキルヒホッフの法則から逆の電流 -iがR2を通って流れ込んでいることになります。この -iの電流はオペアンプの出力端子から出ていることになりますので、出力端子の電圧は -iとR2からオームの法則を使って計算すると求めることができます。結果として出力電圧は入力電圧の負の電圧で、かつ R2÷R1倍になっている、ということになります。

ここでちょっとした注意点があります。図4-4-11(b)を見るとオペアンプの出力は反転しているのはわかると思いますが、これは＋側の端子（非反転入力端子）にGNDが繋がっているため、GNDを中心に反転するようになっています。しかし電源が1つしかない場合、＋側の端子に繋がっている電源の大きさで信号が出たり出なかったりする場合があります。例えば**図4-4-13(a)**のような回路の場合、電源が12Vのみの単電源でその半分の6Vのところで信号を動かすことを考えます。一見正常に動作するように見えますが、**図4-4-13(b)**の出力結果を見ると信号は出ていないことがわかります。つまりオペアンプは6Vではなく、＋側の端子に繋がっているGNDを中心に動こうとしているためです。この場合、**図4-4-14(a)**のように＋側の端子に6Vの電圧を入れるようにします。これを、オフセットを持たせるともいいます。このようにすると、**図4-4-14(b)**に示すとおり6Vを中心に信号が反転して出てくることがわかります。つまり、反転増幅回路は電源電圧が1つの場合、＋側の端子にどのような電圧を与えるかで出力が出たり出なかったりするので、注意してください。

なお、反転増幅回路はR1の値よりR2の値を小さくすると増幅度を1より小さくすることができます。これは波形を小さくするときに使います。

▶非反転増幅回路

信号を反転しないでそのまま増幅させるオペアンプの回路が、**非反転増幅回路**です。この回路は入力した信号に対し、同じ（同位相）信号が増幅されて出力され、反転増幅器とは異なることからこのように言われています。

非反転増幅回路の基本回路は**図4-4-15(a)**のようになります。反転増幅器と違うのは信号の入力が＋側の端子になって、抵抗器R1がGNDに繋がっている、ということです。非反転増幅器の場合の増幅度はR1とR2を足してR1で割った倍率になります。図4-4-

4-4 増幅回路を理解する

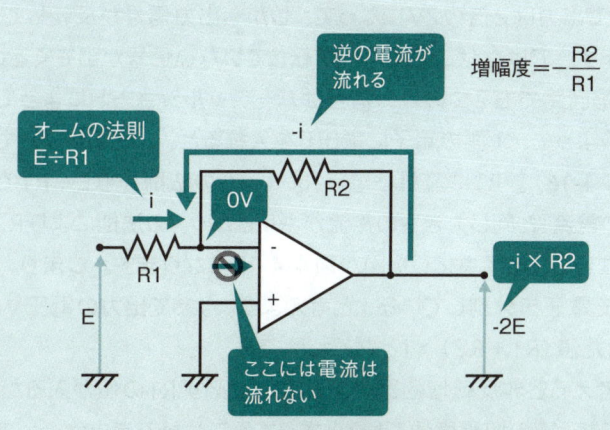

Analog Circuit

- オームの法則 $E \div R1$
- 逆の電流が流れる
- 増幅度 $= -\dfrac{R2}{R1}$
- $0V$
- $-i \times R2$
- $-2E$
- ここには電流は流れない

図4-4-12 ◆ 反転増幅回路の原理

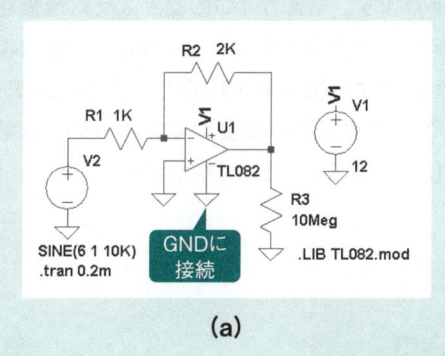

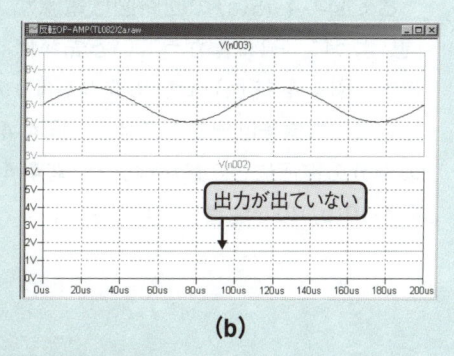

(a) GNDに接続

(b) 出力が出ていない

図4-4-13 ◆ 単電源の反転増幅回路

(a) 電源の半分の電圧

(b)

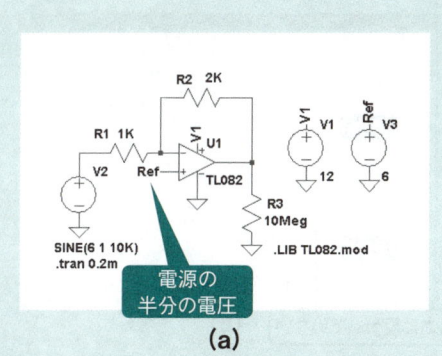

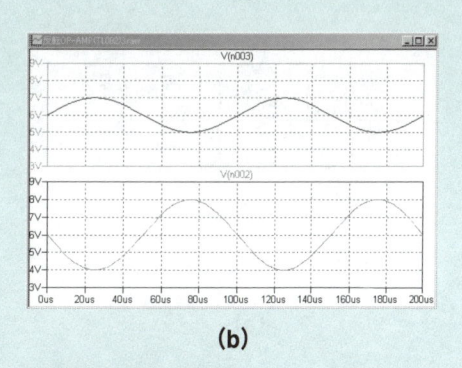

図4-4-14 ◆ オフセットを持たせた単電源の反転増幅回路

183

Chapter 4 さまざまなアナログ回路

15(a) の場合、R1とR2が同じ1KΩなので、(1K+1K)÷1Kということで、増幅度は2倍になります。実際にこれをシミュレーションした結果が**図4-4-15(b)**ですが、確かに入力1Vに対して出力は2倍の2Vになって、しかも出力信号が反転していない（同位相）ことがわかります。ではなぜこの回路は反転していない信号が出てくるのでしょうか？

　非反転増幅回路でも2つの入力信号はバーチャルショートによって繋がっているように見えます。よって、＋側の端子に電圧Eを入れると、－側の端子にも同じ電圧Eが出てきます（**図4-4-16**）。R1に流れる電流iはオームの法則からE÷R1で計算できます。実はこのときの電流iと同じ大きさの電流がキルヒホッフの法則によりR2に流れることになります。これをもっと簡単化した図が**図4-4-17**になります。つまり、非反転増幅回路は単なる抵抗で電圧を分割している、と考えます。よって出力の電圧VはR1とR2を足し、電流iを掛けた値（R1＋R2）×iとなるわけです。

　ここまで考えると非反転増幅器の増幅度には必ずR1の値が入るため、R2の値をたとえ0Ωにしても、その増幅度は1より小さくすることができません。ここが反転増幅器と異なる点です。

　さて図4-4-15(a)の回路図は電源が2つあります。電源が1つのときは反転増幅器と同じように、R1に繋がっている先が何であるかで出力がきちんと出るかどうかが決まります。**図4-4-18(a)** はR1の先がGNDの場合ですが、**図4-4-18(b)** の結果のとおり、まともに出力信号は出てきません。**図4-4-14**の反転増幅器の場合と同様にR1の先を電源の半分の電圧にして繋がないと（**図4-4-19(a)**）、きちんとした結果は出てきません（**図4-4-19(b)**）ので注意してください。

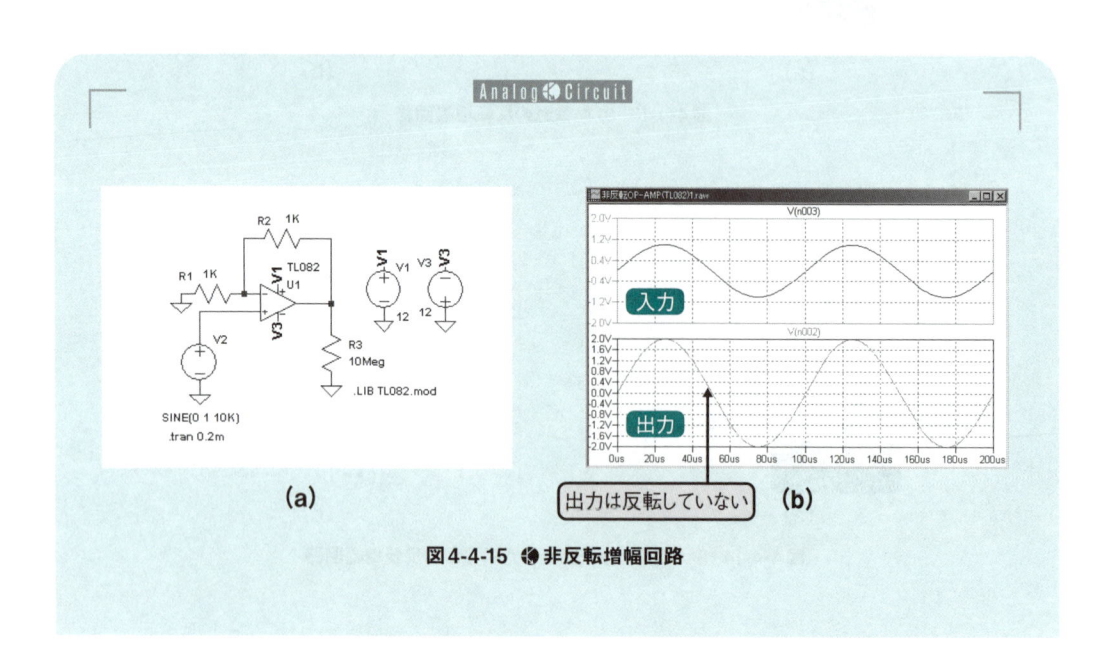

図4-4-15　非反転増幅回路

4-4 増幅回路を理解する

増幅度 = $\dfrac{R1+R2}{R1}$

同じ電流が流れる

オームの法則 $E \div R1$

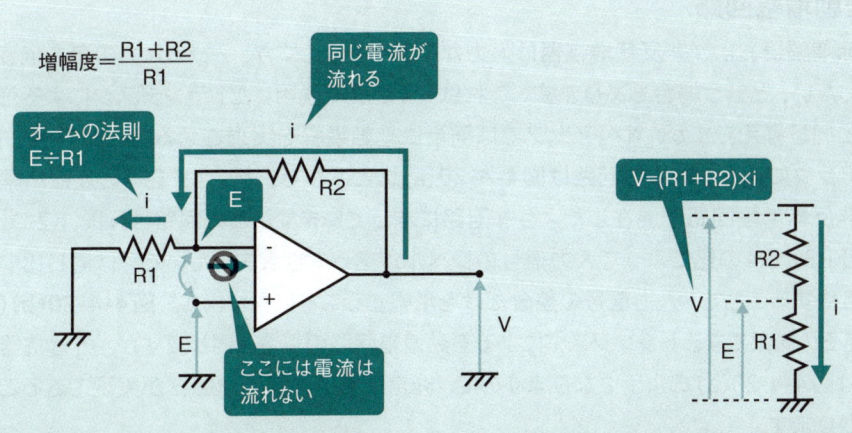

ここには電流は流れない

図4-4-16 ◆ 非反転増幅回路の原理

$V = (R1+R2) \times i$

図4-4-17 ◆ 単純化した非反転増幅回路の原理

(a)　(b)

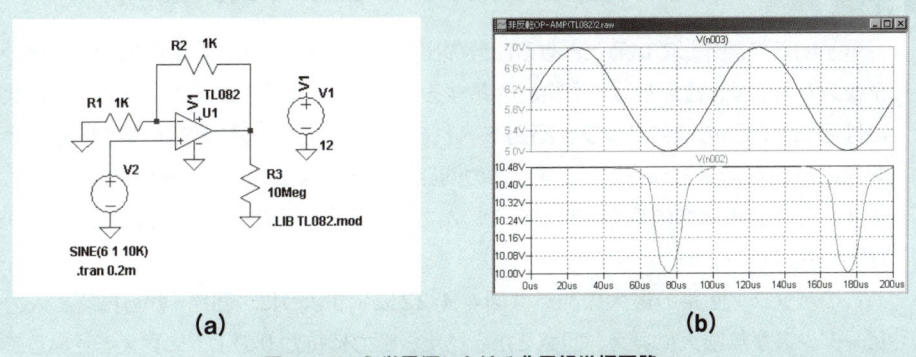

図4-4-18 ◆ 単電源における非反転増幅回路

(a)　(b)

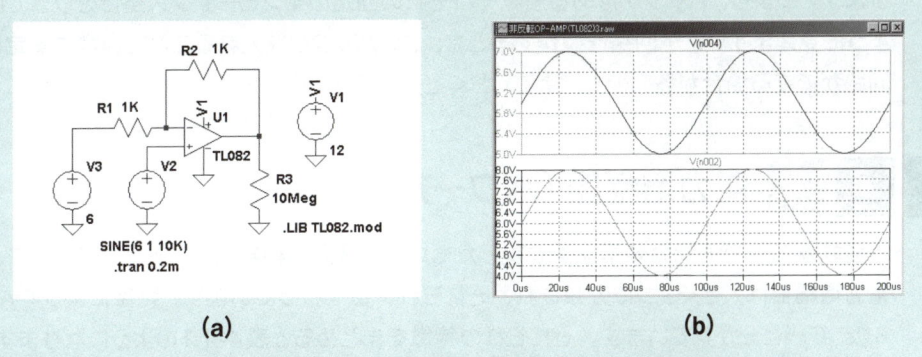

図4-4-19 ◆ オフセットを持たせた単電源の非反転増幅回路

差動増幅回路

　反転増幅器および非反転増幅器は入力が1つの場合ですが、2つの入力の差を取って増幅したい、と言う場合もあります。これは4-4-3項で説明したトランジスタによる差動増幅と同じ考えですが、オペアンプでは簡単に差動増幅を実現させることができます。オペアンプによる差動増幅回路は**図4-4-20(a)**のとおりですが、よく見ると反転増幅回路と非反転増幅回路が混在したような回路になっています。この回路はR1とR2の比、およびR3とR4の比によって入力信号のレベルが違ってきます。たいていは同じ比になるようにすることで、入力信号の差分だけを増幅することになります。**図4-4-20(b)(c)(d)**がその結果です。トランジスタによる差動増幅回路の場合と同じですが、各抵抗器の計算は図4-4-20(a)のようになりますので、非常に簡単に差動増幅器が実現できることがわかります。

4-4-5 バッファ回路（ボルテージフォロア回路）

　電子回路を製作していると、ある部分の出力インピーダンスと次の回路の入力インピーダンスが合わず、結果として予想とは異なる出力が出てくることがあります。こんなときには回路と回路の間に**バッファ回路**を入れます。バッファ回路は**図4-4-21(a)**のような非常に単純な回路となっています。この回路は別名「ボルテージフォロア回路」とも言います。この回路は増幅度が「1」なので、入力した信号を単に出力に出すだけになります（**図4-4-21(b)**）。

　このバッファ回路の最大の利点は**図4-4-22**に示すように、回路1から見ると入力インピーダンスが無限大に見え、回路2から見たら出力抵抗が0のように見えるということです。これは、回路1からは電流がほとんど流れずに信号を伝えることができることを意味し、回路2についてはバッファからいくらでも電流を取り出すことが可能ということになります。つまり、バッファはある意味それぞれの回路のインピーダンス整合を取っているように見えます。電子回路を製作するとき、このバッファを入れることで非常に安定した回路ができる場合が多いので、覚えておくと便利です。

4-4-6 電力増幅器（パワーアンプ）

　増幅器の中でも電力効率を重要視したものが、**電力増幅器**です。トランジスタによる電力増幅器は大きく3つに分類され、それぞれ特徴を持っています。特徴によってA級、B級、C級と分かれています。それぞれの特徴をまとめると表4-4-1のようになります。

4-4 増幅回路を理解する

Analog Circuit

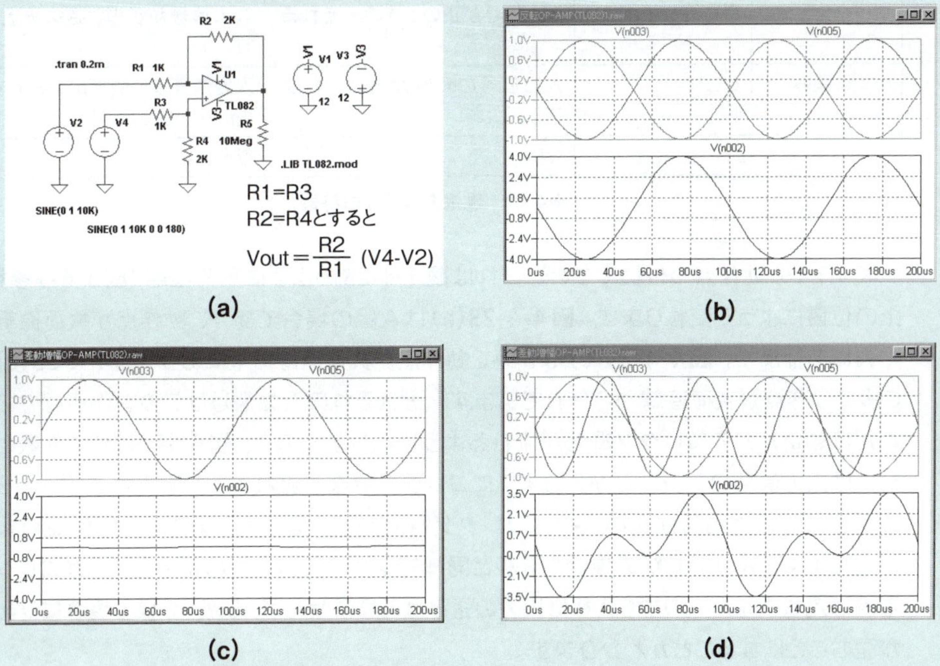

(a)

R1=R3
R2=R4とすると

$$V_{out} = \frac{R2}{R1}(V4-V2)$$

(b)

(c)

(d)

図4-4-20 ● オペアンプによる差動増幅回路

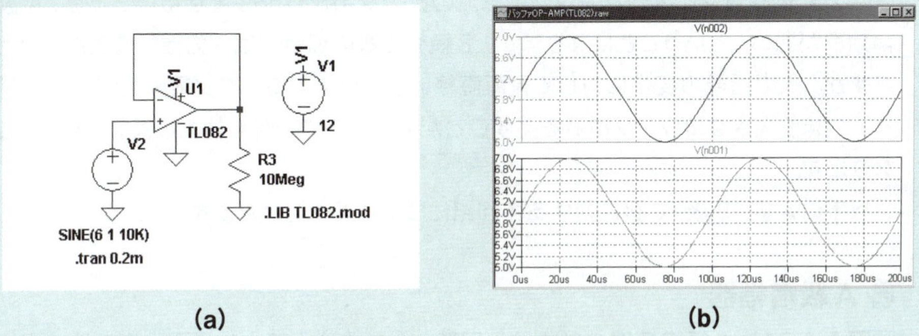

(a)

(b)

図4-4-21 ● バッファ回路

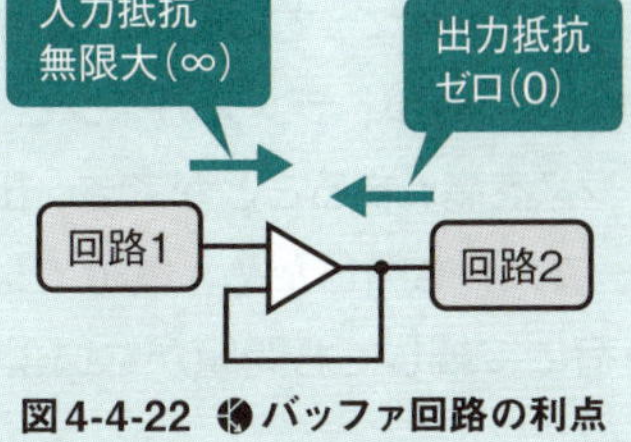

入力抵抗 無限大(∞)　　出力抵抗 ゼロ(0)

回路1 — 回路2

図4-4-22 ● バッファ回路の利点

	A級	B級	C級
動作点の位置	負荷直線の中央	負荷直線の下部	負荷直線より外れている
コレクタ電流	常に流れている	入力信号が正のときのみ流れる	入力信号が正のときのみ流れる
出力の歪み	なし	入力信号の負側が出力されず、歪みが大きい	入力信号の負側が出力されず、歪みがかなり大きい
増幅効率	悪い	良い	最も良い

表4-4-1 ● 電力増幅器の特徴

表4-1-1の動作点の位置ですが、これは図4-4-23のように負荷直線（図3-6-9参照）上の位置によって変わります。図4-4-23(a)はA級の場合ですが、動作点が負荷直線の中央にあります。図4-4-23(b)はB級で動作点が負荷直線の下にあり、図4-4-23(c)はC級で動作点が負荷直線から外れています。それぞれの入力信号はこの動作直線からどれだけ動いたかでコレクタ電流が流れるようになりますので、図4-4-23(a)のA級の場合には入力信号の正負にかかわらず常にコレクタ電流が流れます。図4-4-23(b)のB級の場合には入力信号が正の場合はコレクタ電流が流れますが、負のときには流れません。図4-4-23(c)のC級の場合もB級と同様ですが、入力信号の正の上部しかコレクタ電流は流れません。つまりA級は出力の歪みはありませんが、B級、C級の場合には出力が歪むことになることがわかります。

A級の場合は動作点が真ん中にあり、常にコレクタ電流が流れています。よって入力信号の変化に対する大きなコレクタ電流の出力はあまり望めません。つまり、A級は増幅効率が悪い、ということになります。B級やC級の場合には入力信号の上部だけとなりますが、入力信号の変化に対して負荷直線いっぱいまでコレクタ電流を流すことができる、つまり大きなコレクタ電流を流すことができるので、増幅効率はよい、ということになります。

以下にA級、B級、C級に対する各回路について述べていきます。

A級増幅器

図4-4-24はA級増幅器の基本的な回路となります。基本的に電力増幅器の場合、出力にはトランスを用いますが、それにはいくつかの理由があります。1つめは負荷が抵抗であった場合には一部の電流が熱となってしまい、効率が悪くなることがトランスを使うことで改善されることです。2つめがトランスのインピーダンス変換を使うことで、通常は高くない負荷インピーダンスを高くすることができ、出力電流を小さくできることです。しかし、トランスは大きく、コストも高いため、最近では負荷が抵抗の場合でも、つまりトランジスタをそのまま負荷に接続しても問題がないような回路があります。これについては後述します。

A級増幅器の場合、負荷直線の真ん中に動作点を持ってきますので、そのために入力

4-4 増幅回路を理解する

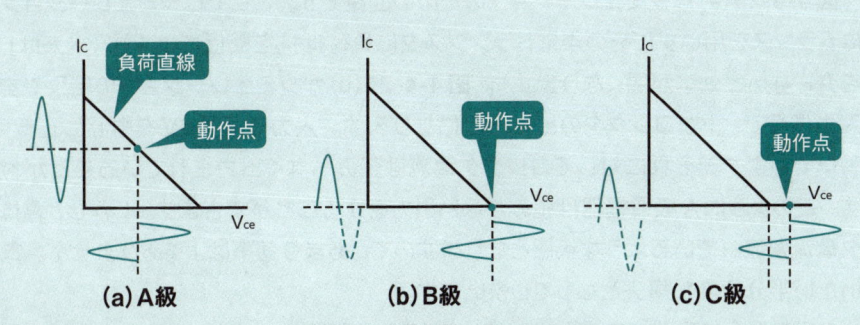

Analog Circuit

(a) A級 (b) B級 (c) C級

図4-4-23 ◆ 動作点と各級増幅器

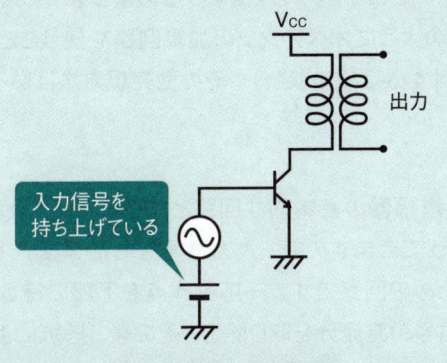

図4-4-24 ◆ A級増幅器

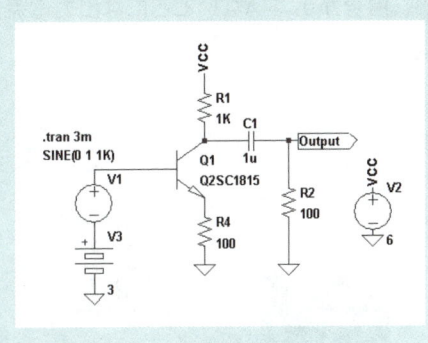

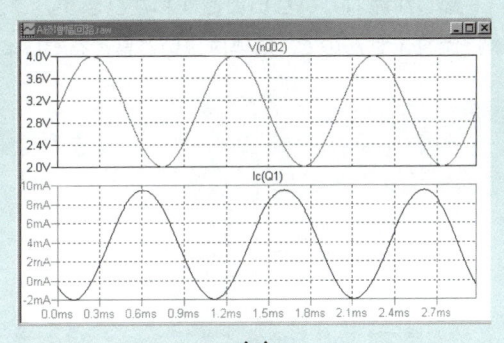

(a) (b)

図4-4-25 ◆ A級増幅回路とシミュレーション結果

信号を持ち上げるための電源を入力信号に繋げています。つまり、常に一定のベース電流を流していることになります。

　図4-4-25(a)はシミュレーションのための回路です。ここではシミュレーションのためにトランスを用いずにそのままトランジスタに負荷抵抗を繋げています（本来はトランスを介さないと効率が悪くなります）。図4-4-25(b)がシミュレーションの結果です。上が入力信号で、下がコレクタの出力電流になります。入力信号は3Vを中心に正負に1Vで動いています。それに対してコレクタ電流は歪みもなく出力されていることがわかります。このようにA級増幅器は歪みがない出力をすることができます。しかし、常にコレクタ電流が流れているような状態となりますので、あまり効率はよくありません。電力のだいたい半分程度が損失となってしまいます。

　A級の場合は動作点を真ん中に持ってくることが特徴ですが、このために入力信号をなんとかして持ち上げることが必要です。入力信号にさらに持ち上げるための電源を繋げるわけにもいきません。そこで、例えば図4-3-8のようなベースに掛かるバイアス電圧を考慮したり図4-4-26のようにオペアンプの加算回路を使うことでも実現したりすることができますし（詳しくは4-6-2項を参照）、その他実現方法はいろいろとあります。

▶ B級増幅器

　図4-4-27はB級増幅器の基本的な回路となります。B級増幅器の場合、負荷曲線の下部に動作点を持ってきますので、入力信号をそのまま入れます。図4-4-28(a)はシミュレーションのための回路です。一応動作点を下部に持ってくるために、結合コンデンサを通じて入力信号の直流分を取り除き、その後、抵抗によるバイアスによって動作点を下に持ってくるようにします。図4-4-28(b)がシミュレーションの結果です。入力信号は0Vを中心に正負に1Vで動いています。それに対してコレクタ電流は入力信号の上部しか流れていないことがわかります。つまり、信号が出ていないときには出力電流は流れませんので、効率はよいと言えるでしょう。

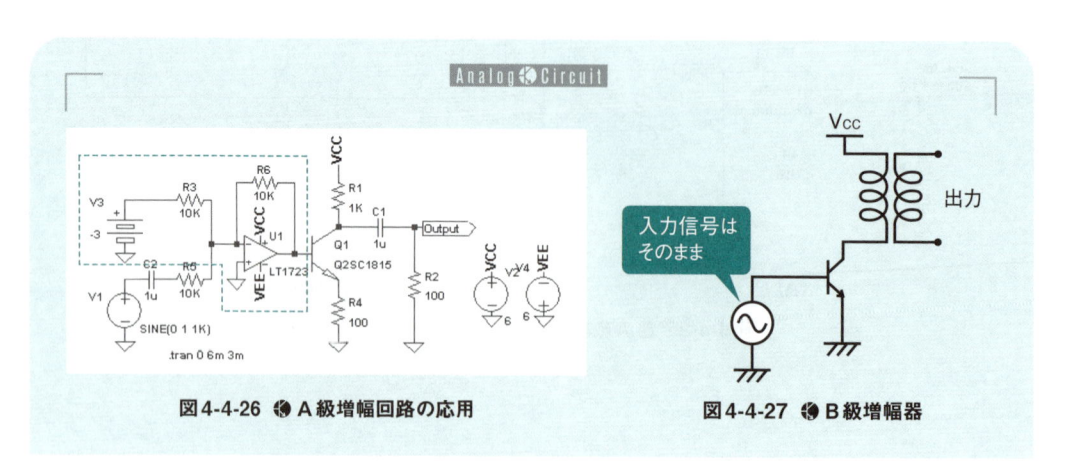

図4-4-26 ● A級増幅回路の応用

図4-4-27 ● B級増幅器

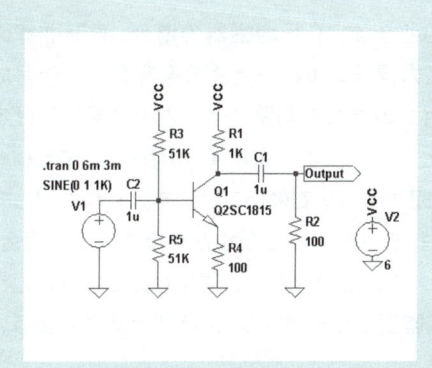

4-4 増幅回路を理解する

(a)

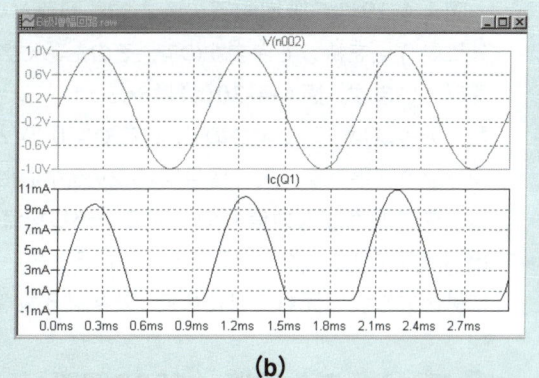

(b)

図4-4-28 ❖ B級増幅回路とシミュレーション結果

入力信号を
下げている

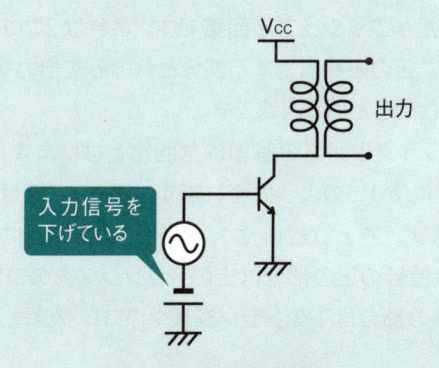

図4-4-29 ❖ C級増幅器

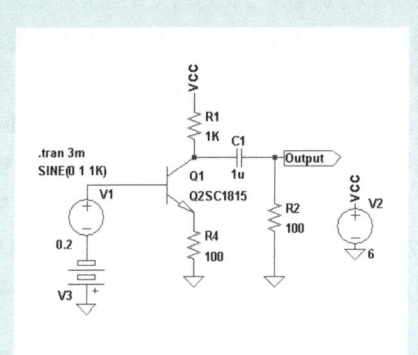

(a)

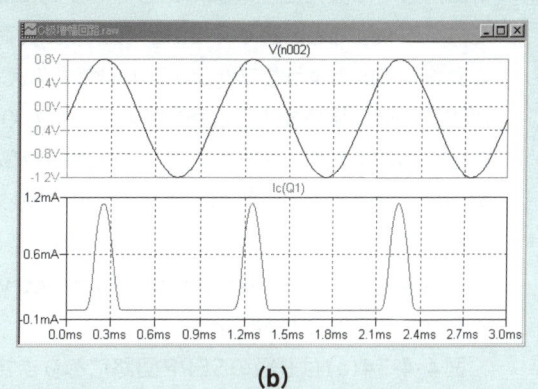

(b)

図4-4-30 ❖ C級増幅回路とシミュレーション結果

● C級増幅器

図4-4-29はC級増幅器の基本的な回路となります。C級増幅器の場合、負荷曲線の外に動作点を持ってきますので、そのために入力信号を下げるための電源を入力信号に繋げています。図4-4-30(a)はシミュレーションのための回路です。入力信号を下げるための電源は少しでよいので、ここでは0.2Vとしています。図4-4-30(b)がシミュレーションの結果です。入力信号は-0.2Vを中心に正負に1Vで動いています。それに対してコレクタ電流は入力信号の上部の一部しか流れていないことがわかります。この場合、出力はかなり歪んでしまうことがわかると思います。その代わり、信号が出ていないときには出力電流は流れませんので、効率はB級増幅器よりもかなりよいと言えるでしょう。

● プッシュプル回路／SEPP回路

B級増幅器は入力信号の半分の信号しか出力がでないため、その使い道はかなり限定されたものとなります。そこでB級増幅器を改良して、正および負の信号の両方が出力できるようにした回路が**プッシュプル回路**です。これは2つのB級増幅の動作をするトランジスタを用意して、正のみを出力する部分と負のみを出力する部分とに分け、出力においてこの2つを合成させるという回路です。

図4-4-31はプッシュプル回路の基本的な回路となります。2つのトランジスタを用意して繋ぐと、電流はI_{C1}とI_{C2}のように流れます。図4-4-32はプッシュプル回路の負荷直線と動作点になります。ちょうどI_{C1}とI_{C2}が動作点を中心に対称のような感じになります。その結果、入力信号の正の部分は上のトランジスタのコレクタ電流I_{C1}によって出力され、入力信号の負の部分は下のトランジスタのコレクタ電流I_{C2}によって出力されることになります。

さて、プッシュプル回路の基本は図4-4-33(a)となっており、個々のトランジスタが負荷に対しては直列に、電源に対しては並列に動作しているようになっています。この考え方を改良すると、図4-4-33(b)のように負荷に対しては並列に、電源に対しては直列に動作しているようなプッシュプル回路も考えられます。このようにすればトランジスタが直接負荷に接続することができるようになります。この回路を**SEPP (Single Ended Push-Pull)回路**と言います。この回路の特徴は2つのトランジスタが異なることです。最初のプッシュプル回路のトランジスタは同じトランジスタを使っていましたが、SEPP回路では1つはNPN型を、もう1つはPNP型のトランジスタを使います。このような回路は**相補対称 (Complementary Symmetry)**と言われ、単に「コンプリメンタリ回路」とも言われる場合もあります。

図4-4-34(a)はB級のSEPP回路になります。この回路は負荷に直接電力を供給する出力段と、出力段のトランジスタを効率よく動かすドライバ段に分かれます。ドライバ段にはダイオードがありますが、このダイオードは図4-4-34(b)のようなトランジスタに置き換えることもできます。トランジスタに置き換えて回路図をよく見ると、ドライバ段と出力段とがダーリントン接続のような感じになっていることがわかります。

4-4 増幅回路を理解する

Analog Circuit

図4-4-31 ● プッシュプル回路

図4-4-32 ● プッシュプル回路と動作点との関係

図4-4-33 ● プッシュプル回路の原理

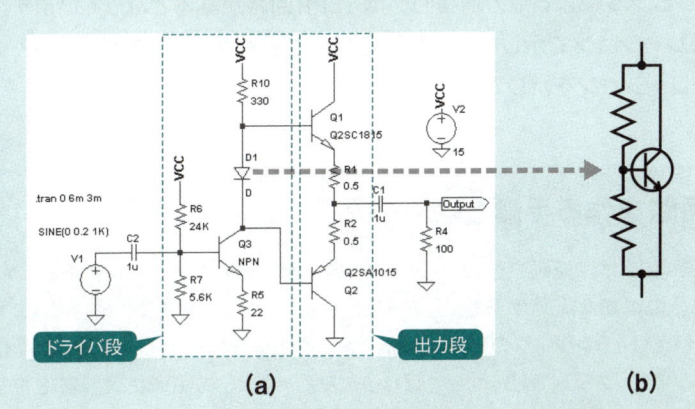

図4-4-34 ● B級プッシュプル回路

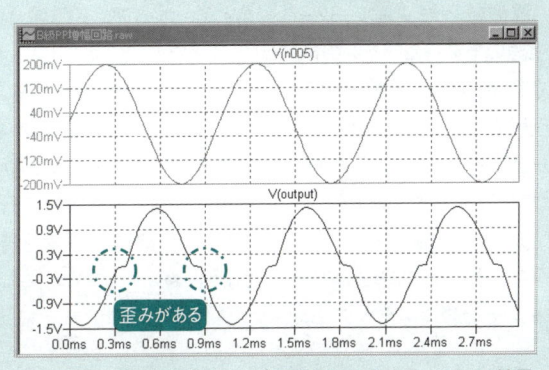

図4-4-35 ● B級プッシュプル回路のシミュレーション結果

図4-4-35はシミュレーションの結果です。出力の電圧は-1.5Vから1.5Vまで振れており、入力信号に対してかなり大きな増幅が成されていることがわかります。しかし、ちょうど0Vの付近で歪みがあるのがわかります。これはトランジスタの入力－I_C特性が0V付近では非線形であり、これが原因で歪むことになります（**図4-4-36(a)**）。これを解決するには**図4-4-36(b)**のように入力の位置をずらす、つまり動作点をずらすことで0V付近が見かけ上線形となり、歪みが見えなくなります。

図4-4-37は、この動作点をずらした場合の回路になります。色枠の中に、それぞれ動作点をずらすための回路として電源を加える回路が付加されています。この回路はオペアンプを用いた加算回路となります（詳細は4-6-2項を参照）。なお、この電源を加える回路はトランジスタでも当然実現することができます。加える電圧はだいたい0.6Vから1V程度になります。ここでは1Vを加えており、**図4-4-38(b)**がその結果になります。動作点をずらす前の結果が**図4-4-38(a)**になりますが、図4-4-38(b)には0V付近に歪みがないことがわかります。

なお、図4-4-34の回路は**B級プッシュプル回路**と呼ばれ、図4-4-37は**AB級プッシュプル回路**と呼ばれます。AB級とはB級のように増幅効率がよく、また歪みもかなり少ない、と言う意味で用いられています。

現在では、トランジスタによる電力増幅回路はSEPP回路が基本となっています。世の中には今回シミュレーションで示した以外の回路構成が多く存在しますので、いろいろと探し出してシミュレーションを試してみてもよいでしょう。

Column⑬ 実際の回路を作る手順とは

まず設計するときに必要なことは、能動素子を選ぶことです。これは自分の得意な能動素子を使うのがよいでしょう。例えばトランジスタの場合、NPN型のトランジスタでは「2SC1815」などがよく使われています。またオペアンプも「TL08x」シリーズが、周波数帯域やスルーレートなどを考えると適当だと思います。だいたいの回路は、このように自分でよく使う素子や他のところでもよく見かける素子を使うとよいでしょう。使っているうちに、その素子がどんな特性かわかるようになってきますし、段々と使うことに慣れてきます。

能動素子が決まったら、次は受動素子、つまり抵抗やコンデンサを選びます。まずは抵抗の値を電流の値から決めます。その後コンデンサやコイルなどの値が、流れる電流に適当であるかどうかを検討します。もし適当でない場合には、また抵抗を選びなおしますが、トランジスタの場合にはバイアス電流やV_{BE}の関係など結構シビアな部分があるので、ちゃんと計算することが必要となりますが、オペアンプの場合には入力にはだいたい10KΩを使うとよい感じとなります。

部品をパーツ屋さんで購入する場合には、特にトランジスタやオペアンプは予備も含めて購入しておきましょう。もし半田付けや何らかの原因で壊れた場合、また買いに行くことになりますので、あらかじめ数個の予備を持っておくことがよいでしょう。

4・4 増幅回路を理解する

Analog Circuit

(a)

(b)

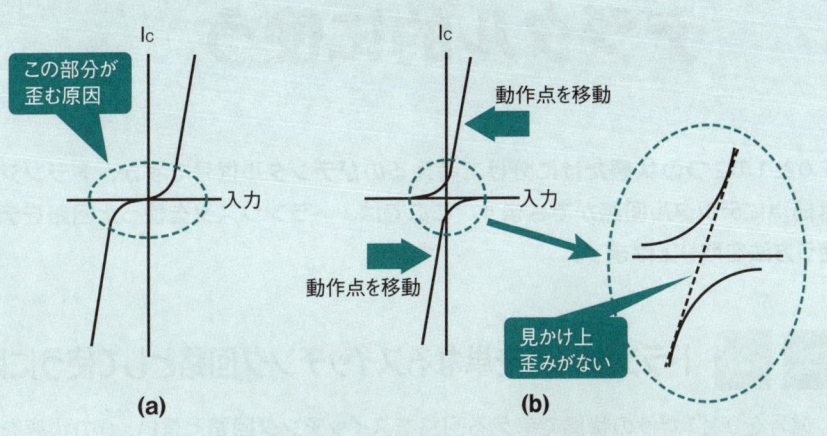

図4-4-36 ◆ B級とAB級プッシュプル回路の違い

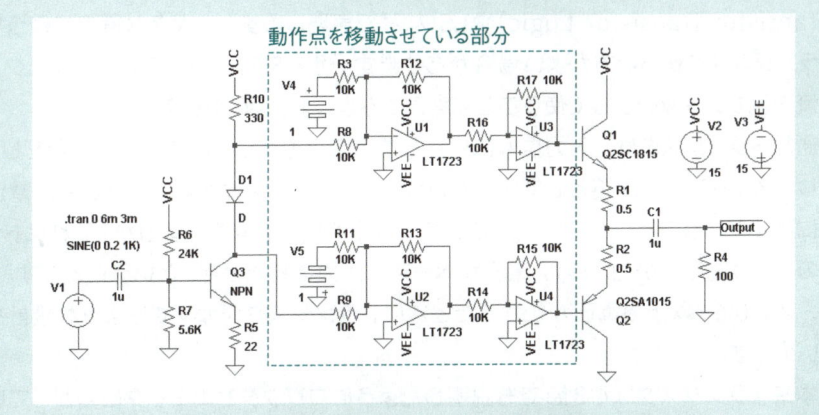

図4-4-37 ◆ AB級プッシュプル回路

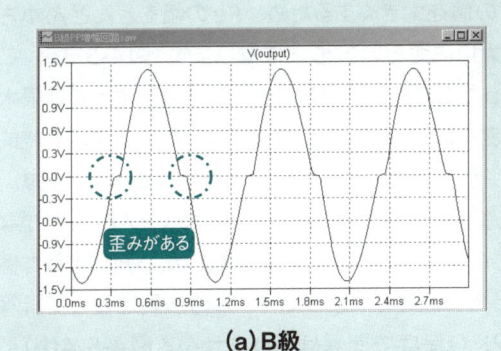

(a) B級

(b) AB級

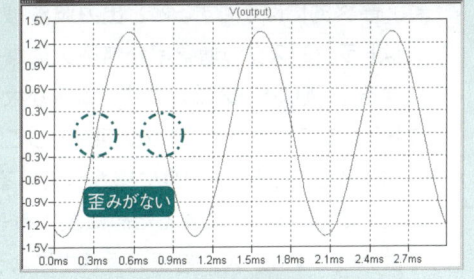

図4-4-38 ◆ B級／AB級プッシュプル回路のシミュレーション例

195

Analog Circuit

4-5 トランジスタ回路を デジタル的に使う

信号を0と1の2つの状態だけに分けて考えるのがデジタル信号ですが、トランジスタを使えば簡単にデジタル回路ができます。ここでは、トランジスタを使った回路をデジタル的に使う方法を取り上げます。

4-5-1 トランジスタを単なるスイッチング回路として使うには？

信号を0と1だけの状態で考える回路を**スイッチング回路**と言い、0の状態を「OFF」、1の状態を「ON」と呼びます。普通スイッチング回路はデジタルICと言われるTTL (Transistor-Transistor-Logic)やLSIなどで実現しますが、大きな電流を扱う場合にはトランジスタを使った方がよい場合があります（**図4-5-1**）。そこでトランジスタを単なる電流を流すスイッチとして使うことを考えてみましょう（**図4-5-2**）。

通常トランジスタは、入力信号に応じた電流を出力として出すような設計をします。しかし、スイッチング回路として使うということは、ある条件を満たしたときに電流を最大限に出すということになります。ではこのある条件とは何でしょうか？それはトランジスタのV_{BE}の電圧0.6Vより高い電圧がベースに入力されたとき、ということです。つまり、ベースに0.6V以上の電圧が掛かったときにトランジスタがオンするような設計をすればよいのです。

本来トランジスタは4-3節でも説明したようにコレクタとエミッタに繋がっている抵抗の関係によって増幅率が決まります。図4-3-7にもあるようにRcの値を大きくすると出力波形は歪んできます。そこで相対的にRcの値を大きくするため、Reの値をどんどん小さく、最終的には0にすると、出力波形は大いに歪み、方形波になります（**図4-5-3**）。これはトランジスタの増幅率が無限大になったことによる現象です（Rc÷0によって無限大になる）。後はベースに入力する電流が大きくならないようにすればよいだけです。最終的にトランジスタをスイッチング回路として使うには、**図4-5-4(a)**のような回路になります。

ベースのところにGNDに繋がっている抵抗器がありますが、これはベースに入力がないときに確実に0Vにするために設けるものです。2つの抵抗値はだいたい同じような値でよいのですが、入力電圧の大きさによって分圧させるようにオームの法則を使って計算すればよいでしょう。通常は10KΩや22KΩ程度で問題はありません。**図4-5-4(b)**に図4-5-4(a)のシミュレーション結果を示します。入力のSIN波とは異なり出力に方形波が出ているのがわかります。ただし出力が入力と逆になっていることに注意してくださ

4-5 トランジスタ回路をデジタル的に使う

Analog Circuit

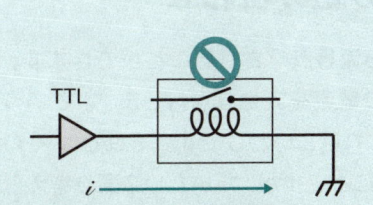

電流が足りず、リレーが動かない　　　大きな電流を流すことができ、リレーが動いた！

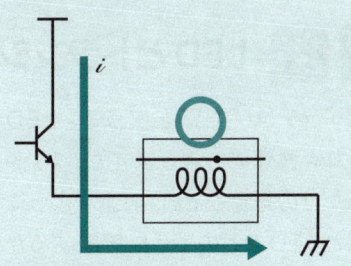

図4-5-1 ● 大きな電流をトランジスタで扱う

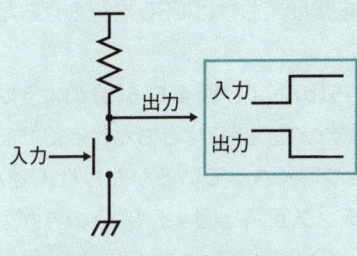

図4-5-2 ● トランジスタをスイッチとして使う

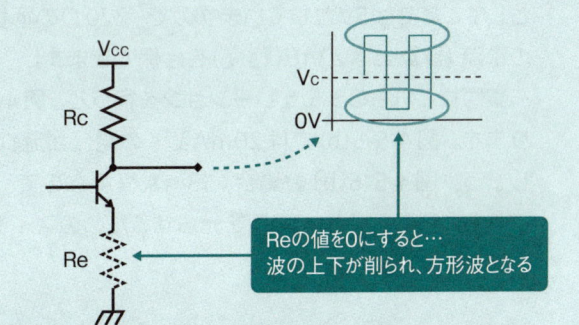

Reの値を0にすると…
波の上下が削られ、方形波となる

図4-5-3 ● Reを0にすると…

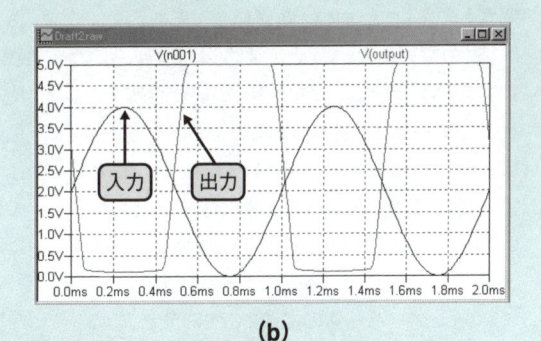

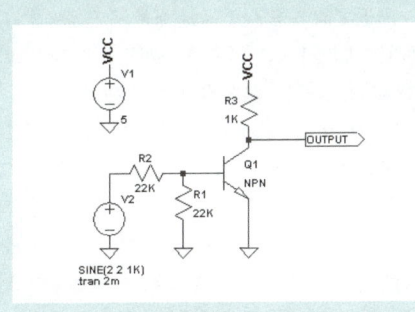

(a)　　　(b)

図4-5-4 ● トランジスタによるスイッチング回路

い。これは、トランジスタによるスイッチング回路はデジタル回路のNOT回路と同じようなもの、と考えるとよいでしょう。

4-5-2 LEDとトランジスタの組み合わせ

　スイッチング回路を使うと、LEDに電流を流し点灯させることができます。LEDはメーカや種類にもよりますが、10～20mAの電流を流せば点灯します。ということは、それだけの電流をLEDに流すように工夫をすればよいわけです。それではスイッチング回路とLEDをどのように接続するか、ということですが、だいたい2通り考えられます。1つはLEDとトランジスタのコレクタを繋げ、エミッタに電流を流す方式、もう1つはLEDとトランジスタのエミッタを繋げ、LEDの先をGNDに繋げる方式です。これを回路図として書いたものが、図4-5-5(a)と図4-5-6(a)になります。

　ここで、この2つの回路のシミュレーションをしてみます。LEDを光らせるための電圧としてここでは5Vとしていますので、220Ωの抵抗を繋げておけばLEDを光らせるだけの電流（計算上は22mA程度）を確保できます。

　実際にこれらのシミュレーションを行うと、図4-5-5(b)および図4-5-6(b)のようになります。図4-5-5(b)では20mA近くの電流が流れますので、LEDはきちんと点灯するでしょう。図4-5-6(b)の場合、13mA程度なので、やや暗くなっているかもしれません。これらから考えると、LEDを光らせるためのスイッチング回路は図4-5-5(a)の方がよいことがわかります。

Column 14　LSIの電圧の話

　最近のLSIは大規模化されており、その分熱の問題も発生しています。熱が発生する原因としてはLSIの電力が大きいことが挙げられますが、この電力を下げることはなかなか難しいのが現実です。世の中で一番よく使われる電力を下げる方法は、LSIで使われる電源電圧を下げてしまうということです。昔のICやLSIは5Vの電源電圧が使われていましたが、消費電力を下げるために、その後3.3Vの電源電圧が一般的になってきました。パソコンのインターフェースの主流であるPCIでは3.3Vが基本となっています。しかし、これでもまだまだ消費電力は大きいので、LSIの内部で使われる回路にのみもっと低い電圧を与えるようになってきました。その電圧は2.5V→1.8V→1.5Vと推移しており、最近では1.2Vという電源電圧で動作するものも現れてきました。電源電圧が下がることにより消費電力が減り、熱の発生も抑えられますし、信号の振幅も小さいのでさらに速い動作をさせることが可能となっています。もちろん低い電圧で動くのはLSIの内部だけで、外部に信号を出す場合にはLSI内部で3.3Vに変換しています。

　最近では半導体プロセスや材料などを改良することで、さらに低い電圧で半導体を動作させるような研究も行われており、ますます消費電力が下がる傾向にあります。

4-5 トランジスタ回路をデジタル的に使う

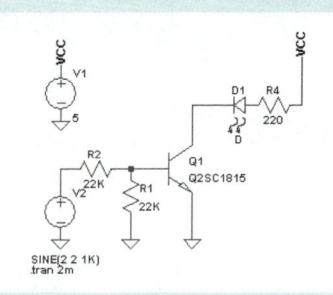

(a)   (b)

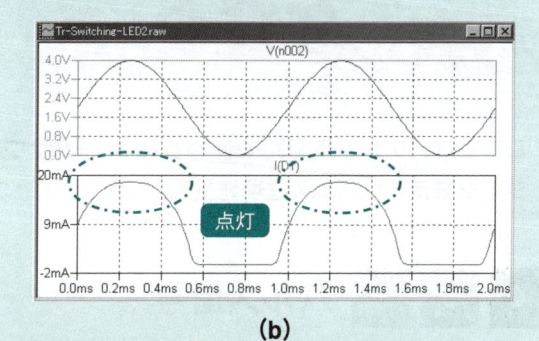

図4-5-5 LEDをトランジスタで制御する(Ⅰ)

(a)   (b)

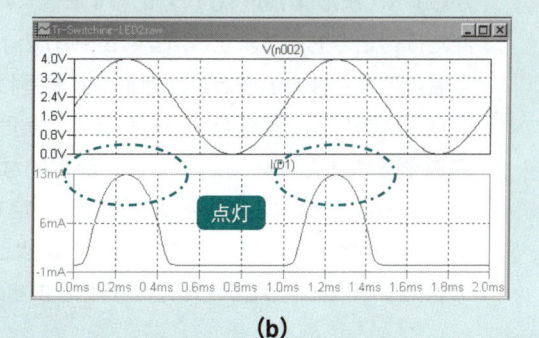

図4-5-6 LEDをトランジスタで制御する(Ⅱ)

4-6 トランジスタでパルス信号を作る

ここでは、デジタル回路で使われる0と1の2つの状態の信号であるパルス信号とトランジスタを使ったパルス信号発生回路(マルチバイブレータ)について取り上げます。

4-6-1 パルス信号

パルス信号は0または1の状態の信号で、0の状態のときは**図4-6-1(a)**のように信号が最小(Low)であり、1の状態のときには信号が最大(High)となり、非常に短い時間で0から1へ、または1から0へ変化をする信号です。パルス信号には図4-6-1(a)のように単発だけの場合もありますし、**図4-6-1(b)**のように周期的な場合もあります。特に周期的な信号の場合は方形波または矩形波とも言われます。

パルス信号は一見簡単そうに見えて、実は複雑な用語が存在します。**図4-6-2**はパルス波形を表すための用語ですが、理想的なパルス波形はオーバーシュート、アンダーシュートがなく、パルス幅および周期が一定であり、立ち上がりおよび立ち下がり時間が0の信号となります。しかしながら、どのような信号であれ、理想的な信号はなく、回路の状態や構成によっていろいろと変化しますので、注意が必要となります。

4-6-2 マルチバイブレータ

パルス信号を発生させるにはいくつか方法があります。後述する4-9節の発振回路もその1つですが、ここでは発振回路の基本となる**マルチバイブレータ**を取り上げます。

マルチバイブレータは**図4-6-3(a)**のような構成をしており、その結合素子に何を使うかによって**図4-6-3(b)**のように無安定、単安定、双安定と呼ばれる回路構成の種類が存在します。実際の回路構成は**図4-6-4**のように2つのトランジスタと結合素子などから成ります。

4-6-3 無安定マルチバイブレータ

無安定マルチバイブレータ(astable multivibrator)は**図4-6-5**のように結合素子が2つともにコンデンサで構成されている回路になります。この無安定マルチバイブレータ

4 6 トランジスタでパルス信号を作る

Analog Circuit

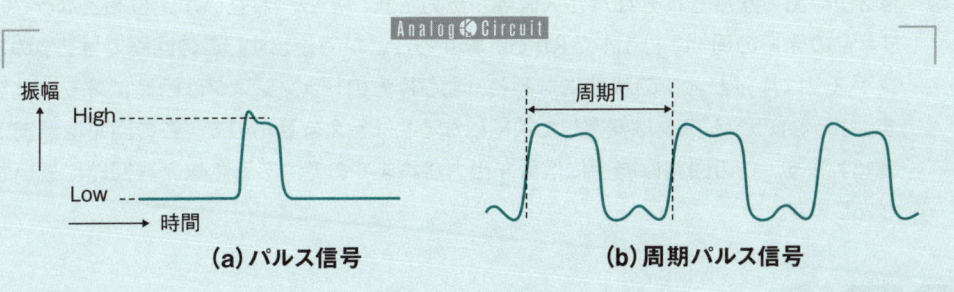

図4-6-1 ● パルス信号
(a) パルス信号
(b) 周期パルス信号

図4-6-2 ● パルス信号

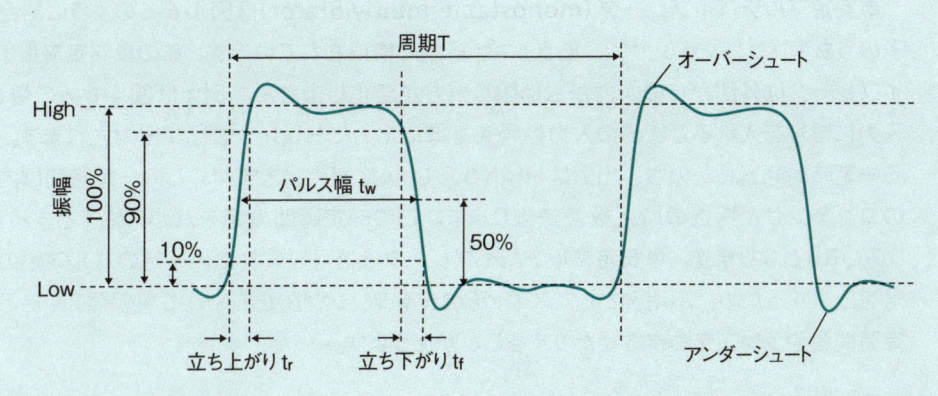

木村誠聡,「ディジタル電子回路」,数理工学社より抜粋

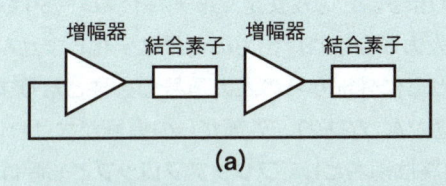

分類	結合素子	入出力	
無安定	両方ともにコンデンサ	入力	なし
		出力	
単安定	抵抗とコンデンサ	入力	
		出力	
双安定	両方ともに抵抗	入力	
		出力	

図4-6-3 ● マルチバイブレータの構成

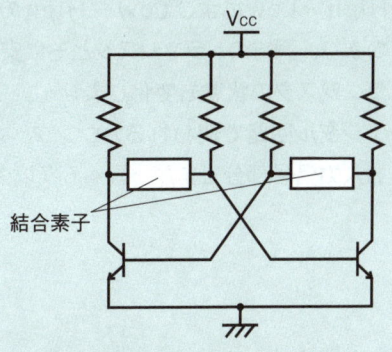

図4-6-4 ● トランジスタによるマルチバイブレータの構成例

は2つの出力からそれぞれパルス信号が出力され、かつ、お互いが逆位相となっています。この発振の周期Tは1.4・C・Rbで計算することができます。この回路では2つのトランジスタは片方がオンの状態になると、もう片方のトランジスタは瞬時にオフになります。よってトランジスタは安定した状態になるとは言えませんので、この回路は無安定と言われます。この回路は勝手に信号が出力されますので、ある意味発振回路に近いものがあります。

4-6-4 単安定マルチバイブレータ

単安定マルチバイブレータ (monostable multivibrator) は図4-6-6のように結合素子のうち1つがコンデンサで、もう1つが抵抗で構成されています。この単安定マルチバイブレータは外部からの入力がない限り出力が変化しません。例えば図4-6-6の場合、入力に信号を入れると、その入力信号を基準に出力にHighの信号が出力されます。ある一定時間経過ののち、出力はHighからLowに変化しますが、この一定時間は内部のコンデンサと抵抗の時定数で決まります。この一定時間の幅をパルス幅Tとすると、0.7・C・Rbとなります。単安定マルチバイブレータは信号を入れた後一定のパルス幅の信号を出力するため、応用例としてスイッチのチャタリング防止（3-10-6項参照）やある一定時間音やランプを動作させたりすることがあります。

4-6-5 双安定マルチバイブレータ

双安定マルチバイブレータ (bistable multivibrator) は図4-6-7のように結合素子が2つともに抵抗で構成されている回路になります。この双安定マルチバイブレータは単安定マルチバイブレータと同様、外部からの入力がなければ出力の信号は変化しませんが、High→LowおよびLow→Highの変化ともに外部からの入力信号が必要となります。つまり、両方のトランジスタともに安定状態となっており、外部からの信号がなければトランジスタの状態も変化しません。この回路は別名として**フリップフロップ**とも呼ばれ、デジタル回路で使われるカウンタ、メモリなどの基本的な回路構成要素となります。なお入力信号部分ですが、図4-6-7以外にも2つの入力端子がある構成例などもあります。

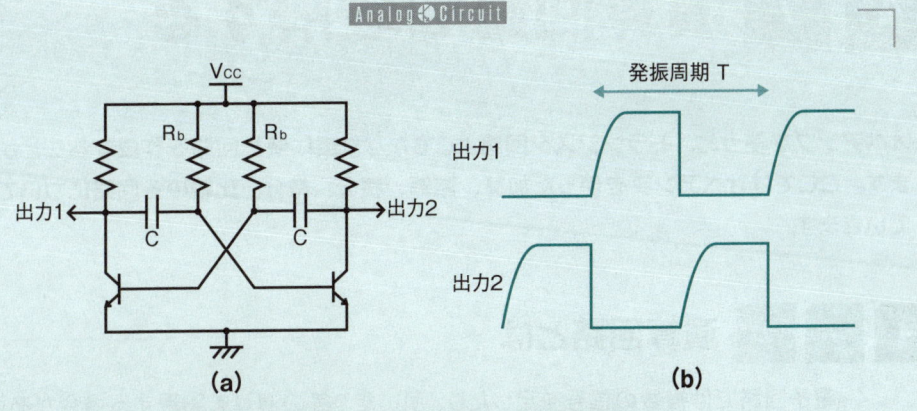

4 6 トランジスタでパルス信号を作る

Analog Circuit

(a)　(b)

図4-6-5 ◉ 無安定マルチバイブレータの構成例と出力

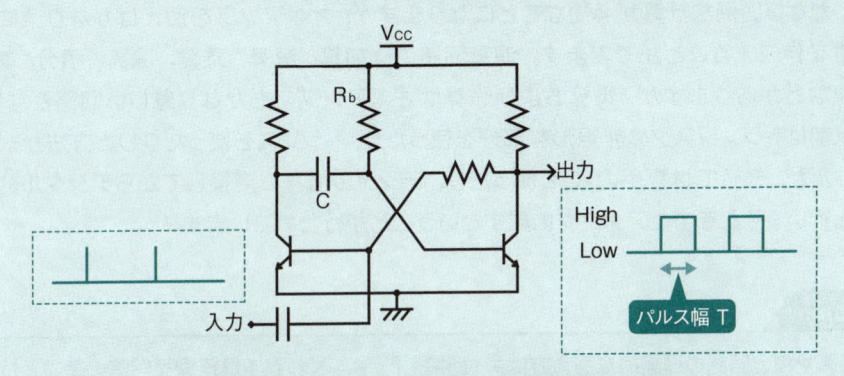

図4-6-6 ◉ 単安定マルチバイブレータの構成例と入出力

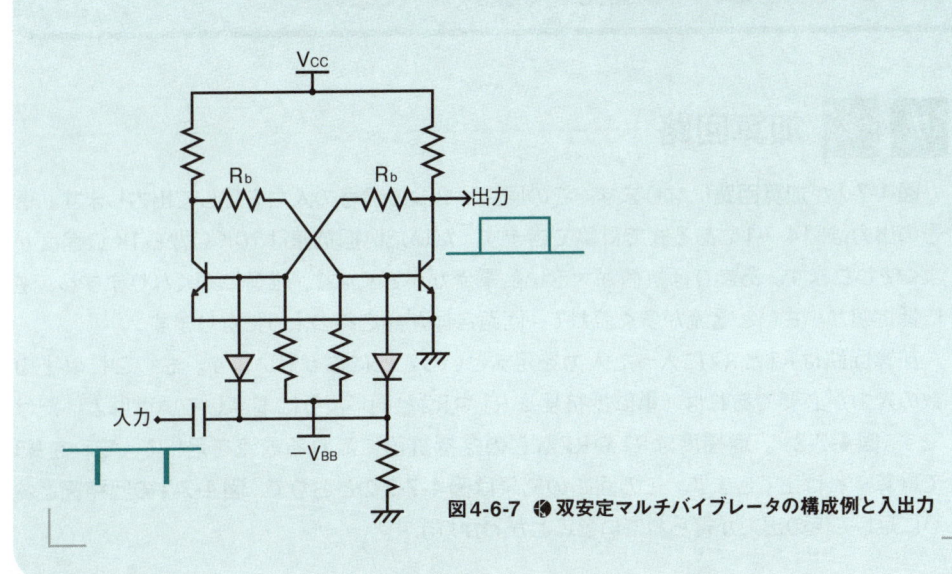

図4-6-7 ◉ 双安定マルチバイブレータの構成例と入出力

Analog◆Circuit

4-7 演算回路を理解する

オペアンプを使うと、トランジスタ回路よりもかなり楽に演算回路を作成することができます。ここではオペアンプを使った加算、減算、積分、微分、比較の各回路について述べていきます。

4-7-1 演算回路とは

電子回路では複数の信号を足したり、引いたり等の演算を実現する場合があります。このような演算をする回路は**演算回路**といいます。これらをトランジスタで作ろうとするとかなり面倒な計算が必要なことになりますが、オペアンプを使えばかなり楽に演算回路を作成することができます。演算回路には加算、減算、乗算、除算、積分、微分、比較などがありますが、乗算および除算はオペアンプでもかなり難しい回路となります。以前はトランジスタの非線形な部分を使ったり、トランスを使ったりした方法が一般的でしたが、最近では専用のICを使ったり、デジタル信号に変換してからデジタル的に計算を行い、それをまたアナログに戻すということが行われています。

> **Memo**
> 微分回路や積分回路の理論的な考え方は、「図解入門 よ〜くわかる最新電子回路の基本としくみ」（秀和システム、ISBN978-4-7980-3858-2）に詳しく載っています。

4-7-2 加算回路

図4-7-1が**加算回路**になります。この回路は2つの信号の入力を足して出力します。信号の出力は図4-7-1にある式で計算できます。だいたい抵抗値は10KΩから1KΩ程度がよく使われます。あまり抵抗値が大きいと電流が小さくなり、雑音に弱くなりますし、逆に抵抗値が小さいと電流が多く流れて、回路自体が熱を持つようになります。

加算回路はR1とR2に入った入力を足すということになっています。もしこれ以上の数の入力が必要であれば、単に抵抗器をR1やR2と同じように増やしていけばよいだけです（**図4-7-2**）。増幅度はR1やR2などの各抵抗器に流れる電流を足して、それをR3で計算すれば出てきます。この回路の結果は**図4-7-3**のとおりで、**図4-7-1**の回路図どおりに足して倍の出力が得られていることがわかります。

4 7 演算回路を理解する

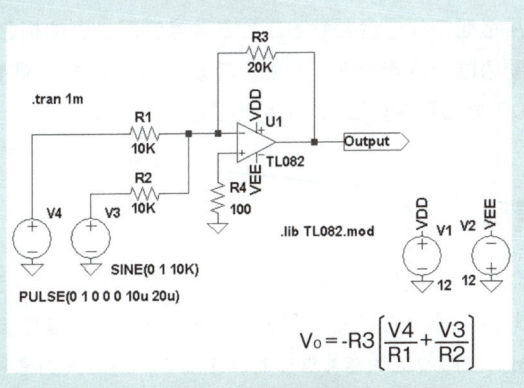

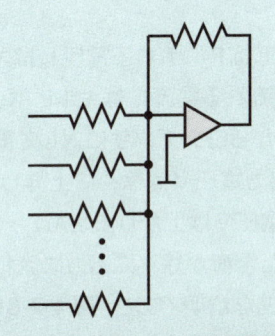

図4-7-1 ● 加算回路

$$V_O = -R3\left[\frac{V4}{R1} + \frac{V3}{R2}\right]$$

図4-7-2 ● 多入力の加算回路例

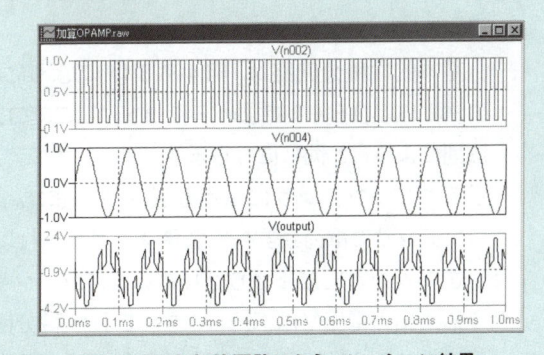

図4-7-3 ● 加算回路のシミュレーション結果

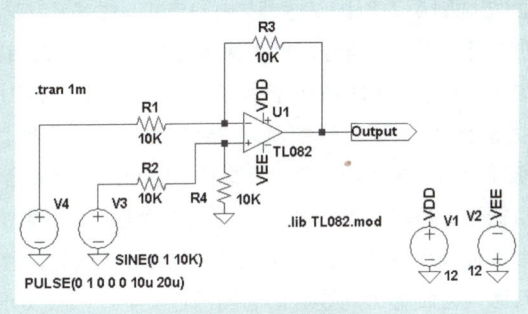

図4-7-4 ● 減算回路

4 7 3 減算回路

　図4-7-4が**減算回路**になります。この回路は4-4-4項で示したオペアンプによる差動増幅器とまったく一緒です。つまり、「差動増幅器は減算回路である」、ということになります。

Chapter 4 さまざまなアナログ回路

　現在の回路の場合、入力は2つ以上に増やすことができませんので、複数の入力の減算が必要な場合には、減算回路を複数直列に繋ぎ合わせることになります（図4-7-6）。しかし、複数の回路をつなぎ合わせることで信号の遅れや位相のずれなどが発生しますので、あまりお勧めはできません。なお、この回路の結果は図4-7-5のようになっており、単なる2つの入力の引き算になっていることがわかります。

4-7-4 積分回路

　積分とは、時間とともに入力が積み重なっていくようなイメージになります。図4-7-7は、入力信号に対する積分された信号の出力のイメージになります。入力信号が大きくなったときに、出力は序々に大きくなっていきます。逆に入力信号が小さくなったときには出力も序々に下がっていきます。このような信号の動きは、コンデンサを使うことで実現することができます。

　基本的な**積分回路**は、図4-7-8 (a)のようになります。抵抗Rに流れる電流I_Rはオームの法則によりE÷Rで求められます。ここでコンデンサに流れる電流I_Cはキルヒホッフの法則によりI_Rと同じになります。よってオペアンプの出力からコンデンサに対して電流I_Cが流れ、コンデンサに電荷が蓄積されます。このため出力電圧Vは徐々に上昇します。コンデンサに電荷がすべて蓄積すると、それ以上は出力電圧Vは上がりません。

　逆に入力電圧が下がりはじめるとコンデンサに蓄積した電荷が徐々に出力に流れ、その結果出力電圧Vは下降します。これが積分回路の基本的な説明であり、図4-7-8(a)に書いてある式からもこの回路が積分の要素を持っていることがわかります。

　具体的な積分回路は図4-7-8(b)のようになります。オペアンプの反転増幅回路にコンデンサを1つ追加することで、積分回路が実現できます。このコンデンサの値を大きくすることで、出力波形の積分状態の具合が変化します。図4-7-9は、コンデンサの値を少しずつ変えた状態をシミュレーションした結果です。ちょうどよい場合には(a)のようにきれいな積分波形となりますが、コンデンサの値が大きい場合は一見きれいな感じに見えますが、実は振幅の電圧が低くなっていることがわかります。

　またコンデンサの値が小さい場合には、波形の積分状態の具合にあまり変化がありません。なお、これは入力波形の周波数にも関係しますので、どの周波数の波形を積分波形にするかということを考えて、コンデンサの値を選ぶ必要があります。このコンデンサの値は、図4-7-8にある式で求めることができます（📖Memo 参照）。

> 📖**Memo**
> ここではEは入力電圧の大きくなったときであり、tは電圧が増加または減少する時間であり、「時定数」といいます。これはt=CRで求まります。

4-7 演算回路を理解する

図 4-7-5 ◆ 減算回路のシミュレーション結果

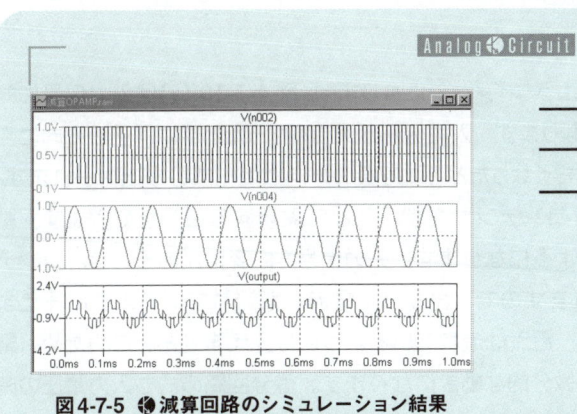

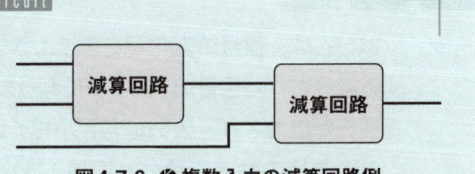

図 4-7-6 ◆ 複数入力の減算回路例

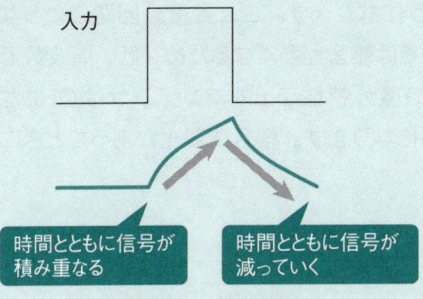

図 4-7-7 ◆ 積分波形

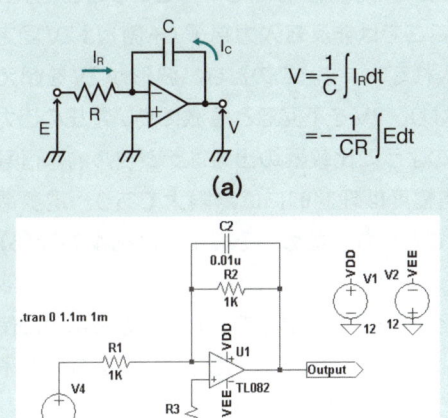

入力

時間とともに信号が積み重なる

時間とともに信号が減っていく

(a)

$$V = \frac{1}{C}\int I_R dt = -\frac{1}{CR}\int E dt$$

(b)

$$V_{out} = A \cdot E(1 - e^{-\frac{t}{CR(A-1)}})$$

この回路図では C は C2 を R は R1 を指します。
また、A は増幅度を表します。

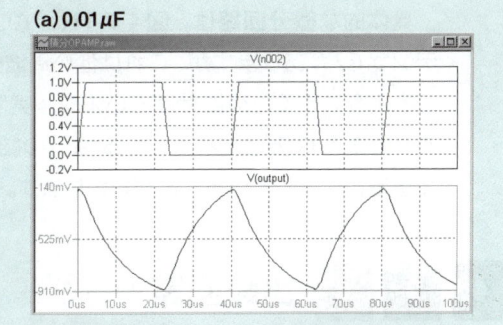

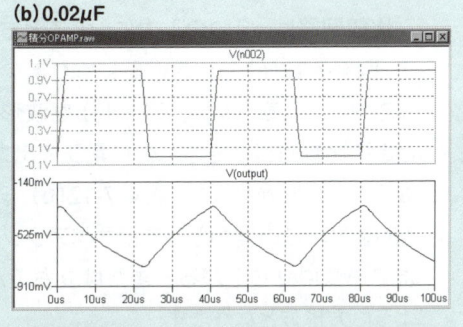

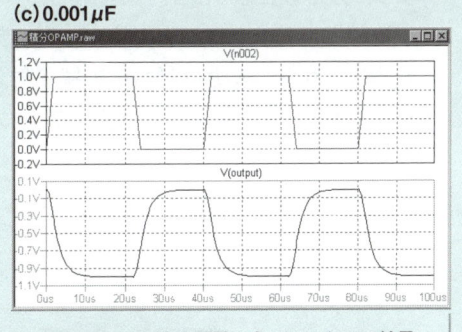

図 4-7-8 ◆ 積分回路

(a) 0.01μF
(b) 0.02μF
(c) 0.001μF

図 4-7-9 ◆ 積分回路シミュレーション結果

4-7-5 微分回路

微分とは、信号の変化量を表すようなイメージになります。**図4-7-10(a)**は入力信号に対する微分された信号のイメージになります。入力信号が大きくなったときには正の方向に変化成分が出力され、入力信号が小さくなったときには負の方向に変化成分が出力されます。

この信号の動きも積分と同様、コンデンサを使うことで実現することができます。基本的な微分回路は**図4-7-10(b)**のようになります。入力信号Eに変化があるとき、コンデンサCの充電と放電が繰り返されますので、見かけ上電流I_Cが流れているように見えます。よって信号の変化がない場合、電流は流れているようには見えません。このため、電流I_Cは変化があるときだけ流れる微分的な動きになります。微分回路の式も入力電圧の時間変化を表す電流として、微分の要素が入っていることがわかります。

具体的な微分回路は、**図4-7-11(a)**のようになります。ここで積分回路のようなコンデンサC2がありますが、これは低い周波数では雑音が多くなるため、低い周波数でも使えるようにするために付けています。実際の微分特性を出すコンデンサはC1になります。**図4-7-11(b)**がシミュレーションの結果になります。信号に変化があったときに出力が急激に変化していることがわかります。

4-7-6 比較回路

比較回路は、2つの入力に対してどちらの信号が大きいか小さいかということを示します。**図4-7-12(a)**が比較回路になりますが、ここでは非反転入力端子(+側)は2V固定としており、反転入力端子(-側)は波形を入れています。このとき、波形が2Vを超えたときに比較回路は急激に低い電圧の出力となり、2Vを下回ると急激に高い電圧の出力となることがわかります(**図4-7-12(b)**)。このように比較器の出力はデジタル的な信号になります。この理由として、オペアンプの増幅度は理想的には無限大であり、電源電圧まで一気に立ち上がる、または立ち下がることになるため、その出力は**図4-7-12(b)**のように方形波となります。

比較回路は、センサーのオンオフやデジタル回路的に信号を直したいときなどに使われます。なお、入力はどちらの端子に対して波形を入れても問題はなく、2つの端子に別々の入力が入った場合には**図4-7-13**のような感じの出力となります。

4 7 演算回路を理解する

Analog Circuit

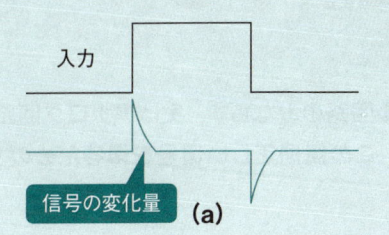

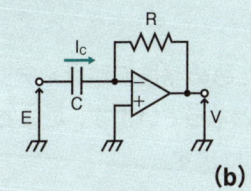

(a)

(b)

$$V = -I_C \cdot R = -C \frac{dE}{dt} \cdot R$$

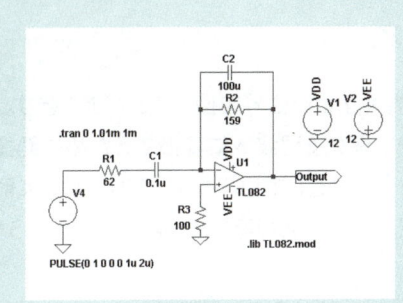

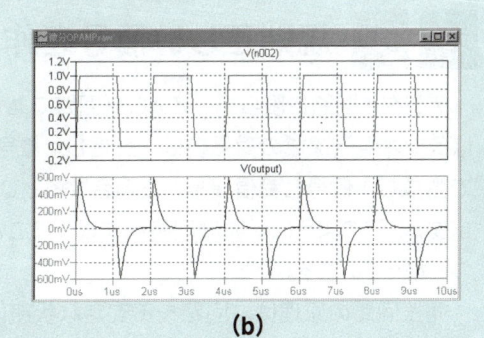

図 4-7-10 ● 微分波形と微分回路

(a)

(b)

図 4-7-11 ● 微分回路とシミュレーション結果

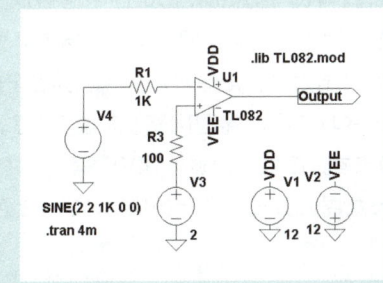

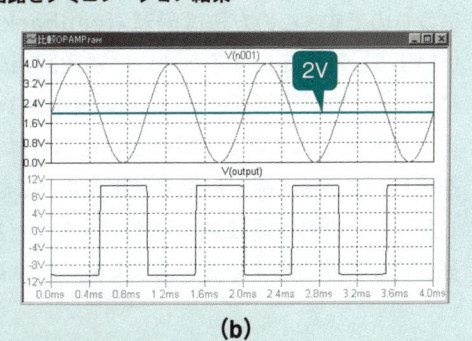

(a)

(b)

図 4-7-12 ● 比較回路

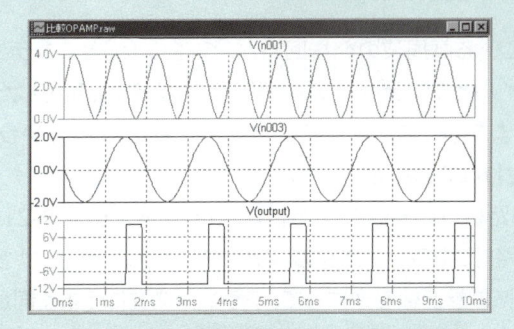

図 4-7-13 ● 比較回路のシミュレーション結果

4-8 発振回路を理解する

規則正しい信号を得るための発振回路は、デジタル回路のみならず、実はアナログ回路でも必要な回路のひとつとなっています。ここでは、この規則正しい信号を得るための「発振回路」について取り上げます。

4-8-1 規則正しい信号を作る

デジタル回路に限らず、アナログ回路でも規則正しい信号を使うことがあります。例えばラジオや無線機の受信機は、受信した信号を異なる周波数に変換するために**発振回路**で生成した信号と受信信号とを混合するということをしています（5-2節で詳しく説明します）。このように、発振回路を作成することはアナログ回路でも必要なことのうちの1つとなっています。

発振回路の原理は、回路を不安定な状態にさせ続ける、ということにあります。簡単な例が**図4-8-1**になります。これは増幅器の出力を再び増幅器の入力端子に入力するというものです。この方法は**帰還（feedback）**と言われ、帰還のための回路を帰還回路といいます。不安定にするためには帰還回路の出力は入力信号と同じ位相である必要があります。これを正帰還といいます。**図4-8-1**の場合出力された信号が帰還回路βを通って再び増幅器に入ります。帰還された信号はA倍されて再び帰還回路βを通ります。これを繰り返すうちに勝手に信号が出るようになります。これが発振回路の基本となります。しかし、これでは周波数が不明ですので、狙った周波数にするためにいろいろと部品や回路に工夫を凝らす必要があります。

4-8-2 LC発振回路

昔から使われている高周波の発振回路が、コイル（L）とコンデンサ（C）を使った**LC発振回路**です。コイルとコンデンサの共振回路（4-2節）を利用したもので、比較的高い周波数が出力されますし、また安価にできます。昔の無線機やラジオなどには、必ずといってよいほど使われていた回路です。

LC発振器の回路構成にもいくつか種類があります。**図4-8-2**にその種類を示します。

同調型発振回路は、トランジスタのコレクタとベースの電圧はちょうど逆の位相となりますので、トランスの巻き線を逆にして、トランジスタにうまく同じような位相の信号が入るようにしています（正帰還回路）。これによってかなり高い周波数の発振を作り出すことができます。

4 8 発振回路を理解する

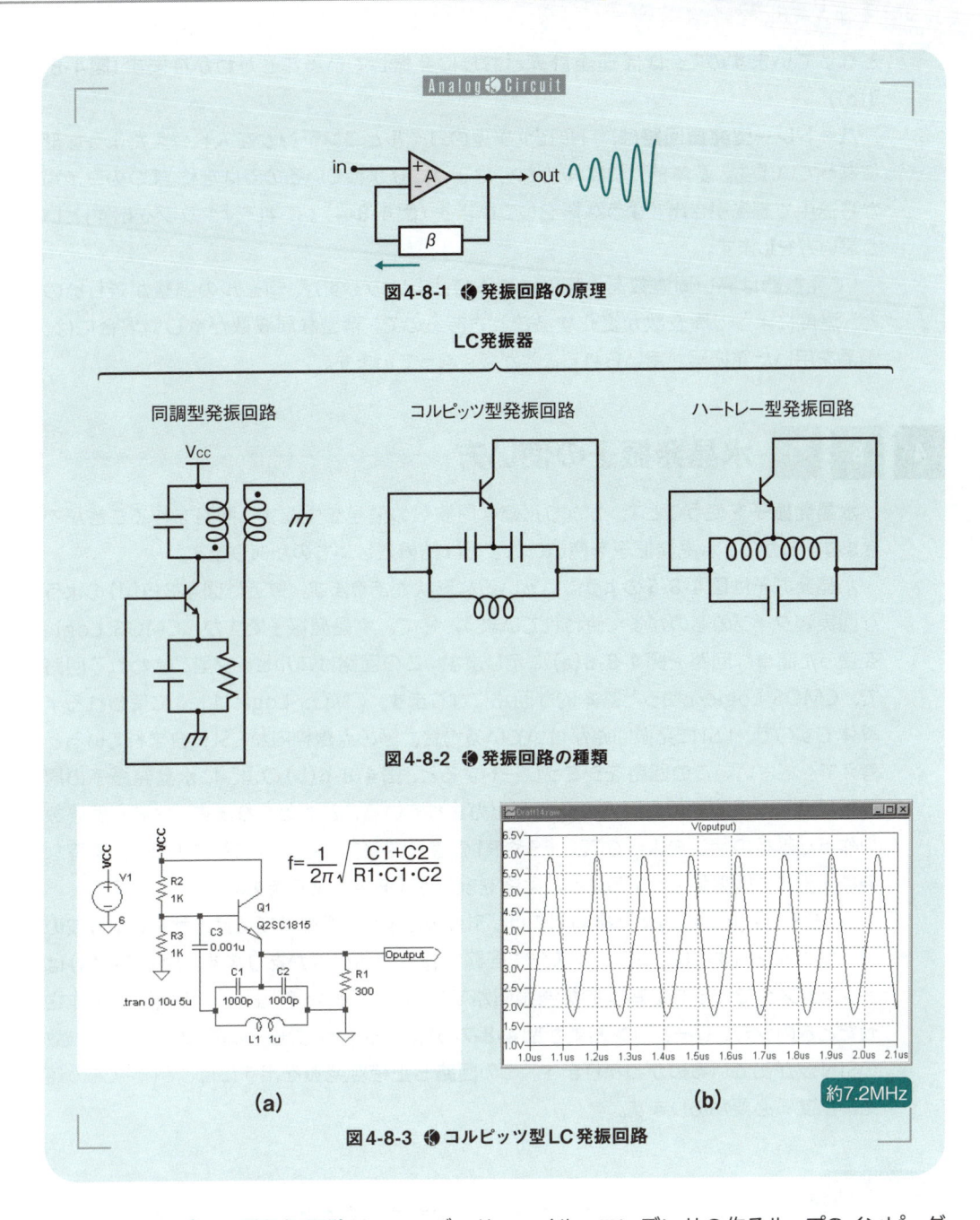

Analog Circuit

図4-8-1 ● 発振回路の原理

LC発振器

同調型発振回路　　コルピッツ型発振回路　　ハートレー型発振回路

図4-8-2 ● 発振回路の種類

$$f = \frac{1}{2\pi}\sqrt{\frac{C1+C2}{R1 \cdot C1 \cdot C2}}$$

(a)　　　　　　　　　　　　　(b)　約7.2MHz

図4-8-3 ● コルピッツ型LC発振回路

コルピッツ型発振回路は、コンデンサ–コイル–コンデンサの作るループのインピーダンスがゼロになる点、つまり共振回路の周波数の部分をトランジスタ増幅回路に入れることで発振を安定化させています。図4-8-3に具体的な回路とシミュレーション結果を示します。共振となる周波数は**図4-8-3(a)**にあるとおりで、この図の場合の計算結果71.5MHzとなります。シミュレーションの結果から、その発振周波数はだいたい72MHz

となっていますので、ほぼ理論計算どおりに発振していることがわかります（**図4-8-3(b)**）。

ハートレー型発振回路は、コルピッツ型のコイルとコンデンサを入れ替えたような形になっています。基本的にコイルの部分は2つに分かれているのではなく、1つのコイルから途中で線を引き出すような形をしています（**図4-8-4**）。これを「タップを出す」という言い方をします。

LC発振器は高い周波数を手軽に作れるのはよいのですが、コイルの調整が難しいのと、温度によって周波数が変化することもあるので、精密な周波数が欲しい場合には、水晶を用いた発振器が用いられることが多くなっています。

4-8-3 水晶発振子の使い方

水晶発振子を使うことで、かなり正確な周波数の信号を生成する回路を作ることができます。しかし、水晶発振子を使いこなすのは結構難しいものがあります。

水晶発振子は**図4-8-5**のようにいろいろな形状があります。最近は**図4-8-5(d)**のような面実装タイプのものが多く使われています。さて、水晶発振子ですが、CMOS Logicを使った簡単な回路を**図4-8-6(a)**に示します。この回路はコルピッツ型と言われる回路で、CMOS Logicを使った基本的な回路になります。CMOS LogicはLSIに使われる半導体ですので、LSIに発振回路が付いている場合、図の点線枠内がLSIに含まれていると考えてください。この回路をシミュレートすると、**図4-8-6(b)**のように水晶発振子の周波数に合った周波数の方形波の発振が出力されていることがわかります。なお、周波数や作った基板の状況によってC2、C3やR1の値を調整する必要がありますので、正確な発振を出すには実際にはいろいろと実験を繰り返す必要があります。

CMOS Logicを使った発振回路では、SIN波のような信号はでてきません。SIN波のような信号を出すには、トランジスタで回路を作成する必要があります。**図4-8-7(a)**はトランジスタで作成した基本的な発振回路です（**Memo**参照）。この回路を動作させたときのシミュレーション結果が**図4-8-7(b)**になり、水晶発振子の周波数に合った周波数のSIN波が出ているのがわかります。この回路も正確な発振を出すには、C1～C4の値を調整する必要があります。

> **Memo**
> この回路もコルピッツ回路の一種です。コルピッツ回路についての詳細は専門書を参考にしてください。

4 8 発振回路を理解する

Analog Circuit

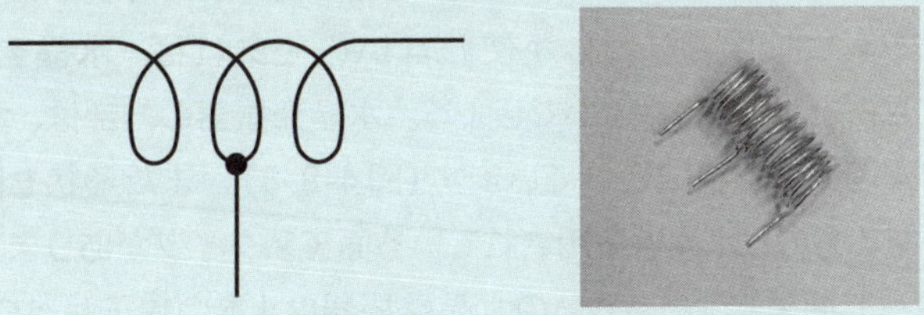

図4-8-4 ◆ コイルのタップ

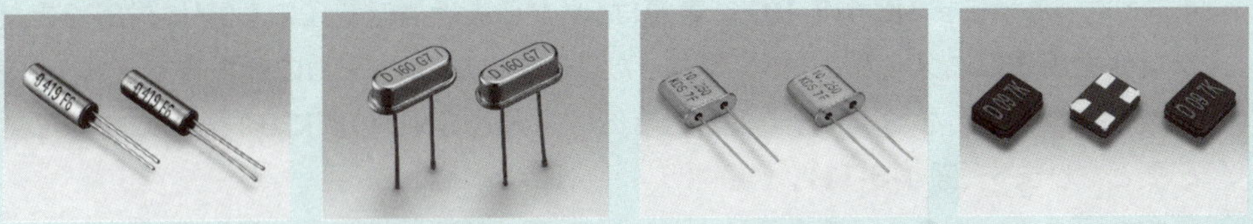

(a) (b) (c) (d)

図4-8-5 ◆ 水晶発振子　写真提供：大真空

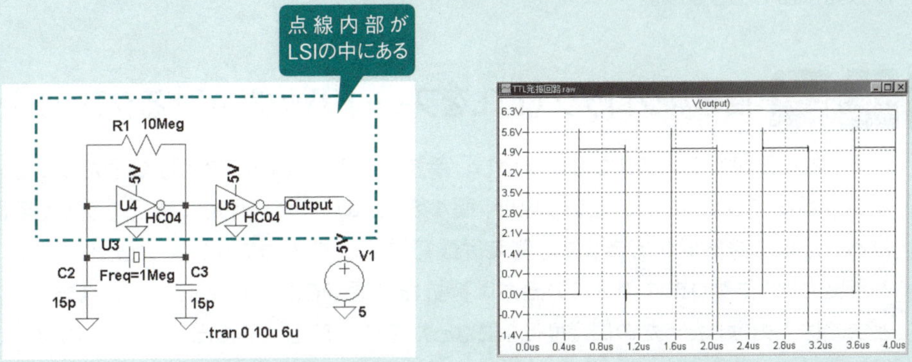

点線内部が
LSIの中にある

(a) (b)

図4-8-6 ◆ コルピッツ型水晶発振回路

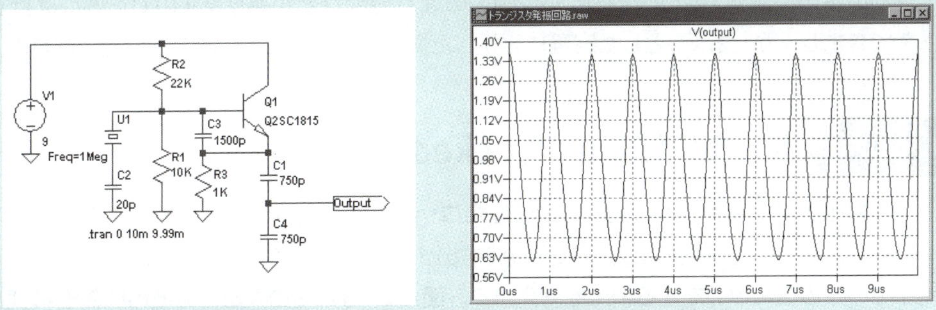

(a) (b)

図4-8-7 ◆ トランジスタによる発振回路

4-8-4 水晶発振器（オシレータ）の使い方

　水晶発振子は価格が安いのですが、発振回路を自作する必要があるので、結構面倒な場合があります。方形波だけしか使わないのであれば、**水晶発振器（オシレータ（oscillator））** を使うのが一番よいでしょう。水晶発振器の内部は、水晶振動子と発振回路、および増幅回路から構成されています（図4-8-8）。また形状も図4-8-9のように普通にリードがあるものと、最近多用されている面実装タイプがあります。

　使い方は至って簡単で、たいていの水晶発振器は4本の端子があり、電源とGNDにそれぞれ1本ずつ、信号出力用に1本、そして出力をするか、しないかの制御用に1本の計4本となっています（図4-8-10）。電源は5Vから最近は低電圧の1.5Vに対応できたり、また発振周波数もメーカによって異なったりしますので、メーカの仕様書をきちんと読む必要があります。なお、実際に使うときには電源とGNDの間に0.1μFのコンデンサが必要となります（図4-8-11）。

　なお水晶発振器を扱っているメーカとしてはセイコーエプソン、日本電波工業、リバーエレテック、セイコーなどがあり、最近では自分で発振周波数を決められるプログラマブルな発振器もあります。

4-8-5 簡単なクロック（TTLをフィードバックして作るクロック）

　そんなに正確なクロックも必要ないし、手持ちのTTL（5-4節参照）素子だけでなんとか発振器を作ってみたい、という場合、図4-8-12(a)のようなNOT素子を使った回路を作ると簡単に発振器ができます。例えば最初にTTLの入力に0が入ったとします。このとき出力は1になりますが、この出力は抵抗器を通ってまたTTLに入力されます。先ほどまでは入力は0だったのに今度は1になったので、TTLはその出力を0にします。これを繰り返すことで出力は発振した振る舞いをみせます（実際は入力と出力が不安定な状態になったので、発振しています）（図4-8-12(b)）。また発振周波数は、抵抗とコンデンサの持つ時定数（4-8節を参照）とTTLの遅れ時間などがありますので正確には計算はできませんが、ちょっとした実験に発振した信号が必要なときに便利な回路となります。

4-8-6 PLL (Phase Locked Loop)

　PLL とはPhase Locked Loop（位相ロックループ）の略で、入力の波に合わせた入力信号より高い周波数の出力の発振の波を出すことができる、というものです。例えば入力の波の倍の出力をするPLLを考えます。図4-8-13はその入出力の波の関係を模式したものですが、入力の波の周波数が変わっても、出力はそれに追従して常に入力の倍の波の周波数を出そうとします。つまり入力の位相の変化に合わせて出力を変化させるとい

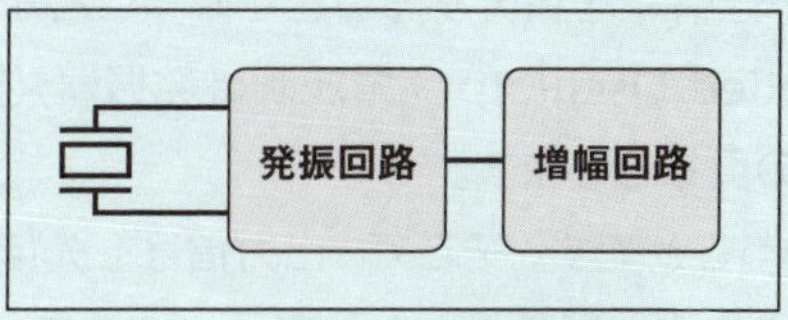

4 8 発振回路を理解する

Analog Circuit

図4-8-8 ◆水晶発振器の構造

写真提供：京セラ

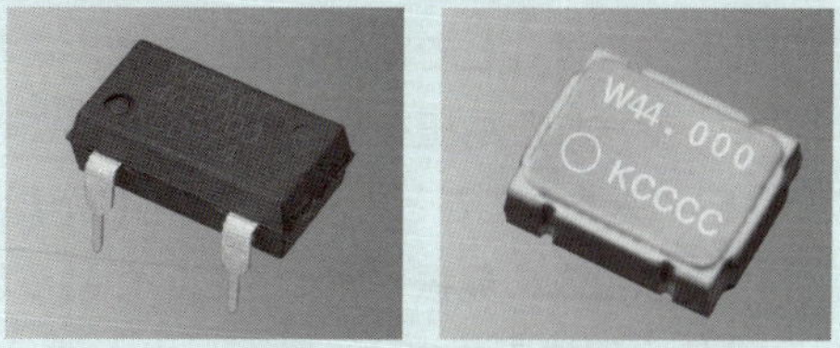

図4-8-9 ◆水晶発振器

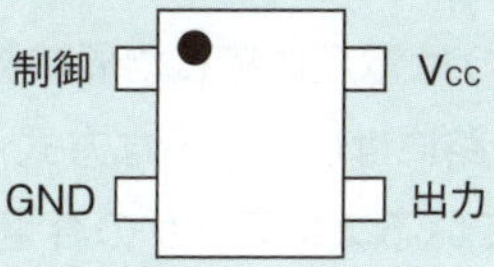

図4-8-10 ◆水晶発振器の端子

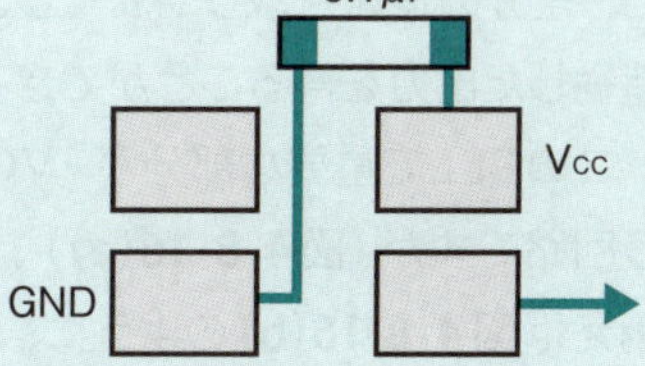

図4-8-11 ◆水晶発振器の配線パターン

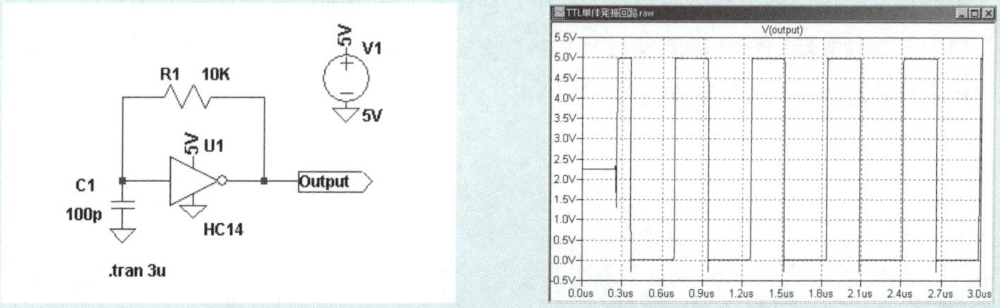

(a)　(b)

図4-8-12 ◆TTLによる簡易発振器

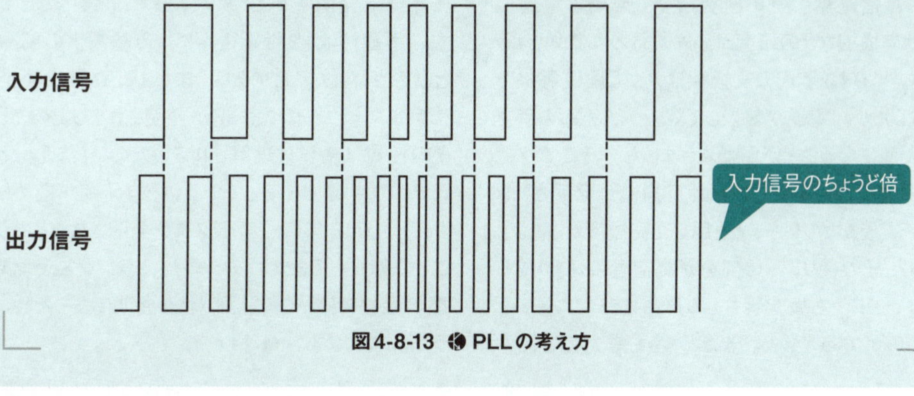

入力信号

出力信号

入力信号のちょうど倍

図4-8-13 ◆PLLの考え方

215

うことから、PLLと呼ばれています。

PLLの基本的な構造は図4-8-14のようになっています。最初に入力信号を位相検出器に入れます。この位相検出器は2つの入力信号の差分を取ります。この差分を、フィルタを通すことで電圧に直します。これは差分情報を積分することで得ることができます。得られた電圧をVCO (Voltage Controlled Oscillator：電圧制御発振器)(図4-8-15)に入力することで、電圧に応じた周波数の発振をします。

問題はこの発振が常に正しいかどうかということです。そこで、出力信号を先ほどの位相検出器に入れます。ただし出力信号は非常に高い周波数となっていますので、この信号を分周することで入力信号を同じような周波数にします。同じような周波数にすることで、差分の情報を取りやすくします。これを繰り返すことで、出力信号は常に入力信号に追従した出力を得ることができる、ということになります。

このPLLで重要な部分が、VCOとなります。VCOは電圧に応じた周波数を出す、という回路ですが(図4-8-16(a))、VCOの具体的な回路にはいろいろな方式が存在します。例えば図4-8-16(b)のように、発振子に接続されているコンデンサの容量値を何からの手段で変化させることで、出力周波数を変化させるという考え方があります。このコンデンサの値を変える手段として可変容量ダイオードを使い、発振子の内部コンデンサの容量が変化しているように見せることができます。その他にも発振子の代わりにコイルとコンデンサを用いた共振回路などもありますが、VCOはだいたいコンデンサの容量を変化させるという方法が基本となっています。

Column ⑮ トランジスタの発明

トランジスタはアメリカのベル研究所で発明されました。ベル研究所とはもともとATTというアメリカの電信電話会社の研究所で、当時は電話の自動交換機などの研究が盛んに行われていたようです。1940年代の交換機は人が回線を繋いでいましたが、電話が普及してくるとだんだん人手では大変になることが予想されました。そこで、電気・電子素子を使った自動交換機が発明されますが、最初はリレーなどを用いた交換機だったようです。その後リレーの部分が真空管に替わりましたが、リレーも真空管もその寿命は非常に短いというのが欠点でした。またどちらも電力をたくさん使いますので、電気代も馬鹿にならなかったのでしょう。そこで、寿命が長く、省電力で小さい電子素子を発明することが求められたということです。半導体は19世紀後半には無線電信の部品として使われたことがあり、また1930年代後半にゲルマニウムダイオードが発明されましたので、その性質は多少は理解されていたのでしょう。そこでこの半導体を使っていろいろな研究が進められて、1948年にトランジスタが発明されたということに繋がってきます。つまり、トランジスタは偶然の産物ではなく、計画された発明であったということになります。

4 8 発振回路を理解する

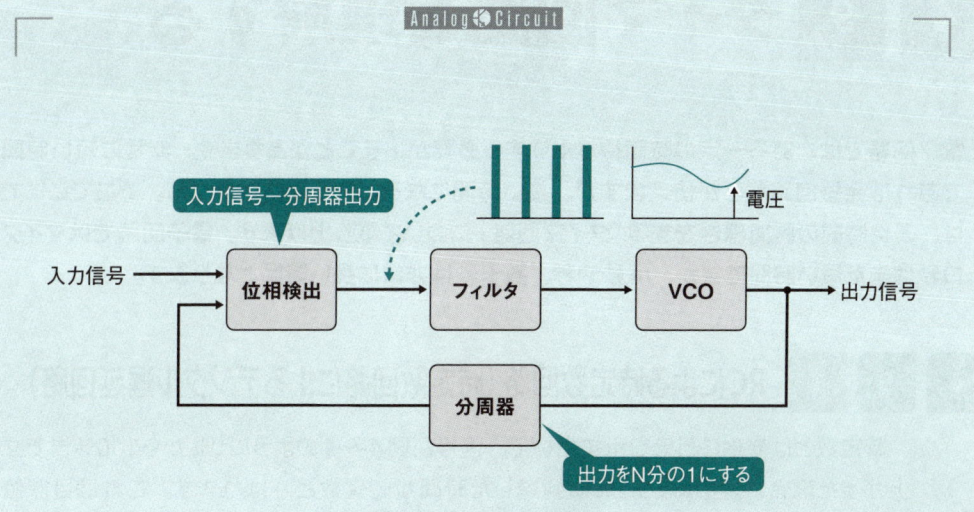

Analog Circuit

図4-8-14 ● PLLの構造

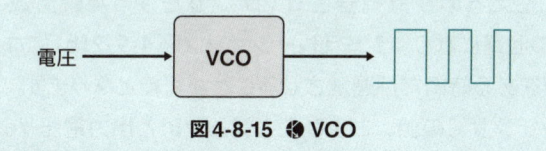

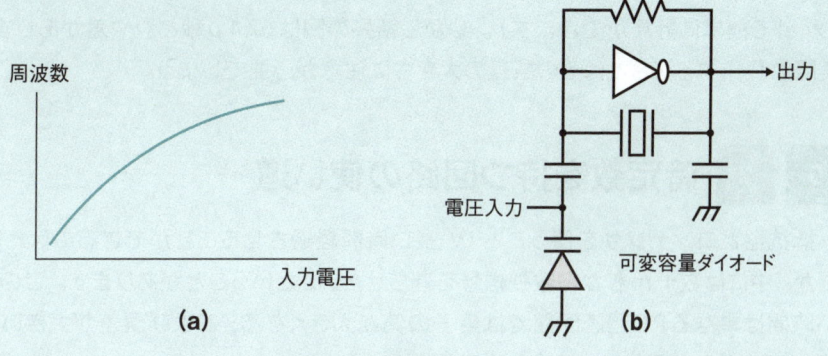

図4-8-15 ● VCO

図4-8-16 ● VCOの原理

4-9 タイマ回路を理解する

電子回路では、ある一定の時間待ったりする必要が出ることがあります。非常に短い時間であれば発振回路などが使えますが、長い時間になるとそうもいきません。そこでここでは、長い時間の時間稼ぎをする「タイマ回路」について取り上げます。電子回路ではマイクロ秒はまだ短い時間ですが、m秒や秒、数十秒は非常に長い時間となります。

4-9-1 RCによる時定数回路（時定数回路によるデジタル遅延回路）

時定数とは変化の目安を示す指標で、信号が図4-9-1のように0%から100%まで立ち上がった場合、途中の63.2%に到達した時間が時定数と呼ばれます。これは目標値の$1-e^{-1}$に相当します。当然ながら時定数が短いほど信号の変化は急になりますが、逆に時定数が長い場合には信号の変化は緩やかになります。例えば、時定数が長い信号を使えば、正確でなくてもよい場合には数十μ秒から数m秒の時間を経過させることができます。このときに使えるのが抵抗器とコンデンサを使った時定数の回路になります。図4-9-2(a)がその回路になり、シミュレーションは図4-9-2(b)になります。この回路を使うことで、信号をある時間だけ遅延させることが可能となります。よって、この回路では抵抗器Rとコンデンサ Cの値、および入力電圧Vinと出力電圧Voutより、どのくらい入力から遅延させられるか、というのを求めることができます。

式は図4-9-2(b)のとおりですが、実際にVinを5V、Voutを2.3V、抵抗値を100KΩ、コンデンサを1000pFとして計算すると、約62μ秒という結果が出てきます（Microsoft Excelで簡単に計算ができます）。しかし結果の図は67.4μ秒とやや差がありますので、実際に製作する場合とはその誤差の大きさに注意が必要でしょう。

4-9-2 時定数を持つ回路の使い道

抵抗器とコンデンサを使うことで、長い時間経過させることができるのはわかりましたが、中には数十m秒から数秒信号を遅らせたい、ということがあります。このような長い時間は単なるRC遅延回路では素子の値が大きくなる、および誤差が大きいため、専用のICを使って信号を作るようにします。

ある時間を経過させるのによく使われるのが、「74LS123」というICです（図4-9-3）。このICはいろいろな使い方ができますが、基本的な使い方は図4-9-4のように入力からTwの時間だけ遅れた波形が出力できることです。このときの回路は図4-9-5のようになり、遅れ時間Twは単なる抵抗値とコンデンサの掛け算になります。1秒間の遅れ時間を

4-9 タイマ回路を理解する

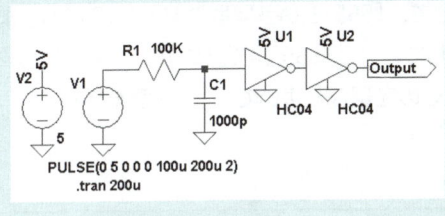

Analog Circuit

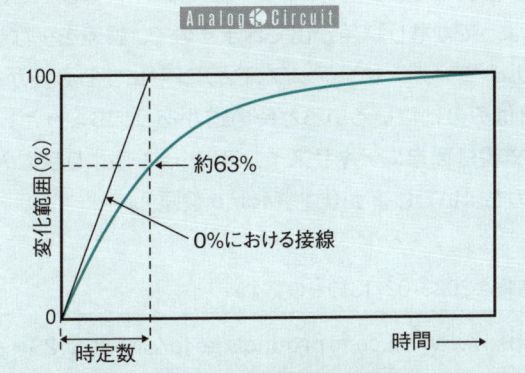

図4-9-1 ◆ 時定数の定義

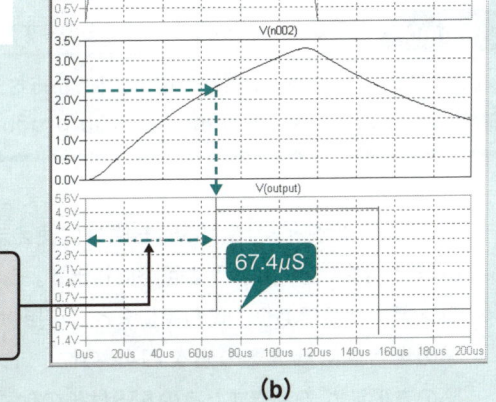

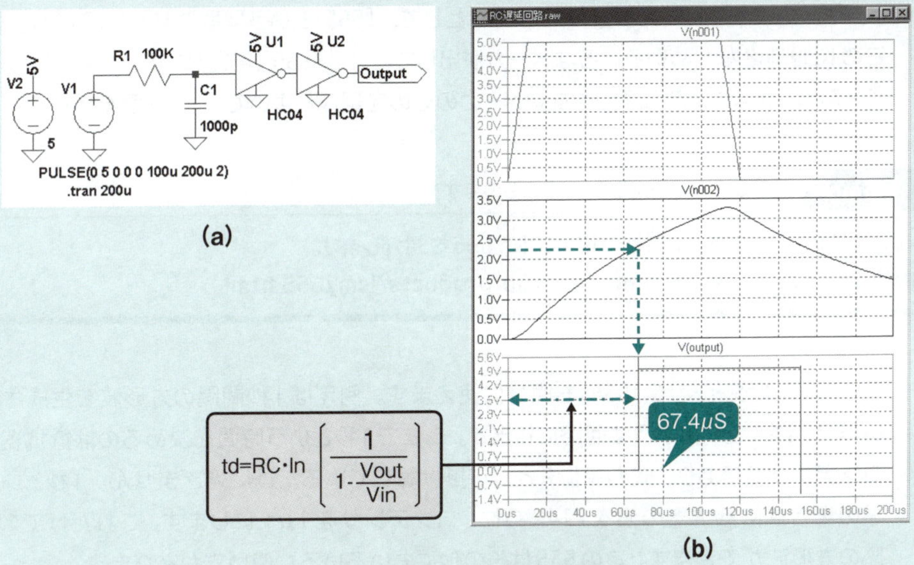

図4-9-2 ◆ RCによる時定数回路

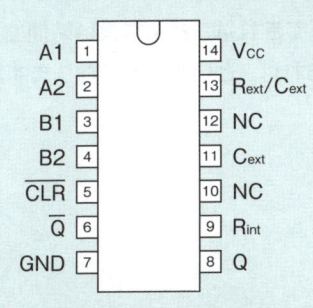

$$td = RC \cdot \ln\left[\frac{1}{1 - \dfrac{V_{out}}{V_{in}}}\right]$$

図4-9-3 ◆ 74LS123

ピン	信号	ピン	信号
1	A1	14	V_{CC}
2	A2	13	R_{ext}/C_{ext}
3	B1	12	NC
4	B2	11	C_{ext}
5	$\overline{CLR}$	10	NC
6	$\overline{Q}$	9	R_{int}
7	GND	8	Q

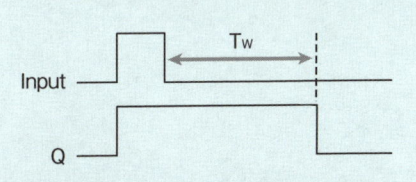

図4-9-4 ◆ 74LS123の基本的な考え方

作るには3MΩの抵抗器と1μFのコンデンサを繋げればよいことになります。しかしコンデンサの値によってかなり誤差が出てきますので、誤差を少なくするためにはコンデンサの種類をフィルムコンデンサやチップコンデンサにする必要があります。

この74LS123はその他にいろいろと使い道があり、ちょっとした発振器のようなものもできます。仕様書は簡単にテキサスインスツルメンツより手に入れることができますので、眺めてみるのもよいでしょう（ Memo 参照）。

> **Memo** （この情報は2023/02/13のものです）
>
> 74LS123仕様書：https://www.ti.com/product/ja-jp/SN74LS123

また、ちょっとした発振器みたいなICとして、「555」という型番のタイマICがあります。このICは有名なためいろいろなメーカが出しており、「555（空白）タイマ」で検索するとたくさん出てきます。手に入りやすいメーカのものを選ぶとよいでしょう（**図4-9-6**）。

> **Memo** （この情報は2023/02/13のものです）
>
> ここではアナログ・デバイセズ社のIC、ICM7555を紹介します。
> ICM7555：https://www.analog.com/jp/products/icm7555.html

さて、このタイマIC「555」も簡単に使えます。例えば1秒間隔の方形波を生成させたい場合、**図4-9-7**のような回路にします。ここで1秒という時間を決めるのは抵抗器Rとコンデンサ C であり、式も単にRとCを掛け算しているだけに過ぎません。1秒という発振の場合には抵抗器の値を714KΩに、コンデンサを1μFにします。これだけで1秒間隔の方形波ができます。この555はその他にもいろいろな使い方があります。

これらのICは、いずれも抵抗器Rとコンデンサ C との組み合わせによる遅延を利用したものです。このようにうまく遅延を使うことができれば、どんな長い時間でも作り出すことができます。ただし、それに見合う部品があれば、ということになりますが。

Analog◆Circuit

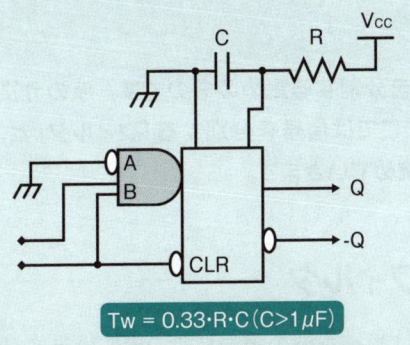

$T_w = 0.33 \cdot R \cdot C (C > 1\mu F)$

図4-9-5 ● 74LS123を用いた回路例

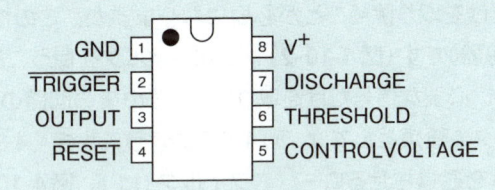

```
GND      1       8  V⁺
TRIGGER  2       7  DISCHARGE
OUTPUT   3       6  THRESHOLD
RESET    4       5  CONTROLVOLTAGE
```

図4-9-6 ● タイマIC 555

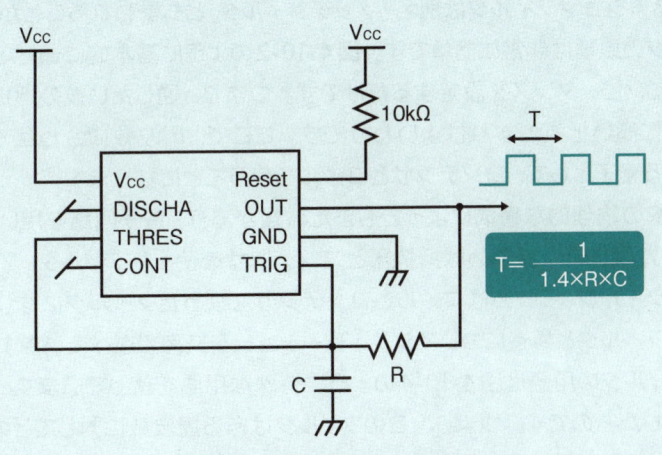

$$T = \frac{1}{1.4 \times R \times C}$$

図4-9-7 ● 555を用いた回路例

4-10 フィルタ回路を理解する

「フィルタ回路」とは、波を分別するためのものです。波の分別は、非常に応用範囲の広いものとなっています。ここでは信号を分別する「フィルタ」と、そのフィルタを応用した「シンセサイザ」について眺めていきます。

4-10-1 波とフィルタ

　複雑な信号も、実は単純な波の集まりでできています（**図4-10-1**）。これはフーリエ級数で表すことができます。なお、フーリエ級数については専門書を参考にしてください。中には本来の信号でない波の成分も含まれていることがあります。その場合、不要な波の成分だけを取り除くことが必要になりますが、この機能を持ったものが**フィルタ（Filter、濾過器）**です（**図4-10-2**）。このフィルタを使うことで、電子回路はいろいろな信号を分別し、必要な信号だけを取り出してその後の回路の入力としています。

　このフィルタの種類としては、図4-9-3のように大きく4つの種類があります。低い周波数の波だけを通過させるローパスフィルタ（LPF、**図4-10-3(a)**）、高い周波数の波だけを通過させるハイパスフィルタ（HPF、**図4-10-3(b)**）、ある特定の周波数だけを通過させるバンドパスフィルタ（BPF、**図4-10-3(c)**）、そしてある特定の波だけを通過させないバンドエリミネーションフィルタ（BEF、**図4-10-3(d)**）になります。ちなみに、バンドエリミネーションフィルタは別名「ノッチフィルタ」とも言われることがあります。

　フィルタの原理は非常に簡単です。**図4-10-2**のように基本的に通したい波の信号に合わせて、インピーダンスを設定するだけです。つまり、通したい波の抵抗は0Ω、それ以外は非常に高い抵抗とすればよいわけです。ここで、周波数に合わせてインピーダンスが変化する素子として、コンデンサとコイルを使うことになります。

　フィルタの物理的な構成によってもまた種類があり、電子回路を用いたものでは大きく3つに分かれます。1つめは抵抗器とコンデンサを使ったフィルタ、2つめは能動素子を使ったフィルタ、3つめはコイルとコンデンサを使ったフィルタになります。以下にそれぞれのフィルタと構造についてシミュレーションを交えて述べていきます。

　なおフィルタの用語は図4-10-4のように特殊な用語を使っています。**図4-10-4(a)**は**利得**を表したものです。つまり、このフィルタはある周波数に対してどのくらい通しにくいか、というのを図で表したものです。利得が小さいほど通しにくくなります。図中にf_cとあるのが**カットオフ周波数（遮断周波数）**といって、LPFの場合にはこの周波数より高い周波数が通りにくくなります。ちなみにHPFの場合には逆になります。このカットオフ周波数に対して普通に通す場合には利得は0dB、つまり1倍の倍率となっています。1倍は

Analog Circuit

複雑な波も簡単な波の集合

$$f_{(x)} = \frac{a_0}{2} + \sum_{n=1}^{\infty}(a_n \cos nx + b_n \sin nx)$$

フーリエ級数

図 4-10-1 ● 波とは

ある波は通す

それぞれ周波数に合わせた抵抗が異なる

フィルタ

インピーダンスの考え方

ある波は通さない

コンデンサとコイルを使う

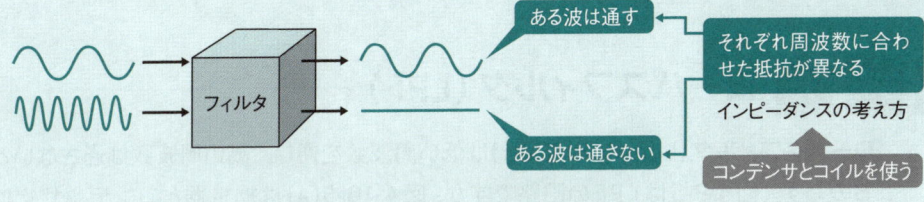

図 4-10-2 ● フィルタの考え方

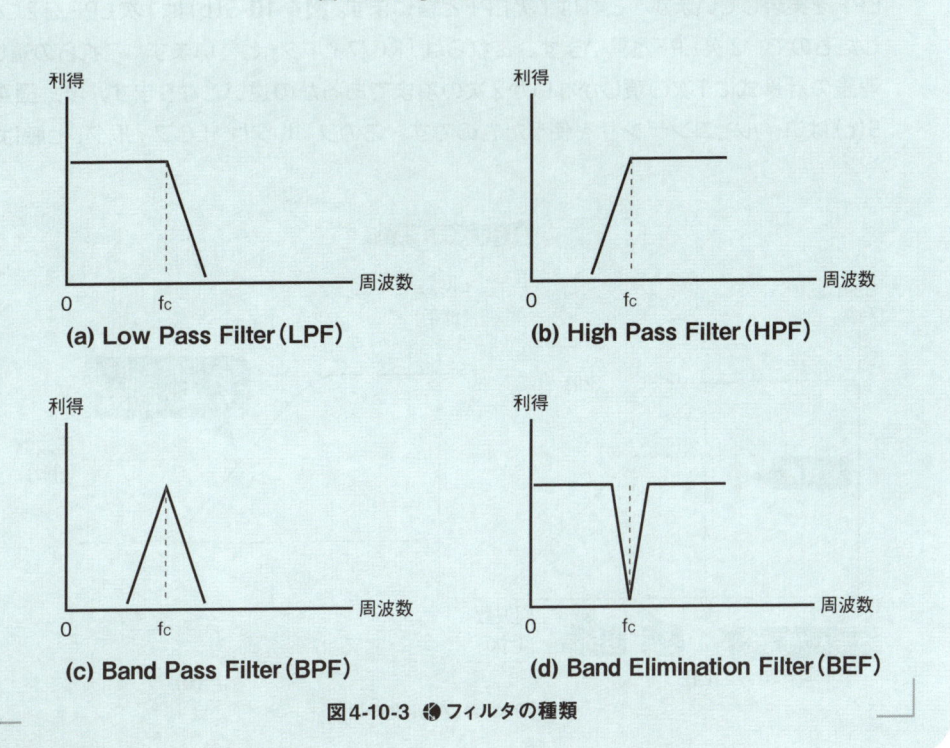

(a) Low Pass Filter (LPF)

(b) High Pass Filter (HPF)

(c) Band Pass Filter (BPF)

(d) Band Elimination Filter (BEF)

図 4-10-3 ● フィルタの種類

何も変化しないということになります。そして− 3dBの部分、つまり30％ほど波が小さくなったところがカットオフ周波数となります。

> 📖 **Memo**
> 利得とは入力と出力の比のことで、dBで表します。

このカットオフ周波数からある一定の**減衰率**で利得が減っていきます。例えば-20dBの減衰率の場合、波の大きさは周波数が10^n倍ごとに10分の1ずつ小さくなっていきます。また**図4-10-4(b)**は位相を表した図です。これは波がずれることを表しています。このずれはフィルタの種類によっても異なりますが、あまりに大きかったりすると後々他の波形とのずれが大きくなりますので、注意が必要となります。

4.10.2 ローパスフィルタ（LPF）

ローパスフィルタ（Low Pass Filter）は低い周波数を通し、高い周波数は通さないというものです。図4-9-5はLPFの回路ですが、**図4-10-5(a)**は抵抗器とコンデンサだけでLPFを実現しています。これは1次LPFと言います。**図4-10-5(b)**は1次LPFを2つ接続したもので、2次LPFと言います。これらは「RCフィルタ」と言います。これらの違いは、理論の計算式に1次の項しかないか2次の項まであるかの違いとなります。また**図4-10-5(c)**はコイルとコンデンサを使ったものです。このフィルタは「LCフィルタ」と呼ばれま

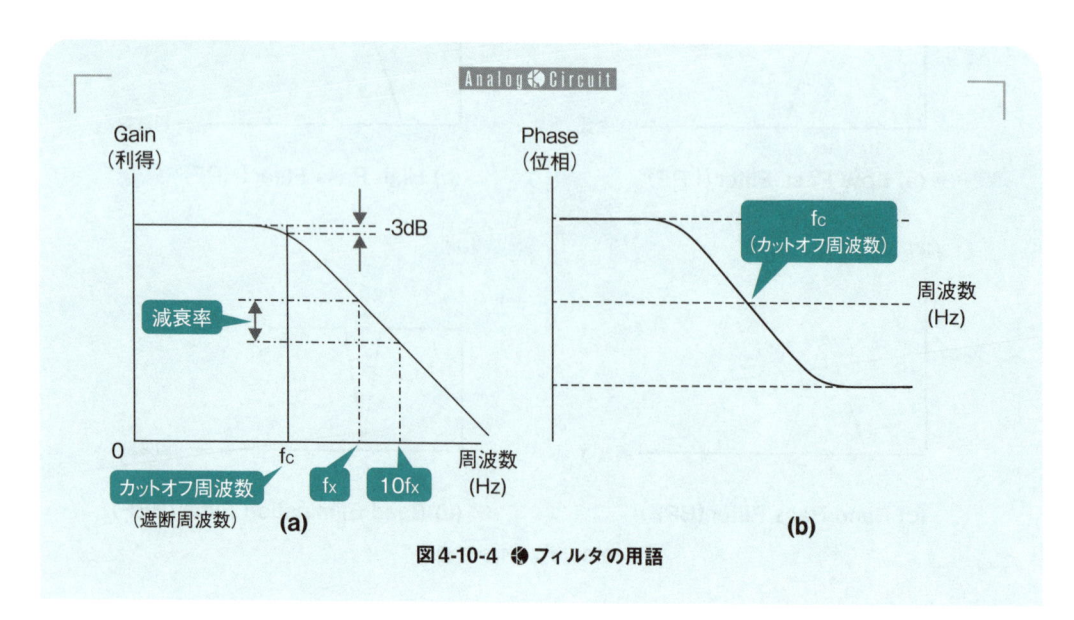

図4-10-4　フィルタの用語

(a) $fc = \dfrac{1}{2\pi RC}$

(b)

(c) $fc = \dfrac{1}{2\pi\sqrt{LC}}$

(d) $fc = \dfrac{1}{2\pi\sqrt{R1R2C1C2}}$

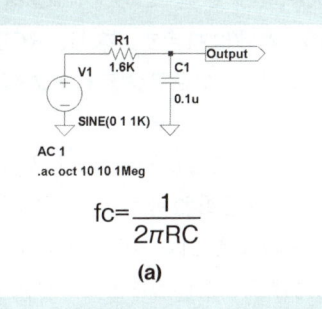

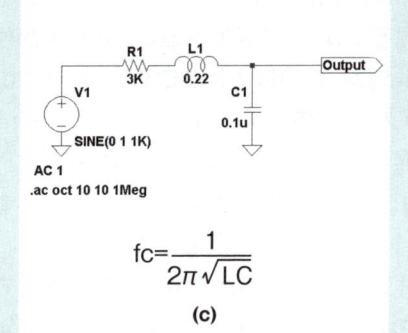

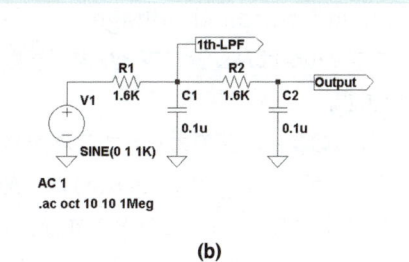

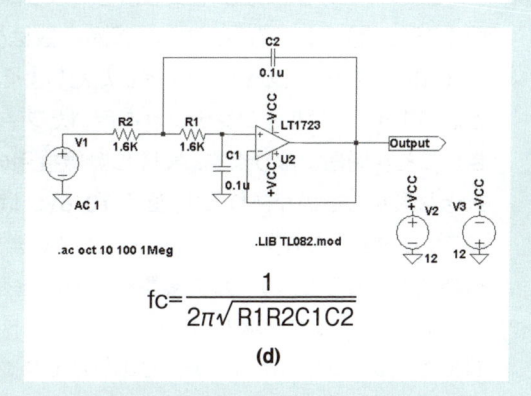

図4-10-5 ◆ LPF

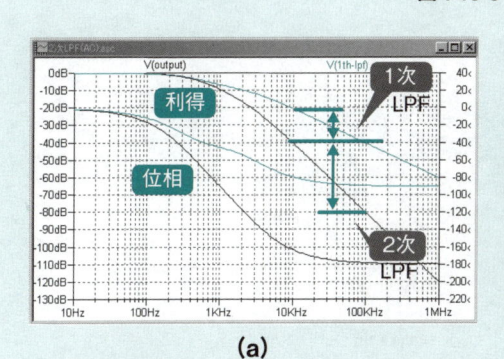

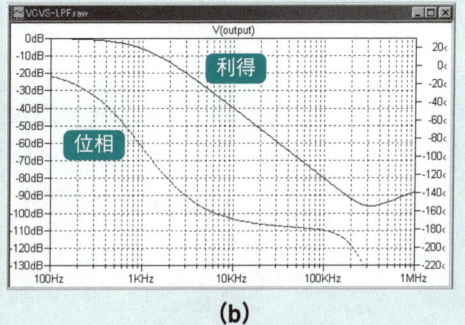

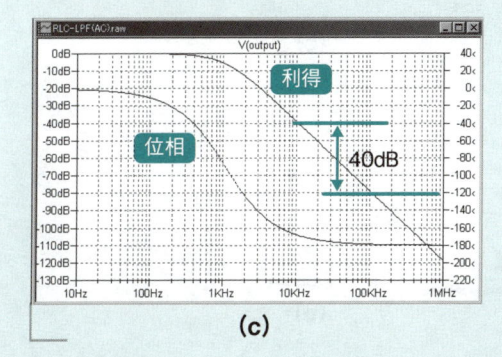

図4-10-6 ◆ 各LPFのシミュレーション結果

す。そして図4-10-5(d)は能動素子を使った2次のフィルタです。このフィルタは「VCVS (Voltage Controlled Voltage Source) 型フィルタ」と呼ばれます。なお、RCフィルタとLCフィルタは**パッシブフィルタ**、能動素子を使ったフィルタを**アクティブフィルタ**とも言います。

　これらのフィルタのカットオフ周波数を1KHzにしてシミュレーションした結果を図4-10-6に示します。**図4-10-6(a)**は1次と2次のフィルタを重ね合わせてあります。1次のフィルタの減衰率は-20dBですが、2次のフィルタの場合には-40dBあります。つまり、2次のフィルタの方が不要な信号を取り除く能力が高いということになります。また**図4-10-6(b)**のLCフィルタも、部品点数は少ないながらも2次のフィルタと同じ性能(-40dB)であることがわかります。ただしよく見るとコイルの値が大きいことに気が付くと思います。コイルとコンデンサを用いたフィルタは、性能はよいのですが、物理的に大きいことが問題になります。実際に無線機用のフィルタの形状は20cm×5cm×5cmと大きな形状のものがあります。**図4-10-6(c)**は能動素子を使ったフィルタの結果です。このフィルタも2次のフィルタを基本としています。このフィルタの場合、能動素子に増幅機能を持たせると、フィルタ機能と増幅機能を1つの回路で行うことができます。

　なお、1次および2次のLPFの場合のカットオフ周波数は、図4-10-5(a)にある式で計算できます。コイルとコンデンサのフィルタについては、図4-10-5(c)にある式で計算できます。

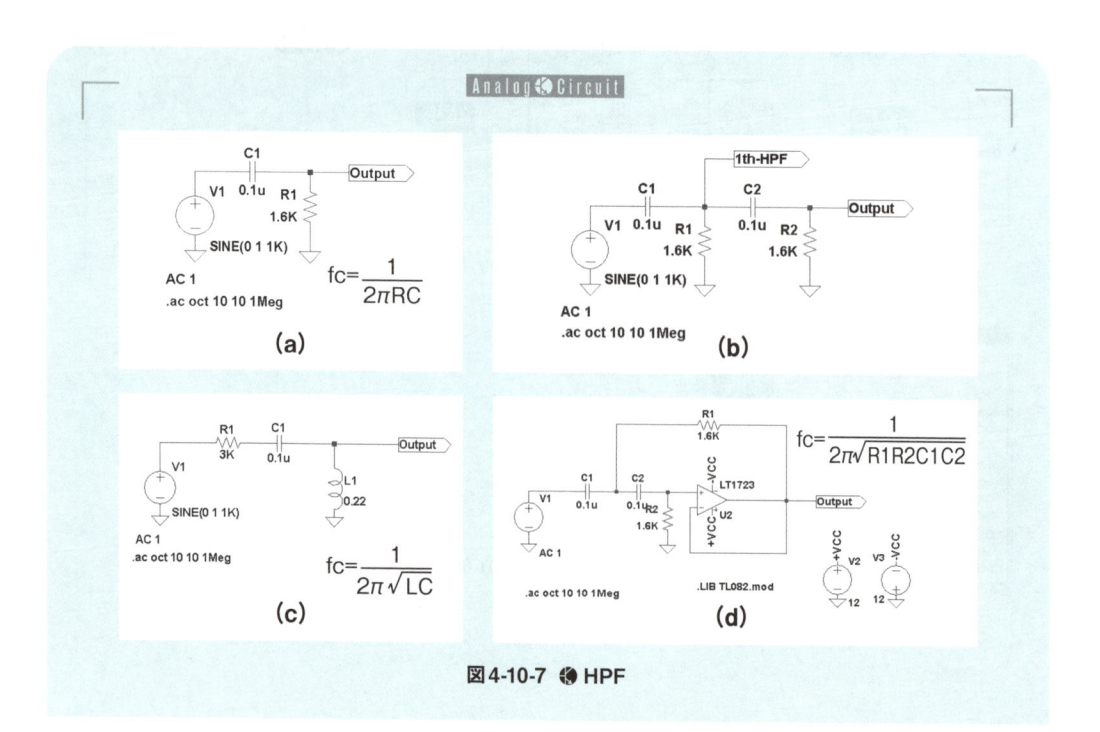

図4-10-7 ● HPF

4-10 フィルタ回路を理解する

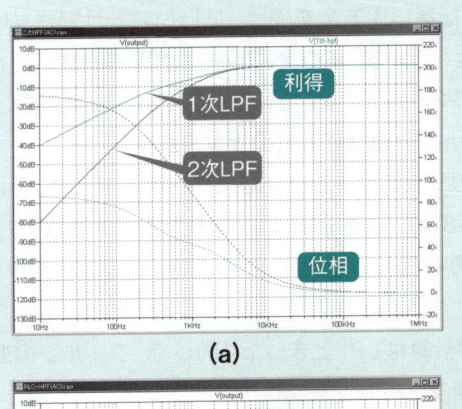

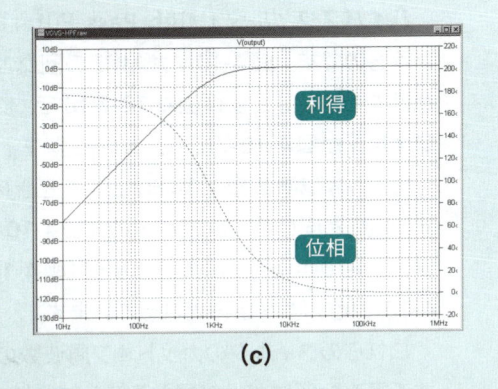

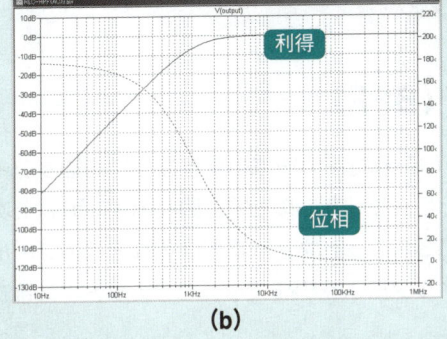

(a) 1次LPF / 2次LPF 利得・位相

(b) 利得・位相

(c) 利得・位相

図 4-10-8 ● 各 HPF のシミュレーション結果

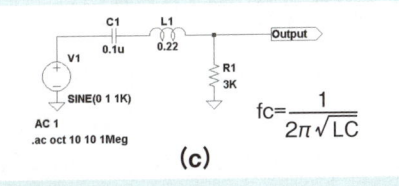

(a) C1 0.1u, R1 1.6K, R2 1.6K, C2 0.01u

(b) C1 0.1u, R1 1.6K, C3 0.1u, R3 1.6K, R2 1.6K, C2 0.01u, R4 1.6K, C4 0.01u

(c) C1 0.1u, L1 0.22, R1 3K

$$fc = \frac{1}{2\pi\sqrt{LC}}$$

図 4-10-9 ● BPF

4-10-3 ハイパスフィルタ（HPF）

ハイパスフィルタ（High Pass Filter）は高い周波数を通し、低い周波数は通さないというものです。図4-10-7がHPFの回路となります。RCフィルタでHPFを構成したものが**図4-10-7(a)**および**図4-10-7(b)**で、LPFと同様1次と2次の2つがあります。またLCフィルタが**図4-10-7(c)**で、VCVS型フィルタが**図4-10-7(d)**となります。

カットオフ周波数を1KHzとしたときのシミュレーション結果を、図4-10-8に示します。LPFと同じく1次のフィルタ（**図4-10-8(a)**）の減衰率は-20dBですが、2次のフィルタ（図4-10-8(a)）やLCフィルタ（**図4-10-8(b)**）、そしてVCVS型によるフィルタ（**図4-10-8(c)**）は-40dBとなっています。

これらのフィルタのカットオフ周波数の計算はLPFとまったく同じで、フィルタの遮断する周波数領域だけが異なることになります。

4-10-4 バンドパスフィルタ（BPF）

バンドパスフィルタ（Band Pass Filter）はある特定の領域の周波数だけを通すフィルタです。**図4-10-9(a)**は1次のLPFとHPFを合わせたものです。**図4-10-9(b)**は2次のLPFとHPFを重ね合わせたものです。これらのカットオフ周波数はそれぞれのフィルタの計算と同じです。**図4-10-9(c)**はLCフィルタによるBPFです。このカットオフ周波数もLPFやHPFと同様に計算ができます。

カットオフ周波数を1KHzとしたときのシミュレーション結果を、図4-10-10に示します。1次のLPFとHPFを合わせたフィルタは、カットオフ周波数がややずれています（**図4-10-10(a)**）。これは2つのフィルタを重ね合わせたことが原因となります。また2次のLPFとHPFを合わせたフィルタの結果が**図4-10-10(b)**になります。1次の場合と同じく、カットオフ周波数がずれています。さて**図4-10-10(c)**のLCフィルタの場合、設計どおりにカットオフ周波数が1KHzになっていることがわかります。また部品点数もRCの場合に比べ少ないのですが、コイルの値は大きいので、物理的には大きなものとなってしまいます。

4-10-5 バンドエリミネーションフィルタ（BEF）

バンドエリミネーションフィルタ（Band Elimination Filter）は別名「ノッチフィルタ」（notch filter）という言い方もします。このフィルタはある特定の周波数のみ遮断する、という目的に使います。なお、この周波数を「リジェクト中心周波数」と言います。バンドエリミネーションフィルタの場合も1次や2次のRCフィルタで構成することも可能ですが、あまりよい特性が出てきません。そこで、**図4-10-11(a)**のようなLCフィルタや今までのRCフィルタの構造とは違ったRCフィルタがあり、**図4-10-11(b)**がその回路図になります。この回路では、リジェクト中心周波数は図にある式を満足するように各素子の値を選ぶ必要があります（**Memo**参照）。

4 10 フィルタ回路を理解する

(a)

(b)

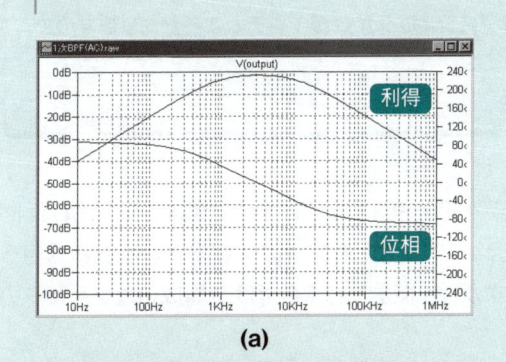

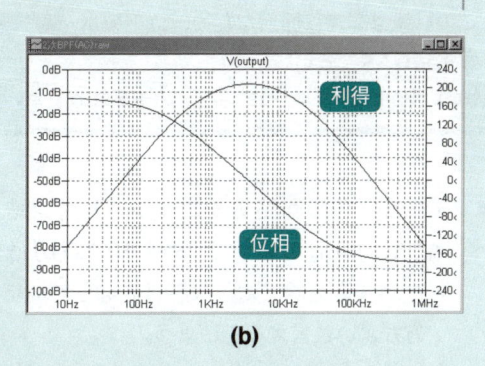

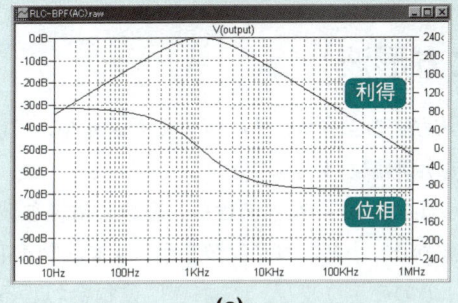

(c)

図4-10-10 ● 各BPFのシミュレーション結果

$$fc = \frac{1}{2\pi\sqrt{LC}}$$

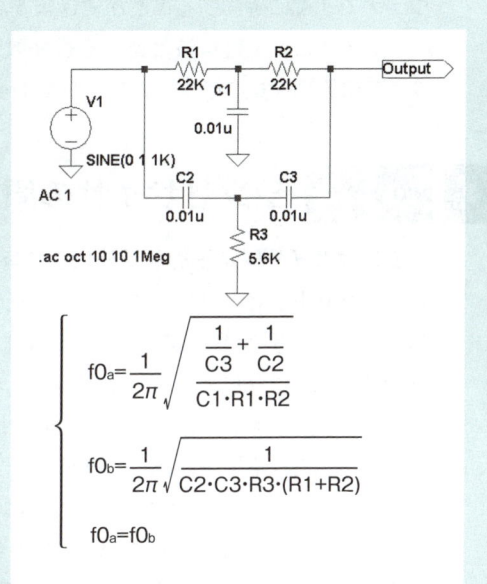

$$\begin{cases} f0_a = \frac{1}{2\pi}\sqrt{\dfrac{\dfrac{1}{C3} + \dfrac{1}{C2}}{C1 \cdot R1 \cdot R2}} \\ \\ f0_b = \frac{1}{2\pi}\sqrt{\dfrac{1}{C2 \cdot C3 \cdot R3 \cdot (R1+R2)}} \\ \\ f0_a = f0_b \end{cases}$$

図4-10-11 ● BEF

> **Memo**
> この計算は非常に面倒なため、以下のホームページにフィルタが計算できるところがありますので、参考にしてください。
> http://sim.okawa-denshi.jp/Fkeisan.htm

これらの回路のシミュレーション結果を図4-9-12に示します。**図4-10-12(a)** は図4-10-11(a)の結果で、**図4-10-12(b)** は図4-10-11(b)の結果になります。どちらも狙った周波数を除くような感じになっていますが、性能的にはRCだけで構成したフィルタの方がよいと言えるでしょう。

4-10-6 波の種類（三角波と方形波）

波には通常サイン波と呼ばれるきれいな波がありますが、それ以外にも**図4-10-13(a)** のようなのこぎり波、**図4-10-13(b)** のような矩形波があります。

これらの波は、実は複数の単純な波を合成しただけに過ぎません。複数の単純な波というのは**図4-10-14**のような大きなサイン波から、小さなサイン波を示します。図4-10-14の波を全部重ね合わせると図4-9-13(a)ののこぎり波が、1つおきに重ね合わせると図4-10-13(b)の矩形波ができます。これらはMicrosoft Excelのような表計算ソフトウェアですぐに確認することができます。

このように、複雑な波と言っても複数の単純なサイン波だけで構成することができます。この原理を見つけた人がフーリエ（Jean B. J. Fourier）です。

4-10-7 シンセサイザの原理

シンセサイザは電子的な手法により音を合成する機器で、英語でsynthesizerと書きます。synthesisとは日本語で合成、統合という意味があります。つまり、シンセサイザは色々な波（音）を合成する、という意味が込められています。波を合成すると複雑な波ができることは先に述べました。

ここで複雑な波は、逆に考えると非常にたくさんの波が重なっているということになります。そこで、発想を逆転してみます。つまり、のこぎり波から不要な波をとれば、違う波ができるのではないかということです。例えば、のこぎり波から偶数の係数の波をとれば、矩形波ができるのではないかという考えができます。この波を取り除く操作をフィルタを使うことで実現できます。そこで、**図4-10-15**のように偶数の波を取るフィルタを作ることができれば、そこから矩形波ができるというわけです。専門用語ではこれを「減算

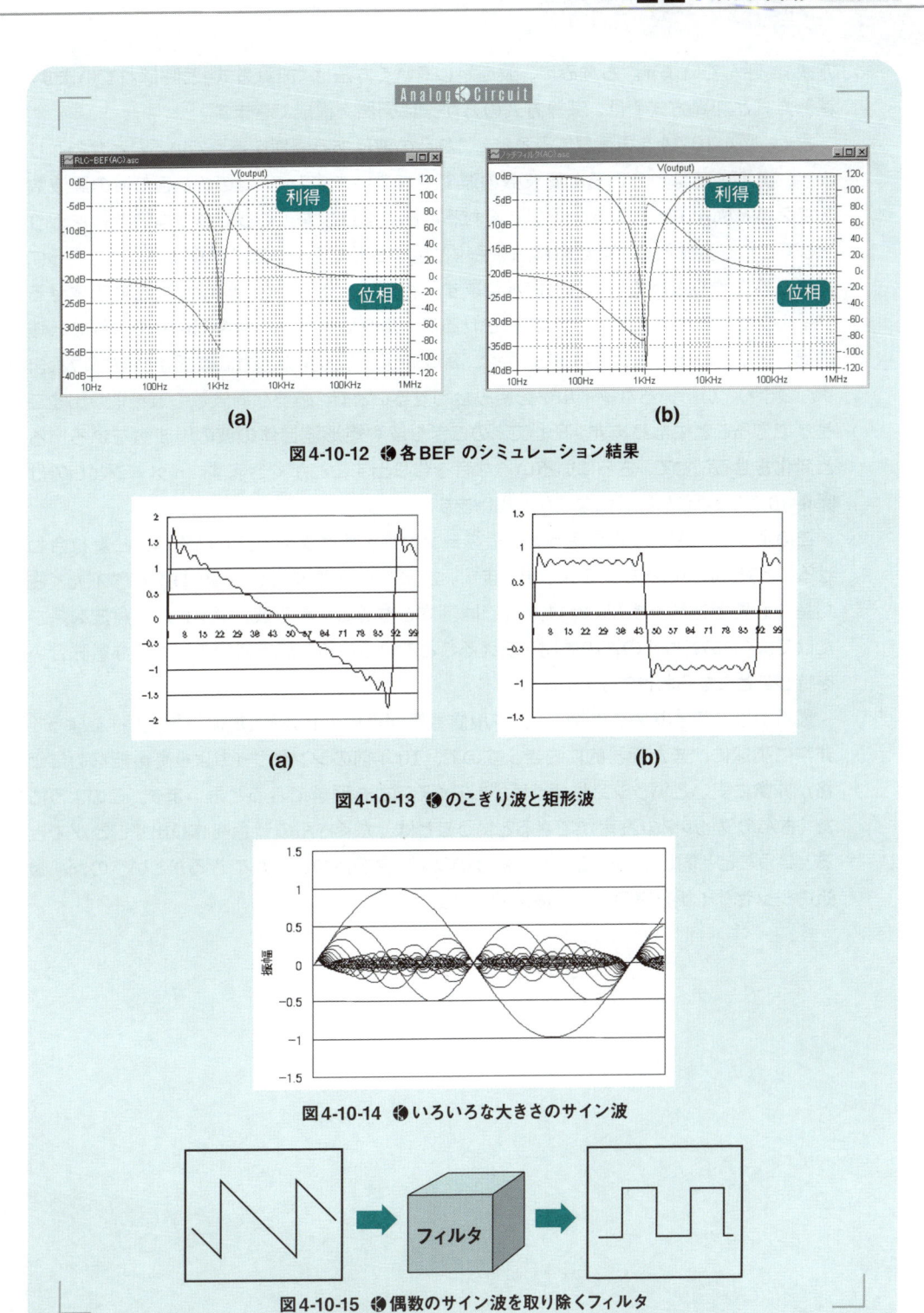

図4-10-12 ❄各BEFのシミュレーション結果

図4-10-13 ❄のこぎり波と矩形波

図4-10-14 ❄いろいろな大きさのサイン波

図4-10-15 ❄偶数のサイン波を取り除くフィルタ

方式」と呼んでいます。ちなみに、波を足していく方法は「加算方式」と呼ばれています。減算方式と加算方式では、減算方式の方が楽に回路を構成できます。

　さて、図4-10-14を再度見てみると、これらの波はある周期を持っていることがわかります。実際の音はいろいろな周波数の波でできていますので、こののこぎり波の周波数を変えると図4-10-14の波の周期も変わることになります。そして必要な波だけを取り出してこれを音源とし、複数の音源を色々と重ね合わせる、つまり加算することでさらに複雑な音を作り上げていくことになります。例えば、ある波を、低域だけを通過させるフィルタに、または高域だけを通過させるフィルタに通すと、**図4-10-16**のように低域通過フィルタの出力は大きな波が現れ、高域通過フィルタの出力には細かい波が現れます。つまり、いろいろなフィルタを組み合わせることで、必要な周波数の波を取り出すことができることになります。そして、のこぎり波や矩形波自体の波の周波数をいろいろと変化させることで、さらにいろいろな音を作り出すことができます。イメージとしては**図4-10-17**のような感じになるかと思います。

　このように、減算方式を使った最近のシンセサイザはフィルタをいろいろと重ね合わせることで、いろいろな音を作り出します。加算方式は基本となるsin関数の波をたくさん持つ必要がありますが、減算方式では基本となるのこぎり波、矩形波、三角波を持つだけでよく、あとはその波の周期を変えることでいろいろな波を持つのと同様な意味合いを持つことになるわけです。

　最近では、フィルタの計算はデジタル信号処理専用のLSI（大規模集積回路）によって非常に高速に、また簡易的にできますので、10年前のシンセサイザより高機能なのに価格が非常に安いというシンセサイザが出てくることも理解できると思います。このようにたくさんのフィルタの設定ができるということは、たくさんの音色を作り出すことができるということと同じですので、どれだけのフィルタを持つことができるかというのが、最近のシンセサイザを選ぶ1つの指標でしょう。

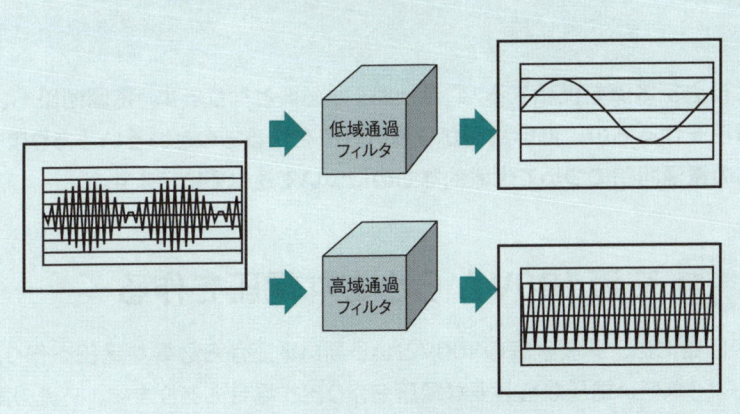

図4-10-16 ● LPF と HPF の効果

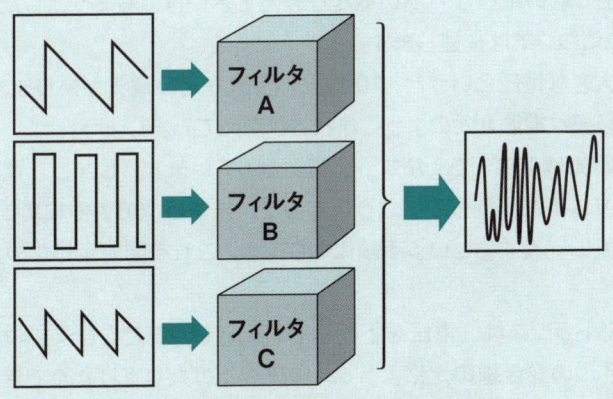

図4-10-17 ● いろいろなフィルタの組み合わせ

Analog Circuit

4-11 電源回路を理解する

> 電子回路には必ず電流を供給する「電源回路」が必要となります。電源回路も、高い電圧から低い電圧を作るもの、低い電圧から高い電圧を作るものといろいろあります。ここでは、これらの電源回路について代表的なものについて述べていきます。

4-11-1 交流100Vから小さな電圧を作る

電源回路には、一般家庭の100Vという高い電圧から必要な電圧を作り出す場合や、電池のような低い電圧から必要な電圧を作り出す場合もあります。交流の高い電圧から直流の低い電圧を作る電源回路は、だいたい**図4-11-1**のような感じになっています。まず大きな交流の電圧から直流の小さな電圧を作り、その後さらに小さな電圧へ変換していきます。逆に低い電圧から高い電圧を作るときには、ちょっとした工夫が必要となりますが、これについては後述します。

一般的に大きな電圧というと、100Vという家庭用の電気があります。この100Vから電子回路に必要な電源がどのように作れるか考えてみましょう。

家庭用の電気は100Vで、かつ、交流となっています。しかし、電子回路で使う電源は直流の12V以下というものになりますので、まずは100Vを12Vに電圧を下げ、その後交流を直流に変換するという手順になります。これを図で示したのが**図4-11-2**になります。

最初にあるトランスは、電圧を下げる（降圧）ということをします。トランスは左のコイルと右のコイルの巻き線の比によって、電圧を上げたり下げたりできます。図4-11-2の場合、左のコイルの巻数に対して右のコイルの巻数の方が少なくなります（図3-4-15参照）。また巻き線の太さによって流れる電流が決まりますので、トランスには定格電流が記載されています。余裕をみて、使う電流のだいたい1.5倍くらいの定格電流のものを選ぶとよいでしょう（**図4-11-3**）。

トランスの後は交流を直流にする整流回路になります。整流回路はだいたいダイオードを4つ使ったタイプのものがほとんどです。**図4-11-4**がその回路ですが、交流を通すと図のようにちょうど折り返したような波形ができます。これを「全波整流」と言います。整流によって−側にあった波がすべて+側に来ます。あとはこれをうまく直線にします。

全波整流された波形は、まだこのままでは直流として使えません。そこでコンデンサを入れることで全波整流された波形を「平滑化」します。ではコンデンサの値はいくつくらいがよいのでしょうか？まずは100μF程度のコンデンサを入れて、シミュレーションします。

4-11 電源回路を理解する

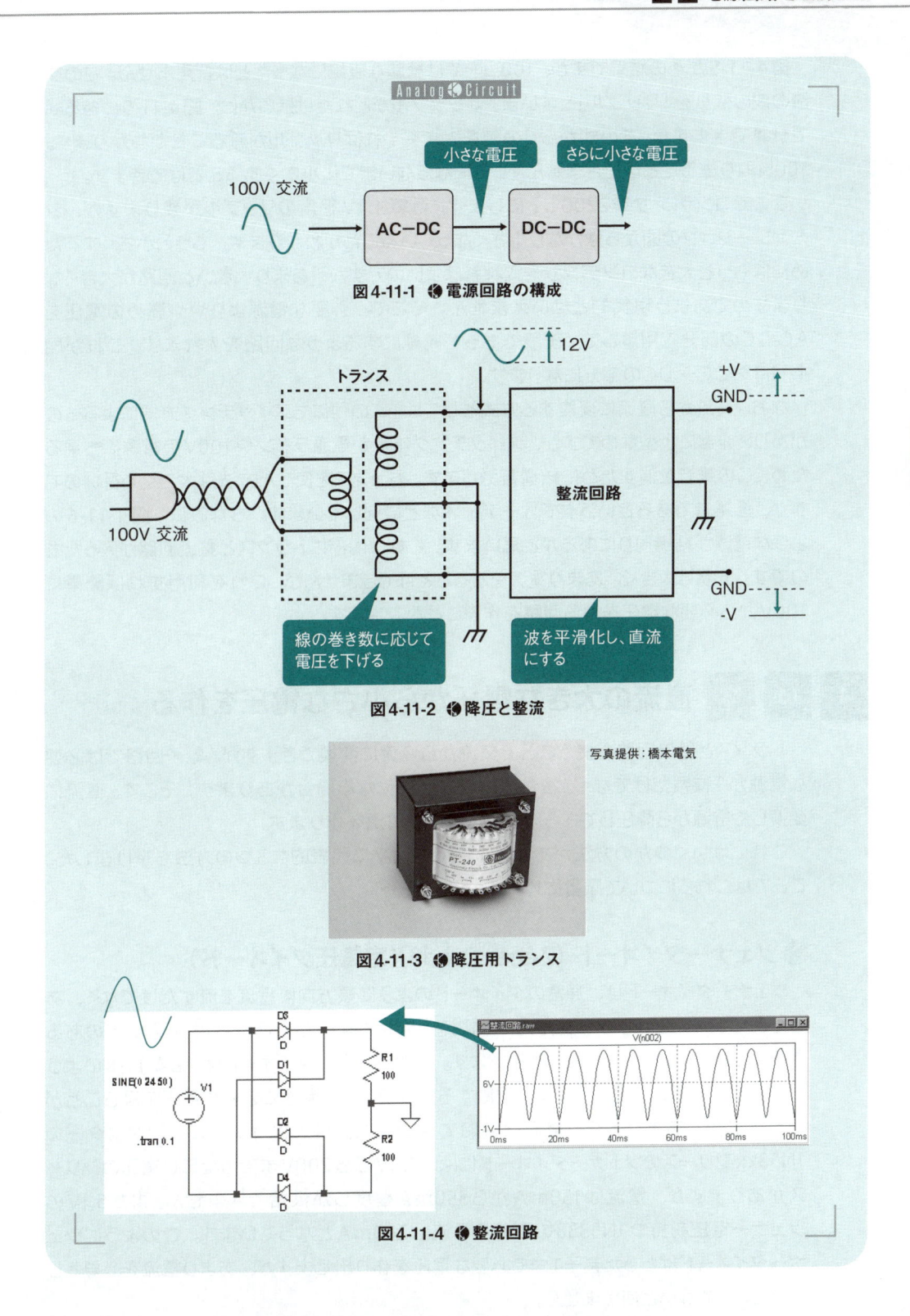

Analog Circuit

100V 交流 → AC−DC → 小さな電圧 → DC−DC → さらに小さな電圧

図4-11-1 ◆ 電源回路の構成

トランス / 12V / +V / GND / 整流回路 / GND / −V

100V 交流

線の巻き数に応じて電圧を下げる

波を平滑化し、直流にする

図4-11-2 ◆ 降圧と整流

写真提供：橋本電気

図4-11-3 ◆ 降圧用トランス

図4-11-4 ◆ 整流回路

図4-11-5がその結果ですが、100μFでは綺麗な直線になったとは言えません。この交流の波の残りを「リップル」と言います。リップルがどれだけ残るかは、図4-11-5にある式で計算できますが、この式からCの値を大きくすればリップルが減ることがわかります。100%取り去ることはできませんが、気にならないまでに小さくすることはできます。

ここでコンデンサを2200μFにします。計算上1V程度のリップルが残りますが、シミュレーションの図からはかなり小さくなっていることがわかります。もっと小さくするためにはもっと大きなコンデンサを入れればよいのですが、あまり大きいと回路が大きくなりますのであまり現実的とはいえません。そこで、必要な電源よりやや高めの電圧をAC-DCの部分で用意して、後段でもっと綺麗にするような回路を入れます。これが図4-11-1のDC－DCの部分になります。

なお、交流から直流に変換する方式としては、この他にもスイッチング方式によるものがあり、非常に小型なのですが、スイッチング雑音が電源ラインや100Vの電源にも乗るため、この雑音を消すために結構苦労します。トランスを使った方法は大きくて重いのですが、低雑音であるという点でオーディオなどに向いています。ちなみに、**図4-11-6**のような電源が結構周りにあるかと思います。これは内部にトランスと整流回路が入ったものです。形状は大きく、あまり電流をとることはできませんが、これを利用すれば簡単に100Vから必要な電圧を得る回路を作ることができます。

4-11-2 直流の大きな電圧から小さな電圧を作る

トランスと整流回路を使うことで交流から直流に変換できますが、電子回路では必要な電源が1種類だけでなく、複数の電源が必要になる場合があります。そこで、直流に変換した電源から降圧してさらに必要な電圧の電源を作ります。

これにはいくつかの方法があります。**図4-11-7**に代表的な3つの方法を挙げました。ここではこれらについて順番に述べていきます。

▶ ツェナーダイオード (Zener Diode)(定電圧ダイオード)

ツェナーダイオードは、通常のダイオードのように順方向に電流を流すだけでなく、ある電圧を超えたところから逆方向にも電流を流せる素子です (3-5-5項参照)。このある電圧のことを「ツェナー電圧」と言います。このツェナーダイオードは、**図4-11-8**のように必要とする部分の電源ラインに配置するだけでよく、手軽に必要な電圧を得ることができますが、あまり多くの電流は供給できません。例えばオンセミコンダクターの1N53xxシリーズのツェナーダイオードには、3.3Vから200Vまでの幅広い電圧のシリーズがありますが、電流は150mAから350mA程度しか供給できません。また5.1Vのツェナー電圧を持つ1N5338の流せる電流は240mAとなっています。このようにツェナーダイオードはたった素子1つで必要な電圧を作り出せますが、あまり電流を必要としないところでないと使えません。

4 11 電源回路を理解する

Analog Circuit

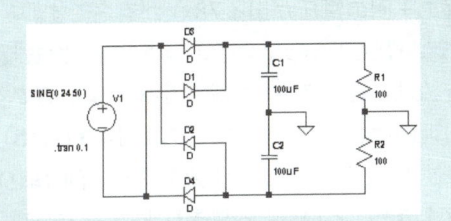

リップル電圧 = $\dfrac{Vin}{f \cdot C \cdot 負荷抵抗}$

Cの値を大きくするとリップル電圧が減る

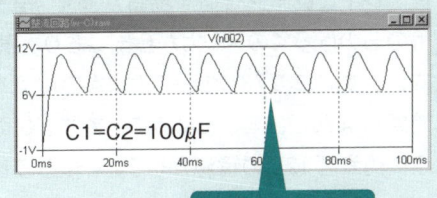

C1=C2=100μF → リップル電圧大きい

C1=C2=2200μF → リップル電圧小さい

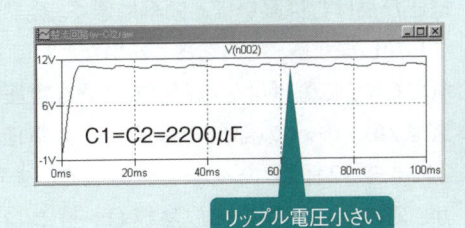

図4-11-5 ● 平滑化とリップル

図4-11-6 ● トランスを用いた電源回路例

降圧型 DC−DC
- ツェナーダイオード
  手軽だが、電流が取れない
- リニア・レギュレータ
  手軽だが、効率が悪く、発熱が多い
- スイッチング・レギュレータ（DC−DCコンバータ）
  効率もよく、発熱もないが、回路がやや複雑

図4-11-7 ● 降圧型電源回路の種類

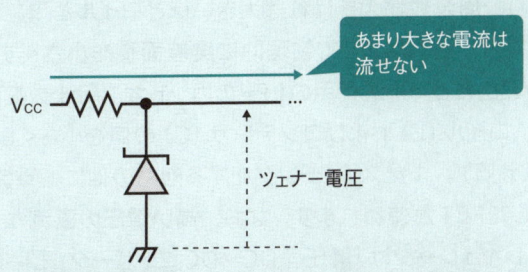

あまり大きな電流は流せない

ツェナー電圧

図4-11-8 ● ツェナーダイオードを使った電源回路

237

リニア・レギュレータ

リニア・レギュレータ (Regulator) は、主に図4-11-9(a)のような3本の足が付いた3端子レギュレータを指す場合が多く、型番も＋側の電圧が出る78xxが有名です。この型番のものは多くのメーカから出ており、東芝、NECといった大手の半導体メーカも製造しています。この78シリーズは1Aの電流を流すことができ、非常に手軽でよいのですが、問題点は熱が出る、ということです。この理由として、レギュレータは図4-11-9(b)のように例えば12Vの電源から5Vを作ろうとすると、5Vより上の不要な電圧を削り取り、削り取られた部分はすべて熱として逃がしてしまう、ということにあります。つまり、入力電圧が高ければ高いほど効率は悪く、発熱も多くなる、ということになります。

しかしながら、それをさておいたとしても使い方は非常にシンプルで、入力と出力、それにGNDに繋げばそれだけで必要な電圧が出てきます（図4-11-10）。なお、78シリーズは78xxのxxの部分の数値が出力電圧となっており、東芝の78シリーズは5Vから24Vまで12種類がシリーズ化されています。後は熱処理をどうするか考えるだけですが、できれば金属製の放熱板（ヒートシンク）を付けるようにした方がよいでしょう（図4-11-11）。78シリーズにはそのための穴も空いています。

なお、同じようなシリーズに79シリーズというのがあります。これは－の電圧が出力されるというレギュレータです。こちらはあまり見かけませんが、マイナス電圧を使うアナログの電子回路を製作するときに必要な部品の1つとなります。これらを使った回路を図4-11-12に示します。図4-11-12は、＋5Vと－5Vを供給する電源回路になります。

スイッチング・レギュレータ (DC－DCコンバータ)

スイッチング・レギュレータは電源の電流をパルスで区切り、これを平均化（平滑化）することで直流電流を作る、という原理となっています。図4-11-13に模式図を示します。このスイッチングの部分はIC化されていますが、平滑化の部分はスイッチングで使う高い周波数を取り除き、かつ大きな電流を流す必要があるためやや大きめのコイルとコンデンサが使われています（4-10-2項参照）。このスイッチングの周波数によってコイルとコンデンサの値が変わり、周波数が大きければ大きいほどコイルとコンデンサは小さな値のものを使うことができ、それによって物理的に実装面積を小さくすることができます（図4-11-14）。この理由として平滑化用のLPFのカットオフ周波数を高い周波数側に移すことができるため、コイル（L）およびコンデンサ（C）の値を小さくしても問題がないためです（図4-10-5(c)参照）。またスイッチングをする回路の他に、電流を流したり止めたりするための素子としてFETが使われます。なお、高い電圧の直流から低い電圧を生成させるスイッチング・レギュレータは「降圧型DC－DCコンバータ」と呼ばれています。

さてDC－DCコンバータ用のICも多くのメーカからたくさんの種類が出ています。リニアテクノロジー、テキサスインスツルメンツ、マキシムなどが有名なメーカになります。

Analog●Circuit

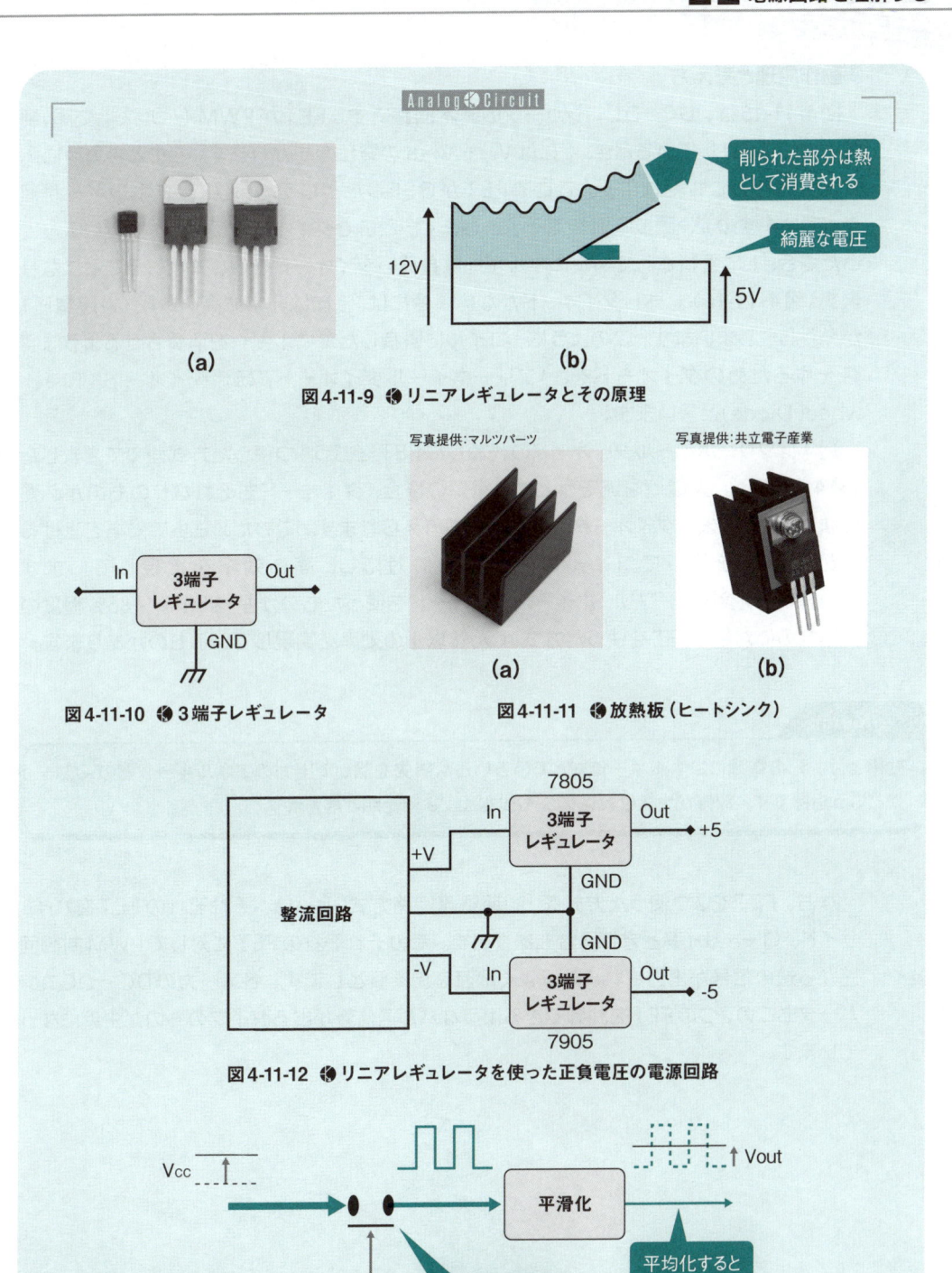

(a) (b)

図4-11-9 ● リニアレギュレータとその原理

写真提供：マルツパーツ　　写真提供：共立電子産業

(a) (b)

図4-11-10 ● 3端子レギュレータ　　図4-11-11 ● 放熱板（ヒートシンク）

図4-11-12 ● リニアレギュレータを使った正負電圧の電源回路

図4-11-13 ● DC－DCコンバータの模式図

●動作原理と考え方

　図4-11-15は、DC-DCコンバータの基本回路です。FETがPWM（パルス幅変調）制御によってONしているとき、Lには$V_{CC}-V_{out}$の電圧が掛かります。このとき負荷に応じた電流がLにも流れます。ここでFETがOFFしたとしても、Lにはエネルギーが溜まっていますので、同じ電流を流そうとします。ここでダイオードが負荷と並行に入っていた場合、Lに蓄積されていたエネルギーは負荷→ダイオードを通じて流れることになります（図4-11-16）。もしダイオードがない場合には、Lには非常に高い電圧（逆起電圧）が発生してしまいます。このように、コイルに蓄積したエネルギーを消費させるような回路を作るためのダイオードを、「フリーホイールダイオード」（転流ダイオード：Free-wheel Diode）と言います。

　近年はフリーホイールダイオードの代わりにFETをもう1つ使った方式がでてきました（図4-11-17）。大電流を流そうとする電源の場合、ダイオードもそれなりのものが必要になりますし、またダイオードによる損失も考えられます。このためさらに効率を上げるためにFETを使ってコイルの逆起電力に対応し、高い効率を実現しています（ Memo 参照）。フリーホイールダイオードを使ったものが平均80％～85％程度の効率なのに対し、FETを使った方式は90％以上の効率を実現しているものがあります。

> **Memo**
> 効率とは、元の電源のエネルギーに対していろいろな損失を除いて出力のエネルギーがどのくらいかという指標です。数値が大きければ損失も少なく、よい電源と言えます。

　なお、FETを2つ使った方式を「同期整流回路方式」といい、それぞれのFETをハイ・サイド、ロー・サイドと言う場合もあります。このそれぞれのFETに対してPWM制御回路から逆の信号が出力され、効率よく電流を流そうとします。各メーカのDC-DCコンバータもこの2つのFETを制御できるようなパルス信号が出るタイプのものが主流になっています。

Analog Circuit

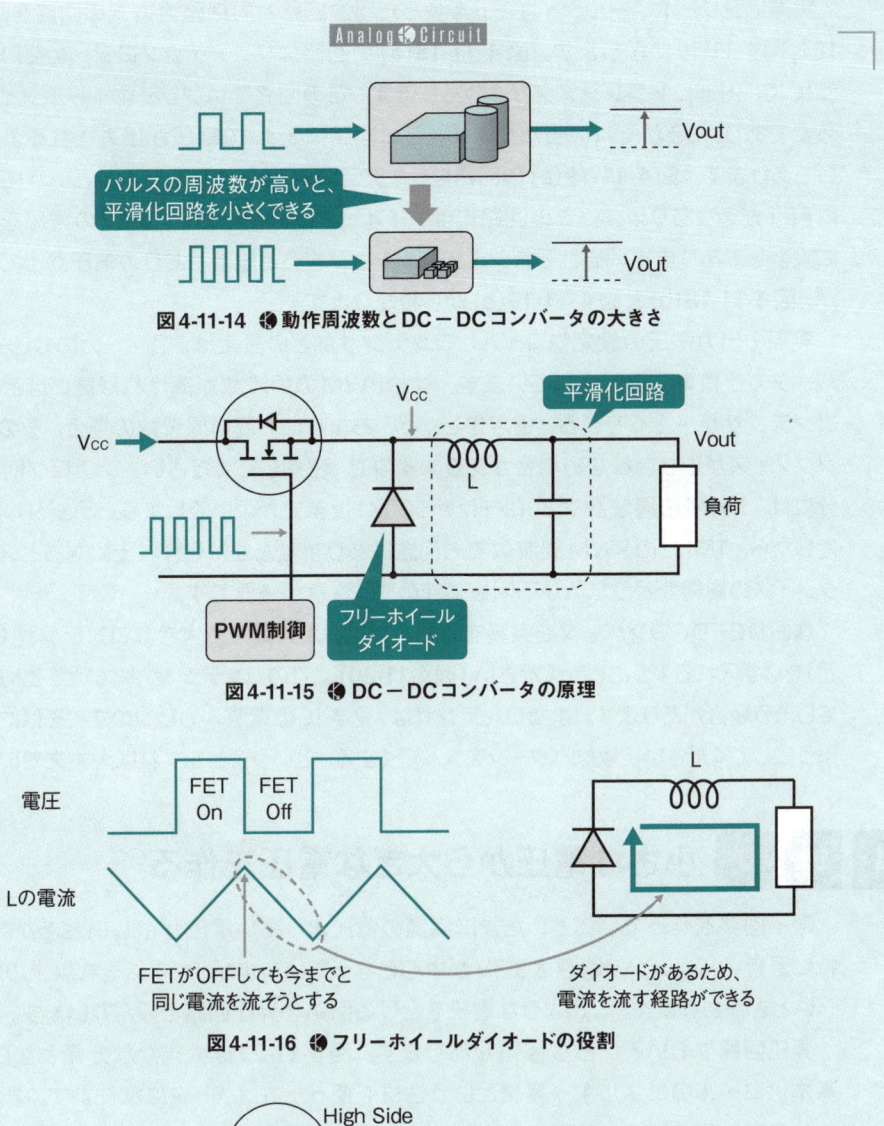

図4-11-14 ◆ 動作周波数とDC－DCコンバータの大きさ

図4-11-15 ◆ DC－DCコンバータの原理

図4-11-16 ◆ フリーホイールダイオードの役割

図4-11-17 ◆ 同期整流方式回路の原理

実際にフリーホイールダイオードを使った電源回路と同期整流方式の回路を、図4-11-18と図4-11-19に示します。**図4-11-18(a)**の回路はリニアテクノロジーのLT1936というICで、内部にトランジスタが1つあります。この回路ではフリーホイールダイオードが必要であり、D2がそれに当たります。この回路は3.3Vの電圧が出力されるように設計してあります。**図4-11-19(a)**の回路はリニアテクノロジーのLTC3416というICで、内部にFETが2つあります。この回路にはダイオードは必要はなく、2.6Vの電圧を出すように設計してあります。それぞれシミュレーションすると設計どおりの電圧が出ていることが、**図4-11-18(b)**と**図4-11-19(b)**からわかります。

実際の出力電圧の設定やコイル、コンデンサなどの設定は、各メーカのDC-DCコンバータの仕様書に記載されています。なおPWMの周波数が高ければ高いほどコイルやコンデンサが小さくできると書きましたが、あまりにも高い周波数の場合、そのスイッチングノイズが取りきれない場合がありますので、注意してください。アナログ回路で使う分には、PWMの周波数は300KHzか500KHzまでがよいでしょう。デジタル回路だけでしたら、1MHzのPWM周波数でも問題はありませんが、それ以上になるとスイッチングノイズの影響がどうなるか不明確ですので、注意が必要です。

なおDC-DCコンバータを実装する場合には、入力電源に大きなコンデンサ（22μFなど）を必ず入れるようにしてください（**図4-11-20**）。このコンデンサがないと、出力が発振してしまう場合があります。またコンデンサは、必ずICの電源入力ピンのすぐそばに配置するようにしてください。後はパターンを太く短くする、ということをすれば大丈夫でしょう。

4-11-3 小さな電圧から大きな電圧を作る

電子回路を作っていると、たまに電源の電圧より高い電圧が欲しいときがあります。特に最近のパソコンの電源は3.3Vが中心となっていますが、たまにそれ以上の電圧が欲しいときがあります。このような電圧を上げる回路を**昇圧回路**と呼んでいます。

昇圧回路にもいろいろな種類があります。**図4-11-21**は大まかな分類となりますが、基本はコイルのエネルギー蓄積という性質を使ったコンバータになります。またコンデンサを複数用意する方法もあります。その他にも昇圧させる方法はありますが、ここではこの2つについて説明を述べていきます。

▶ コイルを使った昇圧回路

コイルを使った昇圧回路の模式図は、**図4-11-22**になり、この回路はステップアップコンバータと呼ばれます。コイルLにはトランジスタQが繋がっており、このトランジスタQはパルス信号によってオンまたはオフの状態になります。またダイオードDはフリーホイールダイオードになります。

コンデンサCには、まだ電荷がない状態で最初にトランジスタQがオンになったとき

4 11 電源回路を理解する

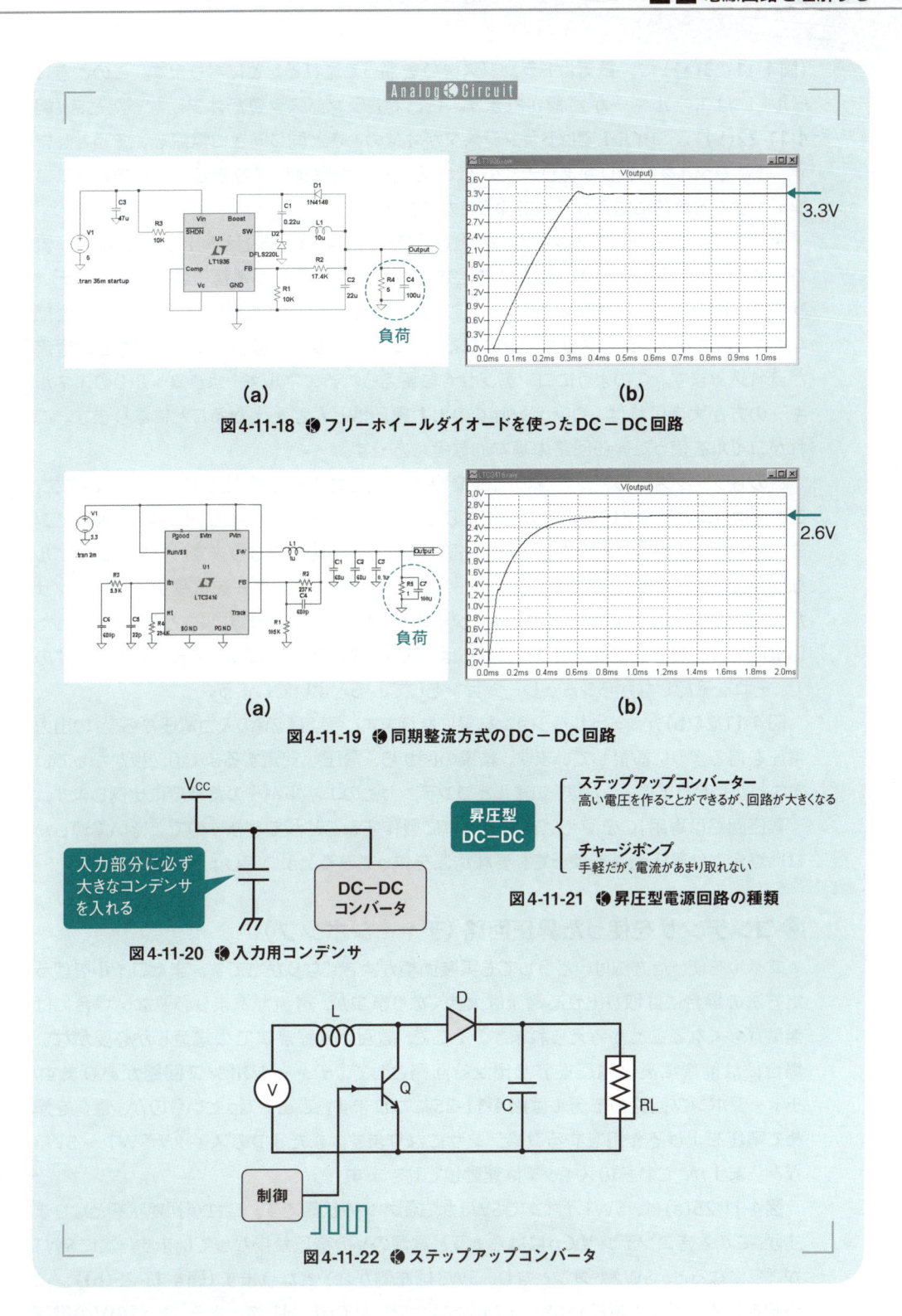

Analog Circuit

(a)   (b)

図4-11-18 ◆ フリーホイールダイオードを使ったDC－DC回路

(a)   (b)

図4-11-19 ◆ 同期整流方式のDC－DC回路

昇圧型DC－DC
- ステップアップコンバーター
  高い電圧を作ることができるが、回路が大きくなる
- チャージポンプ
  手軽だが、電流があまり取れない

図4-11-21 ◆ 昇圧型電源回路の種類

入力部分に必ず大きなコンデンサを入れる

図4-11-20 ◆ 入力用コンデンサ

図4-11-22 ◆ ステップアップコンバータ

243

(**図4-11-23(a)**))に、電流はトランジスタQを通って流れることになります。このときコイルLにはエネルギーが蓄積されます。ここでトランジスタQがオフになったとき(**図4-11-22(b)**))、コイルLではトランジスタがオンのときと同じ向きに電流を流そうとします。ここでダイオードDがありますので、一方向にしか電流は流れません。このときにコンデンサCと負荷に電流が流れるようになります。

次にトランジスタQがオンになったとき、コイルLには先ほどと同じように電流が流れ、エネルギーが蓄積されます。このとき別途、すでに電荷が蓄積されているコンデンサCから負荷に対しても電流が流れます(**図4-11-23(c)**)。コンデンサCの中身が全部なくなる前にトランジスタQがオフになると、コンデンサCには再びコイルLからの電流が流れ込みます。このようにコンデンサCに蓄えられるエネルギーよりコイルLのエネルギーの方が大きければ、コンデンサCの出力電圧はどんどん上がることになります。これがコイルを使った昇圧回路の基本的な考え方です。

このトランジスタのオンオフの制御機能をIC化したものが各社から売られています。ここではリニアテクノロジー社の昇圧型DC-DCコンバータであるLTC3427を使ってシミュレーションをしてみます。この回路図が**図4-11-24(a)**になります。非常にシンプルな回路で、エネルギーを蓄積するコイルがL1になり、エネルギーを蓄積するコンデンサがC3になります。またフリーホイールダイオードがD1になります。R1とR2は出力したい電圧に合わせて設計をします。これらはLTC3427の仕様書にすべて書かれていますので、それを確認しながらシミュレーションをしてみるとよいでしょう。

図4-11-24(b)がシミュレーション結果になります。今回は2Vの入力電圧から5Vの出力電圧を得るように設計しています。結果の図から、電圧が安定するまで0.2秒かかっていることがわかります。これは、コイルとコンデンサとのエネルギーの蓄積度に比例します。

昇圧回路は専用ICを使えば非常に簡単に製作することができますので、低い電源しかない場合には昇圧回路を使って必要な電源を作ってみるとよいでしょう。

▶ コンデンサを使った昇圧回路 (チャージポンプ)

コイルを使った方法は、どうしても実装面積が大きくなりがちです。またコイルを使った方法の場合には取り出せる電流は大きくなりますが、電流があまり必要ない場合には無駄が多くなることが考えられます。そこで、数百mA程度までの電流しか必要がない場合には簡単に高い電圧を作り出せる回路として、**チャージポンプ回路**があります。チャージポンプ回路のモデルは**図4-11-25**になります。ここでCpというのが、電荷を溜めて電圧を上げる作用をするコンデンサになります。また3つのスイッチSW1〜SW3がありますが、これらのスイッチは連動して動きます。

図4-11-25(a)は、SW1がオンでSW3が右側オンの状態です。これが初期状態となりますが、このときコンデンサCpにはちょうど電源のVの電圧が掛かっています。次にSW1がオフになると、SW2がオンとなり、SW3は左側がオンとなります(**図4-11-25(b)**)。この状態は先ほどVの電圧が掛かっていたコンデンサCpに対して、さらに電源のVの電圧

4 11 電源回路を理解する

Analog Circuit

(a)　　　　　　　(b)　　　　　　　(c)

図4-11-23 ◆ ステップアップコンバータの原理

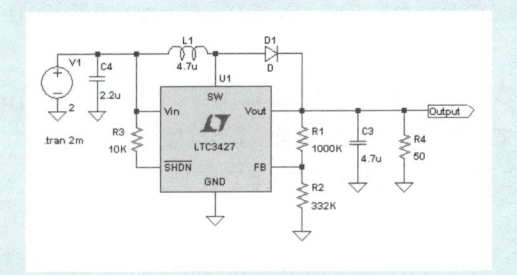

(a)　　　　　　　(b)

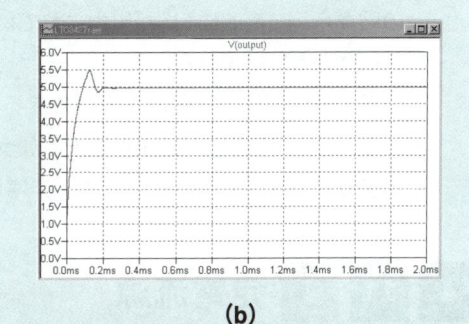

図4-11-24 ◆ ステップアップコンバータ回路例

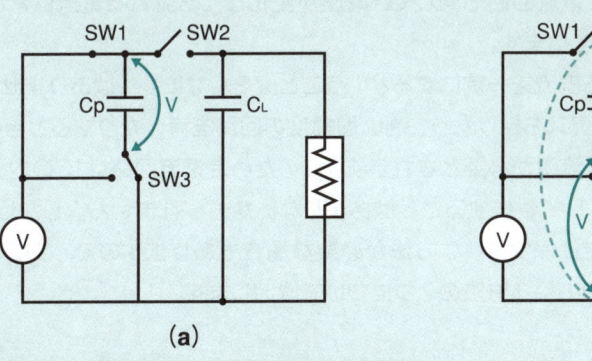

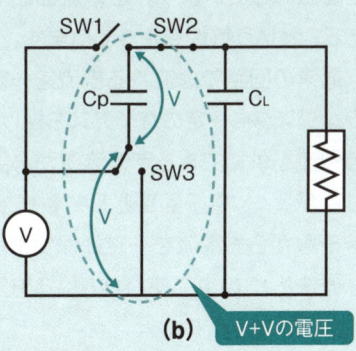

(a)　　　　　　　(b) V+Vの電圧

図4-11-25 ◆ チャージポンプの原理

が加わることがわかります。つまり、CpにはVの2倍の電圧が掛かることになります。この状態のときに負荷に電流が流れることになりますので、負荷からみると、電源Vの2倍の電圧が掛かっているように見える、ということになります(**図4-11-25(b)**)。これがチャージポンプ回路の仕組みになります。あとは同じ回路を連結し、スイッチのタイミングを調整すれば、出力できる電圧は何倍にもすることが可能となります。

このチャージポンプ回路も、各社からIC化されたものが売られています。ここではリニアテクノロジーのLTC3200というチャージポンプ用ICを使ってシミュレーションをしてみます。この回路図が**図4-11-26(a)**になります。非常にシンプルな回路となっており、電荷を溜めるコンデンサがC1になります。R1とR2は出力したい電圧に合わせて設計をします。またその他のコンデンサは、平滑化用のコンデンサ(雑音除去やリップル除去)となります。**図4-11-26(b)**がシミュレーション結果となります。このLTC3500は入力電圧が2.7V～4.5Vの範囲となっており、また3Vから5Vの出力電圧が得られるように設計できます。図4-10-26の入力電圧は3Vとし、出力の電圧を5Vとしています。結果の図から、安定的に5Vが出力されているのがわかります。電源の立ち上がりも早く、0.1秒もかかっていません。

チャージポンプ回路は手軽にできるのですが、電流はそんなに流すことができません。このLTC3200では100mA程度となっており、他のICでも同じような感じになりますが、あまり電流を使わない場合には、非常に適している方法と言えるでしょう。

4-11-4 定電流源

定電流回路とは両端にかかる電圧の大小にかかわらず、常に一定の電流が流れる回路のことを言います。通常の電子回路では電流の大小にかかわらず、常に一定の電圧が掛かっています。これは多少の電流の変動があったとしても、電圧は変化しない、ということを意味しています。定電流回路も同じで、電圧が変化しても流れる電流は常に一定である、という特性を持っています。

通常の回路では流れる電流を一定にするということはそんなに多くはありませんが、トランジスタに一定のバイアスを掛けたり、高い増幅度の回路を考えたりするときに、一定の電流を供給できる定電流源が必要とされます。このため定電流回路はICの内部にあることが多く、電子回路として製作することはあまりないかもしれません。しかしながら、若干ながらも電流を一定に保つような方法が必要な場合もありますので、ここでは簡単な方法とICの中で使われている方法の2つについて説明します。

▶定電流ダイオード (CRD : Current Regulative Diode)

定電流ダイオードは、数mAから20mA程度までの定電流を得たい場合に非常に便利な素子です。定電流ダイオードには、定電流で流せる範囲というのが決まっています。図

4 11 電源回路を理解する

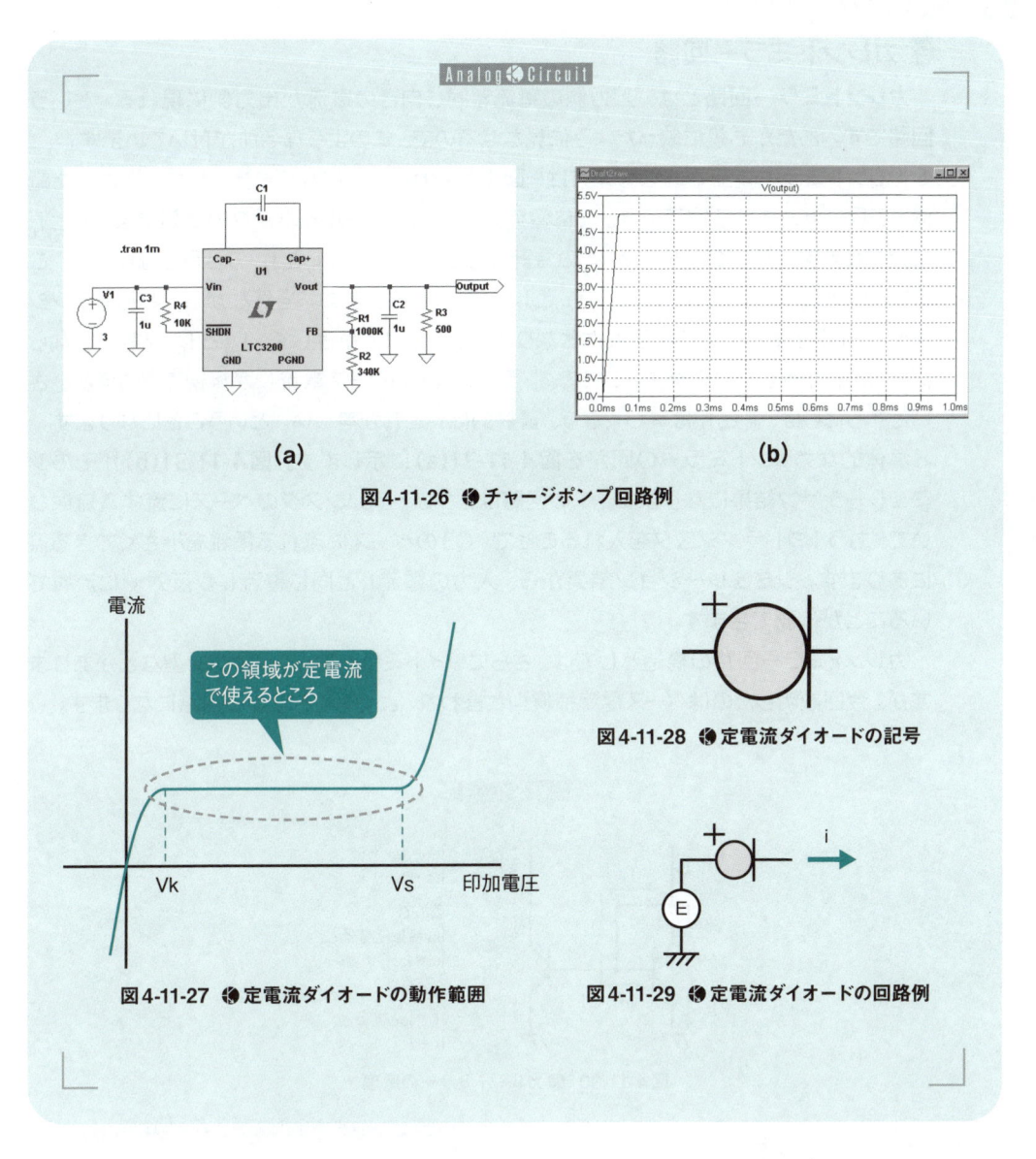

Analog Circuit

(a)

(b)

図4-11-26 チャージポンプ回路例

図4-11-27 定電流ダイオードの動作範囲

図4-11-28 定電流ダイオードの記号

図4-11-29 定電流ダイオードの回路例

4-11-27のようにダイオードに与える電圧がVkからVsの間までが定電流で使える範囲となります。Vk以下のときには普通のダイオードのような感じになりますし、Vsを超えて電圧を与えるとダイオードが壊れる可能性がありますので、注意が必要です。定電流ダイオードの回路図記号は、**図4-11-28**のように通常のダイオードとはちょっと違います。使い方は非常に簡単で、＋の記号がある方に電源を繋ぐだけで、一定の電流が流れるようになります（**図4-11-29**）。何ともシンプルなものですが、少ない電流でよい、というのであれば定電流ダイオードでほぼ用が足ります。メーカとしては、SEMITEC（旧石塚電子）あたりが有名です。

カレントミラー回路

カレントミラー回路とは、入力側の電流と同じ向きの電流が出力側に現れる、という回路です。あたかも鏡に映ったように見なせるので、このような名前が付いています。

カレントミラーの基本的な考え方は、**図4-11-30**のようになります。I_1が入力された電流で、I_2が出力される電流です。I_1に電流が流れると、キルヒホッフの法則によりI_CとI_Bに分かれます。そしてI_{E1}はI_CとI_{B1}の合計であり、またI_{E2}はI_2とI_{B2}の合計となります。ここで、I_{B1}とI_{B2}が等しいとすると、I_{E1}とI_{E2}は等しくなります。当然ながらこれはトランジスタが同じ特性であることが条件となります。I_{E1}とI_{E2}が等しく、I_{B1}とI_{B2}が等しいならば、I_CとI_2が等しくなります。ここで、トランジスタのベース電流I_Bが無視できるほど小さいとするならば、I_1とI_Cは等しくなり、最終的にI_1とI_2が等しい、ということになります。

具体的なカレントミラーの回路を**図4-11-31(a)**に示します。**図4-11-31(b)**がそのシミュレーション結果になります。この回路は2つのトランジスタのベースに流す電流について、もう1つトランジスタを入れることで、Q3のベースに流れる電流を小さくできる点にあります。シミュレーション結果から、入力の電流I_1と同じ電流I_2が反対側に流れていることが確認できます。

カレントミラー回路の構造としては、さらにワイドミラー型、ウィルソン型などがありますが、今回説明したのはベース電流補償型と言われ、よく使われている回路になります。

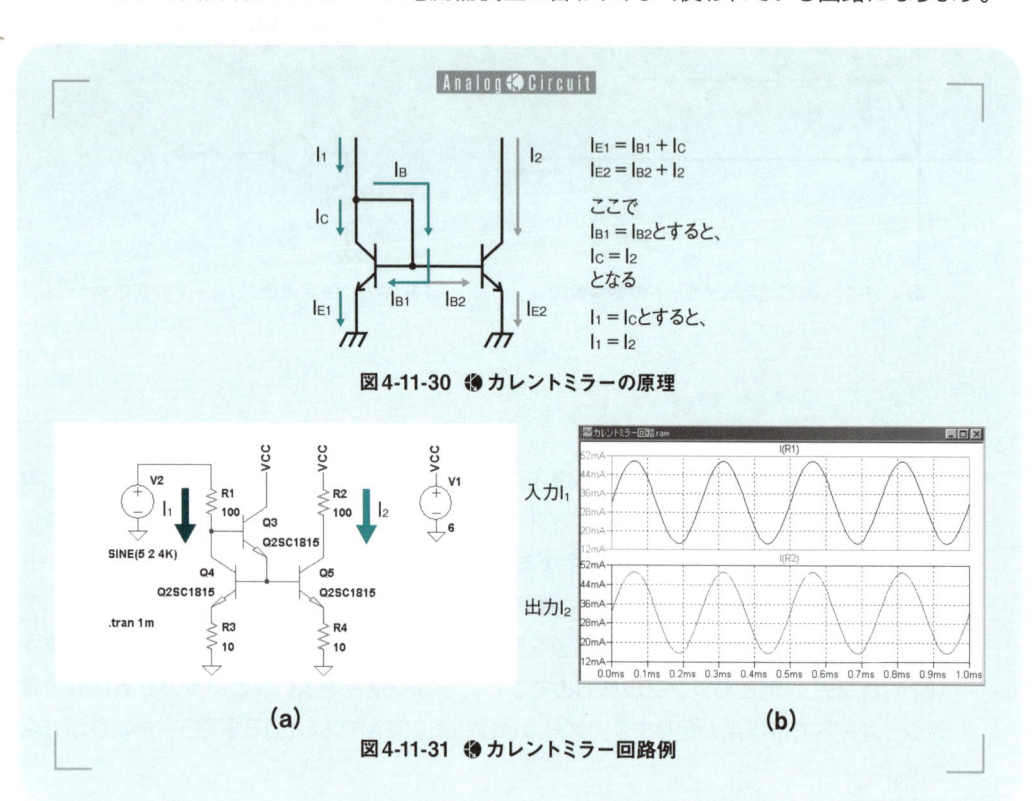

図4-11-30 ● カレントミラーの原理

図4-11-31 ● カレントミラー回路例

演習問題

問題 4-1
下記の問について正しい場合には○を、正しくない場合には×を、() 内に記入しなさい。

(1) (　) 加算回路は入力の複数の抵抗に流れる電流をキルヒホッフの第2法則を使って解く。
(2) (　) 同じ周波数の信号を複数同時に送るときは搬送波が異なれば送ることができる。
(3) (　) LPFは微分回路を基本とする。
(4) (　) 積分回路のコンデンサの値を小さくすると出力波形は入力波形に近くなる。
(5) (　) HPFは高い周波数の信号を取り除くフィルタである。
(6) (　) 差動増幅器は2つの電圧の差が出力にでる。
(7) (　) 微分回路は入力にコンデンサがあり、高い信号のみを通過させる働きをする。
(8) (　) 共振回路は特定の周波数のインピーダンスが0になる回路である。
(9) (　) PLLは入力の波形に追従して出力を出す発振回路である。
(10) (　) 水晶発振子には内部に増幅回路が入っている。
(11) (　) 大きな電流を扱うAC−DC変換にはトランスが使われる。
(12) (　) LC発振回路は正確な周波数が安定して出力される。
(13) (　) VCOは入力電圧によって出力される周波数が変わる。
(14) (　) 交流信号の波形をすべて正の方向にする回路はトランスである。
(15) (　) 発振回路の基本は正の帰還回路であり、回路を安定状態にしている。
(16) (　) パソコンで使われる電源は、だいたいがスイッチング型の電源回路である。
(17) (　) PLLはPhase Loop Lockの略である。

問題 4-2
以下の図の回路について問いに答えなさい。

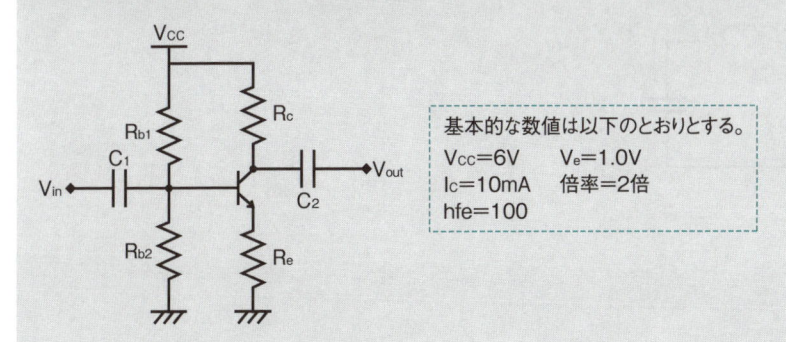

基本的な数値は以下のとおりとする。
$V_{CC}=6V$　$V_e=1.0V$
$I_c=10mA$　倍率=2倍
$hfe=100$

a）コンデンサC1およびC2の役割は何か。
b）抵抗Reに流れる電流は何Aになるか。
c）V_{CE}は何Vになるか。
d）トランジスタのベースに掛かる電圧は何Vになるか。またベース電流は何Aになるか。
e）R_{b1}およびR_{b2}は何Ωになるか。

問題 4-3
以下の各増幅回路の動作点と入力および出力波形について図を記載しなさい。

a) A級増幅回路　b) B級増幅回路　c) C級増幅回路　d) Push-Pull 回路

問題 4-4
下記の回路について増幅率および出力の電圧は何Vになるか求めなさい。

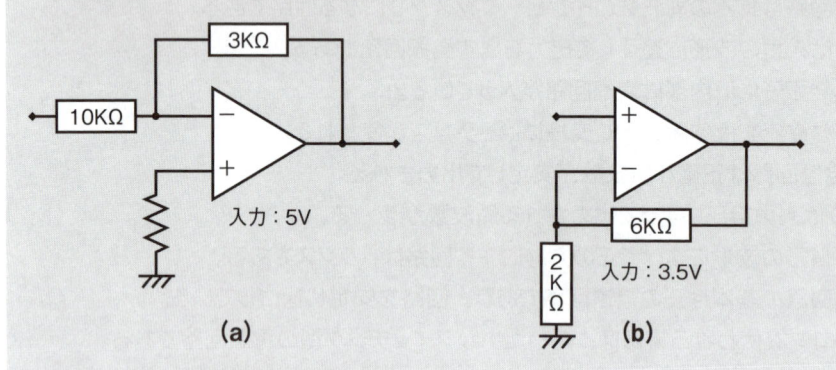

問題 4-5
下の回路においてR＝10Ω、L＝1mH、C＝1μFとするとき、共振周波数f_0および共振周波数におけるインピーダンスZ_0を求めなさい。

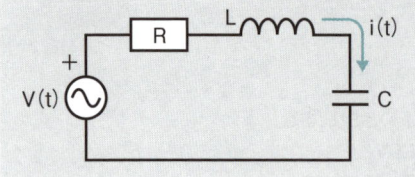

問題 4-6
下記の回路について出力の電圧は何Vになるか、計算しなさい。

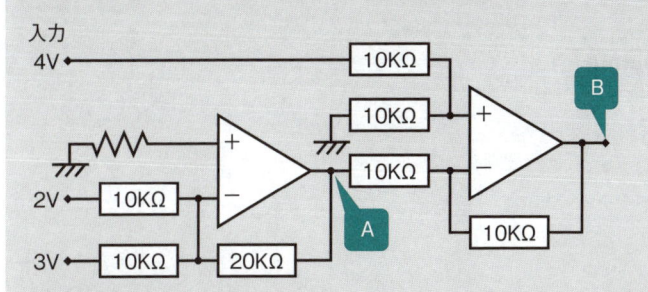

入力
4V ── 10KΩ ──
2V ── 10KΩ ──
3V ── 10KΩ ── 20KΩ ──

A点、B点、10KΩ×各抵抗、オペアンプ2段構成

問題 4-7
発振回路について以下の問いに答なさい。

a) 発振回路の原理について説明しなさい
b) 高い周波数が得られる回路方式は何か
c) 安定的に正確な周波数が得られる回路方式は何か
d) PLLについて簡単に説明しなさい

問題 4-8
タイマ回路について以下の問いに答えなさい。

a) かなり正確な時間経過がわかる回路について簡単に説明しなさい
b) 数十msの時間経過を正確でなくても知りたい。どのような回路構成にしたらよいか述べなさい。

問題 4-9
フィルタ回路について以下の問いに答えなさい。

a) フィルタ回路は何をするための回路か？簡単に説明しなさい。
b) カットオフ周波数について簡単に説明しなさい。
c) フィルタの種類を挙げ、どのような性質かを図を交えて簡単に記載しなさい。
d) LPFの基本的な回路を1つ記載しなさい。
e) HPFの基本的な回路を1つ記載しなさい。

問題 4-10

以下の回路のカットオフ周波数を求めなさい

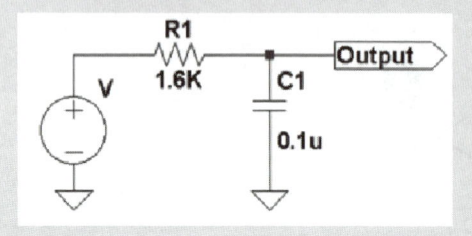

問題 4-11

電源回路について以下の問いに答えなさい。

a) 交流100Vから低い電圧を作る回路（降圧回路）について簡単に説明しなさい。
b) 平滑化回路について簡単に説明しなさい。
c) リニアレギュレータについて簡単に説明しなさい。
d) スイッチングレギュレータについて簡単に説明しなさい。
e) チャージポンプ回路について簡単に説明しなさい。
f) 定電流回路について簡単に説明しなさい。

解答はp.321にあります。

Chapter 5

ちょっと高度な
アナログ回路と
デジタル回路

この章では、アナログ回路の中でもやや高度なものを紹介します。4章で取り上げたような基本的なアナログ回路を理解していれば、この章で述べる高度な回路も理解できると思います。また合わせてデジタル回路の基本的な使い方も紹介します。複雑な回路といっても基本回路の集合体である、ということを理解しましょう。

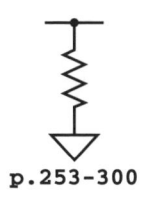

p.253-300

Analog Circuit

5-1 変調回路

電子回路の目的のひとつに情報を伝える、ということがあります。情報を効率的に伝えるには、情報の形を手段に応じた形に変換し多重化する必要があります。これが「変調」です。ここでは、この変調を行う「変調回路」について述べていきます。

5-1-1 変調とは

情報を伝える手段としては有線、無線がありますが、そのいずれも物理的に情報を伝える量というものがおのずと決まっています。よって、それをうまく効率よく使わなければなりません。その方法として、情報源の信号をそのまま送るのではなく、伝える手段に適した形に変換して送る必要があります。これが**変調 (modulation)** であり、送る情報の量が多くなればなるほど、一度により複数の情報を送ることを要求されてきます。

変調回路は、このような目的から複数の情報を送るにはどうしたらよいかということで考え出されました。これはつまり「多重通信」ということになります。以降で、さまざまな変調回路について取り上げます。

5-1-2 いろいろな変調方式

変調は、ある一定の周波数の信号に音声や映像信号を変換して乗せることを言います。つまり音声や映像は、ある一定の信号を基本として送られている、ということになります（図5-1-1）。なお、この基本となる一定の信号を**搬送波 (carrier)** と言います。

変調方式についてまとめたものを、図5-1-2に示します。変調方式は、大まかに「連続変調」と「パルス変調」に分かれます。連続変調は信号を送る波として連続信号を使う方法で、パルス変調は信号を送るパルス列を変化させる方式になります。見方を変えると、連続変調方式は周波数軸を対象とした変調で、パルス変調は時間軸を対象とした変調という言い方もできます。

これらの変調は、具体的にはラジオやアナログテレビでは連続変調方式であり、最近の新しい携帯電話（Memo 参照）やデジタルテレビはパルス変調方式となります。ラジオやテレビはチャンネルを変えると聞きたいラジオ局やテレビ局を選択できますが、これは信号を送る波を受信機側で電子回路によって選択しているためになります。受信機はアンテナにもよりますが、基本的に全部の波を受信することができます。その後、その波の中から必要な波だけを取り出して、最終的に音や映像として出力することになっています。これが**復調 (de-modulation)** です（図5-1-3）。

5-1 変調回路

Analog Circuit

搬送波 一定の周波数の信号

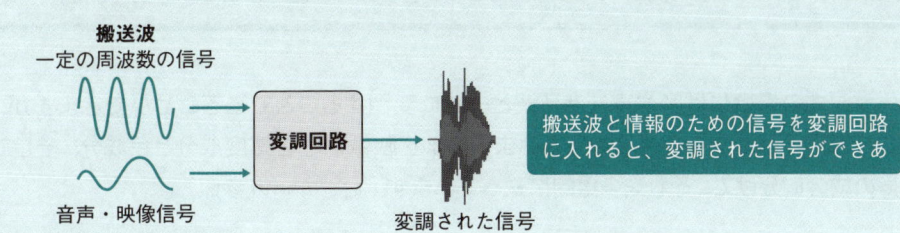

音声・映像信号

→ 変調回路 → 変調された信号

搬送波と情報のための信号を変調回路に入れると、変調された信号ができあ

図5-1-1 ● 変調の定義（変調と搬送波）

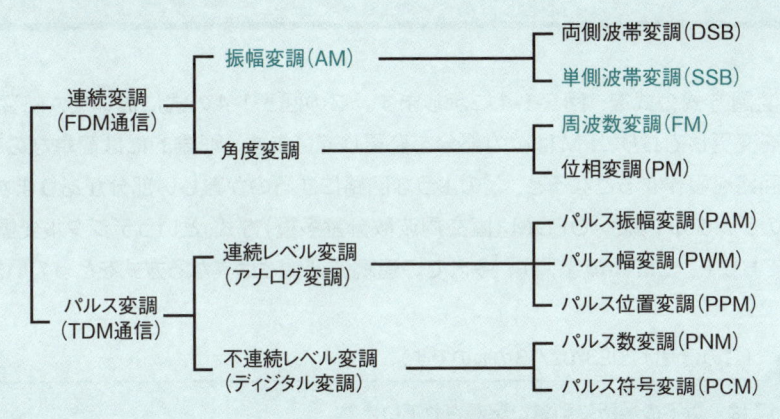

- 連続変調（FDM通信）
  - 振幅変調（AM）
    - 両側波帯変調（DSB）
    - 単側波帯変調（SSB）
  - 角度変調
    - 周波数変調（FM）
    - 位相変調（PM）
- パルス変調（TDM通信）
  - 連続レベル変調（アナログ変調）
    - パルス振幅変調（PAM）
    - パルス幅変調（PWM）
    - パルス位置変調（PPM）
  - 不連続レベル変調（ディジタル変調）
    - パルス数変調（PNM）
    - パルス符号変調（PCM）

（押山保常他著、「改訂 電子回路」、コロナ社、1983 より抜粋）

図5-1-2 ● 変調の種類

一定の周波数の信号

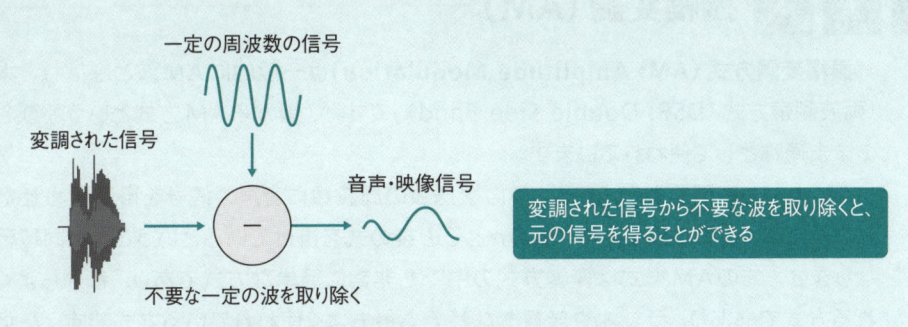

変調された信号 → (−) → 音声・映像信号

不要な一定の波を取り除く

変調された信号から不要な波を取り除くと、元の信号を得ることができる

図5-1-3 ● 復調の定義（必要な波だけを取り出す）

> **Memo**
> CDMA方式等はパルス変調方式になります。ちなみに昔の携帯電話は連続変調方式でした。

　ラジオの場合には音や声をある波と一緒に変調することで送ることができますが、テレビの信号はかなり複雑になっています。まず映像信号を輝度成分と色成分、そして音声の成分に分けて、それを多重的に送っています（Memo参照）。

> **Memo**
> テレビの映像信号の変調についてのさらに詳しいことは、「NTSC方式」で検索をすると調べることができます。

　連続変調方式の式を、**図5-1-4**に示します。この図5-1-4の式においてAM変調はαの部分を変更しており、FMはωの部分を変更しています。理論的には簡単なのですが、実際に回路を製作するとなると、どのような回路にするのか難しい部分があります。
　最近のデジタルTVは「OFDM（直交周波数分割多重）方式」というデジタル変調の一種を用いており（Memo参照）、今までの連続波変調とは異なる方式をとっています。

> **Memo** （この情報は2023/02/13のものです）
> OFDMについては、以下の場所に簡単に記載されています。
> https://www.ite.or.jp/study/musen/tips/tip12.html

5-1-3 振幅変調（AM）

　振幅変調方式（AM; Amplitude Modulation） は一般的に**AM波**と呼ばれ、本来は「両波側帯方式（DSB; Double Side Band）」ですが、昔からAM方式という呼び名がそのまま通称として使われています。
　AM方式は、**図5-1-5**にあるように搬送波の周波数に音声の信号を掛け合わせたものになります。これは図5-1-4の式のαとその後の式を掛けているということと同じ意味になります。このAM方式は変調方式の中でも非常に簡単な方式であり、昔からよく使われる方式でもあり、ラジオや無線機などでも最もよく使われている方式です。ただし雑音に弱く、ちょっとした雑音でも元の音声にすぐに影響してしまいます。

5-1 変調回路

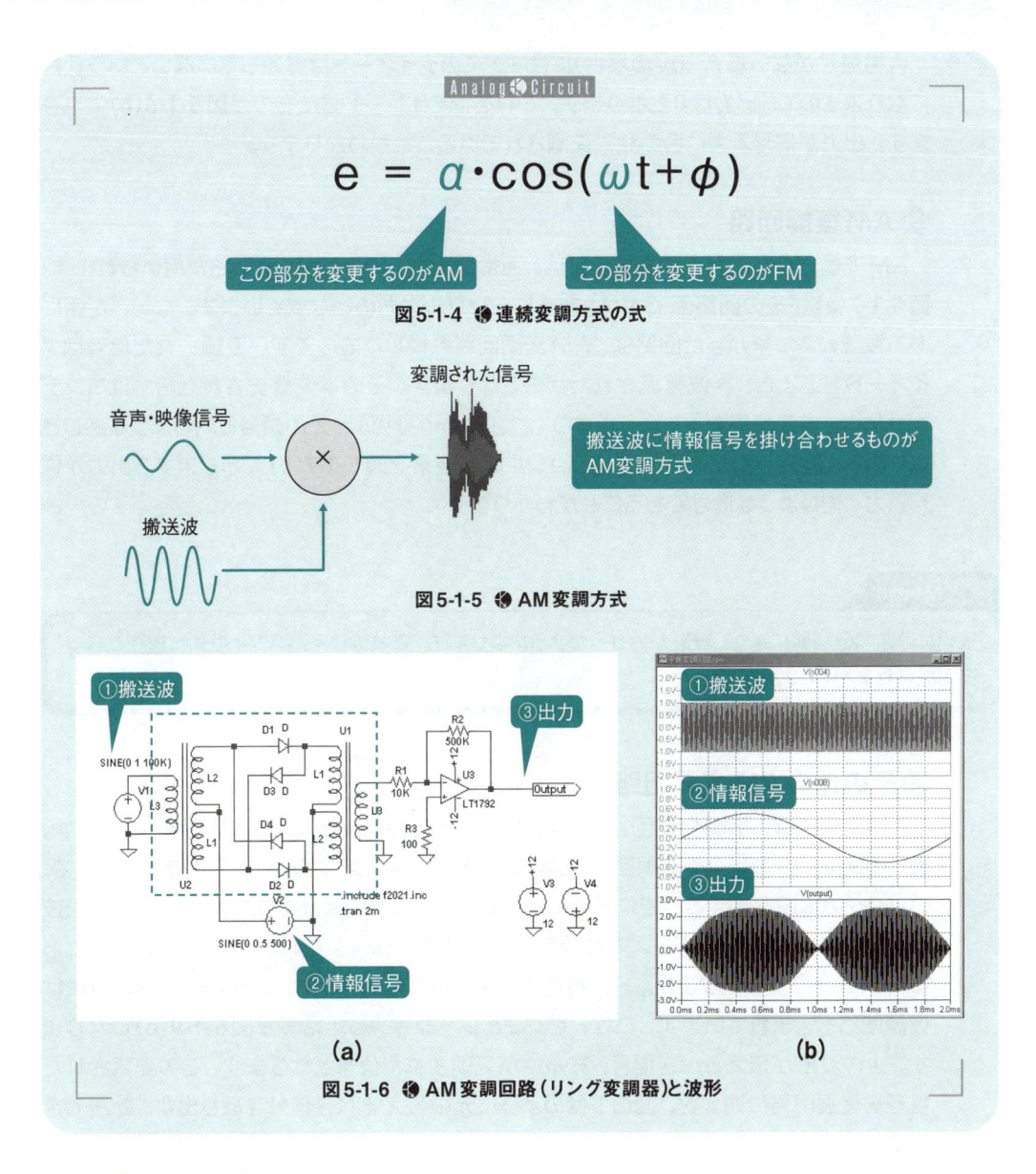

Analog Circuit

$$e = a \cdot \cos(\omega t + \phi)$$

この部分を変更するのがAM　　この部分を変更するのがFM

図5-1-4 ● 連続変調方式の式

搬送波に情報信号を掛け合わせるものがAM変調方式

図5-1-5 ● AM変調方式

(a) ①搬送波 ②情報信号 ③出力

(b) ①搬送波 ②情報信号 ③出力

図5-1-6 ● AM変調回路(リング変調器)と波形

🔹 AM変調回路

　AM変調方式には信号と信号を掛ける、という回路が必要となります。これには昔からトランスとダイオードを使った「平衡変調回路」というものが使われています(**図5-1-6(a)**)。入力1には高い周波数の波である搬送波を、入力2には伝えるべき信号を入れます。これを2つのトランスとダイオードを使うことにより、入力信号が正方向のときにD1とD2のダイオードが導通状態となり、搬送波が入力信号の電圧に合わせて出力されます。入力信号が負の方向のときはD3とD4のダイオードが導通状態となり、逆の位相の搬送波が入力信号に合わせて出力されます。

257

入力信号がない場合（0Vの場合）にはすべてのダイオードは導通していないという状態になりますので、出力は0となります。これをシミュレートしたものが図5-1-6(b)になります。出力が信号入力に合わせて変調されていることがわかります。

AM復調回路

AM変調された信号を復調するには、通常ダイオードによる整流回路が用いられます。図5-1-7(a)がその回路図ですが、非常にシンプルなものとなっています。なお、左側にある電源が2つ繋がった回路は、AM変調回路を模したものです。変調された信号はダイオードを通ると、半波整流された状態となります。その半波整流された信号はコンデンサによって波が繋がったようになり（Memo参照）、元の信号と同じような感じとなります（図5-1-8）。シミュレーションによる結果を図5-1-7(b)に示します。出力が信号入力と同じような信号であることがわかります。

> **Memo**
> 実際には、積分回路によって波形が繋がったようになります。これはローパスフィルタ（LPF）によって構成されます（4-9節を参照）。

その他のAM変調回路

AM変調には、平衡変調回路の他にもトランジスタを利用した変調回路があります。図5-1-9(a)は「コレクタ変調回路」と言って、トランジスタのベースに搬送波を入力して、コレクタの電圧を伝えるべき信号で変化させます。これによってU2のトランスに搬送波と伝えるべき信号の和がコレクタに流れることになります。これは図3-6-7（p.111）にあるように、トランジスタの$V_{CE}-I_C$特性を利用したものとなります。なお図5-1-9(a)には復調回路も含まれています。これらをシミュレーションした結果が図5-1-9(b)になります。上の波形が伝えるべき信号、真ん中が変調された信号となります。この変調された信号を復調回路に通すと、図の下側のように元の伝えるべき信号を取り出すことができます。

変調回路に使われる乗算器は、その他にもトランジスタの非線形の部分を使ったものや、最近はIC化されたアナログ乗算器があります。IC化されたものとしてはアナログデバイス社のAD633がありますが、周波数として数MHzまでしか使えませんので、高い搬送波が必要な場合には、やはりトランジスタで回路を構成する必要があるでしょう。

5-1 変調回路

Analog Circuit

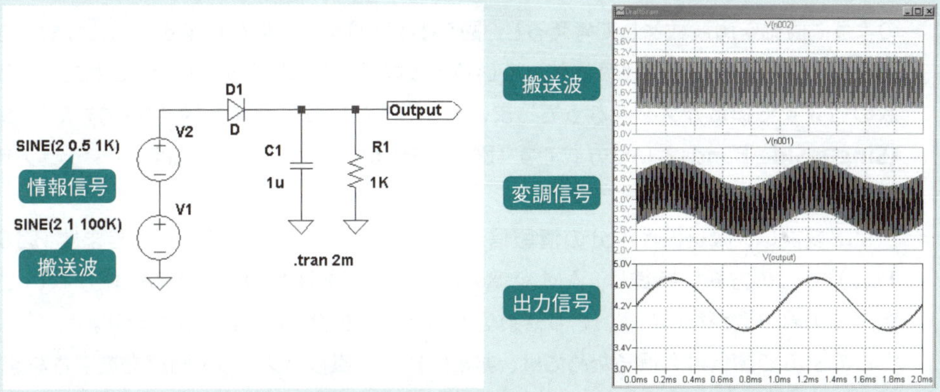

(a)

(b)

図5-1-7 ◆ AM復調回路と波形

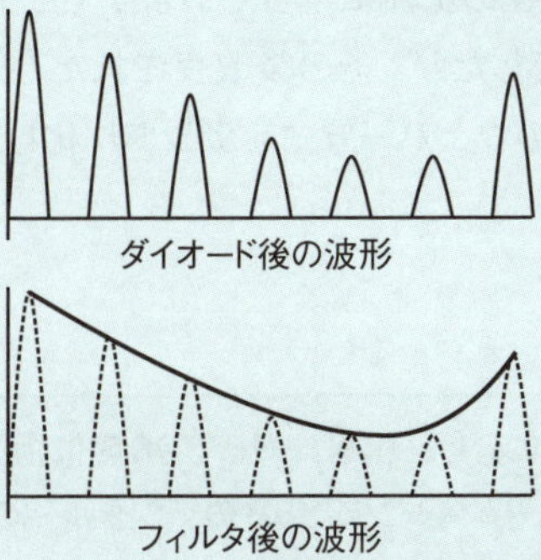

ダイオードを通した信号は、フィルタを通すことで元の信号に近くなる。

ダイオード後の波形

フィルタ後の波形

図5-1-8 ◆ 整流後の復調信号

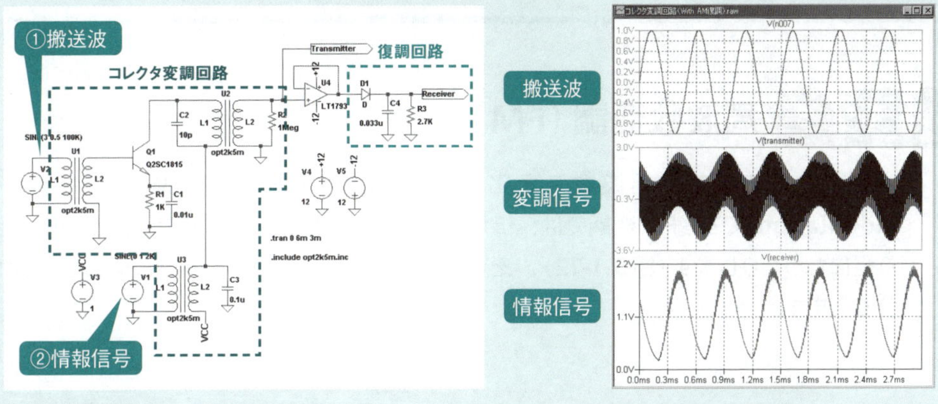

(a)

(b)

図5-1-9 ◆ コレクタ変調回路と波形

259

5-1-4 SSB（抑圧搬送波単側波帯）

　AM信号は、搬送波の信号と情報信号の2つの信号でできています。これは図5-1-10のように横軸を周波数として考えると、**図5-1-10(a)** のようになります。これは搬送波を中心に、情報信号が鏡のように映っているような感じになります。しかしこれでは、周波数の占有する領域が大きくなってしまいます。そこでこの領域を狭くする方法が、**SSB (Single Side Band)** という方式です（**図5-1-10(b)**）。SSB変調方式は、アマチュア無線機で一般的に使われる方式です。

　SSB変調は、搬送波と半分の情報信号を削り取ることで得ることができます（**図5-1-11(a)**）。この方式の特徴は、AM変調の信号に比べ周波数の占有する領域が狭いこと、搬送波の周波数がないこと、その結果信号のパワーが少ないことにあります。

　このSSB変調信号を得るためには、非常に特性が厳しいフィルタ回路を要求されます。これはなかなか大変なことので、通常は変調信号を2つに分けて、片方の位相をずらして、後でそれを足すという方法を用いています。ずれた方は打ち消しあって信号がなくなり、片方だけが残る、という方式が現在の主流になっています（**図5-1-11(b)**）。初期のころは「フェージング方式」が一般的でしたが、その後改良された「ウェバー方式」というのが主流になっています。最近は、このウェバー方式をデジタル化したものが主流となっています（Memo参照）。

> **Memo**　（この情報は2023/02/13のものです）
>
> フェージング方式とは、変調された信号を2つに分け、信号に対して90度位相をずらすことで不要な側波帯を打ち消す方法です。また、以下のホームページにSSBのデジタル化の話があります。
> https://tj-lab.org/2020/11/25/fully-digital-ssb-generator1/
> https://ji1nzl-official.blogspot.com/2016/07/iqpsn-ssb.html

5-1-5 周波数変調（FM）

　変調方式の中でも周波数を変化させる方法が、**FM変調（FM; Frequency Modulation）** です。FM変調では、伝えたい信号に合わせて搬送波の状態が密になったり粗になったりします（**図5-1-12**）。そのため、振幅変調よりも音質がよいことでも知られています。

Analog Circuit

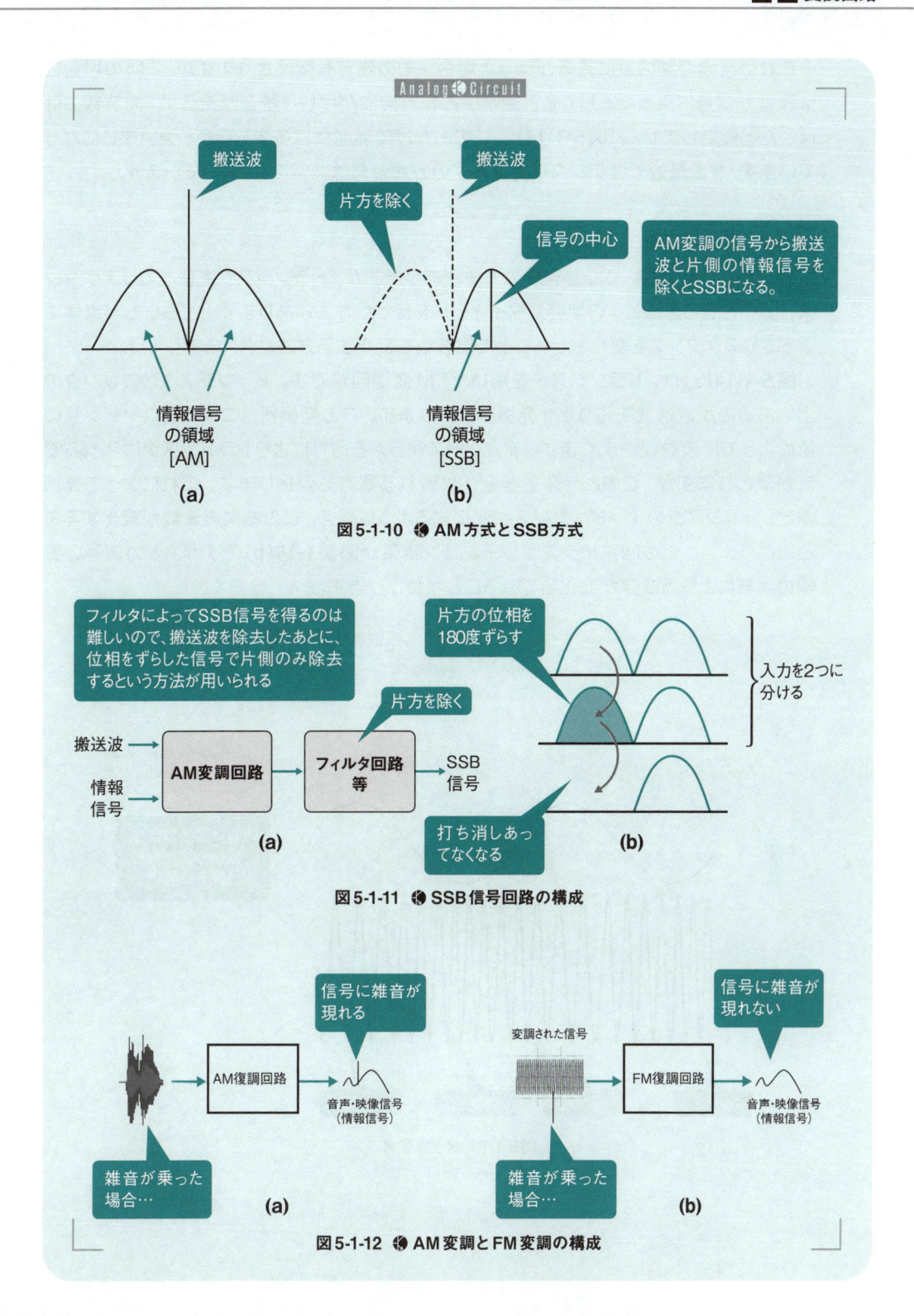

搬送波

情報信号の領域 [AM]
(a)

搬送波

片方を除く

信号の中心

情報信号の領域 [SSB]
(b)

AM変調の信号から搬送波と片側の情報信号を除くとSSBになる。

図5-1-10 ● AM方式とSSB方式

フィルタによってSSB信号を得るのは難しいので、搬送波を除去したあとに、位相をずらした信号で片側のみ除去するという方法が用いられる

搬送波 → [AM変調回路] → 片方を除く → [フィルタ回路等] → SSB信号
情報信号 →

(a)

片方の位相を180度ずらす

入力を2つに分ける

打ち消しあってなくなる

(b)

図5-1-11 ● SSB信号回路の構成

信号に雑音が現れる

→ [AM復調回路] → 音声・映像信号（情報信号）

雑音が乗った場合…
(a)

変調された信号

信号に雑音が現れない

→ [FM復調回路] → 音声・映像信号（情報信号）

雑音が乗った場合…
(b)

図5-1-12 ● AM変調とFM変調の構成

これは振幅変調の波に雑音が乗った場合、その雑音も復調されますが、FMの場合には雑音が信号に乗ったとしても、通常は振幅方向にだけしか雑音が乗らず、周波数にはほとんど影響しません（**図5-1-13**）。このおかげで雑音には多少なりとも強い感じになっています。なお最近ではデジタル変調方式の方が音質は非常によくなっています。

▶ FM変調回路

FM変調の場合もいくつか実現の方法がありますが、トランジスタを使ってリアクタンスを変化させる方法と、可変容量ダイオードを使った方法があります。どちらも半導体によってリアクタンスを変化させることで周波数を変更する方法と言えるでしょう。

図5-1-14(a) は、トランジスタを用いたFM変調回路です。トランジスタのコレクタの上にあるのが搬送波を作り出す発振器になります。この発振器はコイルとコンデンサの値によって周波数が決まります。またベースから入る信号によりトランジスタに流れる電流が変わりますが、このとき発振器全体に流れる電流も変化します。これによって発振器とトランジスタのインピーダンスが変化するように見え、この結果周波数が変化することになります。この回路のシミュレーション結果が**図5-1-14(b)** ですが、入力信号の振幅の状態により周波数が変化していることがわかります。

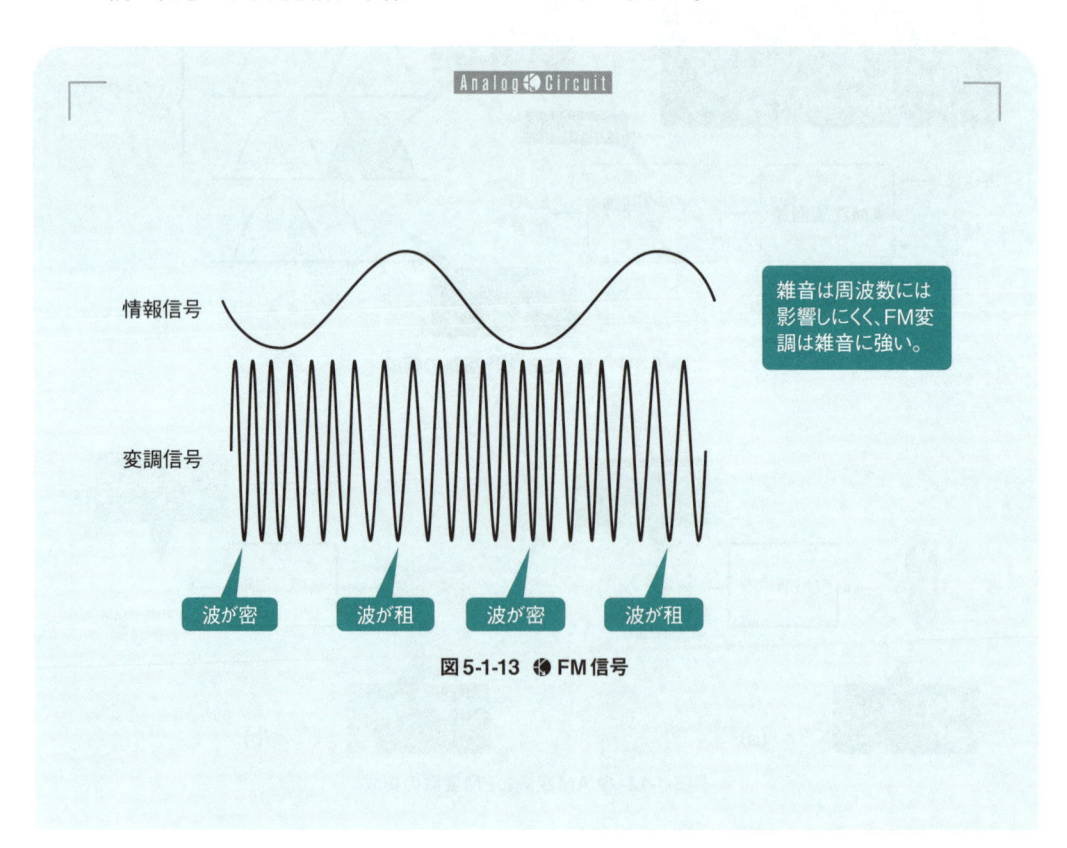

情報信号

変調信号

波が密　波が粗　波が密　波が粗

雑音は周波数には影響しにくく、FM変調は雑音に強い。

図5-1-13 ● FM信号

5 1 変調回路

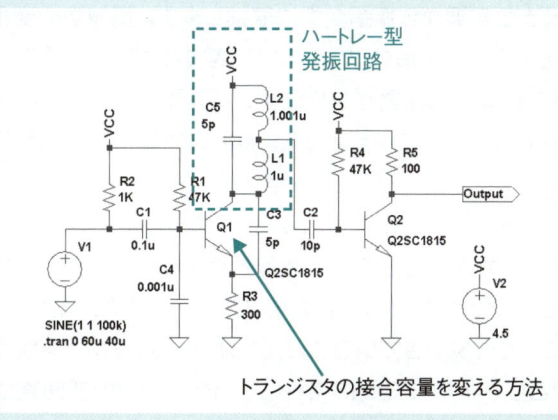

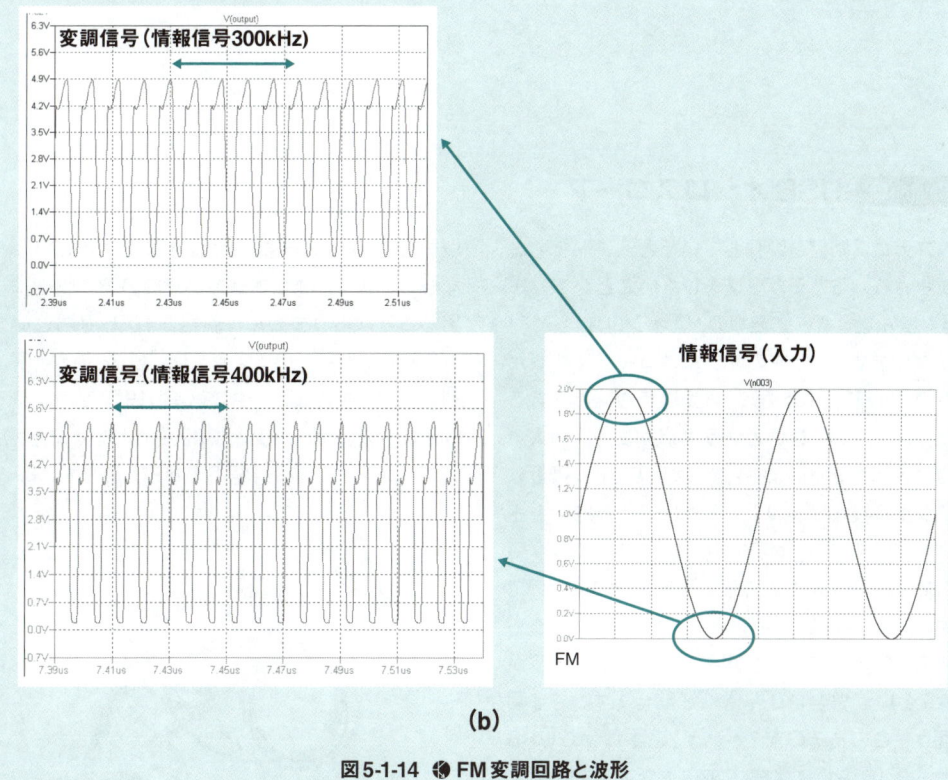

図5-1-14 ● FM変調回路と波形

▶ FM復調回路

　復調回路としては、周波数の変化（偏移）に比例して出力の振幅が変化する回路とするため、最初に周波数変調から振幅変調に変換します。周波数の変化を振幅の変化にするには共振回路を使うのが一般的になります。図5-1-15(a)は「スロープ型検波回路」といい、ダイオードの前に共振回路があります。この共振回路を、変調された入力信号の搬送波の波長に合わせます。これによって、目的の周波数の変調信号のみを入力することができます。

　伝えるべき信号を300KHzと400KHzとしたシミュレーション結果が、図5-1-15(b)(c)になります。上の信号が入力された伝えるべき信号、真ん中が復調回路に入力された変調信号、下が出力信号となります。この結果から、周波数が変わっても伝えるべき信号が出力信号のところで再現できていることがわかります。FM変調回路は、最近ではFMワイヤレスマイクとして非常に安価に売られていますが、内部回路はハートレー発振器を使ったものがほとんどとなります。これは回路の中で使われるコイルが中空コイル（図4-8-4）であり、ちょっとした調整ですぐに共振周波数を得ることができるからでしょう。

Column ⑯ USBオシロスコープ

　アナログ回路を製作していると、波形を見ながらいろいろとデバッグをしたいことがあります。そんなときに必要なのが「オシロスコープ」になります。少し前のオシロスコープは帯域が100MHz程度しかなく、またブラウン管であるため、大きい、重いという欠点があり、個人で持つ人はあまりいませんでした。しかし、最近はデジタル技術が発達したおかげで、非常に小さいオシロスコープが売られています。このオシロスコープの本体は文庫本程度の大きさなのですが、入力が2チャンネル、サンプリングも200MS/sとアナログ回路をちょっとやろうかな、という場合には非常に好都合です。では画面はどこにあるのか？というと、本体からUSBケーブルでPCに接続し、PC上で波形を観測するという優れものです。オーディオ程度の回路のみならず、アマチュア無線の中間周波増幅器以降であればまったく問題なく使えるものとなっています。また本体も小さいので、収納に困ることはありません。価格は10万円弱ということで少々高いのですが、1台あると何かと便利な代物です。なお、中には4万円程度のオシロスコープ（PicoScope2202）もありますが、サンプリングが20MS/s程度となっています。

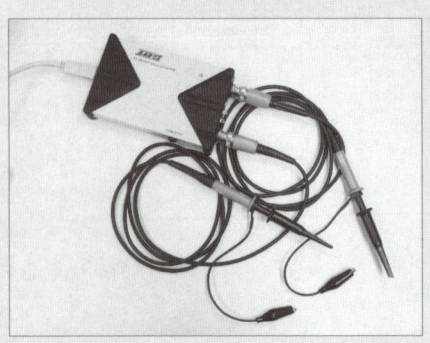

ポケオシ（日本データシステム）

5.1 変調回路

Analog Circuit

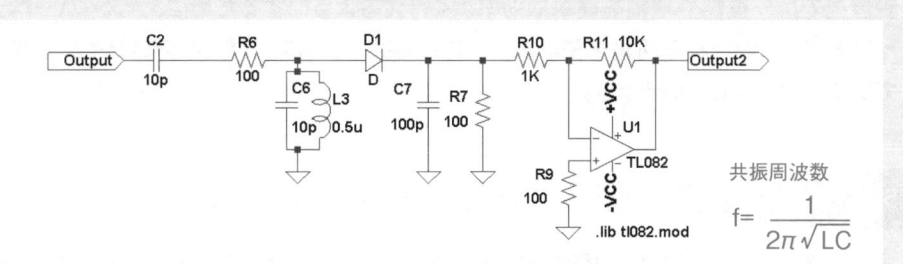

(a)

共振周波数
$$f = \frac{1}{2\pi\sqrt{LC}}$$

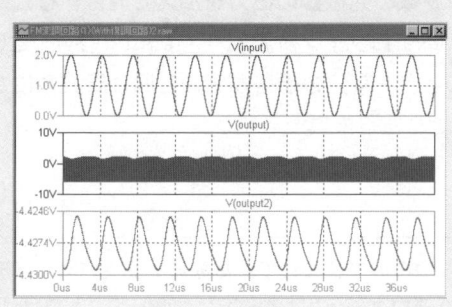

Input = 300KHz

(b)

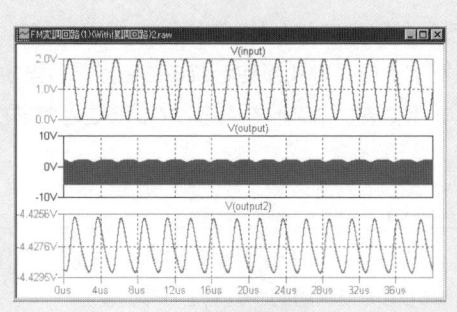

Input = 400KHz

(c)

図 5-1-15　FM復調回路と波形

5-2 スーパーヘテロダイン回路

受信機では、復調や増幅を簡単に効率よく行えるようにするために、「スーパーヘテロダイン方式」と呼ばれる回路を使います。ここでは、このスーパーヘテロダイン方式について簡単に説明をしていきます。

5-2-1 スーパーヘテロダイン回路とは

スーパーヘテロダイン回路 (Super-heterodyne) は、ラジオや無線機でよく使われる受信機に使われる方式で、1918年に発明されました。基本的な考え方は、高い周波数の入力信号にある周波数の発振器の出力を加えて混合すると、出力にはその差分の信号が出てくる、という「ヘテロダイン検波」（Memo 参照）という原理を利用したものです（図5-2-1）。このとき、差分の信号が音声と同じ周波数になるようにすれば、非常に簡単に復調できることになります。

> **Memo**
> ヘテロダイン、というのは2つの波を合わせて新たな波を発生される方法を言います。これを受信機に応用したのがスーパーヘテロダインで、エドウィン・アームストロングによって発明されました。

現在ではいろいろな機器のほとんどがデジタル方式に移りつつありますが、コストの安さという点ではまだアナログ方式が使われることがあります。このスーパーヘテロダイン方式のラジオが、非常に安いコストで売られていることもあります（Memo 参照）。

> **Memo**
> 安売りショップで、たまに4石スーパーラジオが数百円程度で売られていることがあります。インターネット上で検索すると、あちこちで回路図が公開されています。

5-2-2 受信機の基本構成について

スーパーヘテロダイン方式の受信機は、図5-2-2のような構成となっています。点線枠内がヘテロダイン検波方式の部分になり周波数変換されます。では、なぜ周波数変換をした方がよいのでしょうか。これを考えるために、まずは基本的な受信機から見ていきま

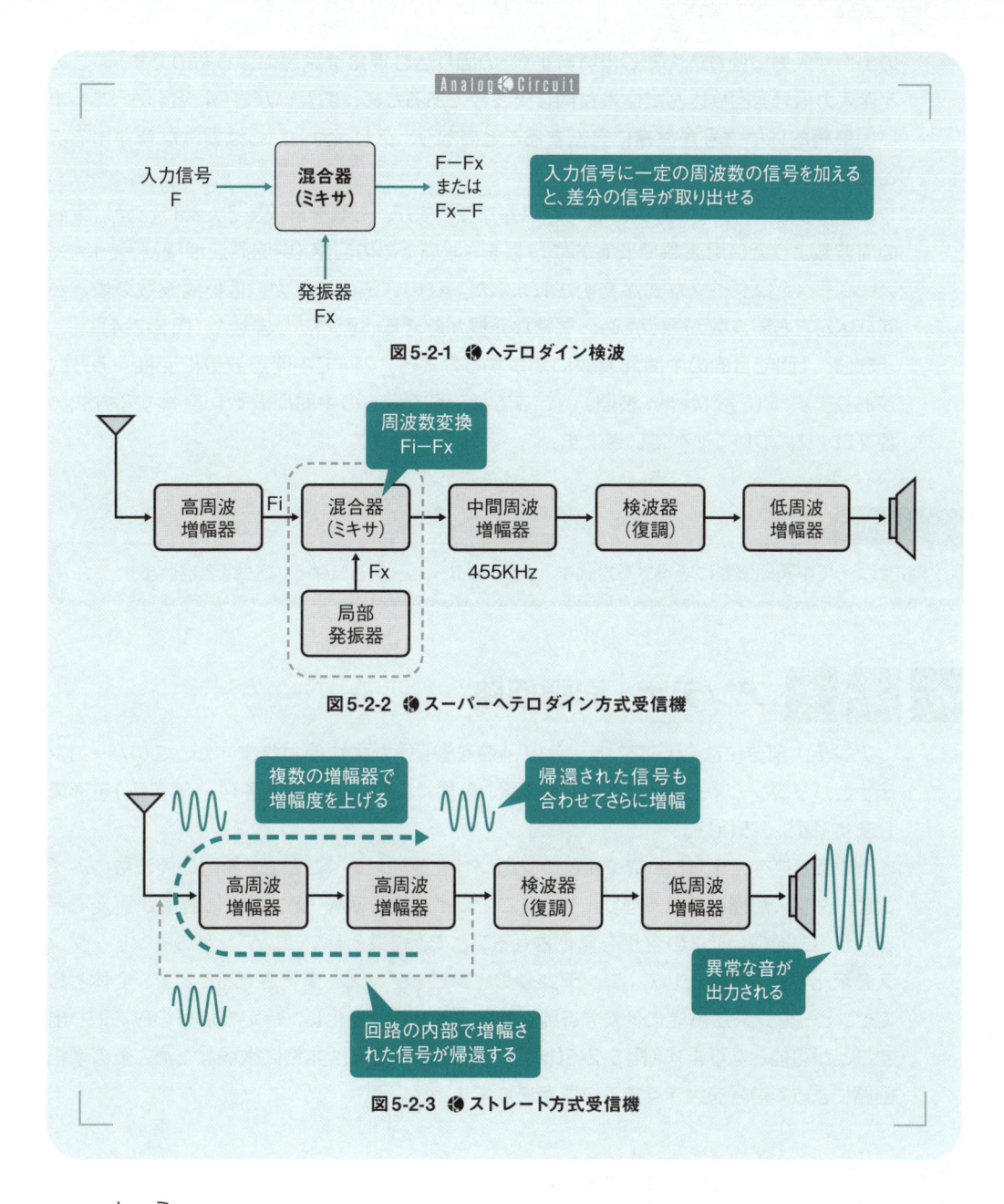

5-2 スーパーヘテロダイン回路

Analog Circuit

入力信号 F → 混合器（ミキサ） → F−Fx または Fx−F
発振器 Fx

入力信号に一定の周波数の信号を加えると、差分の信号が取り出せる

図5-2-1 ヘテロダイン検波

周波数変換 Fi−Fx

高周波増幅器 →Fi→ 混合器（ミキサ） → 中間周波増幅器 → 検波器（復調） → 低周波増幅器
Fx ↑
局部発振器
455KHz

図5-2-2 スーパーヘテロダイン方式受信機

複数の増幅器で増幅度を上げる
帰還された信号も合わせてさらに増幅

高周波増幅器 → 高周波増幅器 → 検波器（復調） → 低周波増幅器

異常な音が出力される

回路の内部で増幅された信号が帰還する

図5-2-3 ストレート方式受信機

しょう。

　受信機の最も簡単な方式として、「ストレート方式」があります（**図5-2-3**）。ストレート方式は、微弱な電波を増幅する高周波増幅器、信号を選択する検波器、信号を大きな音に変換する低周波増幅器の3つで構成されています。この方式は簡単で安価にできるのですが、感度、安定度が十分ではありません。

　特に高周波増幅器のところで感度を上げるために増幅度を大きくすると、高周波信号

の出力が入力に回り込んでしまいます（この回り込む現象は誘導によるものです）。このとき入力信号と回り込んだ信号が同じ周波数であるため、お互いがさらに合わさってしまい、最終的には信号が異常に発振することになり、スピーカーからは異常な音が出ることになります。

　このようにストレート方式には問題点がありますが、これを解決するために、受信電波の周波数より低い周波数で安定的に増幅をさせるための回路（中間周波増幅器）を持つ、スーパーヘテロダイン方式が発明されました。この方法は、入力に低い周波数の信号が回り込んでも周波数が違うため、異常な発振が起きる心配がありません（**図5-2-4**）。

　なお、1回で目的の中間周波数に変換する方式と、2回で中間周波数に変換する方式がありますが（Memo参照）、ここでは1回で目的の中間周波数に変換する方式の各ブロックについて述べていきます。

> **Memo**
> 2回にわたって中間周波数に変換する方式を、「ダブルスーパーヘテロダイン方式」と言います。

5-2-3 アンテナ・同調回路

　アンテナ部分には「バーアンテナ」（3-4節を参照）が主に使われますが、このバーアンテナとバリコン（バリコンは3-3節を参照）を繋ぐことで、**同調回路**（4-2節参照）を形成します（**図5-2-5(a)**）。

　4-2節で述べたように、コイルとコンデンサを並列に繋ぐことで、希望の周波数のみインピーダンスが極端に低くなります。そこでコイルであるバーアンテナに容量が可変できるバリコンを使い、この容量を変化させることで、結果としてコンデンサのインピーダンスを変化させます。そして、コンデンサのインピーダンスを変化させることで、全体としてインピーダンスが極端に低くなる周波数のポイントが変化し、特定の信号のみを取り出すことが可能となります（**図5-2-5(b)**）。取り出した信号は非常に微弱なため、後の増幅回路によって信号を大きくする必要があります。

5-2-4 高周波増幅器

　高周波増幅回路は、受信した微弱な信号を増幅します。基本的に受信した信号が微弱な場合に使用されますが、高周波増幅器を通すことによって、信号対雑音比（S/N比）もよくなるという効果もあります。

　高周波増幅器は、4-4節で説明したA級増幅器が使われています。これは微弱な入力信号が歪まないようにするためです。しかし、あまり大きな増幅度にすると増幅された信号

5·2 スーパーヘテロダイン回路

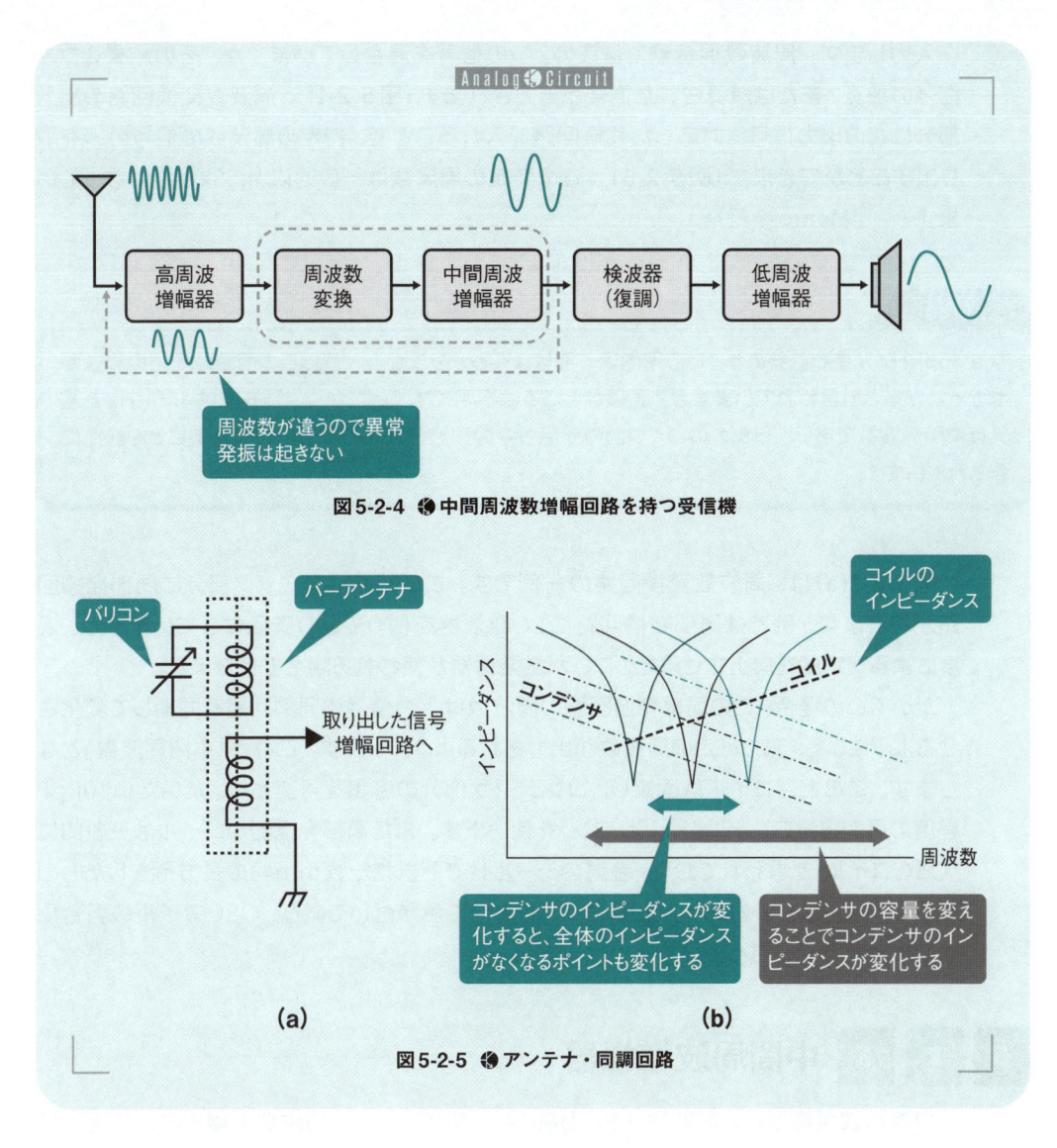

図5-2-4 ● 中間周波数増幅回路を持つ受信機

(吹き出し：周波数が違うので異常発振は起きない)

図5-2-5 ● アンテナ・同調回路

(a) バリコン／バーアンテナ／取り出した信号 増幅回路へ
(b) コイルのインピーダンス／コンデンサ／コイル／インピーダンス／周波数
 - コンデンサのインピーダンスが変化すると、全体のインピーダンスがなくなるポイントも変化する
 - コンデンサの容量を変えることでコンデンサのインピーダンスが変化する

がそのまま入力側に帰還し、異常発振が起こり、雑音が発生するという問題が生じます。そこで高周波増幅器ではあまり大きな増幅をせず、中には10〜20dB程度の増幅度で済ます場合もあります。また、安価にするために高周波増幅回路がない受信機もあります。

5・2・5 周波数変換回路（周波数混合器）

周波数変換回路は、高い周波数から低い周波数に変換する回路です。この回路のおかげで、高い周波数のまま増幅する必要がなくなります。

周波数の変換方法ですが、「周波数混合器」に入力信号と局部発信器からの2つの信号

を入力します。周波数混合器ではこの2つの信号を混合していますが、その結果2つの信号の加算、または減算された信号が出力されます（**図5-2-1**）。周波数変換回路の出力部分にこの出力信号に対応した共振回路を入れることで、特定の周波数の信号のみを取り出すことができます（**図5-2-6**）。この特定の周波数は一般的に「455kHz」になっています（Memo 参照）。

> **Memo**
> なぜ455kHzが使われるのかという理由は、実はよくわかりません。昔はこの前後に商用の放送がなかったからとも言われていますが、正確なところは不明です。とにかく、現在では455kHzと言えば中間周波数であり、ラジオのいくつかの部品も中間周波数がこの455kHzであることを前提に作られています。

図5-2-7(a) は、周波数変換回路の一例です。この回路はエミッタ部分に局部発振回路があります。例では局部発信回路にLC発信器を使っており安価にしていますが、温度による安定度を向上させるために、水晶発信器が使われる場合もあります。

たいていの場合、この局部発振回路の周波数は入力信号の同調回路と同期して変化させるようにして、常に一定の周波数が出力されるようにします。これが「中間周波数」となります。このときコイルは固定し、コンデンサ部分の容量を可変とし、だいたい100pF程度の可変容量コンデンサ（バリコン）を使います。また局部発信器のコイルは一般的に「OSCコイル」と言われており、金属のシールドで囲まれた数mm角の長方形をしたものを使います（**図5-2-7(b)**）。上部のコアの部分に色が付いており、OSCコイルの場合には基本的に赤色になっています。

5-2-6 中間周波増幅器

中間周波増幅器は、周波数変換回路によって455KHzに周波数変換された信号を増幅するための回路です。基本となる周波数が低くなっていますので、高周波増幅器や周波数変換回路より特性の劣るものを使っても問題はありませんが、たいていは同じ部品を使い、大量発注をしますので、全体として安価にすることができます。

図5-2-8は中間周波増幅回路の一例です。この回路はコレクタ部分に同調回路を設け、一種のフィルタ回路を形成しています。

5　2 スーパーヘテロダイン回路

Analog Circuit

図5-2-6 ◉ 周波数変換器

周波数変換後に共振回路を入れることで、特定の周波数だけ取り出せる

(a)　(b)

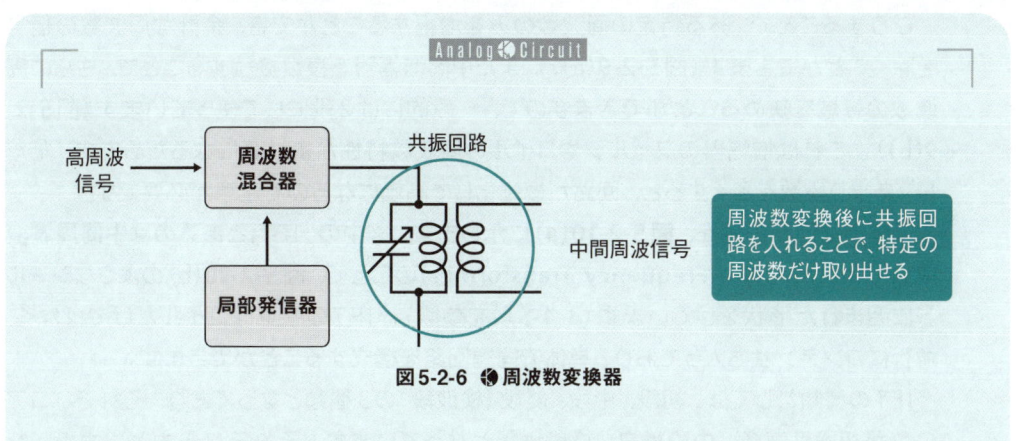

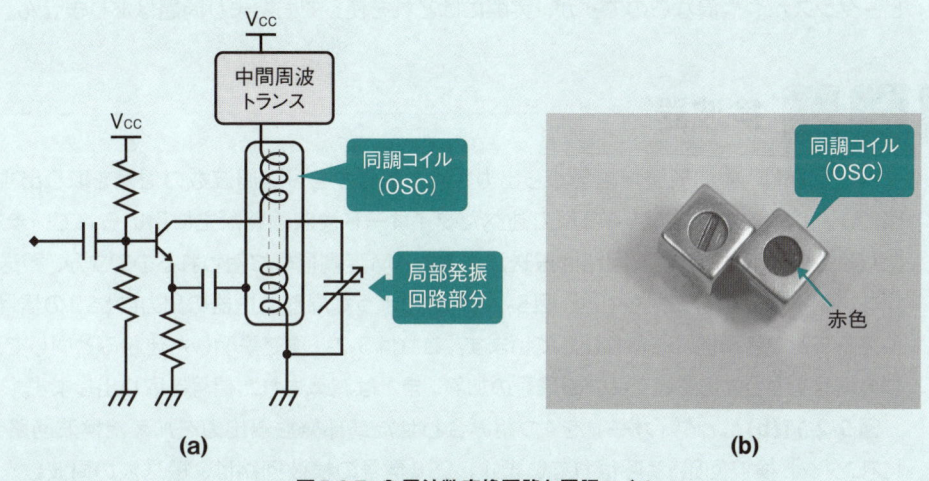

図5-2-7 ◉ 周波数変換回路と同調コイル

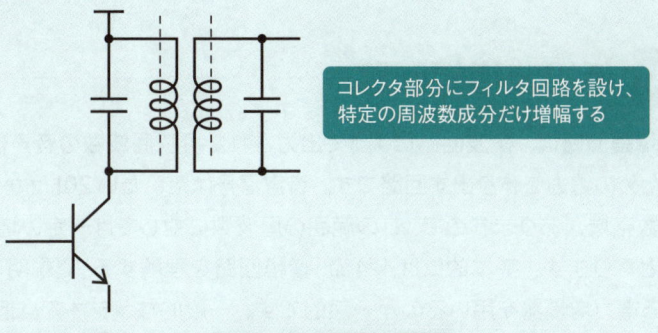

コレクタ部分にフィルタ回路を設け、特定の周波数成分だけ増幅する

図5-2-8 ◉ 中間周波増幅器

こうすることで、ある特定の周波数のみを増幅することができ、余計な周波数の信号を除くことができます（**図5-2-9(a)**）。また中間増幅器を複数接続することで、さらに周波数の帯域を狭めることができますので、一般的には2段にして使っています（**図5-2-9(b)**）。これは増幅器のフィルタやコイルの周波数特性が掛け算になるためです。ただし、あまり段数を多くすると、回路が複雑化して高価になるので注意が必要です。

具体的な回路の例を、**図5-2-10(a)** に示します。図中の「IFT」とあるのは**中間周波変成器(Intermediate Frequency Transformer)**のことで、**図5-2-10(b)** のようなシールドに囲まれた形状をしています（3-4-5項を参照）。IFTの中身はコイルだけではなく、並行にコンデンサも入っており、単体で同調回路を構成することができます。

IFTの種類としては、初段、中段、終段（検波段）の3種類となっており、それぞれコアの色が初段は黄色、中段は白、終段は黒となっています。それぞれ入力と出力のインピーダンスがやや異なるのですが、実際にはどれを使ってもあまり問題はありません。

5 2 7 検波器

検波回路は、中間周波増幅器から出力された信号から可聴周波数の信号を取り出す回路です。基本的な回路は5-1-3項で述べたダイオード検波回路が主に用いられています。ただしこのダイオード検波回路は搬送波があるAM変調信号に使われるのですが、搬送波がないSSB変調信号に対しては、**図5-2-11(a)** のような局部発振器の出力にSSBの信号を加えることで音声信号を取り出しています。これは5-2-5項で説明した仕組みと同じで、2つの信号を混合することで2つの信号の加算、または減算された信号を取り出します。

図5-2-11(b) は、ダイオードを4つ組み合わせた局部発振器出力を加えた検波回路で、「プロダクト検波回路」と呼ばれています。SSB信号の検波回路は、搬送波の周波数を特定し安定させるのが難しく、ずれた周波数を与えてしまうと音声信号が取り出せなくなるので注意が必要です。

5 2 8 低周波増幅回路

低周波増幅回路は、検波回路によって出力された可聴周波数の音声信号をスピーカーで鳴らすための電力を作り出す回路です。音声信号はだいたい20Hzから20kHz程度までの周波数帯域がありますので、この範囲の周波数に対しては一定の増幅度で歪がないのが理想となります。基本的には4-4節「増幅回路を理解する」で説明したプッシュプル回路による電力増幅器を用いるのが一般的です。一般的なラジオでは低周波増幅度の増幅度は20dB程度で、大きくても100dB程度でしょう。

以上のようにスーパーヘテロダイン方式の受信機も基本的な回路の組み合わせであり、送信機や他の用途の回路も基本的なことを理解していれば、回路図の要点がわかるようになります。

5 2 スーパーヘテロダイン回路

Analog Circuit

(a)

(b)

周波数

周波数帯域が狭まる　周波数

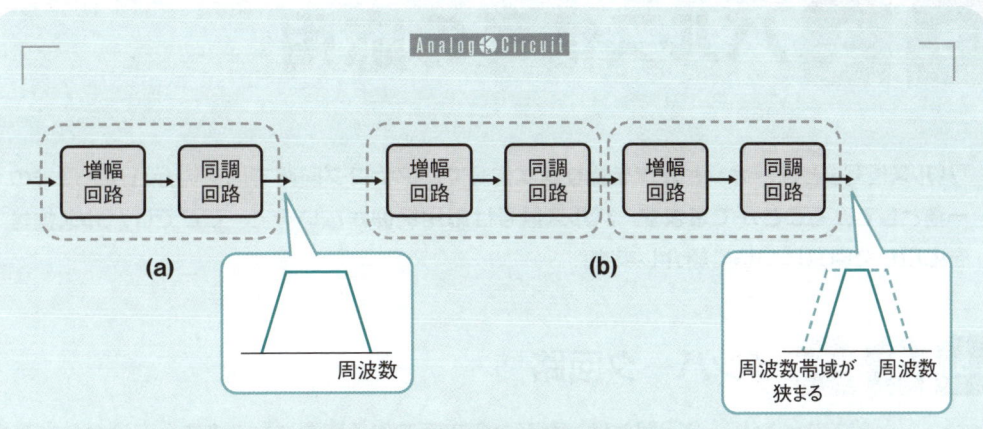

図5-2-9 ◉ 同調回路を多段化すると…

(a)

(b)

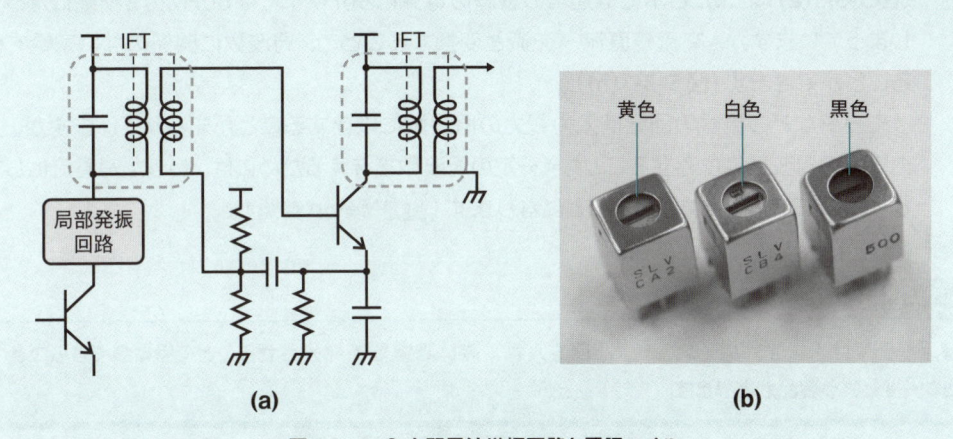

黄色　白色　黒色

図5-2-10 ◉ 中間周波増幅回路と同調コイル

(a)

SSB信号 → 検波器 → 音声信号
　　　　　　↑
　　　　局部発振器

(b)

SSB信号

局部発振器より

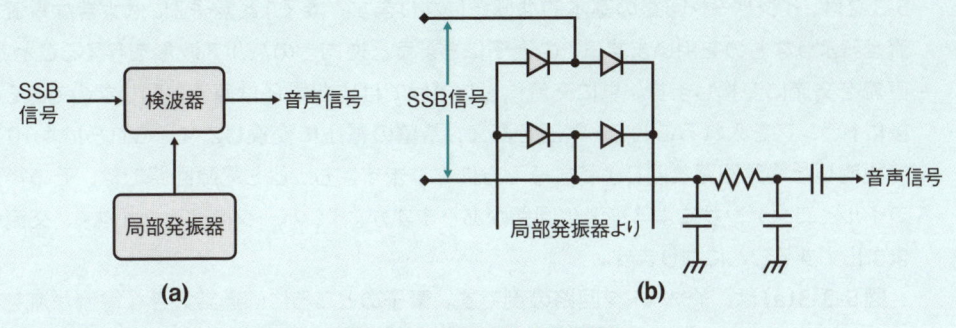

音声信号

図5-2-11 ◉ SSB検波器の構成

Analog Circuit

5-3 パルス信号の応用

「パルス信号」とは、オンとオフを繰り返す信号で、アナログ回路では交流がパルス信号の一種としてみることができます。パルス信号は応用範囲が広いので、ここではパルス信号を応用した回路について紹介します。

5-3-1 インバータ回路

一般的に**インバータ回路**とは、直流から交流を作る装置になります。直流から交流を作るということは、例えば車のバッテリーからAC100Vを作ったりすることになります（**図5-3-1(a)**）。また日本では通常の家庭の電気は50Hzまたは60Hzの2種類になってしまっていますが、交流→直流→交流と変換することで、周波数に関係のない家電を作ることができます（**図5-3-1(b)**）。

モータなどの機器の回転は入力電力の周波数に依存することが知られていますが、入力電力の周波数に依存することなく一定の周波数を与えるためには、いったん直流にしてから再び交流にした方がよいことになります（**Memo参照**）。

> **Memo**
> 身近な例では、蛍光灯にインバータ回路を入れ、高い周波数で発光させることで目につくちらつきをなくすという製品があります。

インバータ回路の基本は、直流をパルスで変調し、交流にすることにあります。**図5-3-2**は、インバータ回路の基本的な概念になります。素子1と素子2には大きな電流が流せるようなものを用います。この素子にちょうど逆向きのパルス波形を与えることで、直流を交流に変換します。単に交流にしただけではまだ電圧は直流と同じなので、その後にトランスを入れることで、電圧を変え、希望の電圧に変換します。これらは4-10節で説明した電源回路と同じような考え方になります。もっとも電源回路では、その後にコイルとコンデンサによる平滑化回路がありますが、インバータにはそれがなく、交流のまま出力することになります。

図5-3-3(a)は、インバータ回路の例です。素子のところには通常大きな電流が流せるFETを使うことが多く、さらに大きな電流を流す場合には絶縁型ゲートバイポーラトランジスタ（IGBT）を使う例が多くなっています。**図5-3-3(b)**は、シミュレーションの結果になります。直流電源V_{CC}としては12Vを与え、パルス波形として約100Hzを素子に入力

5 3 パルス信号の応用

Analog Circuit

(a) 直流12V → インバータ回路 → 交流100V

(b) 交流 → AC-DC → インバータ回路 → 交流（周波数が変わっている）

図5-3-1 ◆ インバータ回路

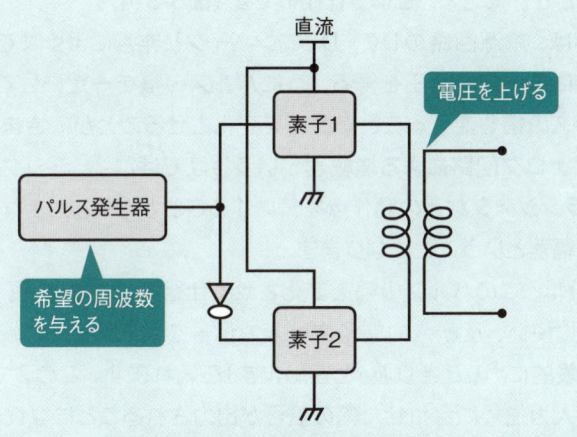

直流 — 素子1 — 電圧を上げる
パルス発生器（希望の周波数を与える） — 素子2

図5-3-2 ◆ 基本的なインバータ回路

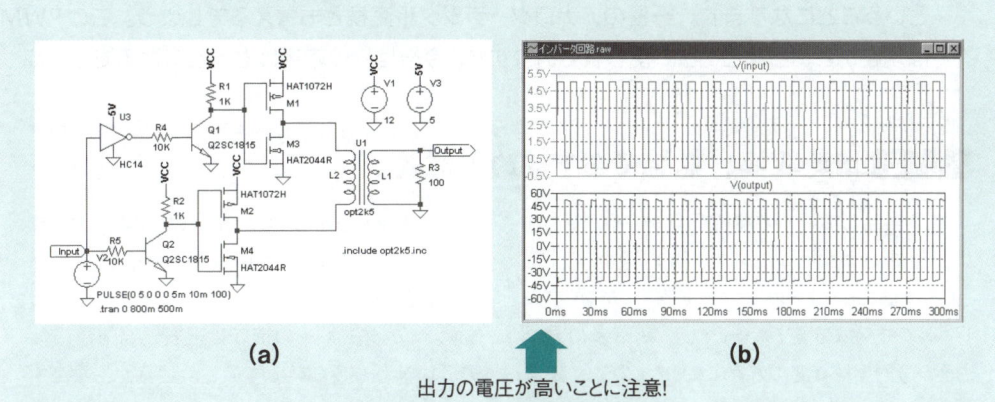

(a) 回路図
(b) 波形（出力の電圧が高いことに注意！）

図5-3-3 ◆ インバータ回路の例と波形

しています。出力側には±40V以上で100Hzの電圧が出力されていることがわかります。なお、このパルス発振器の部分にはいろいろな発振器が使われます。PLLで使われるVCOも、ある意味インバータの一種と言えるでしょう。

5-3-2 D級増幅器

　増幅器として4-4節でA級、B級、C級などを紹介しましたが、近年「D級」という増幅器が出てきました。この**D級増幅器**は、入力信号に合わせたパルスの幅を変えた信号を生成させ、それをスイッチング素子に入力します。スイッチング素子はパルスの幅に合わせた電流を流し、その後コイルとコンデンサによる平滑化を行うことにより、大きな電力の出力を得ることができる、という仕組みです（図5-3-4）。

　この仕組みは、電源回路のDC−DCコンバータと非常によく似ており、DC−DCコンバータの場合には一定の電圧を得るようにパルスの幅を一定にしていたものを、D級増幅器ではパルスの幅を変えることで電圧を変化させることができます。つまりD級増幅器は純粋なアナログ回路による増幅器というわけではなく、デジタル技術を併用した技術であり、トランジスタなどの動作点を気にすることがなく、大きな電力を簡単に得ることができる増幅器ということになります。

　図5-3-5(a)は、このパルスの幅を変化させる仕組みになります。オペアンプをコンパレータのように使い、反転入力端子には入力信号を、非反転入力端子にはのこぎりのような波形（一般的に「のこぎり波」と言います）を入れます。この2つの信号を入れると、その出力には入力信号に合わせた幅の信号が出力されることになります（図5-3-5(b)）。このような、入力信号に合わせた幅のパルス信号を**PWM（Pulse Width Modulation：パルス幅変調）**と言います。つまり、入力信号の縦の振幅をパルスの横の幅に変換する、ということになります。一種のアナログ−デジタル変換とも言えるでしょう。このPWMは現在いろいろなところで使われていますが、今後はその応用はもっと広がるでしょう。

Column⑰ 情報収集、勉強でおすすめの雑誌

　電子部品についての情報収集をするのであれば、雑誌では「トランジスタ技術」（通称トラ技）という雑誌になります。アマチュアレベルからプロレベルの方々まで見ておりますし、執筆者の方々もその分野では有名な方々になりますので、非常に参考になる雑誌であることには間違いないでしょう。トラ技の特集はたまに単行本となりますので、買い忘れた号があっても大丈夫ですし、最近は昔の特集をCDやDVDで売っています。私も昔の資料として20年以上の蓄積があります。しかし、最近の資料収集はやはりインターネットになります。インターネットの情報は玉石混合で信頼性の低い情報も多くありますので、注意が必要ですが、複数のサイトで同じようなことが書かれている場合にはそれなりに信頼してよいと思います。またICなどの情報はやはりメーカの仕様書が一番

図5-3-4 ● D級増幅器

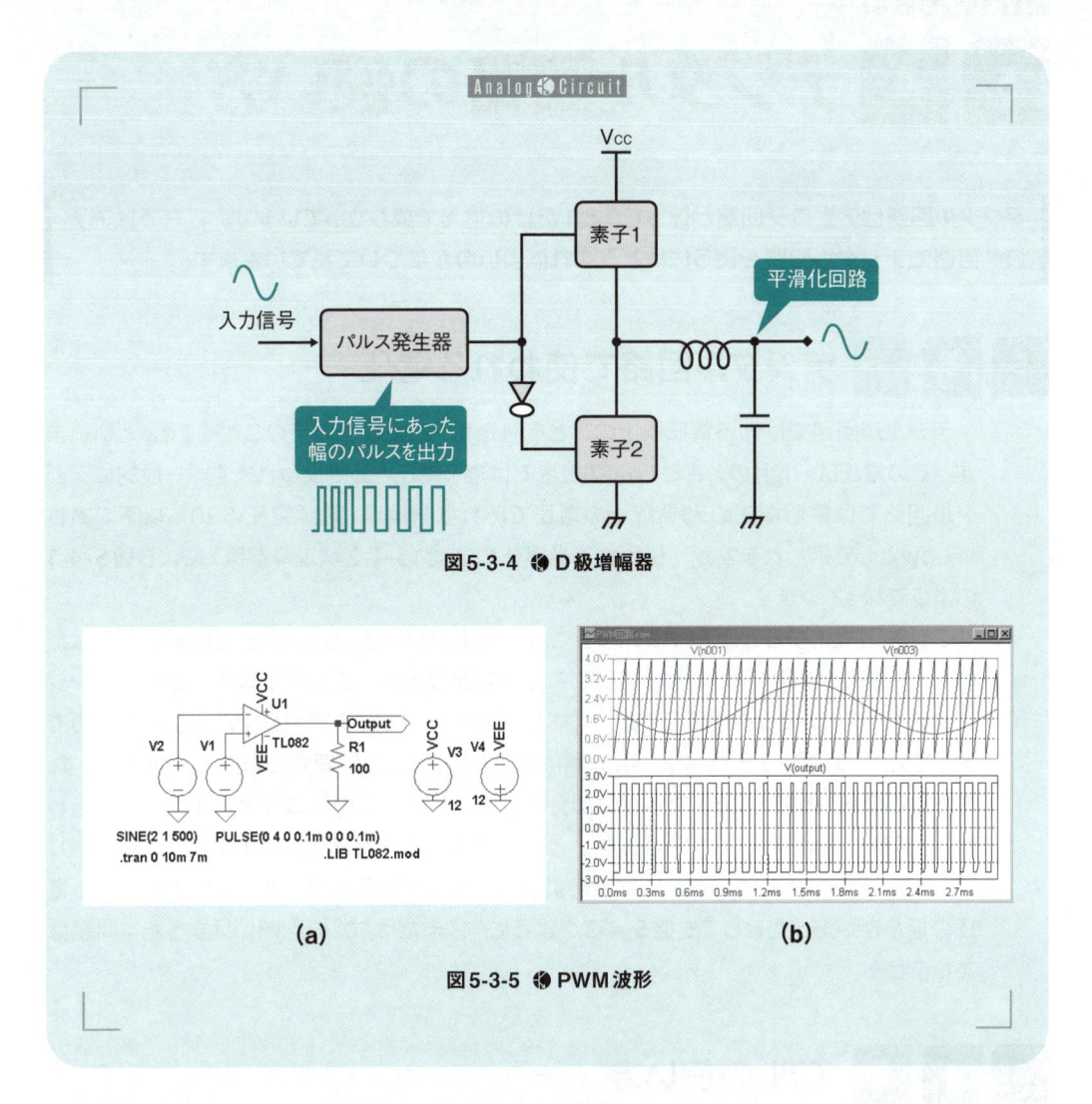

図5-3-5 ● PWM波形

です．特にDC―DCなどの電源回路はマキシムの仕様書が参考になります．

さて，トラ技を読んでいても初心者にはわからないことが多くあると思います．やはり基本的な用語などについてはちゃんと勉強をする，ということが必要となりますし，それなりの電気の基礎理論を勉強することが必要となります．初心者の方であれば松下電器産業生産技能研修所が出している「プログラム学習による基礎電子工学」がお勧めと言いたいのですが，すでに絶版で中古でしか手に入りません．大きな本屋さんにいっていろいろと見て自分に合ったものを探してみるのが一番かもしれません．

Analog Circuit

5-4 デジタル回路の使い方

> デジタル回路はアナログ回路と違って0と1だけの信号で成り立っています。ここではアナログ回路でデジタル回路を使うにはどうすればよいのかについて見ていきます。

5-4-1 デジタル回路で使われる電圧

　デジタル回路ではある電圧以上のことをHigh、ある電圧以下のことをLowといいます。この電圧はHighのときとLowのときでは違う電圧として扱われます。一般的にデジタル回路では電源電圧の75%以上の電圧であればHigh、電源電圧の20%以下であればLowとして扱われますが、使われる半導体の技術（5-4-2項以降参照）により図5-4-1のようになっています。

　これを図式化すると図5-4-2のようになります。表や図よりLowと認識する電圧はだいたい0.8V～0.4V程度となっていることがわかります。これは半導体内部のトランジスタのベース・エミッタ間電圧（V_{BE}）やFETのゲート・ソース間電圧（V_{GS}）によるものです（3-6節、3-7節参照）。またHigh側はだいたい2Vから電源電圧までの間があります。さらにこのHighでもLowでもない部分が存在します。この間の部分は不定として扱われ、論理的には"1"でも"0"でもないとされます。つまり不定の電圧にならない限り、"1"か"0"として扱われることになりますので、雑音が信号に乗ったことによる多少の電圧の揺らぎがあったとしても図5-4-3のように"1"または"0"の判断にはまったく問題はありません。

5-4-2 TTLの使い方

　TTLはTransistor-Transistor Logicの略で、内部がトランジスタで構成された論理素子になります。TTLはTEXAS INSTRUMENTS社によって規格化されており、74の型番でシリーズ化されています。

　論理素子はアナログ回路と異なり、出力信号が複数の論理素子に入力される場合があります。この場合注意しなければならないのが出力となる素子から出る最大の電流と入力に必要な電流になります。つまり、TTLの出力端子1つに対していくつのTTLの入力端子が接続できるかを計算をして出す必要があります。ここではTTLの基本的な論理素子の1つである74LS00を例にしてみましょう。

　図5-4-4は74LS00の特性の抜粋です。この表では4つのパラメータの項目があります。これは入力および出力電流の項目で、HighレベルとLowレベルそれぞれの電流が

Analog Circuit

素子のタイプ	電源電圧	Highの電圧	Lowの電圧
TTL	5V	2V	0.8V
CMOS	2〜5V (=V_{dd})	$V_{dd} \times 0.7$	$V_{dd} \times 0.2$
低電圧ロジック	3.3V	2V	0.8V
ECL	-5.2V	-0.9V	-1.75V

図5-4-1 ◉ 各素子における電源電圧とHighとLowのしきい値

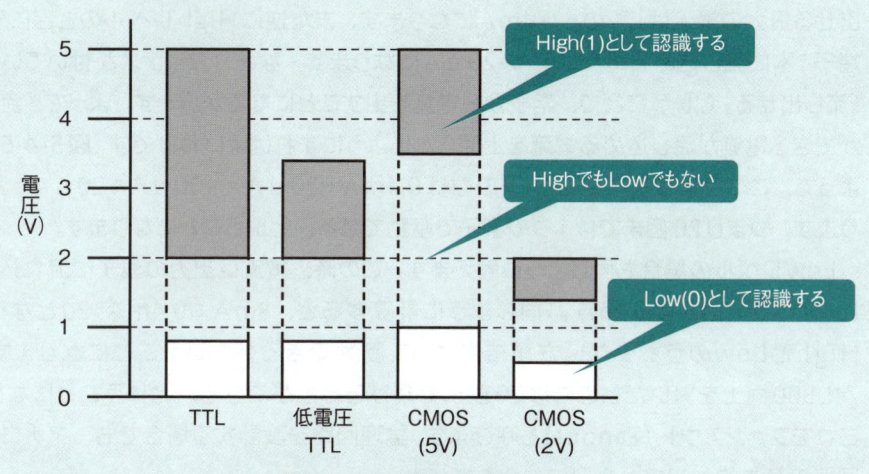

図5-4-2 ◉ 各素子のHighとLow

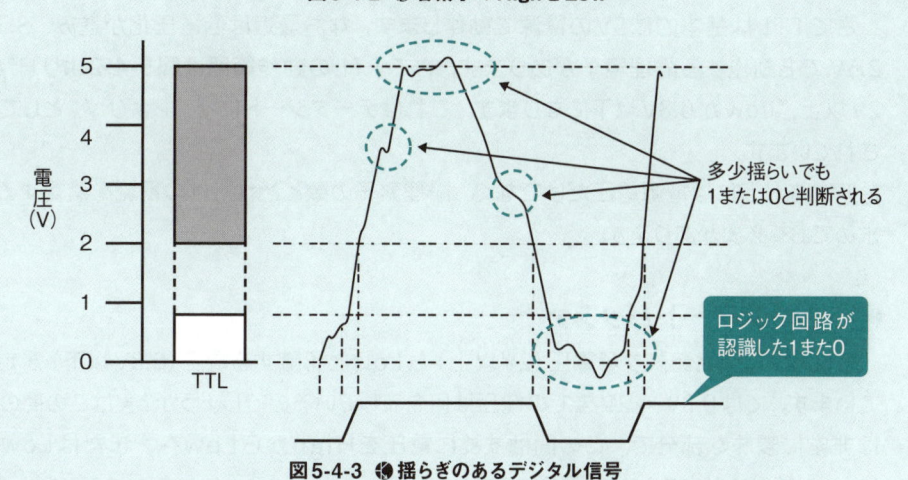

図5-4-3 ◉ 揺らぎのあるデジタル信号

記載されています。それぞれの意味は以下の通りです。

●入力電流
- I_{IH}（High Level Input Current）：入力をHighレベルにしたときの流し込める電流
- I_{IL}（Low Level Input Current）：入力をLowレベルにしたときの流し出せる電流

●出力電流
- I_{OH}（High Level Output Current）：出力がHigh Levelと判定できる限界まで流し出せる電流
- I_{OL}（Low level Output Current）：出力がLow Levelと判定できる限界まで流し込める電流

最初に考えるのはHighレベルになります。Highレベルのときに TTL の端子1本から出せる最大の電流は I_{OH} の－0.4mAになります。また逆にHighレベルのときにTTLの端子1本に流し込める電流は I_{IH} の20μAになります。なお、マイナスが付いているのは「流し出せる」ということで、素子から電流を出すことになるからです。よって、流すことができる電流が流し込める電流を上回らないようにすればよいわけです（**図 5-4-5 (a)**）。よって、このとき接続できる素子の数は 0.4mA÷20μA＝400μA÷20μA＝20となります。つまり20個までは1つの素子で駆動できる、ということになります。

Lowレベルの場合も同じように考えます。この時、電流は出力の素子に流れ込むようになります（**図 5-4-5 (b)**）。同じように計算すると、8mA÷0.4mA＝20となります。HighとLowのうち少ない方が結果として駆動できる数ということになりますので、74LS00同士を繋いだときには20個まで繋げることができる、ということになります。これを**ファンアウト (Fanout)** と呼びます。論理回路を設計する場合でも、アナログ電子回路の基本的な知識が必要になります。

さてTTLは基本的に5Vの電源で動作します。なお最近は低電圧化が進み、3.3Vや2.5Vでも動作する論理素子があります。さてTTLの動作範囲は**図 5-4-2** よりHighが2V以上、Lowが0.8V以下になります。これはデータシートに V_{IH} および V_{IL} として記載されています。

TTLを使うには電源電圧だけでなく、論理素子の数とどれだけの電流を消費するかを求めておく必要があります。

🔷 スリーステートバッファ

TTLはHighと認識する電圧（2V以上）とLowと認識する電圧（0.8V以下）が定まっています。では0.8V～2Vまでの電圧は何を表しているのでしょうか？実はこの間の電圧は非常に曖昧な部分で、この間はすぐに電圧をHighからLowへ、またはLowからHighへ移動させることが必要となります。

さて、TTLには実はもう1つ、HighでもLowでもない状態があります。これを**ハイ・**

Analog Circuit

推奨動作条件

	SN74LS00			単位
	MIN	NOM	MAX	
I_{OH}（高レベル出力電流）			-0.4	mA
I_{OL}（低レベル出力電流）			8	mA

電気的特性

		SN74LS00			単位
		MIN	NOM	MAX	
I_{IH}	V_{CC} = MAX, VI = 2.7V			20	μA
I_{IL}	V_{CC} = MAX, VI = 0.4V			-0.4	mA

図 5-4-4 ● 74LS00 の特性（抜粋）

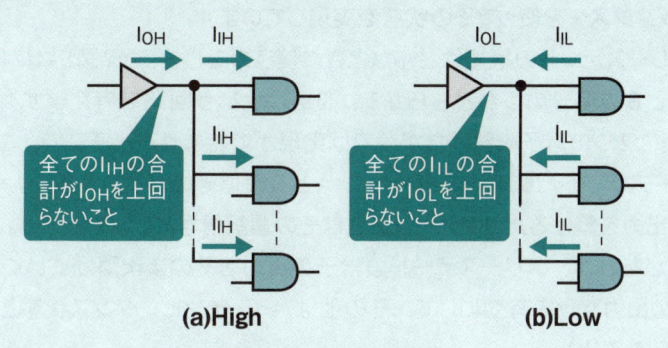

(a)High　　(b)Low

図 5-4-5 ● ファンアウト

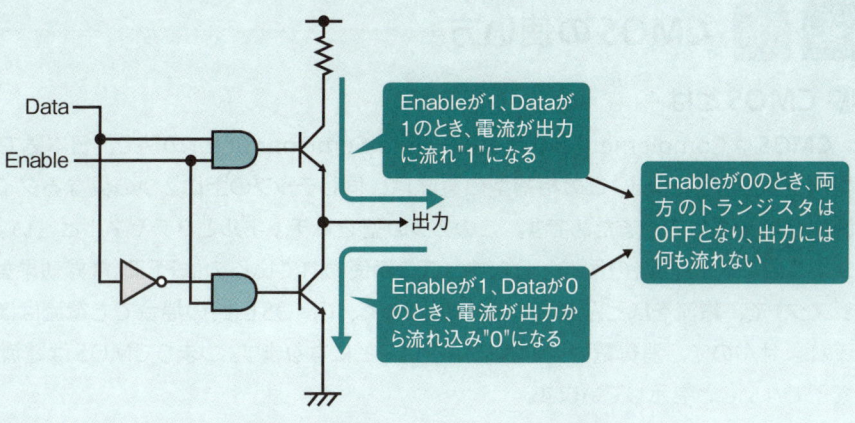

・全ての I_{IH} の合計が I_{OH} を上回らないこと
・全ての I_{IL} の合計が I_{OL} を上回らないこと

Enableが1、Dataが1のとき、電流が出力に流れ"1"になる

Enableが1、Dataが0のとき、電流が出力から流れ込み"0"になる

Enableが0のとき、両方のトランジスタはOFFとなり、出力には何も流れない

図 5-4-6 ● スリーステートバッファの原理

インピーダンス（Hi-Z：High Impedance）と呼んでいます。ハイ・インピーダンスは読んで字の如し、非常に高いインピーダンス、つまり高い抵抗を持っている、という意味になります。アナログ回路的に高い抵抗の素子には電流はほとんど流れません。よって電圧は架かっているけれども電流が流れない状態である、という意味になります。この状態は基本的に非常に高い抵抗を用意するか、または回路的に遮断してしまうかのどちらかになります。デジタル回路では主にこのうち後者、つまり回路的に遮断してしまう方法が一般的に取られており、High、LowそしてHigh Impedanceの3つの状態を持つものを**スリーステート（Three State）**、または**トライステート（Tri-state）**と言います。この遮断はスイッチを開ける行為と同じだと思って下さい。

　図5-4-6はスリーステート状態の原理になります。TTLは出力から電流を出すことで"1"を、電流を流れ込ますことで"0"としています。しかし、出力に電流をまったく流さない、流し込まない状態を作り出すのがHigh Impedance状態となります。図5-4-6は2つのトランジスタを使ってその状態を実現しています。

　ではスリーステートの状態はどんなときに使うのでしょうか？図5-4-7はその一例です。例えばAとBの信号のうちどちらか1つを選ぶという回路を考えます。単純に**図5-4-7 (a)**のように2つの素子を繋げただけでは実現ができません。そこで、これを実現するためにスリーステートバッファを使います。AとBの信号のバッファがスリーステートであれば、単に出力を繋げるだけでよく、あとはその選択信号だけになります。もしAとB以外にも信号があれば、スリーステートの素子の出力をそのまま繋げていくだけとなります。後は1つの出力だけを有効にして、その他はハイ・インピーダンス状態とすればよいわけです（**図5-4-7 (b)**）。

5・4・3　CMOSの使い方

▶ CMOSとは

　CMOSはComplementary Metal Oxide Semiconductorの略で、日本語では相補型MOSと呼ばれます。この相補型の意味は、同じチップの上に2つの異なるタイプの半導体が実装されているためです。この2つの型をNチャネルとPチャネルと言います。**図5-4-8**にCMOS回路の例を示します。ここで使われているのはFET（電界効果型トランジスタ）で、電流をほとんど流しません。よって、CMOS回路の場合でも電流はほとんど流れませんので、消費電力は非常に小さいことになります。つまりCMOSは電流駆動の素子でないことを示しています。

Analog Circuit

(a) バッファ　　(b) スリーステートバッファ

図5-4-7 ● バッファによる信号選択回路

(a)　　(b)

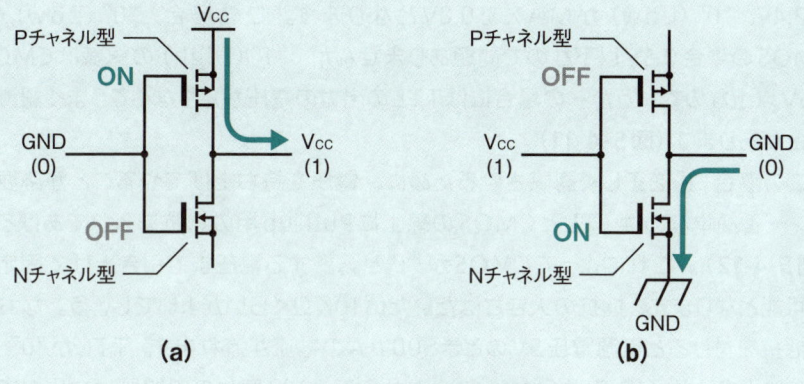

図5-4-8 ● CMOS回路の動作例

V_{CC}
信号がHighと認識する
$V_{CC} \times 0.7$

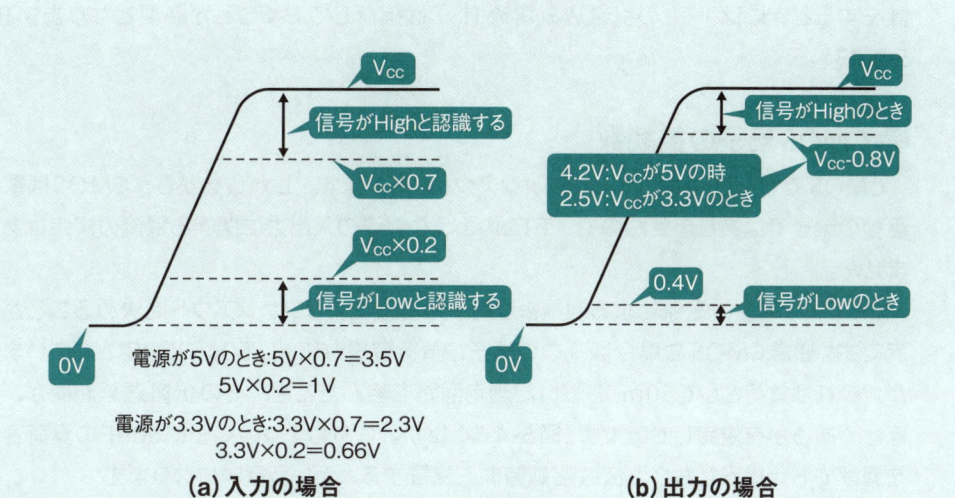

$V_{CC} \times 0.2$
信号がLowと認識する
0V
電源が5Vのとき：5V×0.7＝3.5V
　　　　　　　 5V×0.2＝1V
電源が3.3Vのとき：3.3V×0.7＝2.3V
　　　　　　　　 3.3V×0.2＝0.66V

(a) 入力の場合

V_{CC}
信号がHighのとき
$V_{CC}-0.8V$
4.2V：V_{CC}が5Vの時
2.5V：V_{CC}が3.3Vのとき
0.4V
信号がLowのとき
0V

(b) 出力の場合

図5-4-9 ● CMOSの電圧レベル

Chapter 5 ちょっと高度なアナログ回路とデジタル回路

● CMOS素子の使い方

CMOSの論理素子はTTLと同じように使うことができます。しかし、"1"(High)や"0"(Low)と認識する電圧レベルなどはTTLとは異なり、図5-4-9のようになっています。CMOSからTTLへの場合には、CMOSの方が電圧は高いのであまり問題になりません。例えばCMOSの電源に5Vを繋いだとすると、"1"(High)の出力は4.2V以上であり、"0"(Low)の出力は0.4V以下となります。よって、TTLの仕様である2V以上および0.8V以下は満足しますので、"1"と"0"を問題なく認識できます(図5-4-10)。

しかしながら、TTLからCMOSへの接続が問題となります。これはTTLの出力がCMOSの"1"(High)のレベルを下回る可能性があるからです。例えばCMOSに5Vを繋いでTTLからの出力を受けるとします。TTLの出力は基本的に、"1"(High)がMINで2.4V、"0"(Low)がMAXで0.8Vとなります。この場合、"0"(Low)の認識はCMOSの場合0.8V以下なので問題ありませんが、"1"(High)の認識はCMOSの場合3.5V以上なので、万が一の場合にはTTLの出力の電圧が足りなくてうまく認識できない場合があります(図5-4-11)。

この場合"1"を正しく認識させるために、電圧を持ち上げてやることが必要になります。一番簡単なのはTTLとCMOSの線上にPull-up用の抵抗を入れてあげることです(図5-4-12)。これによってCMOSが"1"と認識する電圧まで引き上げて固定することが可能となります。抵抗の大きさはだいたい10KΩくらいがよいでしょう。なお、10KΩの抵抗を付けると電源電圧5Vのとき500μAの電流が流れます。TTLが"0"(Low)のときに引き込める電流はだいたい1mAから2mA程度なので問題はないのですが、設計をするときにはTTLの引き込み電流(I_{IL})は確認しておくことが必要となります(図5-4-13)。

● CMOS素子の接続数

CMOSでもTTLと同じようにファンアウトがあります。しかしながら、CMOSは電流駆動の素子ではありませんので、TTLのような電流の入出力に関する電流の規定はありません。

CMOSの場合、電流による制限より端子の容量によりファンアウトを決めることが主流です。通常CMOSの場合は1つの端子の負荷容量「CL」は50pFと規定されていますが、これは負荷として50pFを繋いだ測定回路を組んだとき、その伝搬遅延時間がどれほどであるかを規定しています(図5-4-14 (a))。これは1つの端子に50pFの負荷容量を繋げても仕様書どおりの伝搬遅延時間を保証する、という意味になります。

それでは1つの端子あたりの入力端子容量はどのくらいでしょうか?入力端子容量は「Cin」として規定されていることが多く、だいたい6~10pFくらいになります。つまり、CMOS素子の場合、入力端子容量が10pFであれば、合計して5つの端子を接続しても

Analog Circuit

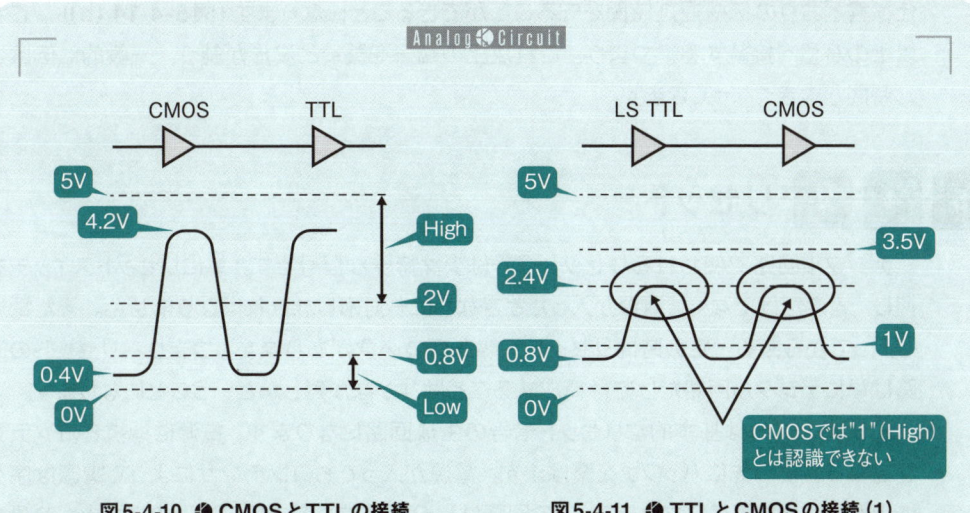

図5-4-10 ● CMOSとTTLの接続

図5-4-11 ● TTLとCMOSの接続(1)

CMOSでは"1"(High)とは認識できない

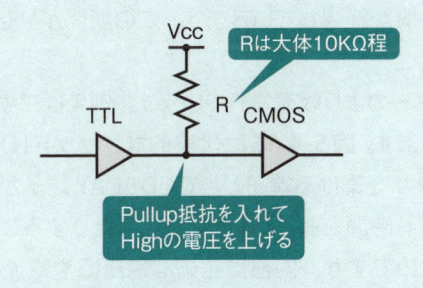

図5-4-12 ● TTLとCMOSの接続(2)

Rは大体10KΩ程
Pullup抵抗を入れてHighの電圧を上げる

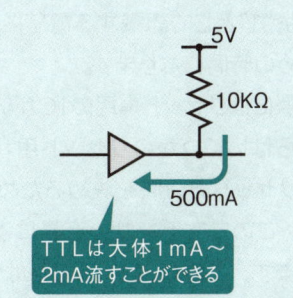

図5-4-13 ● TTLの引き込み電流

TTLは大体1mA～2mA流すことができる

各々10PF程度
計5個くらいまで

(a)　(b)

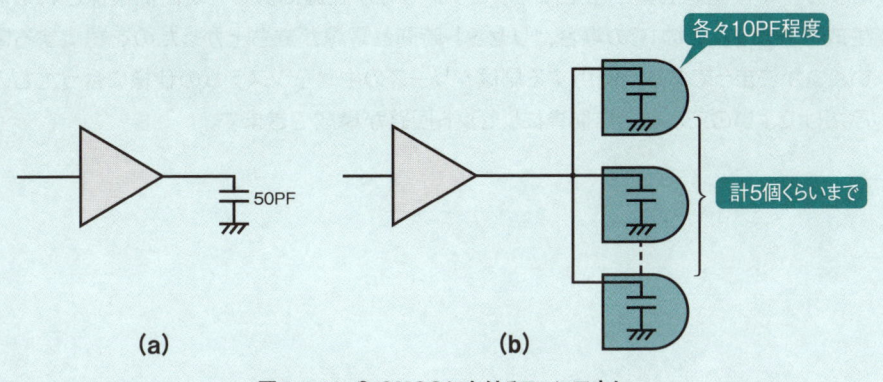

図5-4-14 ● CMOSにおけるファンアウト

仕様書どおりの伝搬遅延時間を守ることができることになります（**図5-4-14 (b)**）。これ以上の容量を接続する、つまり、これ以上の端子を繋ぐと波形が鈍り、一般的に伝搬遅延時間が大きくなってきます。

5-4-4 リセット

　デジタル回路で使われる**リセット**信号は少々特殊な信号です。単にリセットスイッチを押したときだけでなく、電源が入ったときなどにも対応しなければなりません。また電源が入ってからある一定の時間リセット状態を保つ必要があります。つまり、リセットの回路は単にデジタル回路だけでは構成することはなかなか難しいということになります。

　図5-4-15 (a)は基本的なリセット信号の生成回路になります。電源に抵抗とコンデンサを繋げ、その先にバッファを繋げます。電源が入ってもコンデンサによって電源は序々に上がるような感じになります。この回路は積分回路になります。波形の立ち上がり具合は抵抗とコンデンサの時定数で決まります。この信号がバッファに入りますので、バッファが"1"として認識する電圧になるまで時間が経過していきます。この期間がリセットのための時間になります。

　実際にはリセット専用のICがいろいろなメーカより販売されています。例えばマキシム社からはいくつかのリセット用ICが出ています。**図5-4-16**は代表的なリセットICですが、リセットの時間を決めるためのコンデンサを繋げる端子としてCDELAY端子があります。このコンデンサの容量によってリセット時間を長くしたり、短くしたりすることができます。このICの内部回路は少々複雑なのですが、内部に正確な電圧源や電流源があり、それらによって正確なリセット時間を作りだすことができます。リセット時間はだいたい決まっている、という場合にはさらに簡単なICがあります。**図5-4-17**はその一例ですが、単に電源を繋げるだけでリセット信号が正確にある一定時間確保された信号が生成されます。このICの場合、リセット時間と電源が立ち上がったのを認識する電圧がいくつか決まっており、使用する側はシリーズの中からシステムの仕様に合ったものを選ぶだけでよいので、非常に簡単にリセット回路が構成できます。

5-4 デジタル回路の使い方

Analog Circuit

(a) 基本的なリセット生成回路

- 電源
- R
- バッファ
- C
- A
- B
- リセット信号

(b) リセット信号のタイミング例

- 電圧
- 電源：電源が入ってもコンデンサの影響でゆっくりと立ち上る
- A点：バッファが1として認識する電圧
- B点：この時間がリセット時間
- 時間

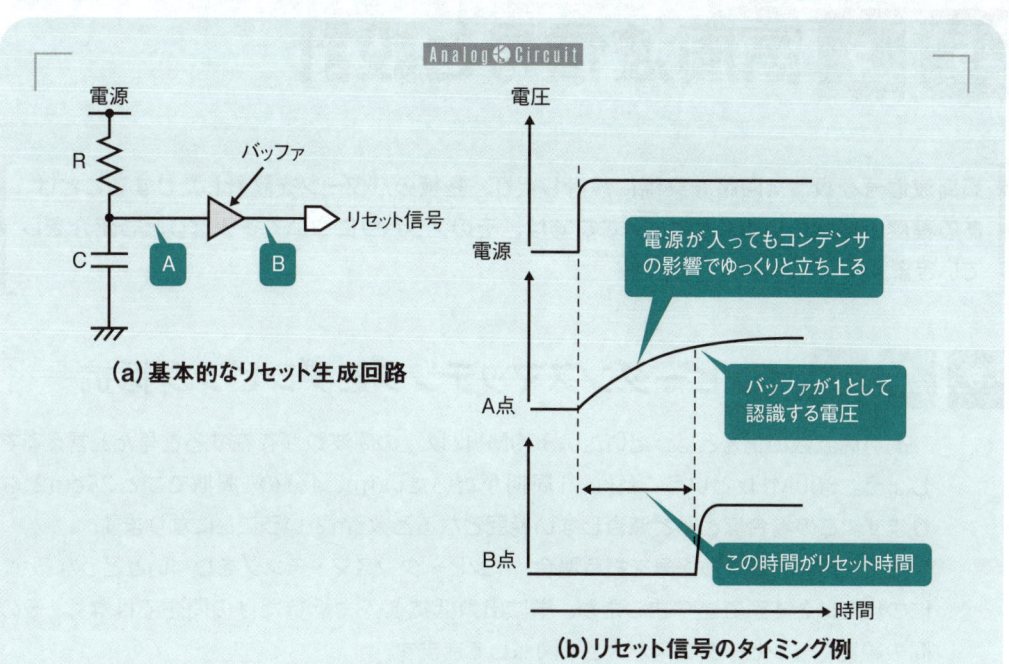

図5-4-15 ● リセット信号生成例

- 1.5V TO 5.5V
- 0.1μF
- R1
- R2
- MAXIM MAX6895
- ENABLE
- V_CC
- OUT
- IN
- CDELAY
- GND
- C_CDELAY

内部に正確な電圧源がある
内部に正確な電流源がある
リセットの時間を決めるコンデンサ

- ENABLE (MAX6895)
- ENABLE (MAX6899)
- V_CC
- IN
- 0.5V
- LOGIC
- 250nA
- 1.0V
- OUT
- MAXIM MAX6895 MAX6899
- CDELAY
- GND

マキシムジャパンMAX6895データシートより

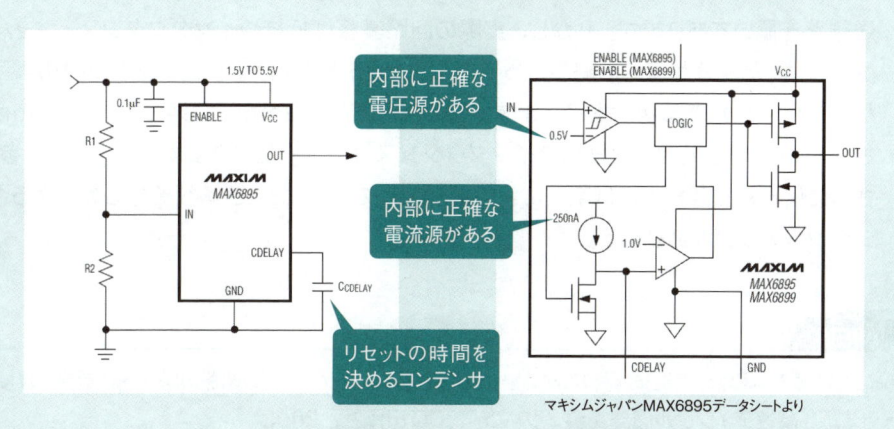

図5-4-16 ● MAXIM リセットIC MAX6895

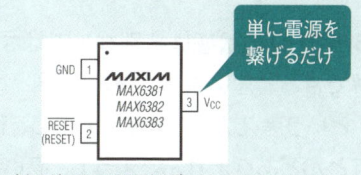

- GND 1
- MAXIM MAX6381 MAX6382 MAX6383
- 3 V_CC
- RESET (RESET) 2

単に電源を繋げるだけ

マキシムジャパンMAX6381データシートより

図5-4-17 ● MAXIM リセットIC MAX6381

Analog Circuit

5-5 高周波信号と設計

> 高周波信号を扱った回路を実際に設計したり、基板のパターンを設計したりすることは、ある程度の経験のいることです。ここでは、そのノウハウについて多少なりとも紹介をしていきます。

5-5-1 インピーダンスマッチングとダンピング抵抗

　高い周波数の信号とは、だいたい300MHz以上の周波数が存在する信号だと言えるでしょう。300MHzということは、1周期がだいたい1m、4分の1周期ですと25cmとなります。この場合ほとんど減衰しない範囲となると数cmということになります。

　さて、高い周波数の信号を扱う場合、インピーダンスマッチングをしないとどうなるか、については2-4節で述べましたが、単に出力抵抗と入力抵抗だけの問題ではなく、その間の線路のインピーダンスが大きく関係してきます。

　図5-5-1(a)は2-4節で説明したシミュレーション回路図ですが、真ん中に理想的な伝送線路を置いてあります。しかし、実際の回路基板は抵抗やインダクタンス、キャパシタンスといった成分が複雑に絡み合っています（図5-5-1(b)）。例えば図5-5-2のように基板上に信号線がある状態を考えます。この信号線は幅2mm、銅箔の厚さが0.1mm、長さが30mmとすると、信号線のインダクタンスは20nHとなります（Memo参照）。さらに信号線と基板上には空気によるキャパシタンス、および基板そのものによるキャパシタンスの成分があります。

> **Memo**
> このインダクタンス値は、下記の資料にある銅箔の長さとインダクタンスの関係の図を元に計算しました。
> 久保寺忠、「高速ディジタル回路実装ノウハウ」、CQ出版社、2002

　これらを考えると図5-5-1(b)の状態は特別なのではなく、当たり前に存在する状態である、ということが理解できると思います。つまり、単なる信号線であってもインピーダンスを持つ回路である、という考え方をします。しかし、信号の周波数が低ければこのインピーダンスの影響はほとんどありません。よって、高い周波数の信号を扱うときに気を付ければよい、ということになります。

　信号線路も複雑なインピーダンスを持つ回路であることがわかった以上、2-4節で示したような信号の反射の影響を極力抑える必要があります。しかし、これはいくら理論的な

5-5 高周波信号と設計

Analog Circuit

(a) T1 Td=50n Z0=50
V1 R1 50
.tran 50e-6
PULSE(0 1 0 0 0 10e-6 10e-5 100)

(b)
電子回路の基板上の配線は…
抵抗・コイル・コンデンサの集まり

図5-5-1 ● 回路基板上の配線

30mm / 2mm / 銅箔厚さ0.1mm / C

図5-5-2 ● 配線とインダクタンス

信号線路上に抵抗を配置する（ダンピング抵抗）

図5-5-3 ● ダンピング抵抗

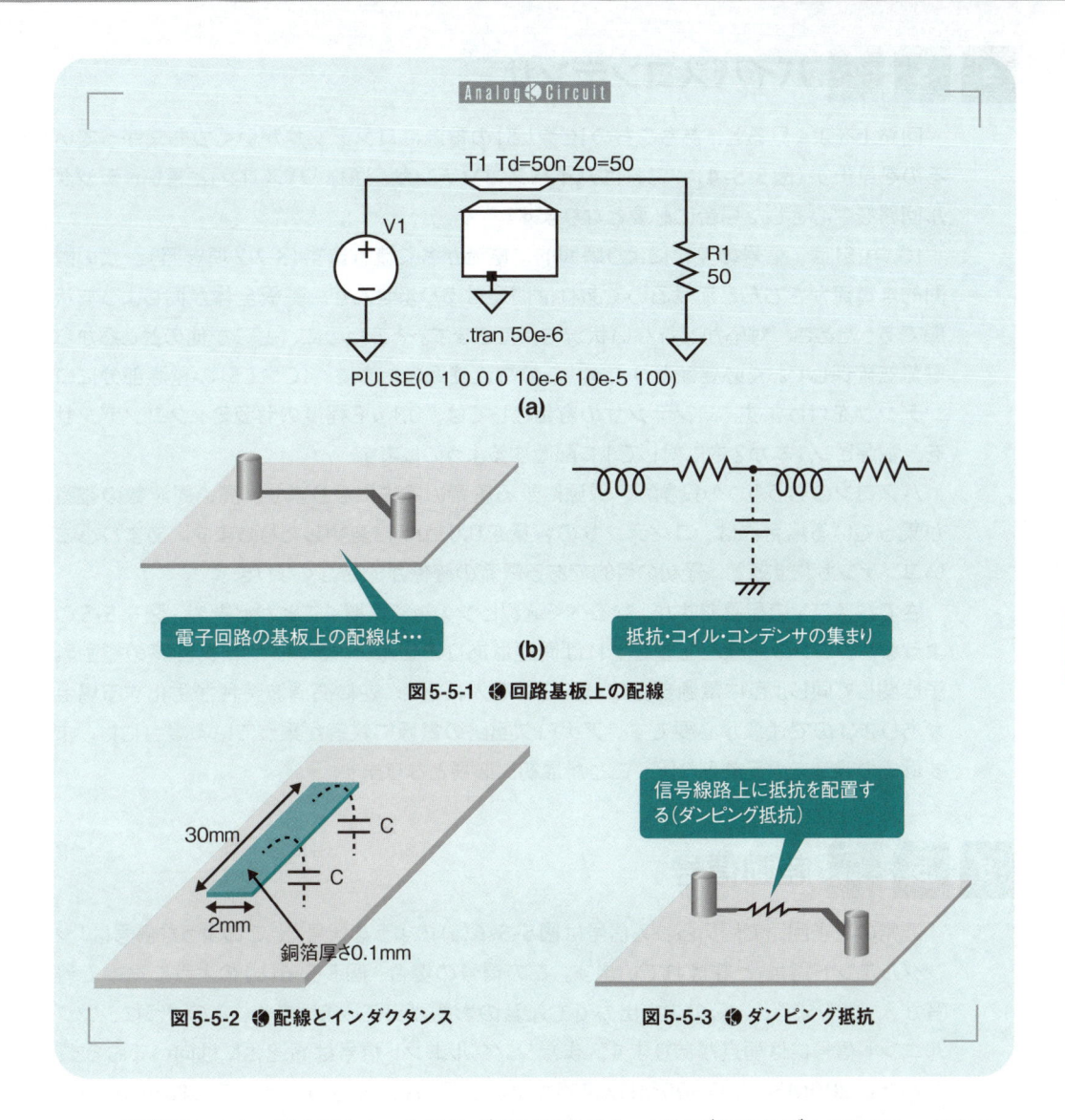

計算をしたとしても難しい、と言わざるを得ません。ではどうすればよいのでしょうか？

　計算しても難しいのであれば、実際に回路ができたところで実際の波形を見ながら調整をしていくことになります。ではその調整とは何でしょうか？　2-4節の図2-4-11（b）（p.51）において、入力抵抗が小さいときに波形が鈍っていることに着目します。これは、線路上のインピーダンスが入力抵抗より高いことを示しています。とするならば、線路上に抵抗をあらかじめ入れておいて、反射の影響があった場合、そこに適当な値の抵抗を実装してあげればよいという考えになります。実はこの抵抗のことを**ダンピング抵抗**と言います（**図5-5-3**）。これであれば、設計段階で反射の影響で問題になりそうなところにあらかじめ抵抗を用意して、問題があったときに抵抗の値を調整すればよいことになります。

5-5-2 バイパスコンデンサ

回路上をよく見ると、あちこちのICやLSIの電源にコンデンサがいくつも繋がっているのを見ます（図5-5-4）。これは**バイパスコンデンサ**、通称「パスコン」と言い、デジタル回路を中心とした場合に必要となります。

ICやLSIは、信号の変化により瞬間的に電流が多く流れます（3-7-2項参照）。この瞬間的な電流がきちんと流せるのであれば問題はありませんが、基板全体が同じような状態であったとき、対応がとれない状況も出てきます。そのために、どこか他のところから電流を確保しておく必要があります。この電流確保のために、ICやLSIの電源部分にコンデンサを付けます。コンデンサの容量としては、$0.1\mu F$程度のセラミックコンデンサを、電源ピン1本か2本に対して1つ配置するようにします。

パスコンのもう1つの役割が、電源に乗る雑音の除去になります。高い周波数の雑音が乗っている場合には、コンデンサの容量を$0.01\mu F$に変更したりします。あまり小さいコンデンサにすると、最初の目的である電流の確保ができなくなります。

さてパスコンの配置ですが、なるべく電源ピンの近くに置くことが必要で、図5-5-5のようなパターンの配線と配置をすれば問題はありません。なお、アナログ回路の能動素子に関して同じように電源部分にパスコンを入れると、逆に高周波特性が劣化する場合がありますので注意が必要です。アナログ回路の電源に雑音が乗っている場合には、まずはその雑音を大元で取り除くことが最初に必要となります。

5-5-3 差動信号

通常の電子回路で用いられる信号は図5-5-6(a)のような信号で、このような信号は「シングルエンド信号」と呼ばれています。この信号の場合、図5-5-6(b)のように途中で雑音が入ったりすると、そのまま出力でも雑音の影響が出てしまいます。このようにシングルエンド信号には弱点があります。またシングルエンド信号は高速化には向いておらず、だいたい200MHzから300MHzまでが限界と言われています。そこでこれらの弱点をなくした方法が、**差動信号 (Differential Signal)**になります。

差動信号は図5-5-7(a)のような信号で、ある電圧を基準に正（図では上の信号）と負（図では下の信号）の両方の信号が生成されます。この電圧は規格により異なりますが、シリアル通信で有名な「RS422」ではGND (0V)が中心となります。

差動信号は、受信側で正の信号から負の信号を引くということになりますので、回路としては受信側において4-4-3項で取り上げた差動増幅器が主に使われています。そして図5-5-7(b)のように正の信号から負の信号を引くと、結果として信号の大きさが倍になります。もし、この信号に雑音が乗った場合には、図5-5-7(c)のようになります（図5-5-7(c)の基準をGNDとした場合、雑音はGNDから見て上に乗るとします）。すると、差動信号の場合には雑音は引き算される、つまりお互いに打ち消しあって出力には雑音

Analog Circuit

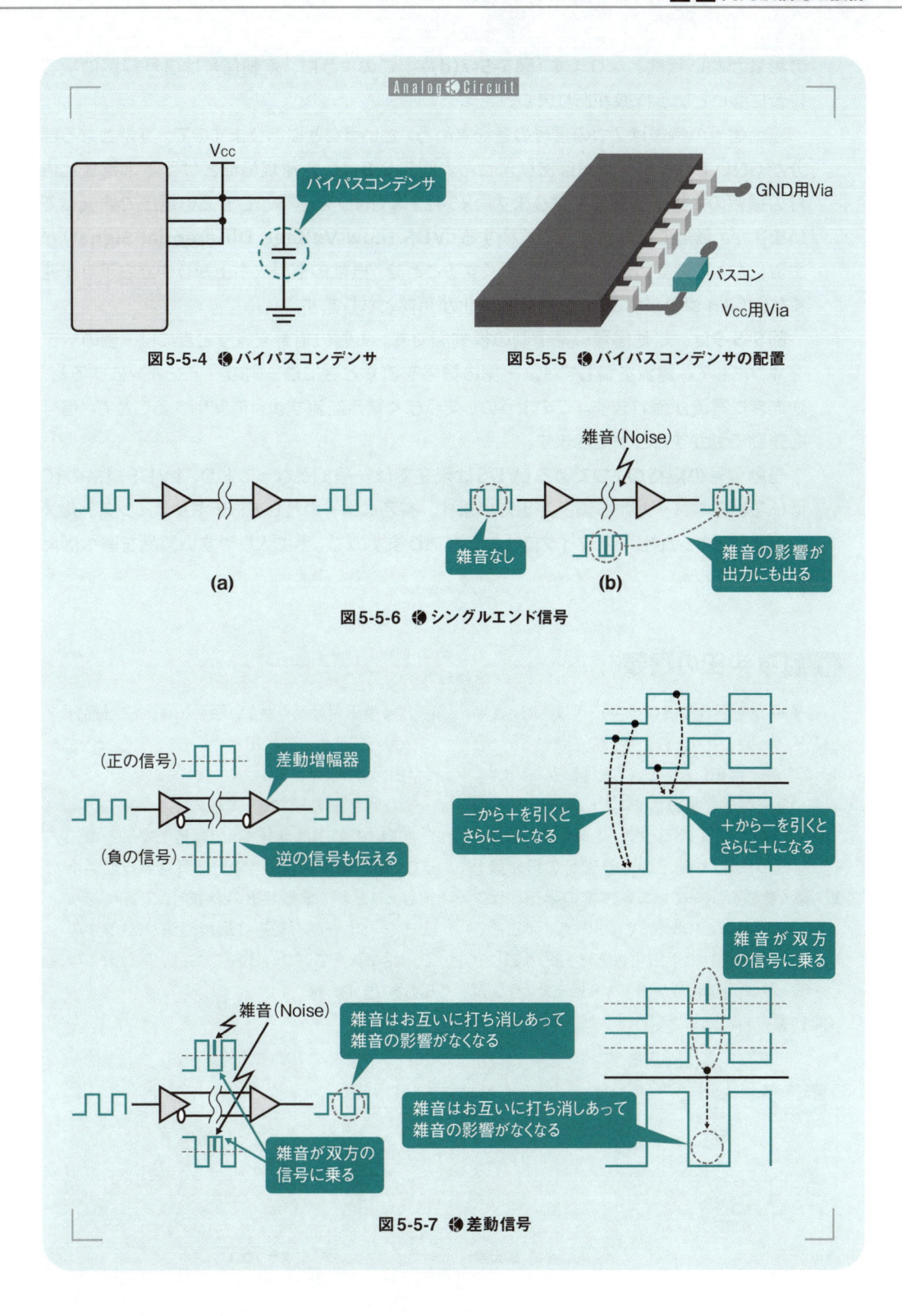

図 5-5-4 ◆ バイパスコンデンサ

図 5-5-5 ◆ バイパスコンデンサの配置

(a) 雑音なし
(b) 雑音の影響が出力にも出る

図 5-5-6 ◆ シングルエンド信号

（正の信号） 差動増幅器
（負の信号） 逆の信号も伝える

−から＋を引くとさらに−になる
＋から−を引くとさらに＋になる

雑音が双方の信号に乗る

雑音（Noise）
雑音はお互いに打ち消しあって雑音の影響がなくなる
雑音が双方の信号に乗る
雑音はお互いに打ち消しあって雑音の影響がなくなる

図 5-5-7 ◆ 差動信号

の影響がない状態となります（**図5-5-7(d)**）。このように、差動信号は信号経路に乗る雑音に強いという特徴があります。

　差動信号の特徴は2つの信号の差を求める、ということにありますので、基準となる部分がGNDでなくても問題はありません。**図5-5-8**は、各種規格における基準電圧と信号の振幅の大まかな関係になります。RS422はGNDを基準として高い電圧で振幅していますが、最近では低い電圧で振幅する**LVDS（Low Voltage Differential Signal）**が主流になってきています。電圧を低くすることで、振幅の信号立ち上がりや立ち下がりが速くなり（スイングが小さい）、信号高速化が可能となります。

　図5-5-9は、差動信号の送信側の模式図です。＋側の信号を流すときには＋側のペアをオンにして、電流を流します。－側の信号を流すときには－側のペアをオンにすると、逆向きに電流が流れます。このようにしてうまく電流を流すように制御することで、信号を差動で動かすことができます。

　差動信号の規格の1つであるLVDSは現在では一般的となっており、LVDS規格のICはいろいろなメーカから製品が出ています。有名なメーカとして、テキサスインストルメンツ社、マキシム社、STマイクロ社などがありますので、手に入りやすい製品を選べばよいでしょう。

Column⑱　半田の種類

　電子回路を製作するには半田（はんだ）と半田ごてが必要になります。半田ごてはいろいろとありますが、半田にもいろいろと種類があります。現在では一般的な半田はヤニ入り半田というもので、半田の中に「フラックス」という半田付けを行う基板のPADや部品の金属部分の酸化膜を取り除く物質が入っています。昔の半田にはフラックスは入っておりませんでしたので、半田ごてにフラックスを付けて半田付けを行うような感じでしたが、ヤニ入り半田が出てからはそのような面倒な作業をすることはなくなりました。それでもたまにうまく半田付けがいかない場合には、該当部分にフラックスを付けて半田付けをすると驚くほどうまく半田付けができます。

　その他半田の種類として線の太さがあります。たいていの半田は直径1mm程度ですが、中には0.3mm以下の「糸半田」と呼ばれる細い半田もあります。また半田の材質として昔は鉛が入っていましたが、最近は環境問題がありますので、鉛が入っていない「鉛フリー」と呼ばれる半田もあります。

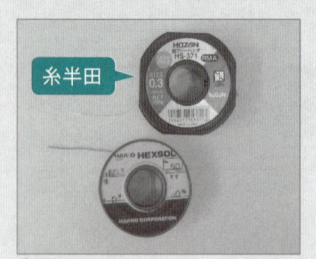

半田 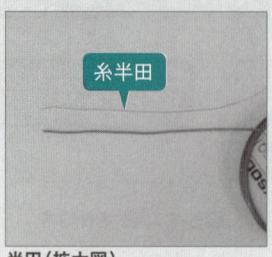　　　　　半田（拡大図） 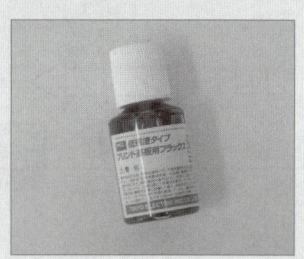　　　　　フラックス

5-5 高周波信号と設計

Analog Circuit

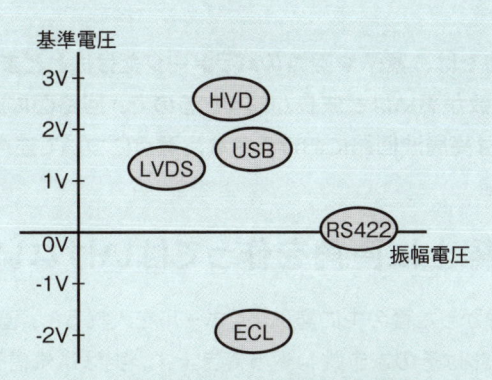

図5-5-8 ◆ 基準電圧と振幅電圧の関係

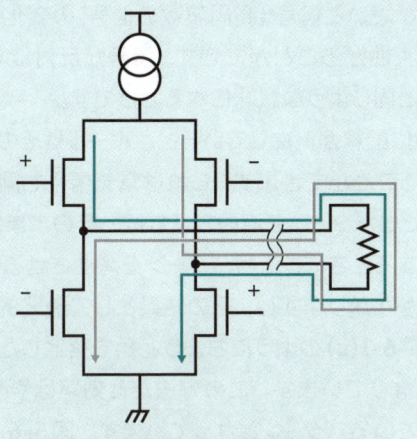

図5-5-9 ◆ 差動信号の送信側のモデル

5-6 高周波回路と基板設計

高周波信号を扱う回路では、素子や回路のパラメータだけにとどまらず、気を付けるべきことがあります。周波数が高いほど波長が短くなるので、回路図には現れない要素が出てくるからです。ここでは高周波回路における主な注意点について述べていきます。

5-6-1 配線上に直角を作ってはいけないのはなぜ？

例えば直角に曲がった管の中に勢いよくボールを入れると、直角に曲がったところで壁にぶつかり、ボールはそのまま跳ね返ってきます。実は電気信号も波長が短いと同じような現象が出てきます（1-1節で説明した「反射」の影響になります）。信号の波長が長いと信号はゆっくりと変化するので、配線が直角に曲がっていてもあまり大きな問題とはなりませんが、波長が短いと信号（高周波数の信号）の変化は激しくなるため、直角に曲がった配線ではうまく曲がることができず、信号が反射してしまいます（図5-6-1(a)）。これがボールの勢いと同じような意味になるわけです。

図5-6-1(b)のように配線が湾曲していると、ボールはそのまま跳ね返らずにスムースに曲がって方向を変えることができます。これは電気信号も同じで、波長の短い信号（高周波数の信号）の場合でもパターンを湾曲させれば、そのまま信号が流れるようになります。

このように配線をするときに、信号パターンを湾曲させるのが一番よいことになりますが、現実的には手間がかかりますし、その結果として最終的にコストが上昇することになります。そこで、図5-6-1(c)のようにちょうど角を落としたような感じにパターンを作成するのが常套手段となっています。この方法だと効率はやや落ちますが、反射の影響も少ないので多用されているパターンとなっています。図5-6-2は実際の配線のパターンになります。このように斜めにすることで高周波の信号の反射の影響を極力減らし、信号に雑音が乗らないような工夫をします。

5-6-2 高周波の配線上の下には必ずGNDラインを

電気信号は、図5-6-3(a)のように信号源の＋側から負荷を通って、信号源の－側に戻ってきます。電流とは電荷の流れであるため、必ず信号源に戻るルートが必要となるためです。

たいていはこの戻るルートの記号は簡略化され、信号源と負荷のところにGNDの記号が付くだけとなります。しかしながら、このGNDが信号の戻ってくるルートとなりますので、GNDも普通の信号線と考えることが必要となります。よって、回路基板を設計するときには単なる信号配線だけを注意するのではなく、GNDも気にして一緒に配線をす

5-6 高周波回路と基板設計

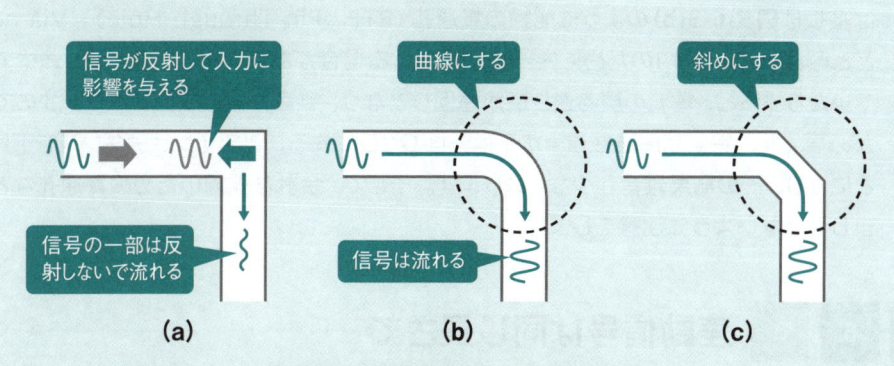

図5-6-1 高周波信号における配線

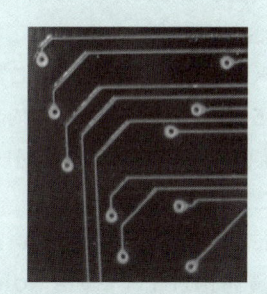

(a) 信号が反射して入力に影響を与える／信号の一部は反射しないで流れる
(b) 曲線にする／信号は流れる
(c) 斜めにする

図5-6-2 実際の配線パターン

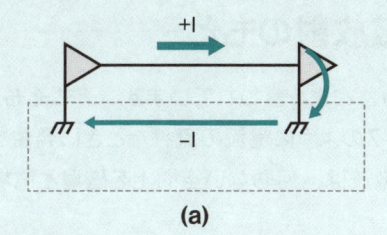

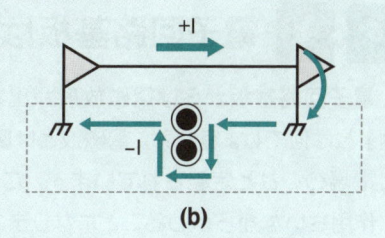

図5-6-3 高周波信号の流れ

る必要があります。

たいていの場合、**図5-6-4**のように回路基板は何枚かの層で構成され、その層の1つにGNDだけの層が1面ありますので、あまり気にする必要もないと思いますが、実際には基板は**図5-6-3(b)**のように配線の貫通孔（PTH（Pin Through Hole）、Via holeなどと呼ばれています）のために内部で切れている場合があります。このように途中で切れていたりすると、電流の戻る通り道が遠回りとなり、雑音が乗る原因となりますので注意が必要です。特に高周波数信号の下は一面GNDにすることでインピーダンスを下げることになり、その結果雑音が少なくなります。そこで、余計な配線のための貫通孔などをあまり設けないように注意をします。

5-6-3 差動信号は同じ長さで

高周波の信号は、LVDSのような電圧の低い差動信号で送るのが基本となります（5-5節を参照）。しかしながら、差動信号のパターンは同じ長さで引かないとスキューの影響（1-1-3項参照）が出てきます（**図5-6-5(a)**）。もし片方の信号が何らかの要因で長くなった場合には、片方の信号も合わせて長くします。これは単なる差動信号にかかわらず、並列で何本も信号があるバスでデータを送る場合にも、なるべく全部の信号が同じ長さになるように注意します（**図5-6-5(b)**）。もっともバスの信号の場合には、すべての信号の長さを揃えるというのは難しいのですが、数百MHz程度の信号であれば1cm程度までの誤差は許容できるようです。

また差動信号を扱う場合には、他の層へ移さないようにします。これは、他の層へ移すために基板上に配線用の貫通孔（PTHやVia hole）を空けることになりますが、この配線用の貫通孔がコイルやコンデンサの要因になり、高周波の信号であればあるほどこの要因が原因で信号が遅れたり、雑音が乗ったりする可能性が高まります（**図5-6-6**）。

5-6-4 電子回路基板は電磁放射のもと

電子回路基板からは電磁放射が出ている、とよく言われています。そもそも「電磁放射」とは何でしょうか？ 電磁波とは**図5-6-7**のように電流の流れたときに発生する磁場と電場のことと定義されています。この電磁波は、何もない空間上を磁場と電場が交互に作用さいながら伝わることになります。

最近の電子機器は、性能を高めるために高い周波数のクロックを使っています。そしてクロックはその周波数のみならず、それよりも高い逓倍の周波数の電磁波が出てきます。これを**逓倍波**または**高調波**と言います。この逓倍波が他の機器に影響を与えてしまいます。例えば電子機器などをテレビの近くに置いておくと、テレビに雑音が乗ったり、画面が見にくくなるなどの現象が見受けられます。これが電磁放射による影響の例になります。

図 5-6-4 ● 回路基板の層構成

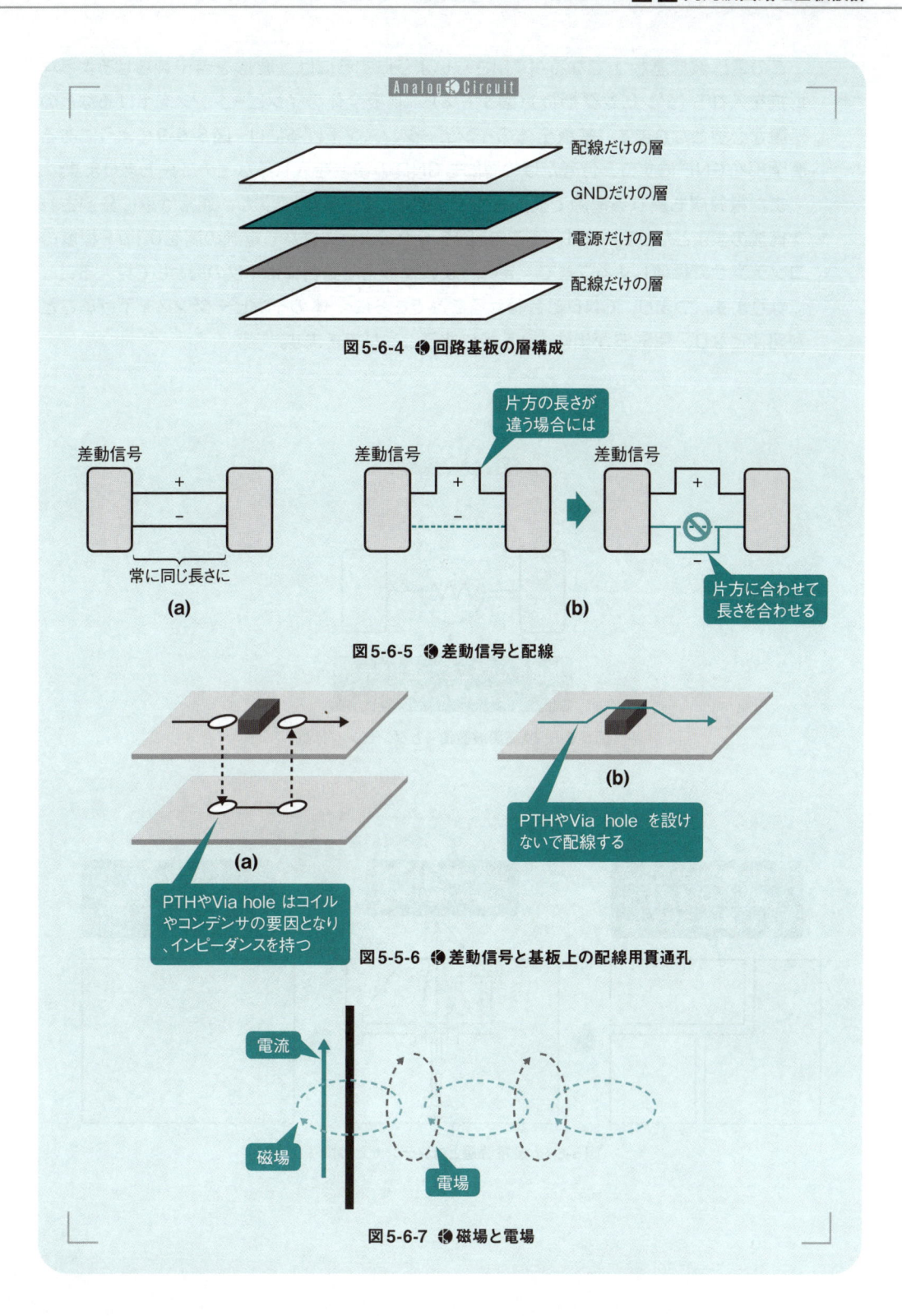

図 5-6-5 ● 差動信号と配線

図 5-5-6 ● 差動信号と基板上の配線用貫通孔

図 5-6-7 ● 磁場と電場

この電磁波を基板上でなるべく出さないようにするには、波形を若干鈍らせるような抵抗を入れる（ダンピング抵抗）（**図5-6-8**）、基板全体のインピーダンスを下げるなどの処置が必要となります。基板全体のインピーダンスを下げるには、**図5-6-9**のようにある層全部をGNDにする、信号だけの層にもGNDの領域を入れるなどの工夫もあります。

また電源層も異なる電源で構成されていることが多いのですが、通常は単に分割された構成のままとなっています。そこで、**図5-6-9**のように異なる電源の間を0.1μF程度のコンデンサで橋渡しすることで、高い周波数から見た場合には1枚の層として見えることになります。つまり、GNDと合わせることでさらに全体のインピーダンスを下げることが可能となり、電磁波が出にくい基板にすることができます。

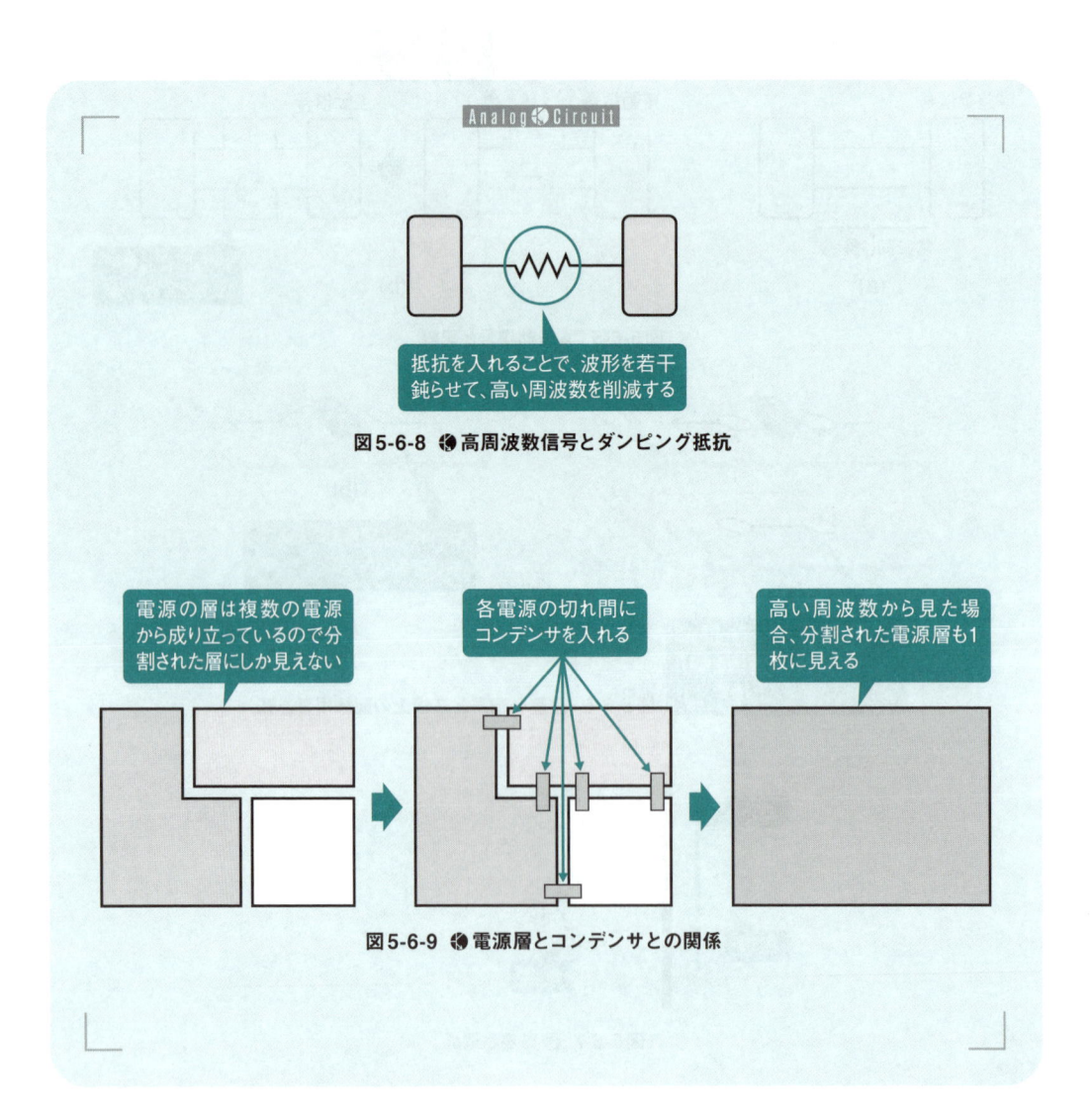

図5-6-8 高周波数信号とダンピング抵抗

図5-6-9 電源層とコンデンサとの関係

演習問題

問題 5-1
変調回路について以下の問いに答えなさい。

a) 変調とは何か、簡単に説明しなさい。
b) 搬送波はなぜ必要か？簡単に説明しなさい。
c) 復調とは何か、簡単に説明しなさい。
d) 変調の種類について述べなさい。
e) $e = \alpha \cdot \cos(\omega t + \phi)$ のうち、α を変更する変調方式は何か。
f) $e = \alpha \cdot \cos(\omega t + \phi)$ のうち、ω を変更する変調方式は何か。
g) $e = \alpha \cdot \cos(\omega t + \phi)$ のうち、ϕ を変更する変調方式は何か。
h) AM変調について簡単に説明しなさい。
i) SSBについて簡単に説明しなさい。
j) FM変調について簡単に説明しなさい。
k) スーパーへテロダイン方式における中間周波はなぜ必要か、簡単に説明しなさい。

問題 5-2
パルス信号、デジタル回路について以下の問いに答えなさい。

a) トランジスタをスイッチング回路として使うための動作について簡単に説明しなさい。
b) インバータについて簡単に説明し、なぜインバータ回路が必要なのかについても説明しなさい。
c) D級増幅器について、FETを用いた回路を想定し、簡単に説明しなさい。
d) TTLにおけるLowとして認識する電圧は？
e) CMOSではHighとして認識する電圧は？
f) あるTTLのIOHが-0.2mA、IIHが40μAのときのファンアウトはいくつか？
g) リセット回路の簡単な回路について示しなさい。

解答はp.324にあります。

Column 19 テストピン

設計した回路を基板に実装した後、実際に設計通り動いているかどうかを確認するために、いろいろな箇所の電圧や波形を見る必要があります。電圧や波形を見るためにオシロスコープを使いますが、何箇所かを同時に見る必要が出てくる場合があります。

オシロスコープの「プローブ」と呼ばれる部分は先端が針のように尖っており、その針の部分を見たい部分に当てることでその箇所の電圧や波形を見ることができます。ですが先端を見たい場所に当てて、数値や波形を見ることはなかなか難しく、また何箇所も測定場所がある場合には手が足らない状況が出てきます。そんなときに必要となるのがテストピンになります。

オシロスコープの先端には、鍵爪のような線を引っ掛ける部分がついたカバーを取り付けることができ、テストピンにその爪を引っ掛けることで固定ができます。こうすれば両手が空きますし、また何箇所も測定する必要が出てきたときには非常に便利です。

手元にテストピンがなくても、配線用のケーブルがあるだけで同じようなものができます。図のようにケーブルを測定場所に半田付けをし、反対側の先端を少し出して、その部分にオシロスコープの爪を引っ掛けます。単に線だけにしておくと爪から線が抜け落ちる場合がありますので、その場合には先端を輪にしてあげるか、または図のように少しケーブルの被覆を残すようにすれば、簡単には抜け落ちなくなります。

テストピン

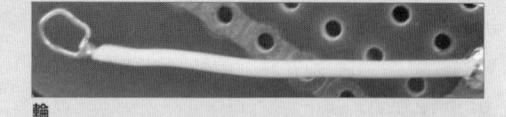

配線用ケーブル

輪

被覆を少し残したタイプ

Analog Circuit

Materials

資 料

p.301-324

資料A　LTSpiceのインストールと使い方

▍LTSpiceの概要

　LTSpiceのベースとなる**Spice (Simulation Program with Integrated Circuit Emphasis)**は、電気・電子回路をシミュレーションするツールで、米国の大学などにて開発されました。Spiceを使うことで、設計した回路がうまく動作するか、入力と出力の関係はどうかなど、コンピュータの上で確認ができますので、非常に便利なツールと言えます。Spiceにはいくつかの派生バージョンがありますが、そのほとんどは部品データなどを共通で使えます(若干の修正が必要な場合もあります)。

　Spiceは、本来テキストエディタを使って回路の接続情報や部品情報などを記述していたのですが、これでは直感的に回路がどのように接続されているかがわかりませんので、その後にビジュアル的に回路を接続できる回路図エディタ付きのSpiceが出てきました。今回使用しているシミュレーションツールも、この回路図エディタ付きのSpiceです。

　LTSpiceは、リニアテクノロジー社が配布している無料のSpiceで、部品としてリニアテクノロジー社が販売している部品が使えます。また、世の中に出回っている他のSpice派生バージョンの部品データも、若干の変更で使うことができます。

　ここでは、LTSpiceのインストールと簡単な使い方について説明をします。なお、詳細な使い方についてはLTSpiceのヘルプを見るか、または下記のホームページや書籍などを参考にしてください(2023年2月現在有効なホームページです)。

- LTSpiceによるシミュレーション例
  http://ntoshio.la.coocan.jp/rakuen/spice/index.htm
- LTSpice/SwitcherCADIII を使ってみる
  http://picmicom.web.fc2.com/ltspice/index.html
- LtSpice - *回路シミュレータ(SPICE)
  http://www.makisima.jp/engineering-lab/wiki.cgi?LtSpice
- ベルが鳴っています
  http://www7b.biglobe.ne.jp/~river_r/bell/
- 書籍：電子回路シミュレータLTspice設計事例大全, CQ出版, 2020

LTSpiceのインストール

※以下の手順は2013年8月の古いものになります。新しい手順はアナログ・デバイセズ社のホームページを参照してください（次のURLの情報は2023/02/13のものです）。
https://www.analog.com/jp/design-center/design-tools-and-calculators/ltspice-simulator.html

　以下に、LTSpiceのインストール手順を示します。まずはプログラムファイルを手に入れる作業を行います。

- リニアテクノロジー社へのホームページ（www.linear-tech.co.jp）へ移動します。
- 「デザインサポート」のメニューをクリックします（図A-1-1）。
- 図A-1-2のページへ移動した後、ページの中の「デザイン・シミュレーション」の項目の中の「デザイン・シミュレーションのページ」の部分をクリックします。
- 図A-1-3のページへ移動した後、「LTspice IV」の項目をクリックします。
- 図A-1-4のページへ移動した後、通常は「No thanks, just download the software.」（訳：「登録せず、ソフトウェアのダウンロードのみを行う。」）の項目をクリックする。この後、ファイルをディスクのどこに保存するかを聞いてくるので、ディスクトップまたは指定した場所に保存する。このときのファイル名は「LTspiceIV.exe」となります。

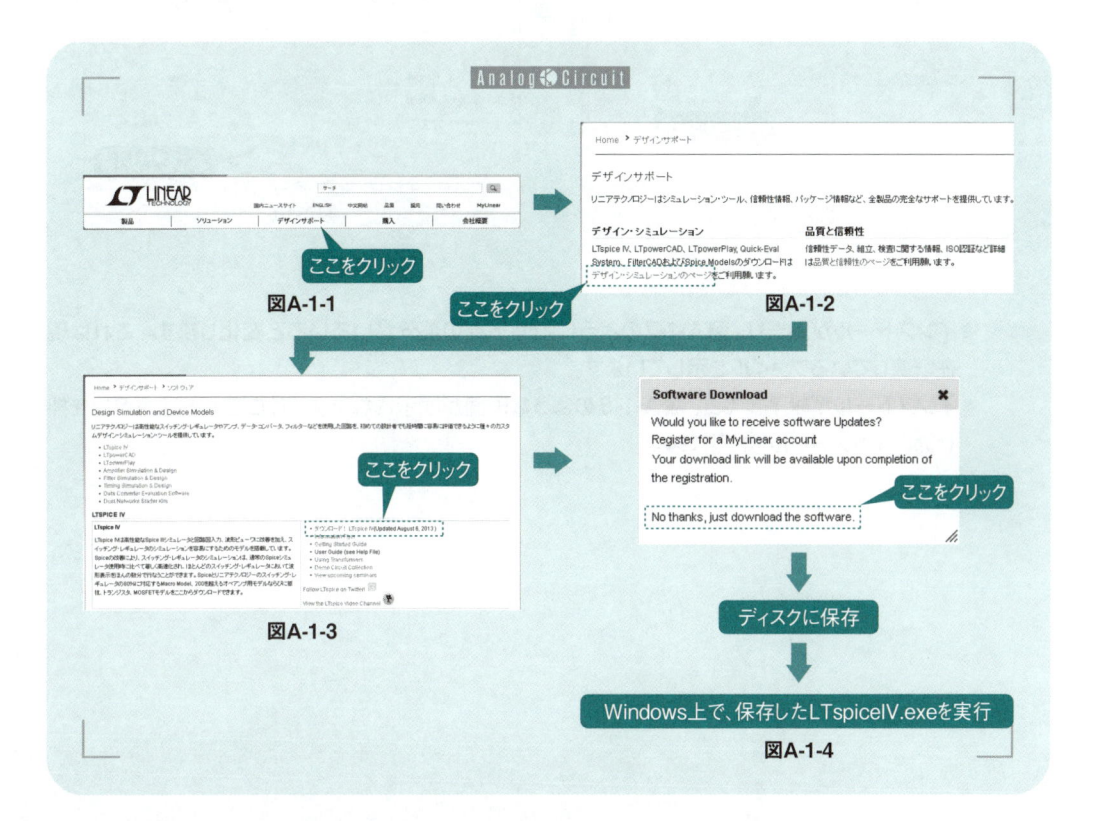

図A-1-1

図A-1-2

図A-1-3

図A-1-4

Materials 資　料

　　以上でファイルのダウンロードは終了し、プログラムファイルが手に入りました。なお、リニアテクノロジー社のホームページの改装等によって、以上の手順が変わることがありますので、注意してください。
　　次に、パソコンにLTSpiceをインストールします。

- LTspiceIV.exe を実行します。
- 実行した後、**図A-1-5**のような画面が表示されます。これはライセンスに関する規約になります。一応全部読んで問題がなければ「Accept」ボタンをクリックします。
- **図A-1-6**のように画面下部にインストールするフォルダの場所について問い合わせがあります。通常はProgram Filesフォルダの中にインストールされます。もしフォルダを変更したければ、ここを変更しますが、よくわからなければ、このまま「Install Now」ボタンをクリックします。

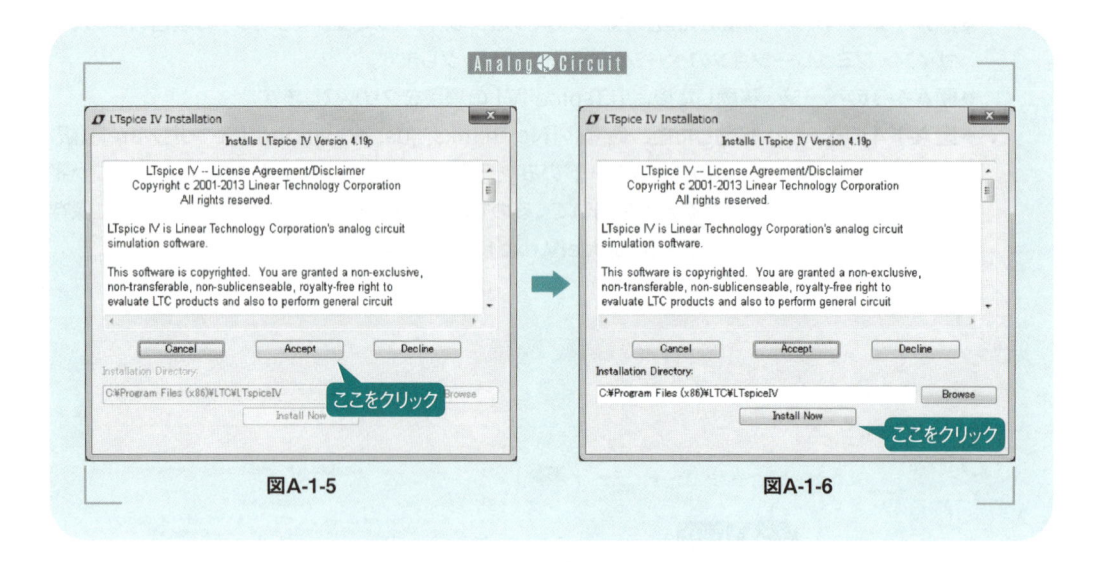

図A-1-5　　　　　　　　　　　　図A-1-6

- インストールが始まり、**図A-1-7**のように画面下部の部分がいろいろと変化します。これは現在解凍しているファイルを示しています。
- インストールが終了すると、**図A-1-8**のような画面が表示されます。ここで「OK」ボタンを押せば、インストールは終了です。

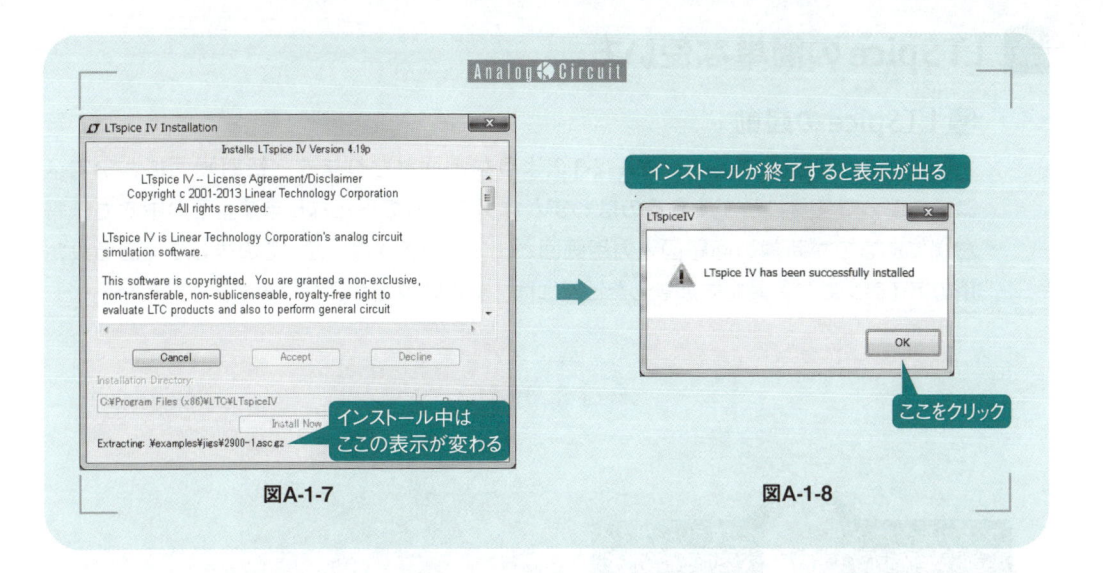

Materials 資 料

図A-1-7

インストール中は
ここの表示が変わる

インストールが終了すると表示が出る

ここをクリック

図A-1-8

● 図A-1-9に示すアイコン、またはプログラムメニューからLTSpiceを起動します。
● インストールに問題なければ、LTSpiceが起動し、図A-1-10のような画面となります。

図A-1-9

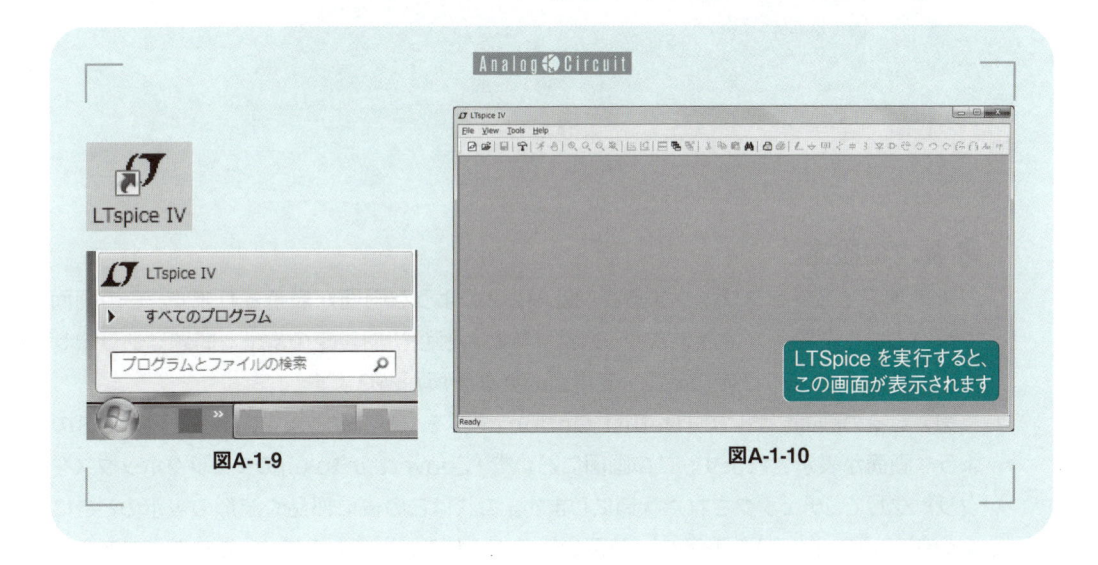

LTSpiceを実行すると、
この画面が表示されます

図A-1-10

　なお、リニアテクノロジー社の仕様変更によって、インストール手順や画面内容が変更となる場合がありますので、注意してください。

Memo

以上の情報は2013年8月現在のものです。

Materials 資　料

LTSpiceの簡単な使い方

▶ LTSpiceの起動

　LTSpice を起動すると、**図A-2-1**のような画面となります。初期画面においてメニュー部分で使うことができるのはわずかなメニューのみとなります。その中でも一番左端にあるのが新規の回路図入力用画面が出てくるアイコンと、その少し右にある設定用のアイコンです。最初に起動したときには、まずは設定から行います。

（ここをクリックすると新しい回路図入力画面が出る）
（ここをクリックするといろいろな設定ができる画面が出る）

図A-2-1

▶ 種々の設定

　設定用アイコンをクリックすると、**図A-2-2**のような画面が表示されます。この画面ではいろいろな設定ができますが、通常はほとんどが初期設定のままで問題はありません。しかし、1つだけ設定の確認・変更が必要な箇所があります。

　図A-2-2の画面において「Netlist Option」タブをクリックします。すると図A-2-3のような画面が表示されます。この画面において「Convert'μ'to'u'」のチェックボックスをクリックして、チェックされた状態にします。これはこの後に部品や波形の表示のときによく使う'μ'（マイクロ）の表示を'u'で置き換えてくれるというものです。この部分をチェックしないと、変な表示（文字化け）になったりしますので、注意が必要です。

　さらに**図A-2-4**のように「Tools」メニュー→「Color Preferences」を選択することで、**図A-2-5**のようなシミュレーション結果の画面の色を変更できる設定にすることができます。また**図A-2-6**の画面のタブを変更すると、回路図入力用の画面の色を変更できます。ここで各画面の色を好きなように変更することができますので、自分用として最も見やすいものにすればよいでしょう。なお、各色は**図A-2-7**のように「Selected Item」を選択してそれぞれ変更します。

Materials 資 料

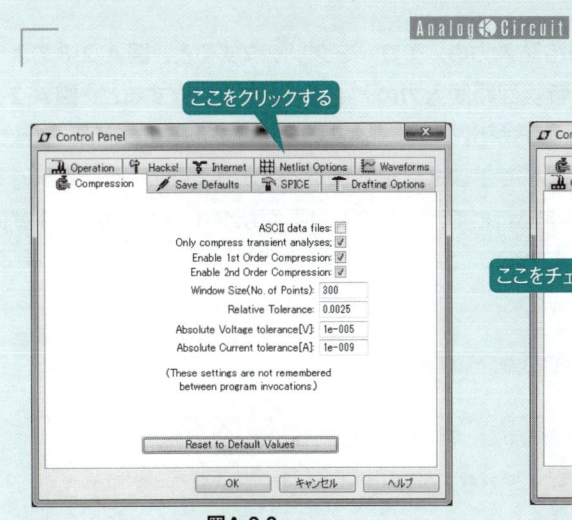

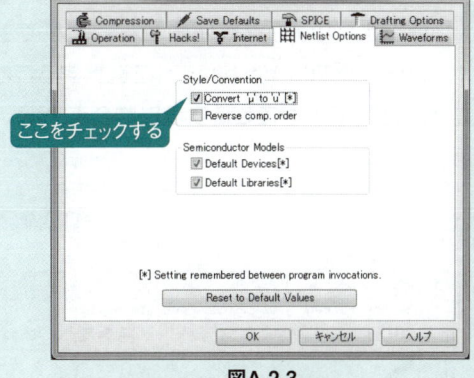

図A-2-2

図A-2-3

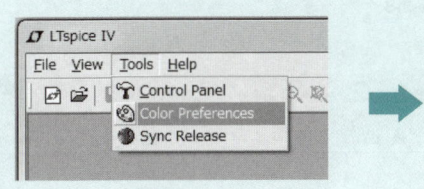

図A-2-4

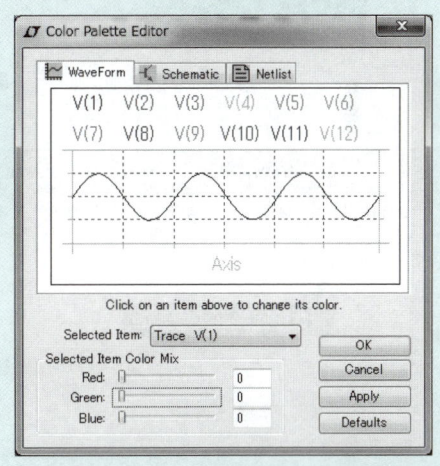

図A-2-5

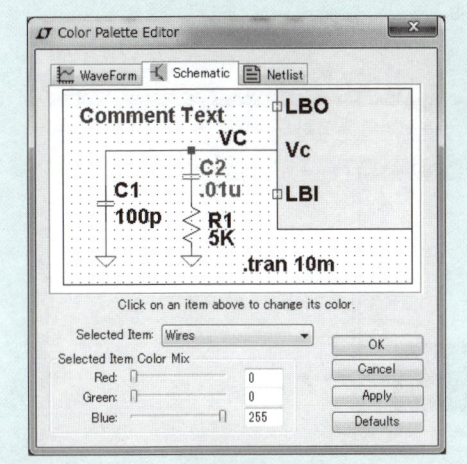

図A-2-6

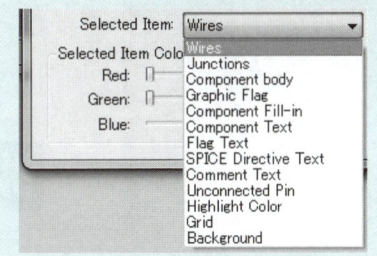

図A-2-7

| Materials 資　料

新規回路図入力画面

　図A-2-1の画面において新規回路図入力のアイコンをクリックすると、**図A-2-8**のような表示になります。さらにここで新規回路図入力のアイコンをクリックすると、**図A-2-9**のようにタブによって複数の入力画面が出てきます。このようにLTSpiceでは、複数の回路図入力画面を表示させることができます。また**図A-2-10**のように「Window」メニュー→「Tile Vertically」を選択することで、複数の入力画面がタイル上に並び、1度に確認することができるようになります。

さらにここをクリックすると新しい回路図入力画面がもう1枚出てくる

図A-2-8

複数の回路図入力画面

図A-2-9

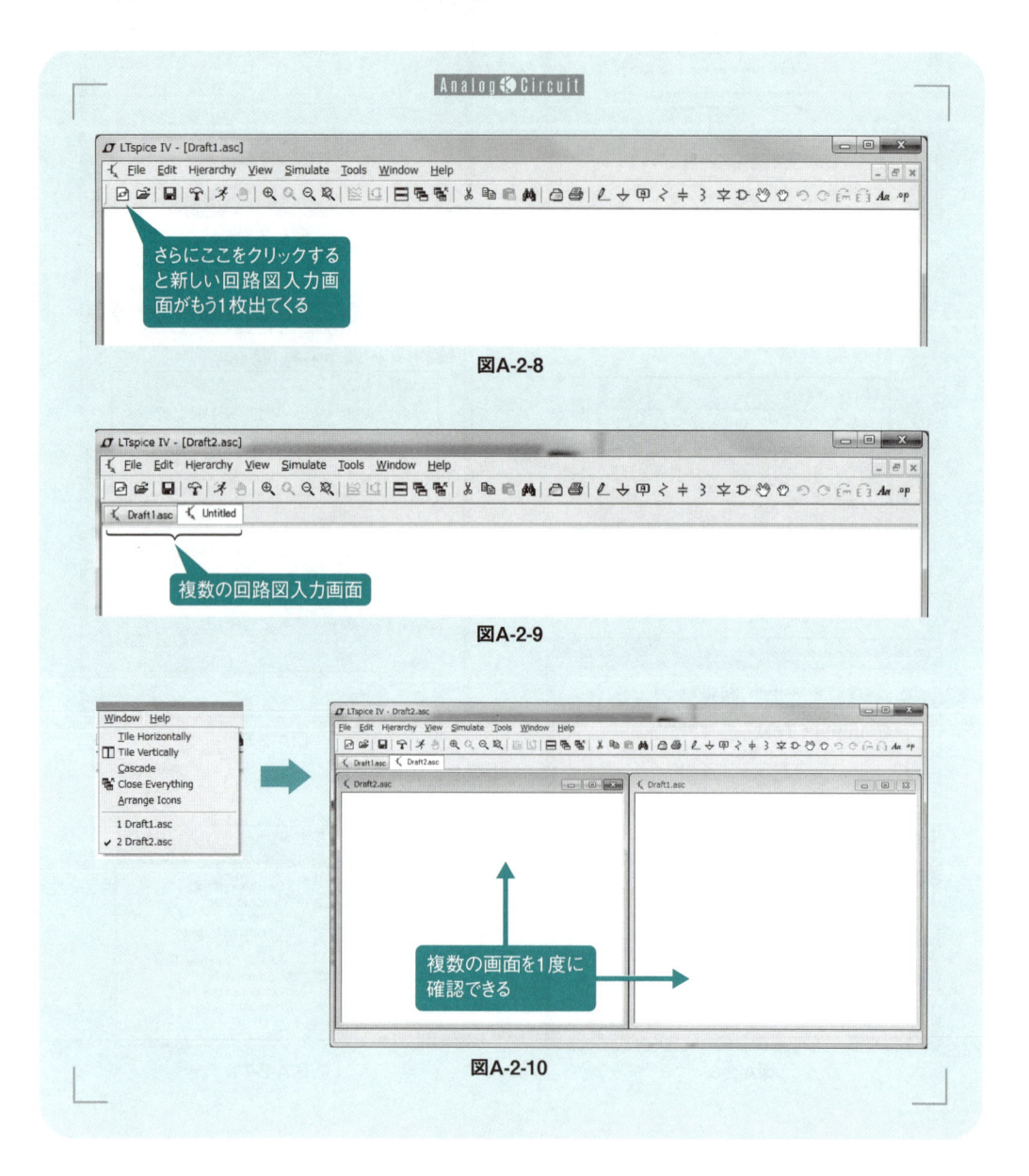

複数の画面を1度に確認できる

図A-2-10

Materials 資料

▶ 部品の入力

　回路図に部品を入力するには、まずどのような部品を選択するかを決める必要があります。図A-2-11は部品入力に関するアイコンになります。これらは配線をするアイコン、各部品関係（左からGND、ラベル、抵抗、コンデンサ、コイル、ダイオード）のアイコン、そして、部品の入力アイコンとなります。通常の抵抗、コンデンサ、コイルなどは直接アイコンを選択すればよいのですが、トランジスタやICなどは部品の入力アイコンを選び、数多くある部品の中の1つを選びます。図A-2-12は、部品の入力アイコンを選択したときの部品選択画面となります。各部品はフォルダ等に分かれていますが、よく使う部品は最初の画面に表示されます。例えばNPN型のトランジスタを選択する場合、この画面で「npn」を選択します。すると、入力画面にnpnトランジスタの図が出てきますので、適当な場所で再度クリックすると、図A-2-13のようにNPN型トランジスタが表示されます。

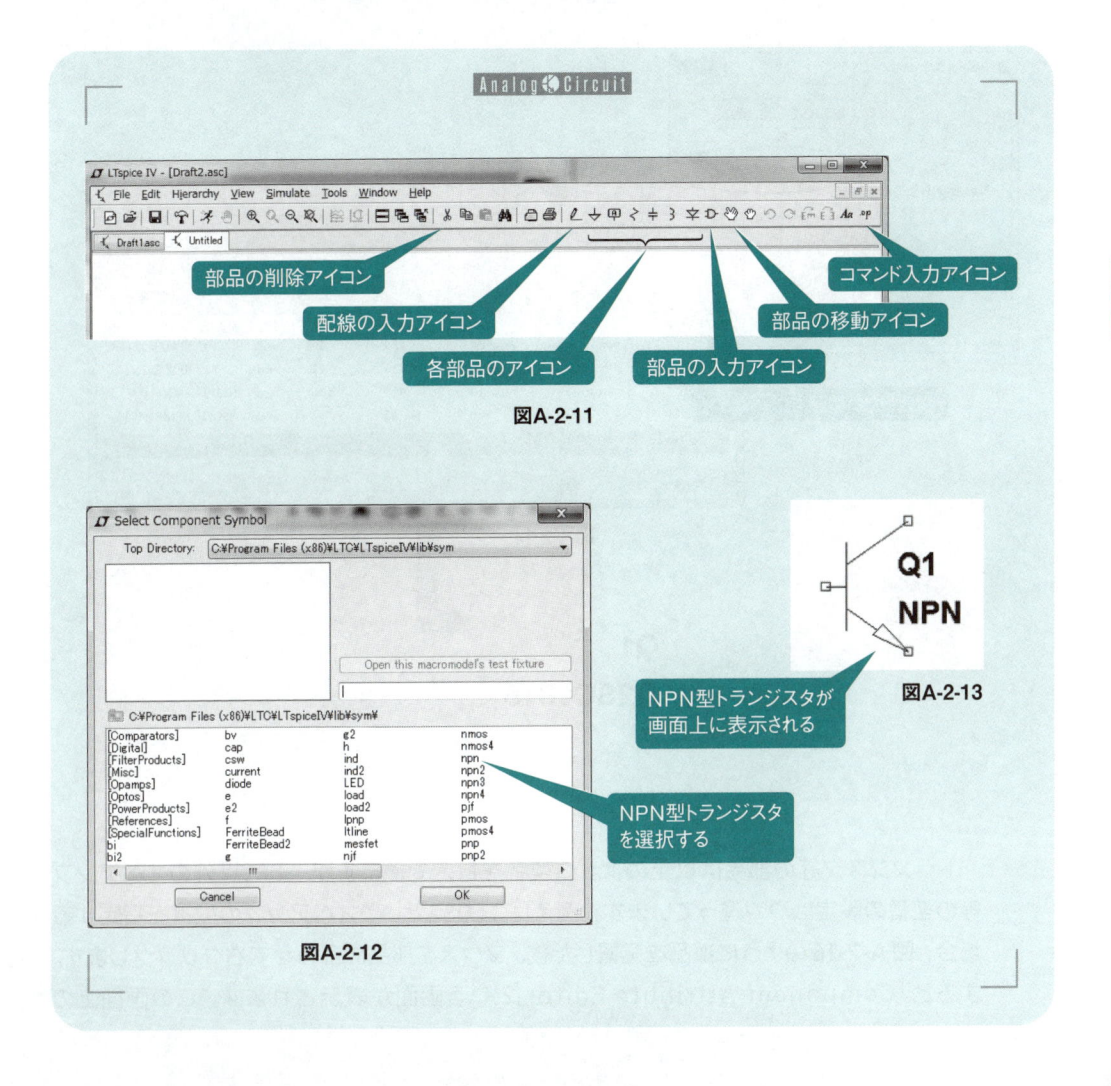

図A-2-11

図A-2-12

図A-2-13

Materials 資　料

　次にトランジスタの型番を指定します。LTSpiceでは、米国で一般的なトランジスタはだいたい揃っているのですが、日本の型番は入っていません。そこで、日本のトランジスタの型番をライブラリに登録をしておく必要があります。これらの登録などについては、次のホームページ (http://picmicom.web.fc2.com/ltspice/index.html)を参照してください。部品の指定ですが、指定する部品にマウスを合わせて右クリックをすると、**図A-2-14**のような画面となります。この画面の「Pick New Transistor」をクリックすると、複数のトランジスタが選択できる画面となります。ここで、指定したいトランジスタを選び、クリックします。結果として**図A-2-15**のようにトランジスタの型番を指定することができます。

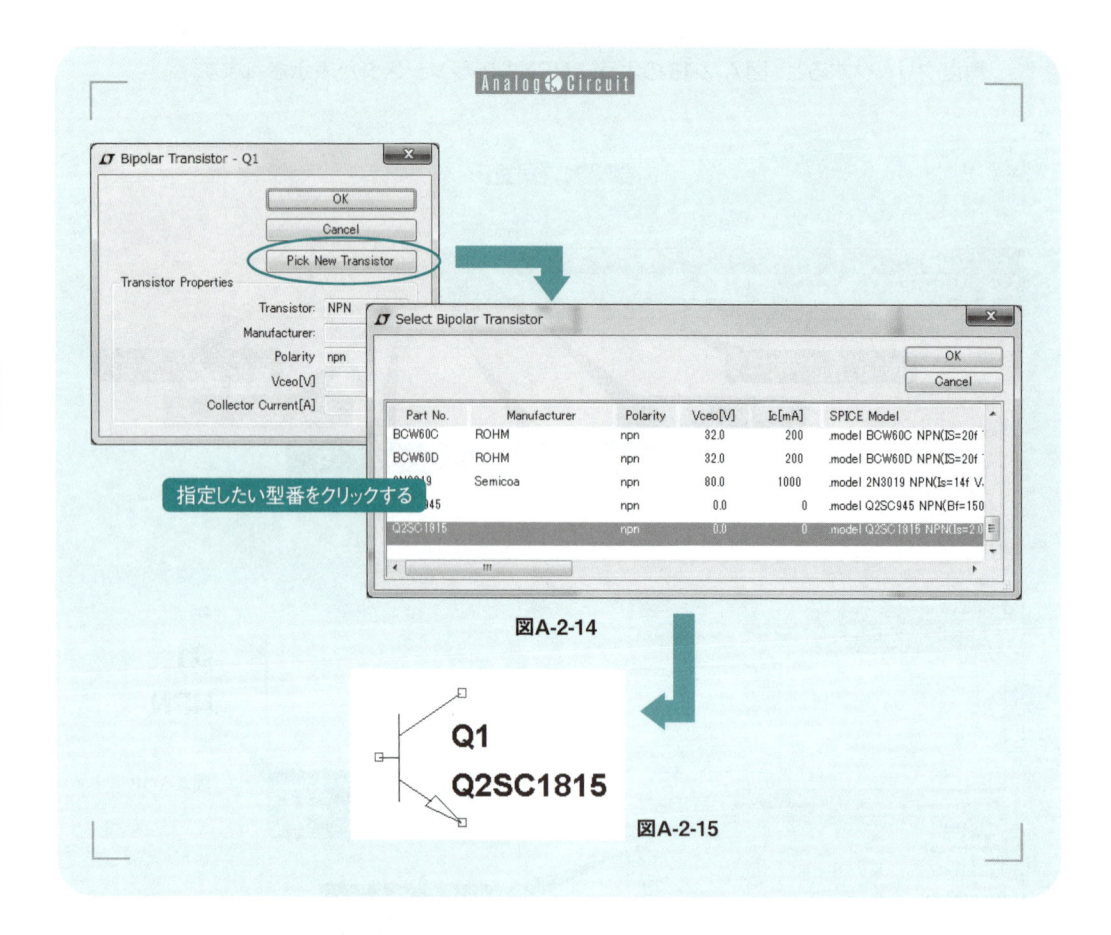

図A-2-14

図A-2-15

　トランジスタ等の部品は以上のように型番を指定できますが、それ以外のオペアンプ等の型番の設定はやや違っています。例えばTL082というオペアンプの型番を指定する場合、図A-2-16のように部品を配置した後、マウスを部品に合わせて右クリックします。すると「Component Attribute Editor」という画面が表示されます。この画面上の

「Value」という項目で部品の型番を選択します。図A-2-17ではこの項目に「TL082」を入力します。その後この型番のライブラリを指定します。このライブラリの指定方法ですが、図A-2-11の一番右のコマンド入力アイコンをクリックすると、図A-2-18の画面が表示されます。これはシミュレーションのためのコマンド入力画面となっており、種々のコマンドを入力することができます。ここではライブラリを指定するために「.LIB TL080.mod」を入力します。あらかじめライブラリとしてTL082.modというファイルを用意しておく必要がありますが、これについては先ほどの部品の登録と同じホームページを見てください。これらを入力し終わると、図A-2-19のようになります。

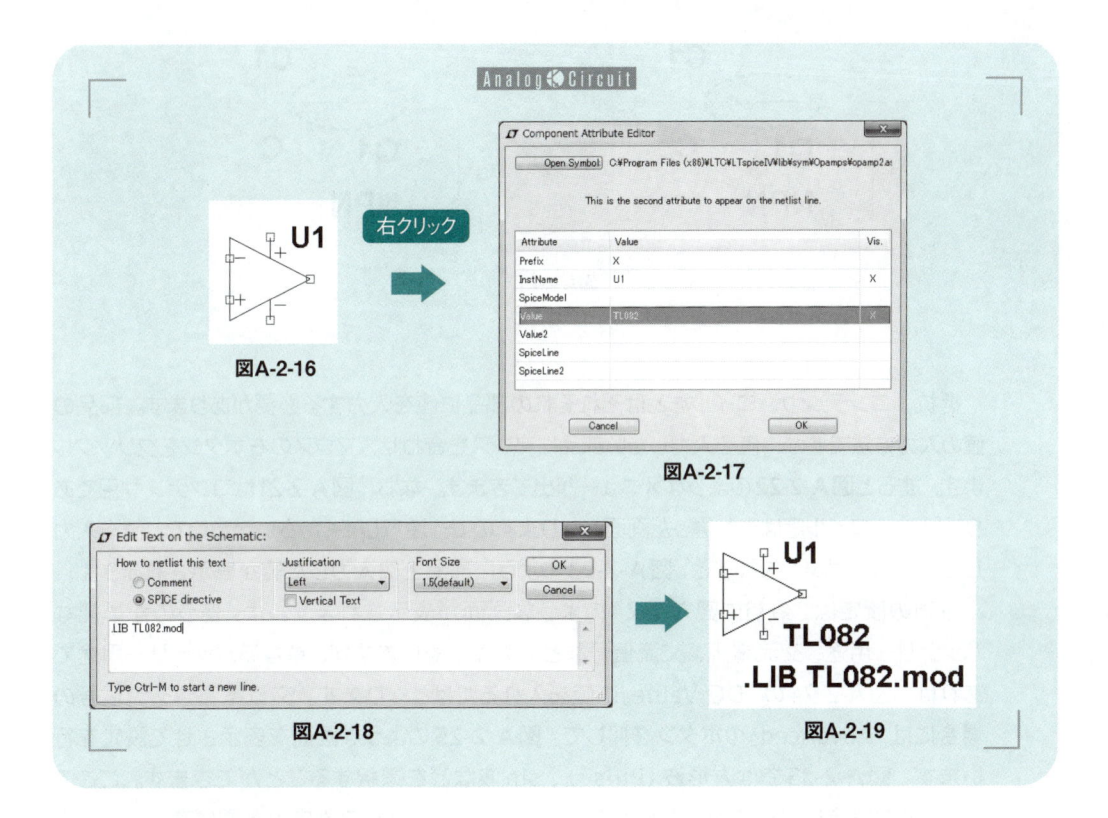

図A-2-16

図A-2-17

図A-2-18

図A-2-19

部品の配置配線

各部品を回路図入力画面に配置していきますが、各部品の向きを変更する必要がある場合、図A-2-11に示した部品の移動アイコンをクリックしたあと、移動したい部品をクリックします。その後図A-2-20のようにキーボードの Ctrl キーと R キーを同時に押すことで向きを変更することができます。このRはRotation（回転）の意味になります。

各部品と部品を線で繋ぐ場合、図A-2-11に示した配線の入力アイコンを選択します。すると図A-2-21のように十字のカーソルとなりますので、まずは始点をクリックします。その後終点にカーソルを動かし、クリックをすることで図A-2-21のように部品と部品を線で接続することができます。

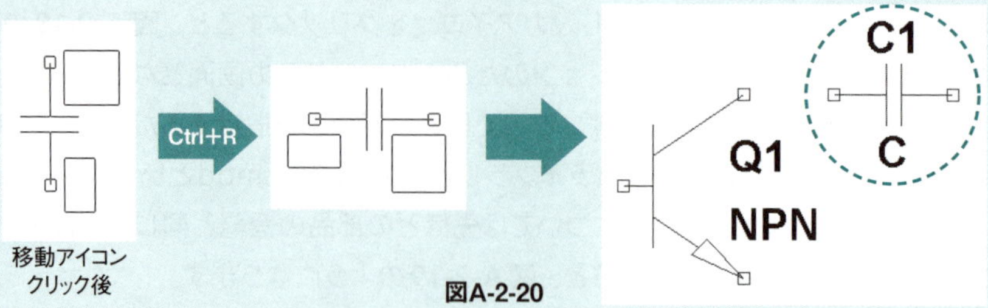

図A-2-20

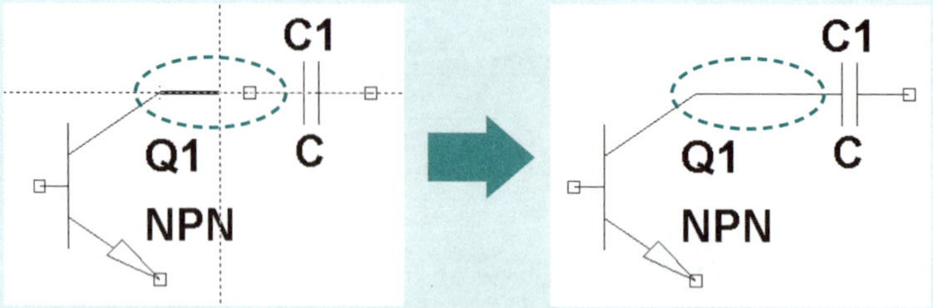

図A-2-21

　抵抗、コンデンサ、コイルなどはそれぞれの部品に値を入力する必要があります。部品の値の入力方法ですが、値を入力したい部品にマウスを合わせ、マウスの右ボタンをクリックします。すると**図A-2-22**のようなメニューが出てきます。なお、図A-2-21はコンデンサ用であり、抵抗、コイル等はまた違った画面となりますので、注意してください。ここで、値を入力して、「OK」ボタンを押すと、**図A-2-23**のように部品上に入力した値が表示されます。

　電源の設定は、最初に**図A-2-24**のような画面が表示されます。よく使うのが単純なバッテリー用途、交流電源、交流信号などになると思いますが、単なるバッテリー用途であれば、図A-2-24の「DC Value」に値を入れるだけとなります。交流電源や交流信号の場合には「Advanced」のボタンを押して、**図A-2-25**のような画面を表示させて設定を行います。図A-2-25では方形波（Pulse）、sin波などを選択することができます。ここではsin波の設定について説明をします。sin波の場合、波形の設定の各欄に値を入力します。各欄は以下のような意味になっています。

- DC Offset：信号波形がどの位のオフセット電圧を持つか
- Amplitude：信号波形の振幅値
- Frqe：信号波形の周波数
- Tdelay：基準から信号波形をどれだけ遅らせるか
- Theta：出力波形を時間とともに減衰させる場合の時間
- Phi：基準からどれだけ位相をずらして信号波形を出力させるか
- Ncycles：出力する信号のサイクル数

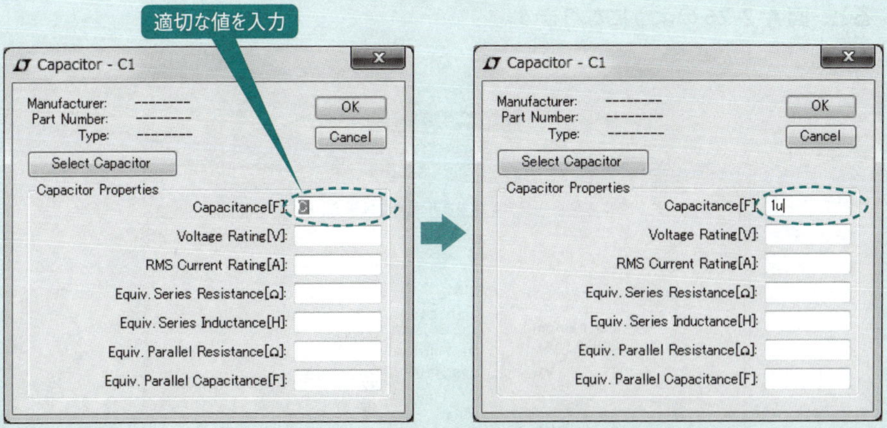

| Materials 資 料

Analog Circuit

適切な値を入力

図A-2-22

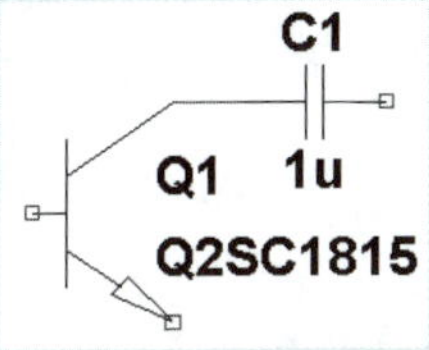

図A-2-23

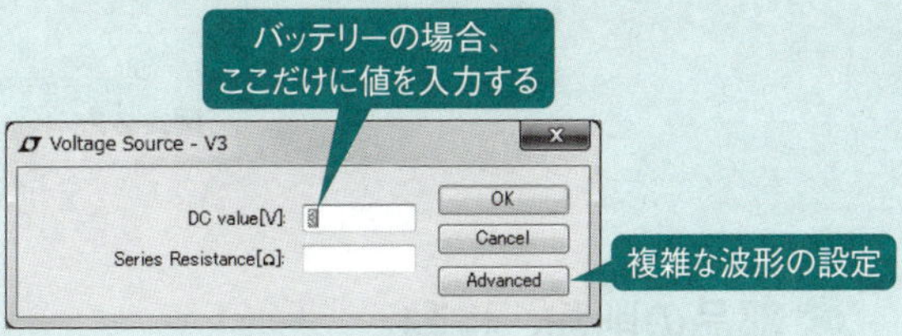

バッテリーの場合、ここだけに値を入力する

複雑な波形の設定

図A-2-24

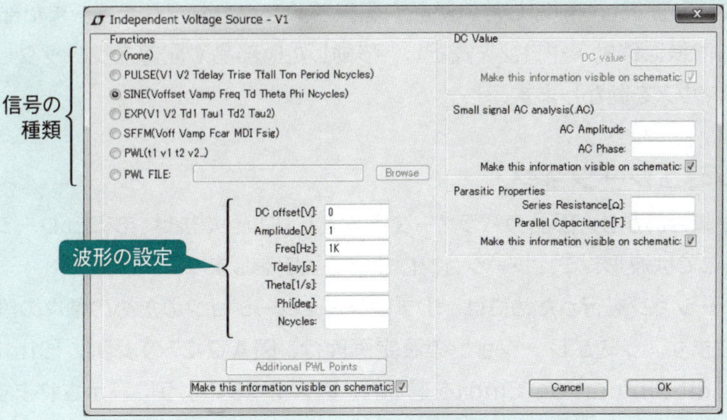

信号の種類

波形の設定

図A-2-25

| Materials 資　料

たいていの場合、AmplitudeとFreqのみを入力すれば問題はありません。
　以上のように各部品を配置し、部品の型番の指定および部品の値をすべて入力し終えると、**図A-2-26**のようになります。

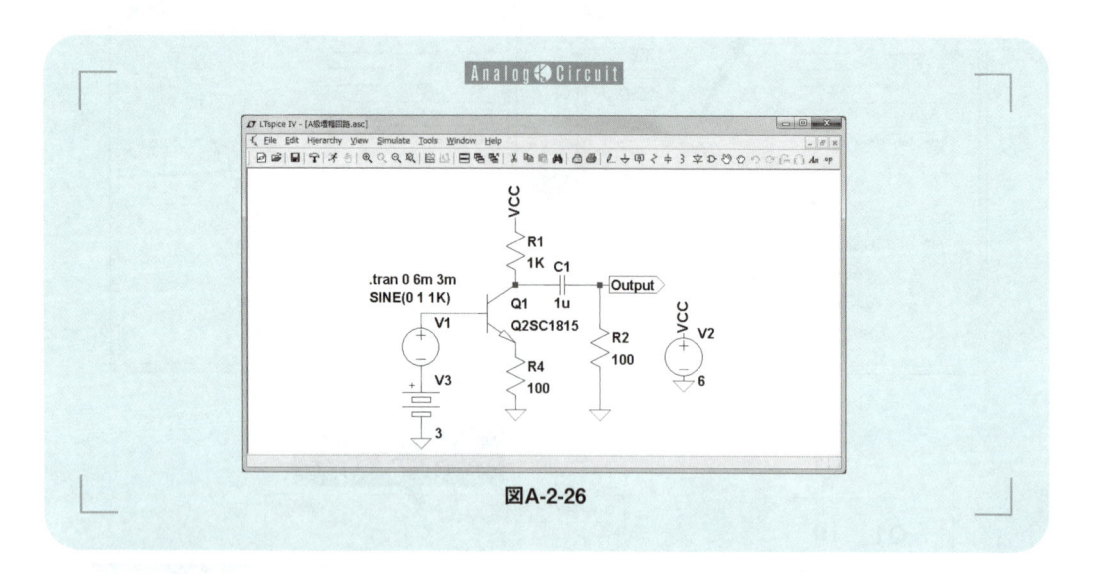

図A-2-26

● 部品の削除、移動
　部品を削除したり、移動したりする場合が出たとき、図A-2-11に示した部品、配線の削除アイコンを選択し、削除したい部品や配線部分をクリックします。また部品を移動する場合も同様に移動アイコンを選択し、移動したい部品や配線をクリックし、移動したい場所へマウスを動かします。

● 波形シミュレーション
　回路図が書きあがり、部品のパラメータを設定し終わった後は、シミュレーションとなります。ここでは波形シミュレーションについて説明をします。
　シミュレーションを行うためには、まずはシミュレーションのための種々の設定をする必要があります。シミュレーションの設定画面は、**図A-2-27**のように「Simulate」メニュー→「Edit Simulation Cmd」を選ぶと、**図A-2-28**のように表示されます。シミュレーションにはいくつかありますが、主に使うのは「Transient」か「AC Analysis」になります。「Transient」は波形の入出力を観測することができ、「AC Analysis」は周波数特性をシミュレーションすることができます。

図A-2-27

図A-2-28

　波形観測のために図A-2-28の「Transient」を選びますが、ここで必要な設定は「Stop Time」になります。つまり、仮想的に電源を入れてから「Stop Time」で設定した値になるまで波形をシミュレートします。必要であれば「Time to Start Saving Data」の項目を設定します。この項目は仮想的に電源を入れてから波形を画面に出力までの時間となり、表示される時間はこれ以降から「Stop Time」で指定した時間までとなります。図A-2-27の例では仮想的に電源を入れてから3m秒経過してから波形を表示し、6m秒でシミュレートを終わることを示しています。この入力を行うと**図A-2-29**のようにシミュレーションの設定が回路図入力画面に表示されるようになります。

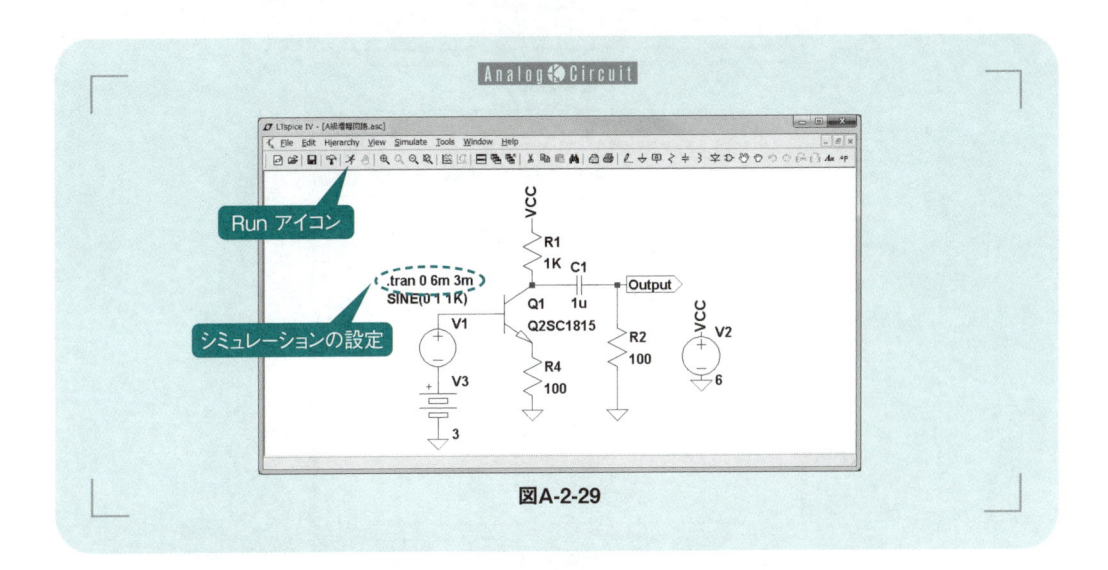

図A-2-29

Materials 資　料

　シミュレーション波形を見るためには、図A-2-28の「Run」アイコンをクリックします。すると、**図A-2-30**のように波形表示用の画面が表示されます。この波形表示画面にシミュレートした波形が表示されることになります。回路図入力画面にマウスを合わせると、マウスポインタの形状がオシロスコープのプローブのような形になります。このプローブ型のポインタを、波形を見たい部分に合わせてクリックすると、**図A-2-31**のように波形出力画面に波形が表示されます。図A-2-25では、仮想的に電源を入れてから3m秒後から6m秒後の、3m秒の間の波形を観測していることがわかります。

　あとは、いろいろと触って試しているうちに、その他の機能についてもわかってくると思いますので、ぜひいじくり倒してみて下さい。

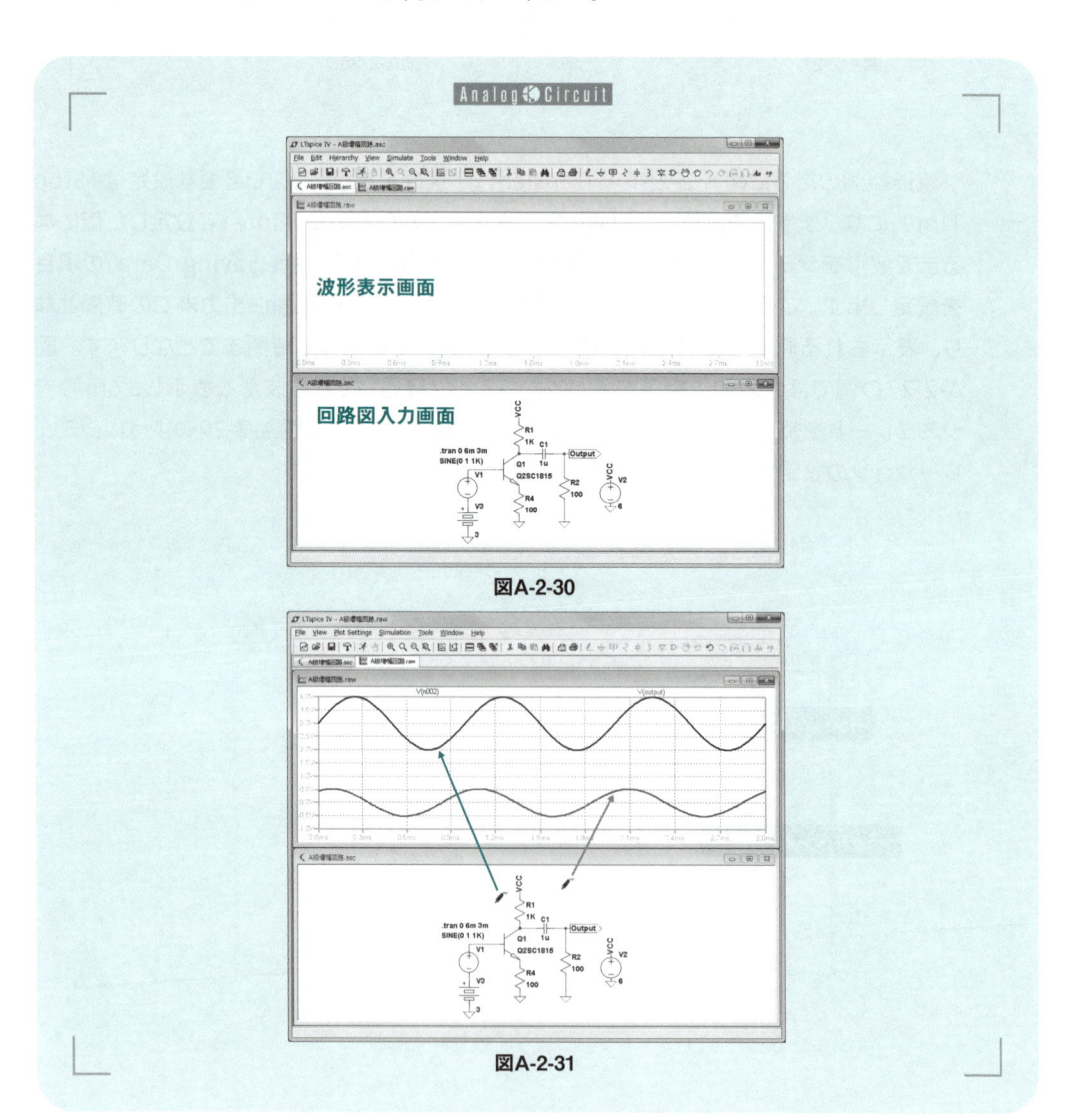

図A-2-30

図A-2-31

資料B 主要部品メーカー一覧

- SEMITEC株式会社 (http://www.semitec.co.jp/)
- STマイクロエレクトロニクス株式会社 (http://www.st.com/web/jp/home.html)
- アナログ・デバイセズ株式会社 (http://www.analog.com/jp/index.html)
- アルプス電気株式会社 (http://www.alps.com/j/)
- オムロン株式会社 (http://www.omron.co.jp/)
- オンセミコンダクター (http://www.onsemi.jp/)
- 京セラ株式会社 (http://www.kyocera.co.jp/)
- コーア株式会社 (http://www.koanet.co.jp/index.htm)
- シャープ株式会社 (http://www.sharp.co.jp/)
- 新日本無線株式会社 (http://www.njr.co.jp/)
- セイコーエプソン株式会社 (http://www.epson.jp/)
- 株式会社大真空 (http://www.kds.info/)
- 東光株式会社 (http://www.toko.co.jp/top/jp/index.html)
- 株式会社東芝 (www.toshiba.co.jp/)
- 豊田合成株式会社 (http://www.toyoda-gosei.co.jp/)
- 日亜化学工業株式会社 (http://www.nichia.co.jp/)
- 日本圧着端子製造株式会社 (http://www.jst-mfg.com/)
- 日本ケミコン株式会社 (http://www.chemi-con.co.jp/)
- 日本航空電子工業株式会社 (http://www.jae.co.jp/)
- 日本テキサス・インスツルメンツ株式会社 (http://www.tij.co.jp/)
- 日本電波工業株式会社 (http://www.ndk.com/jp/)
- 浜松光電株式会社 (http://www.hkd.co.jp/)
- パナソニック株式会社 (http://panasonic.co.jp/)
- 株式会社日立製作所 (http://www.hitachi.co.jp/)
- ヒロセ電機株式会社 (http://www.hirose.co.jp/)
- フェアチャイルドセミコンダクタージャパン株式会社 (http://www.fairchildsemi.co.jp/)
- マキシム・ジャパン株式会社 (http://japan.maxim-ic.com/)
- 株式会社村田製作所 (http://www.murata.co.jp/)
- 株式会社リテルヒューズ (http://www.littelfuse.co.jp/)
- リニアテクノロジー株式会社 (http://www.linear-tech.co.jp/)
- リバーエレテック株式会社 (http://www.river-ele.co.jp/)
- ルネサス エレクトロニクス株式会社 (http://japan.renesas.com/)
- ローム株式会社 (http://www.rohm.co.jp/)

(50音順)

資料C 演習問題 解答

問題1-1
(1)○　(2)○　(3)×←電気を信号の伝送媒体として使用　(4)○　(5)○　(6)×←3m　(7)○　(8)×←雑音や温度変化に弱い　(9)○　(10)×←スキューの影響があるのはパラレルバス　(11)○　(12)×←デジタル回路でも反射の影響があるので注意　(13)×←非常に高い周波数の回路の場合、分布定数回路でないと解けない場合がある　(14)○　(15)○

問題2-1
(1)○　(2)×←位置エネルギー　(3)×←電圧＝電流×抵抗　(4)×←逆　(5)○　(6)×←10分の1　(7)×←SIN関数で表す　(8)×←三平方の定理、ピタゴラスの定理　(9)○　(10)×←電力＝電圧×電流、ちなみに電力は電気エネルギーである　(11)○　(12)×←電圧の総和は0となる　(13)×←周波数によって抵抗値が変化する　(14)○

問題2-2
15Ωと5Ωは直列になっているので、そのまま加算すれば全体の抵抗Rが計算できる。
R = 15 + 5 = 20 (Ω)
全体に流れる電流Iはオームの法則から
I = V ÷ R = 5 ÷ 20 = 0.25 (A)
5Ωの抵抗にも0.25Aの電流が流れるため、5Ωの抵抗の電圧降下V'はオームの法則より、
V' = 0.25 × 5 = 1.25 (V)
解：1.25V

問題2-3
最初に並列部分の抵抗値R'から求める。

$$\frac{1}{R'} = \frac{1}{2} + \frac{1}{3} = \frac{5}{6}$$

よって R' = 6／5 = 1.2 (Ω)
1.3Ωと並列抵抗部分は直列になっているので、全体の抵抗Rは
R = 1.3 + 1.2 = 2.5 (Ω)
解：2.5Ω

問題2-4

2Ωの抵抗の電位差はオームの法則より
V = I × R = 1 × 2 = 2（V）
よって4Ωの抵抗に流れる電流はオームの法則より
I' = V ÷ R = 2V ÷ 4Ω = 0.5（A）
R1に流れる電流はキルヒホッフの法則より
I'' = I + I' = 1A + 0.5A = 1.5（A）
よって I'' = 1.5（A）

問題2-5

重ねの理では複数の電源があった場合、それぞれの電源がないものとしてそれぞれ求め、最後に合計することで求めることができる。

[手順1]
210Vの電源はないものとして考える。最初に80Ωと20Ωの2つの並列抵抗における合成抵抗値R'を求める。
1/R' = 1/20 + 1/80 = 4/80 + 1/80 = 5/80 = 1/16
よって R' = 16（Ω）
次に全体の抵抗値R1を求める。
R1 = 5 + 16 = 21（Ω）
ここで全体に流れる電流I1は
I1 = 42 ÷ 21 = 2（A）
A点～B点における電圧V'は電源42Vから5Ω抵抗の電圧降下を引けば求められる。5Ω抵抗の電圧降下は先に求めた全体の電流を用いることで求められる。
V' = 42 −（5 × 2）= 42 − 10 = 32（V）
このV'は20Ωの抵抗に掛かっている電位差となるため、20Ωの抵抗に流れる電流はオームの法則により、
I' = 32 ÷ 20 = 1.6（A）

[手順2]
42Vの電源はないものとして考える。最初に5Ωと20Ωの2つの並列抵抗における合成抵抗値R'を求める。
1/R'' = 1/5 + 1/20 = 4/20 + 1/20 = 5/20 = 1/4
よって R'' = 4（Ω）
次に全体の抵抗値R2を求める。
R2 = 4 + 80 = 84（Ω）
ここで全体に流れる電流I2は

I2 = 42 ÷ 21 = 2.5（A）

B点～A点における電圧V''は電源210Vから80Ω抵抗の電圧降下を引けば求められる。80Ω抵抗の電圧降下は先に求めた全体の電流を用いることで求められる。

V'' = 210 −（80 × 2.5）= 210 − 200 = 10（V）

このV''は20Ωの抵抗に掛かっている電位差となるため、20Ωの抵抗に流れる電流はオームの法則により、

I' = 10 ÷ 20 = 0.5（A）

[手順3]
手順1で求めた電流はA点→B点の方向で1.6A
手順2で求めた電流はB点→A点の方向で0.5A
よって20Ωに流れる電流Iは
I = I' +（-I''）= 1.6 +（-0.5）= 1.1（A）
解：A点からB点の方向へ1.1A

問題 2-6
(a)インピーダンス　**(b)**抵抗　**(c)**リアクタンス　**(d)**位相

問題 2-7
$e^{j\pi}$はオイラーの公式から$\cos\pi + j\sin\pi$であり、$\cos\pi = -1$、$\sin\pi = 0$なので、$e^{j\pi}$は−1である。よって、$e^{j\pi}+1$は(-1)+1となり、その解は0となるので、$e^{j\pi}+1 = 0$は正しい。

問題 3-1
(1)×←直流は通し、交流は通しにくい　(2)○　(3)×←抵抗は直流、交流ともに通す　(4)×←セラミックコンデンサ　(5)○　(6)○　(7)○　(8)○　(9)×←ダイオードは能動部品　(10)○　(11)○　(12)×←磁気に反応　(13)×←p型　(14)○　(15)×←2極を表す(価電子、正孔)　(16)×←矢印は内を向いている　(17)○　(18)○　(19)○　(20)○　(21)×←1つのキャリアのみ使う　(22)×←形成されない。最初から形成されるのでディプレッション型　(23)×←クロックの立ち上がり、立ち下がり時は2つのFETがオンとなり、電源からGNDへ直接電流が流れるため、熱が大量に発生する　(24)×←入力抵抗は無限大である　(25)○　(26)×←内部で仮想的に繋がっている。本当に繋がってはいない　(27)×←標本化、量子化、符号化の順　(28)×←逆　(29)×←基本はR-2R回路　(30)○　(31)○

問題 3-2
(1)(a) アノード、anode、陽極、(b) カソード、cathode、陰極、(c) 0.6V、(d) 順方向電流、

(e) 順方向電圧
(2)(a) ベース、Base、(b) コレクタ、Collector、(c) エミッタ、Emitter、(d) ベース-エミッタ間電圧、Vbe、0.6V、(e) NPN
(3)(a) ゲート、Gate、(b) ドレイン、Drain、(c) ソース、Source、(d) ゲート-ソース間電圧、VGS、(e) Pチャネル、またはエンハンスメント

問題 3-3
インピーダンス Z

$$Z = \sqrt{R^2 + (\omega L)^2} = \sqrt{10^2 + (2 \cdot 3.14 \cdot 50 \cdot 0.1)^2} = \sqrt{100 + 985.9} = \sqrt{1085.96} \approx 32.95 \quad (\Omega)$$

位相角 θ

$$\theta = \tan^{-1}\left(\frac{\omega L}{R}\right) = \tan^{-1}\left(\frac{2 \cdot 3.14 \cdot 50 \cdot 0.1}{10}\right) = \tan^{-1}\left(\frac{31.4}{10}\right) = \tan^{-1} 3.14 = 72.33 \quad (°)$$

問題 4-1
(1)×←第一法則 **(2)**○ **(3)**×←LPFの基本は積分回路 **(4)**○ **(5)**×←HPFは高い信号を通過させる。高い信号を取り除くのはLPF **(6)**○ **(7)**○ **(8)**×←0だけでなく無限大にもなる **(9)**○ **(10)**×←内部に増幅回路があるのは「発振器」 **(11)**○ **(12)**×←LCは温度や部品誤差で変動するので不安定 **(13)**○ **(14)**×←ダイオードブリッジ **(15)**×←正帰還回路は不安定状態 **(16)**○ **(17)**×←Phase Lock Loop

問題 4-2
a) ←入力および出力信号の直流成分のバイアスを取り除く
b) ←$I_C ≒ I_E$ なので 10mA
c) ←抵抗 R_e は $V_E \div I_E$ なので、1V ÷ 10mA = 100Ω
抵抗 R_c は R_e と倍率に関係し、R_e×倍率なので、100Ω × 2倍 = 200Ω
V_C は $I_C × R_C$ から求められるため、10mA × 200Ω = 2V
V_{CC} は6V、V_C は2V、V_E は1Vなので、V_{CE} は $V_{CC} - V_C - V_E$、よって 6V − 2V − 1V = 3V
d) ←V_E が1.0Vで V_{BE} が0.6Vなため、V_B は 1.0 + 0.6 = 1.6V
コレクタ電流ICが10mA、hfeが100であり、ベース電流 I_b は $I_c \div hfe$ より、10mA ÷ 100 = 100μA
e) $R_{b2} = V_B \div I_b$ = 1.6V ÷ 100μA = 16kΩ
$R_{b1} = V_{Rb1} \div I_b = (V_{CC} - V_B) \div I_b$ = (6V − 1.6V) ÷ 100μA = 4.4V ÷ 100μA = 44000 = 44kΩ

Materials 資 料

問題 4-3
a) 動作点：図 4-4-23（a）を参照、波形は図 4-4-25（b）を参照
b) 動作点：図 4-4-23（b）を参照、波形は図 4-4-28（b）を参照
c) 動作点：図 4-4-32 を参照、波形は図 4-4-35 または図 4-4-38 を参照

問題 4-4
(a) 反転増幅器
増幅率：R2÷R1 → 3KΩ÷10KΩ = 0.3
反転増幅器なので、増幅率は－0.3 倍
出力電圧：入力×増幅率　5V×(-0.3) ＝－1.5V

(b) 非反転増幅器
増幅率：(R1＋R2)÷R1 → (2K+6K)÷2K ＝ 4
倍率は 4 倍
出力電圧は 3.5V × 4 倍 ＝ 14V

問題 4-5
直列共振の共振周波数は

$$\omega^2 = \frac{1}{LC}$$

よって共振周波数 f_0 は

$$f_0 = \frac{1}{2\pi\sqrt{LC}} = \frac{1}{2\cdot 3.14\cdot\sqrt{1\times 10^{-3}\cdot 1\times 10^{-6}}} = \frac{1}{0.1989\times 10^{-3}} \approx 5027 = 5kHz$$

直列共振の f_0 におけるインピーダンスは
Z ＝ R＋jωL＋1/jωC ＝ R＋jωL－j(1/ωC) ＝ R＋j(ωL＋1/ωC)
よって

$$Z = \sqrt{R^2 + \left(\omega L - \frac{1}{\omega C}\right)^2}$$

$$= \sqrt{10^2 + \left(2\cdot 3.14\cdot 5027\cdot 1\times 10^{-3} - \frac{1}{2\cdot 3.14\cdot 5027\cdot 1\times 10^{-3}}\right)^2}$$

$$= \sqrt{100 + (31.58 - 31.66)^2} = \sqrt{100 + 0.005} \approx \sqrt{100} = 10$$

共振周波数では LC の成分はなく、抵抗 R のみとなる。

問題 4-6

点 A の部分は加算回路出力になる。
流れる電流は
2V ÷ 10KΩ = 0.2mA
3V ÷ 10KΩ = 0.3mA
I1 = −(0.2mA + 0.3mA) = −0.5mA
よって、点 A の電圧は
−0.5mA × 20KΩ = −10V
点 B の部分は減算回路出力になる。
−端子には−10V（点 A の電圧）、＋端子には 4V が入力される。
よって−(−10V − 4V) × 10KΩ / 10KΩ = −(−14V) × 1 = 14V

問題 4-7

a) ←4-7-1 項参照　b) ←LC 発振回路　c) ←水晶発振回路　d) ←4-7-6 項参照

問題 4-8

a) ←水晶発振器によるクロックを使ったカウンタ回路で時間経過を測る。
b) ←RC による時定数回路を使う、または 74LS123 や 555 などの IC を使う。

問題 4-9

a) ←入力信号から不要な信号を除去し、所望する信号を得るためのもの
b) ←4-9-1 項参照　c) ←種類：図 4-9-3 を参照、性質：4-9-1 項参照
d) ←図 4-9-5 を参照　e) ←図 4-9-7 を参照

問題 4-10

この回路は RC による 1 次の LPF である。
よってそのカットオフ周波数は $fc = 1/(2\pi RC)$ で求めることができる。
よって $fc = 1/(2 \cdot 3.14 \cdot 1600 \cdot 0.1 \times 10^{-6}) = 995Hz$

問題 4-11

a) ←4-10-1 項参照　b) ←4-10-1 項および図 4-10-5 を参照
c) ←4-10-2 項のリニアレギュレータの項目を参照
d) ←4-10-2 項のスイッチングレギュレータの項目を参照
e) ←4-10-3 項のチャージポンプ回路の項目を参照

f) ← 4-10-4項参照

問題 5-1

a) ← 5-1-1項参照　**b)** ← 5-1-2項参照　**c)** ← 5-1-2および図5-1-3参照
d) ← 図5-1-2参照　**e)** ← AM変調　**f)** ← FM変調　**g)** ← PM変調
h) ← 5-1-3項参照　**i)** ← 5-1-4項参照　**j)** ← 5-1-5項参照　**k)** ← 5-2-2項参照

問題 5-2

a) ← 4-5-1項参照
b) ← 説明：5-3-1項参照、必要性：電力の周波数に依存しない機器を設計でき、かつ効率の良い周波数を選ぶことができるため。
c) ← 回路図については図5-3-3を参照、説明については5-3-2項を参照
d) ← 0.8V以上　**e)** ← 2.0V以上　**f)** ← $0.2m \div 40\mu = 5$
g) ← 図5-4-15を参照

Index 索引

◆ 記号・数字
- μ（マイクロ） ……………………………… 24
- Ω ……………………………………… 24, 46
- 1S ……………………………………… 101
- 1SS133 ……………………………… 102
- 1SS1588 …………………………… 105
- 1次 ……………………………………… 96
- 2S ……………………………………… 113
- 2SA …………………………………… 114
- 2SA1015 …………………………… 118
- 2SB …………………………………… 114
- 2SC …………………………………… 114
- 2SC1815 …………………………… 114
- 2SD …………………………………… 114
- 2SK3205 …………………………… 128
- 2次 ……………………………………… 96
- 3端子レギュレータ ……………… 238
- 4066 ………………………………… 140
- 555 …………………………………… 220
- 74LS00 ……………………………… 278
- 74LS123 …………………………… 220
- 78xx ………………………………… 238

◆ A
- A（アンペア） ………………………… 24
- AB級プッシュプル回路 ………… 194
- AC …………………………………… 160
- AD変換 ……………………………… 146
- ALC ……………………………………… 60
- AM波 ………………………………… 256
- AM復調回路 ……………………… 258
- AM変調回路 ……………………… 257
- A級増幅器 ………………………… 188

◆ B
- B（ベル） ……………………………… 30
- Base ………………………………… 112
- BEF …………………………………… 228
- BPF …………………………………… 228
- B級増幅器 ………………………… 190
- B級プッシュプル回路 …………… 194

◆ C
- C（クーロン） ………………………… 28
- CMOS ……………………………… 282
- CMOS Logic ……………………… 212
- CMOS半導体 ……………………… 124
- Collector ………………………… 112
- CRD …………………………… 108, 246
- C級増幅器 ………………………… 190

◆ D
- DAC …………………………………… 148
- DA変換 ……………………………… 149
- dB ……………………………………… 30
- DC …………………………………… 160
- DC—DCコンバータ ……………… 238
- Delay ………………………………… 36
- Drain ………………………………… 125
- DSB …………………………………… 256
- D級増幅器 ………………………… 276

◆ E
- E12系列 ……………………………… 65
- E192系列 …………………………… 66
- E24系列 ……………………………… 65
- E96系列 ……………………………… 66
- Emitter …………………………… 112
- E系列 ………………………………… 65

◆ F
- F（ファラド） ………………………… 28
- FET …………………………………… 123
- FM復調回路 ……………………… 264
- FM変調 ……………………………… 260
- FM変調回路 ……………………… 262

◆ G
- Gate ………………………………… 125
- GND …………………………………… 294

325

Index 索引

● H
H（ヘンリー） ･････････････････ 28
hfe ･･･････････････････････ 114
High ･････････････････････ 278
HPF ･････････････････････ 228

● I
I（電流） ･･･････････････････ 58
IEC ･･････････････････････ 70
IFT ･･････････････････ 95, 272
IGBT ････････････････････ 124

● J
j（虚数単位） ････････････････ 46
J（ジュール） ････････････････ 34

● L
LC発振回路 ･･････････････ 210
LCフィルタ ･･････････････ 224
LED ･･････････････････ 108, 198
LH0032 ･････････････････ 136
log ･･････････････････････ 32
Low ･････････････････････ 278
LPF ･････････････････････ 224
LSI ･････････････････････ 198
LTSpice ･････････････････ 302
LVDS ････････････････････ 292

● M
m（ミリ） ･･･････････････････ 24
MOS型 ･･･････････････････ 124

● N
NEOCAP ･････････････････ 84
NPN型 ･･･････････････････ 112
N型 ･････････････････････ 100
Nチャネル型 ････････････････ 123

● O
OPアンプ ････････････････ 132
OS-CON ･････････････････ 82
OSCコイル ･･･････････ 95, 270

● P
p（ピコ） ･･･････････････････ 74

● PCI
PCI-Expess ･･･････････････ 6
PCIバス ･････････････････ 4
PINダイオード ････････････ 110
PLL ･････････････････････ 214
PNP型 ･･･････････････････ 112
PTH ･････････････････････ 296
PWM ････････････････････ 276
P型 ･････････････････････ 100
Pチャネル型 ････････････････ 123

● R
R（抵抗） ･･････････････････ 58
R-2Rラダー ･･････････････ 150
RCフィルタ ･･････････････ 224
RLC ･････････････････････ 77

● S
SEPP回路 ････････････････ 192
Source ･･････････････････ 125
Spice ････････････････････ 302
SSB ･････････････････････ 260

● T
T（テラ） ･････････････････ 132
TL081 ･･･････････････････ 132
TLP521 ･････････････････ 137
TTL ･････････････････ 138, 278

● U
USBオシロスコープ ･････････ 264

● V
V（ボルト） ･･･････････････ 22
VCO ･････････････････････ 216
VCVS型 ･････････････････ 228
Via hole ････････････････ 296

● W
W（ワット） ･･･････････････ 34

● あ行
アキシャルリード型 ･････････ 60
アクティブフィルタ ･････････ 224
アッテネータ ･･･････････････ 110
圧力 ･････････････････････ 22

Index 索引

アナログ回路 ･････････････････････ 2, 13
アナログ信号 ･･････････････････････ 13
アナログスイッチ ････････････････ 140
アノード ･････････････････････････ 100
アルミ電解コンデンサ ････････････ 82
アンテナ ･････････････････････ 98, 268
アンペア ･････････････････････････ 24
アンペールの法則 ･････････････････ 24
石 ･･････････････････････････････ 158
位相 ･････････････････････････････ 36
一般整流用 ･････････････････････ 104
移動 ･･･････････････････････････ 314
イマジナリーショート ･･･････････ 134
陰極 ･･･････････････････････････ 100
インストール ･･･････････････････ 304
インダクタ ･･････････････････････ 90
インダクタンス ･･････････････ 28, 90
インバータ回路 ････････････････ 274
インピーダンス ･･････････････ 6, 26, 44
インピーダンス整合 ･････････････ 48
インピーダンス整合トランス ････ 97
インピーダンス変換 ･････････････ 96
インピーダンスマッチング ･･･ 48, 288
ウェバー方式 ･･････････････････ 260
エアバリコン ････････････････････ 88
エネルギー ･･････････････････････ 34
エミッタ ････････････････････････ 112
エミッタ接地回路 ･･････････････ 120
エミッタ接地増幅回路 ･････････ 177
エミッタ電圧 ･･････････････････ 170
エミッタ電流 ･･････････････････ 170
エミッタフォロワ ････････････････ 122
演算回路 ･････････････････････ 204
演算増幅器 ･･･････････････････ 132
エンハンスメント型 ･･････････････ 126
オーム ･･･････････････････････････ 24
オームの法則 ･････････････････ 26, 38
遅れ位相 ････････････････････････ 36
オシレータ ･･････････････････････ 214
オフセット電圧 ････････････････ 134
オペアンプ ･･････････････････ 36, 132
オン抵抗 ･････････････････････ 131, 142
温度 ･････････････････････････････ 14
温度上昇許容電流 ･･･････････････ 92

◎か行

外乱 ･････････････････････････････ 14
ガウスの消去法 ･････････････････ 42
重ねの理 ･･･････････････････････ 42
加算回路 ･･･････････････････････ 204
加算方式 ･･･････････････････････ 232
カソード ････････････････････････ 100
カットオフ周波数 ･･･････････････ 222
可変抵抗器 ･･･････････････････ 58, 64
可変容量コンデンサ ･････････ 72, 86
可変容量ダイオード ････････････ 108
カラーコード ････････････････････ 66
ガリウム ････････････････････････ 100
カレントミラー回路 ････････････ 248
環状網 ･･･････････････････････････ 10
貫通孔 ･････････････････････････ 296
帰還 ･･･････････････････････････ 210
機構部品 ･･･････････････････ 12, 56
基準電圧 ･･･････････････････････ 293
寄生ダイオード ････････････････ 126
基点 ･･････････････････････････････ 2
起電力 ･･･････････････････････････ 22
起動 ･･･････････････････････････ 306
基板 ･････････････････････････････ 20
逆回復時間 ･････････････････････ 104
逆方向電流 ･････････････････････ 104
キャパシタンス ･･････････････････ 28
共振 ･･･････････････････････････ 164
強電 ･････････････････････････････ 10
極性 ･････････････････････････････ 82
局部発振器 ･････････････････････ 94
虚数 ･････････････････････････････ 46
許容差 ･･･････････････････････････ 64
許容直流電流 ･･･････････････････ 90
キルヒホッフの法則 ･････････････ 38
金属皮膜抵抗器 ･････････････････ 60
空乏層 ･････････････････････････ 123
クーロン ･････････････････････････ 22
クーロンの法則 ･････････････････ 31
クランパ ････････････････････････ 110
クリッパ ････････････････････････ 110
クロック ････････････････････････ 214
ケース ･･･････････････････････････ 12
ゲート ･････････････････････････ 123
ゲートしきい値電圧 ････････････ 130

327

Index 索引

ゲルマニウム	100	差動増幅回路	178, 186
減算回路	205	三角波	230
減算方式	230	サンプリング	146
減衰率	224	サンプリング定理	148
検波器	272	磁界	91
コア	90	自己誘導	28
コア材	92	磁束密度	94
コイル	28, 90	実数	46
高周波	14	時定数	218
高周波回路	294	時定数回路	218
高周波信号	288	磁場	95, 297
高周波数回路	18	シミュレーション	302
高周波増幅回路	268	弱電	10
高周波同調コイル	94	遮断周波数	222
高周波用	113	遮断容量	152
構造部品	56	ジャンクション型	124
高速オペアンプ	40	周期	2
高調波	296	集中定数回路網	6, 16
効率	34	周波数	2
交流	28, 160	周波数混合器	269
コーン	12	周波数特性	74
誤差	58	周波数変換回路	269
固体型タンタルコンデンサ	84	周波数変調	260
固定体抵抗器	60	ジュール	22
固定抵抗器	58	ジュール熱	34
固定容量コンデンサ	72	ジュールの法則	34
コネクタ	152	樹脂モールド	114
ゴム足	12	出力抵抗	49
コルピッツ型発振回路	211	出力波形	50
コレクタ	112	受動部品	56
コレクター―エミッタ間電圧	116	順方向電圧	102
コレクタ接地回路	122	順方向電流	102
コレクタ電流	116, 170	昇圧回路	242
コレクタ変調回路	258	小信号用	104
コンデンサ	28, 72	小信号用トランジスタ	115
コントロール信号	142	ショットキーバリアダイオード	106
		シリアル転送	8
さ行		シリアルバス	8
最大コントロール周波数	143	シリコン	100
最大定格	102, 114	新規回路	306
最大伝達周波数	143	シングルエンド信号	290
サイン波	230	シンセサイザ	230
削除	314	振幅	173
雑音	14	振幅電圧	293
差動信号	290	振幅変調方式	256

Index 索引

水晶発振器 ・・・・・・・・・・・・・・・・・・・・・ 214
水晶発振子 ・・・・・・・・・・・・・・・・・・・・・ 212
スイッチ ・・・・・・・・・・・・・・・・・・・・・・・・ 154
スイッチング・レギュレータ ・・・・・・・・ 238
スイッチング回路 ・・・・・・・・・・・・・・・・ 196
スイッチング時間 ・・・・・・・・・・・・・・・・ 131
スイッチング入出力位相差 ・・・・・・・・ 142
スイッチング方式 ・・・・・・・・・・・・・・・・ 236
数値表示 ・・・・・・・・・・・・・・・・・・・・・・・ 68
スーパーキャパシタ ・・・・・・・・・・・・・・ 86
スーパーヘテロダイン回路 ・・・・・・・・ 266
スキュー ・・・・・・・・・・・・・・・・・・・・・・・・・ 6
進み位相 ・・・・・・・・・・・・・・・・・・・・・・・ 36
スタッド ・・・・・・・・・・・・・・・・・・・・・・・・・ 12
スチコン ・・・・・・・・・・・・・・・・・・・・・・・・ 80
ステップアップコンバータ ・・・・・・・・・ 243
ストレート方式 ・・・・・・・・・・・・・・・・・・ 267
スピーカー ・・・・・・・・・・・・・・・・・・ 12, 50
スライサ ・・・・・・・・・・・・・・・・・・・・・・・ 110
スリーステート ・・・・・・・・・・・・・・・・・・ 282
スリーステートバッファ ・・・・・・・・・・・ 280
スルーレート ・・・・・・・・・・・・・・・・・・・ 134
ずれ ・・・・・・・・・・・・・・・・・・・・・・・・・・・ 36
スロープ型検波回路 ・・・・・・・・・・・・・ 264
スローブロー ・・・・・・・・・・・・・・・・・・・ 152
スロット ・・・・・・・・・・・・・・・・・・・・・・・・・ 4
制御信号 ・・・・・・・・・・・・・・・・・・・・・・ 140
正孔 ・・・・・・・・・・・・・・・・・・・・・・・・・・ 100
静特性 ・・・・・・・・・・・・・・・・・・・・・・・・ 118
整流回路 ・・・・・・・・・・・・・・・・・・・・・・ 234
整流特性 ・・・・・・・・・・・・・・・・・・・・・・ 101
整流用 ・・・・・・・・・・・・・・・・・・・・・・・・ 105
積層セラミックコンデンサ ・・・・・・・・・・ 77
積分回路 ・・・・・・・・・・・・・・・・・・・・・・ 206
接合型 ・・・・・・・・・・・・・・・・・・・・・・・・ 126
絶対最大定格 ・・・・・・・・・・・・・・・・・・ 102
絶対定格 ・・・・・・・・・・・・・・・・・・・・・・ 114
設定 ・・・・・・・・・・・・・・・・・・・・・・・・・・ 304
セメント抵抗器 ・・・・・・・・・・・・・・・・・・ 61
セラミックコンデンサ ・・・・・・・・・・・・・・ 77
センサ ・・・・・・・・・・・・・・・・・・・・・・・・ 144
全波整流 ・・・・・・・・・・・・・・・・・・・・・・ 234
双安定マルチバイブレータ ・・・・・・・・ 202
増幅 ・・・・・・・・・・・・・・・・・・・・・・・ 57, 176
増幅回路 ・・・・・・・・・・・・・・・・・・・・・・ 176
増幅度 ・・・・・・・・・・・・・・・・・・・・・ 30, 177
相補型MOS ・・・・・・・・・・・・・・・・・・・ 124
相補対称 ・・・・・・・・・・・・・・・・・・・・・・ 192
ソース ・・・・・・・・・・・・・・・・・・・・・・・・ 123
速動溶断型 ・・・・・・・・・・・・・・・・・・・・ 152
素子 ・・・・・・・・・・・・・・・・・・・・・・・・・・・ 10
ソリッド抵抗器 ・・・・・・・・・・・・・・・・・・ 60

た行

ダーリントン接続 ・・・・・・・・・・・・・・・・ 177
耐圧 ・・・・・・・・・・・・・・・・・・・・・・・・・・・ 22
第一法則 ・・・・・・・・・・・・・・・・・・・・・・・ 40
ダイオード ・・・・・・・・・・・・・・・・・・・・・ 100
ダイオード規格表 ・・・・・・・・・・・・・・・ 104
ダイオードブリッジ ・・・・・・・・・・・・・・ 105
対数 ・・・・・・・・・・・・・・・・・・・・・・・・・・・ 32
耐電圧 ・・・・・・・・・・・・・・・・・・・・・・・・・ 74
大電流用トランジスタ ・・・・・・・・・・・・ 115
第二法則 ・・・・・・・・・・・・・・・・・・・・・・・ 40
タイマIC ・・・・・・・・・・・・・・・・・・・・・・ 220
タイマ回路 ・・・・・・・・・・・・・・・・・・・・・ 218
タイムラグ溶断型 ・・・・・・・・・・・・・・・ 152
ダイヤフラム ・・・・・・・・・・・・・・・・・・・ 144
大容量コンデンサ ・・・・・・・・・・・・・・・・ 75
多値 ・・・・・・・・・・・・・・・・・・・・・・・・・・・ 14
タップ ・・・・・・・・・・・・・・・・・・・・・・・・ 212
ダブルスーパーヘテロダイン方式 ・・・ 268
球 ・・・・・・・・・・・・・・・・・・・・・・・・・・・・ 158
単安定マルチバイブレータ ・・・・・・・・ 202
単位 ・・・・・・・・・・・・・・・・・・・・・・・・・・・ 22
炭素皮膜抵抗器 ・・・・・・・・・・・・・・・・・ 60
タンタルコンデンサ ・・・・・・・・・・・・・・・ 84
ダンピング抵抗 ・・・・・・・・・・・・・・・・・ 289
遅延回路 ・・・・・・・・・・・・・・・・・・・・・・ 218
蓄積 ・・・・・・・・・・・・・・・・・・・・・・・・・・・ 72
チップコンデンサ ・・・・・・・・・・・・・・・・・ 78
チップ抵抗器 ・・・・・・・・・・・・・・・・・・・・ 62
チャージポンプ ・・・・・・・・・・・・・・・・・ 244
チャタリング ・・・・・・・・・・・・・・・・・・・ 156
チャネル ・・・・・・・・・・・・・・・・・・・・・・ 123
中間周波数 ・・・・・・・・・・・・・・・・・・・・ 270
中間周波増幅器 ・・・・・・・・・・・・・・・・ 270
中間周波変成器 ・・・・・・・・・・・・・・・・ 272
中継トランス ・・・・・・・・・・・・・・・・・・・・ 96
チューニング ・・・・・・・・・・・・・・・・ 88, 164

Index 索引

チョークコイル ・・・・・・・・・・・・・・・・・・・・ 92
直流 ・・・・・・・・・・・・・・・・・・・・・・・ 28, 160
直流電流増幅率 ・・・・・・・・・・・・・・・・・ 114
直列 ・・・・・・・・・・・・・・・・・・・・・・・・・ 8, 26
直列共振回路 ・・・・・・・・・・・・・・・・・・・ 164
ツェナダイオード ・・・・・・・・・・・・・ 106, 236
ツェナ電圧 ・・・・・・・・・・・・・・・・・・・・ 104
定格電力 ・・・・・・・・・・・・・・・・・・・ 58, 68
抵抗 ・・・・・・・・・・・・・・・・・・・・・・・・・・ 58
抵抗器 ・・・・・・・・・・・・・・・・・・・・・・・・ 58
抵抗値 ・・・・・・・・・・・・・・・・・・・・・・・・ 58
抵抗分圧 ・・・・・・・・・・・・・・・・・・・・・・ 41
低周波数回路 ・・・・・・・・・・・・・・・・・・・ 18
低周波増幅回路 ・・・・・・・・・・・・・・・・ 272
低周波用 ・・・・・・・・・・・・・・・・・・・・・ 113
低電圧ダイオード ・・・・・・・・・・・・・・・ 106
定電圧ダイオード ・・・・・・・・・・・・・・・ 236
定電流回路 ・・・・・・・・・・・・・・・・・・・ 246
定電流ダイオード ・・・・・・・・・・・ 108, 246
逓倍波 ・・・・・・・・・・・・・・・・・・・・・・・ 296
デジタル回路 ・・・・・・・・・・・・・ 2, 13, 278
デジタル信号 ・・・・・・・・・・・・・・・・・・・ 13
デジタル遅延回路 ・・・・・・・・・・・・・・・ 218
デジベル ・・・・・・・・・・・・・・・・・・・・・・ 30
テストピン ・・・・・・・・・・・・・・・・・・・・ 300
鉄心 ・・・・・・・・・・・・・・・・・・・・・・・・・ 90
鉄損 ・・・・・・・・・・・・・・・・・・・・・・・・・ 94
デプレッション型 ・・・・・・・・・・・・・・・ 126
テラ ・・・・・・・・・・・・・・・・・・・・・・・・ 132
電圧 ・・・・・・・・・・・・・・・・・・・・・・・・・ 22
電圧制御発振器 ・・・・・・・・・・・・・・・・ 216
電圧変換 ・・・・・・・・・・・・・・・・・・・・・・ 97
電位 ・・・・・・・・・・・・・・・・・・・・・・・・・ 22
電荷 ・・・・・・・・・・・・・・・・・・・・・・ 24, 72
電解液 ・・・・・・・・・・・・・・・・・・・・・・・ 82
電界効果トランジスタ ・・・・・・・・・・・・ 123
電解コンデンサ ・・・・・・・・・・・・・・・・・ 82
電気2重層コンデンサ ・・・・・・・・・・・・ 86
電気回路 ・・・・・・・・・・・・・・・・・・・・ 2, 10
電気抵抗 ・・・・・・・・・・・・・・・・・・・・・・ 24
電気的特性 ・・・・・・・・・・・・・・・・・・・ 102
電気部品 ・・・・・・・・・・・・・・・・・・・・・・ 56
電源 ・・・・・・・・・・・・・・・・・・・・・・・・・ 10
電源回路 ・・・・・・・・・・・・・・・・・・・・・ 234
電源電圧 ・・・・・・・・・・・・・・・・・・ 142, 169
電源トランス ・・・・・・・・・・・・・・・・・・・ 96
電源用 ・・・・・・・・・・・・・・・・・・・・・・・ 105
電子 ・・・・・・・・・・・・・・・・・・・・・・・・ 100
電子回路 ・・・・・・・・・・・・・・・・・・・・・・ 10
電子素子 ・・・・・・・・・・・・・・・・・・・・・・ 10
電子部品 ・・・・・・・・・・・・・・・・・・・・・・ 56
電磁放射 ・・・・・・・・・・・・・・・・・・・・・ 296
電場 ・・・・・・・・・・・・・・・・・・・・・・・・ 297
電流 ・・・・・・・・・・・・・・・・・・・・・・・・・ 24
転流ダイオード ・・・・・・・・・・・・・・・・ 240
電流の環状網 ・・・・・・・・・・・・・・・・・・ 11
電力 ・・・・・・・・・・・・・・・・・・・・・・・・・ 34
電力線 ・・・・・・・・・・・・・・・・・・・・・・・・ 6
電力増幅器 ・・・・・・・・・・・・・・・・・・・ 186
同期整流回路方式 ・・・・・・・・・・・・・・ 240
動作線 ・・・・・・・・・・・・・・・・・・・・・・・ 118
動作点 ・・・・・・・・・・・・・・・・・・・・・・・ 118
透磁率 ・・・・・・・・・・・・・・・・・・・・・・・ 94
同調 ・・・・・・・・・・・・・・・・・・・・・・・・ 164
同調回路 ・・・・・・・・・・・・・・・・・・ 167, 268
トグルスイッチ ・・・・・・・・・・・・・・・・ 154
閉じた回路 ・・・・・・・・・・・・・・・・・・・・ 39
トライステート ・・・・・・・・・・・・・・・・ 282
トランジション周波数 ・・・・・・・・・・・ 114
トランジスタ ・・・・・・・・・・・・・・・ 112, 216
トランジスタ回路 ・・・・・・・・・・・・・・・ 168
トランジスタ規格表 ・・・・・・・・・・・・・ 114
トランス ・・・・・・・・・・・・・・・・ 50, 90, 234
トリマ ・・・・・・・・・・・・・・・・・・・・・・・ 88
ドレイン ・・・・・・・・・・・・・・・・・・・・・ 123

● な行

ナイキスト周波数 ・・・・・・・・・・・・・・・ 148
波 ・・・・・・・・・・・・・・・・・・・・・・・・・・・・ 2
入出力コンデンサ ・・・・・・・・・・・・・・・ 169
入出力電圧 ・・・・・・・・・・・・・・・・・・・ 142
ネットワーク抵抗器 ・・・・・・・・・・・・・・ 62
能動部品 ・・・・・・・・・・・・・・・・・・・・・・ 56
ノコギリ波 ・・・・・・・・・・・・・・・・・・・・ 230
ノッチフィルタ ・・・・・・・・・・・・・・・・ 228

● は行

バーアンテナ ・・・・・・・・・・・・・・・・・・ 268
バーチャルショート ・・・・・・・・・・・・・ 134
ハートレー型発振回路 ・・・・・・・・・・・ 212

Index 索引

倍	30
ハイ・インピーダンス	280
バイアス	160
バイアス電圧	173
配線	311
配線長	4
配置	164, 311
バイパスコンデンサ	174, 290
ハイパスフィルタ	226
バイポーラ	113
倍率	32
波形シミュレーション	314
バス	6
パスコン	290
発光ダイオード	108
パッシブフィルタ	224
発振回路	210
バッテリー	24
バッファ回路	186
バラクタダイオード	108
パラレル転送	6
パラレルバス	6
バリアブルコンデンサ	86
バリキャップ	108
バリコン	86
パルス信号	200, 274
パルス幅変調	276
パルス変調	254
パワー	176
パワーアンプ	186
パワートランジスタ	119
半固定コンデンサ	88
半固定抵抗器	64
反射	4
反射層	126
搬送波	254
半田	292
半田ごて	88
半田付け	98, 166
反転増幅回路	180
反転入力端子	132
半導体	56, 100
バンドエリミネーションフィルタ	228
バンドパスフィルタ	228
ヒートシンク	114
比較回路	208
ピコ	74
非線形回路	110
ヒ素	100
皮相電力	34
比透磁率	94
非反転増幅回路	182
非反転入力端子	132
微分回路	208
ヒューズ	152
標本化	146
ピンセット	88
ピンヘッダ	153
ファラデーの電磁誘導の法則	28
ファラド	28
ファンアウト	139, 280
フィルタ	222
フィルタ回路	222
フィルムコンデンサ	80
フーリエ級数展開	13
フーリエ変換	13
フェージング方式	260
フェライト	90
フォトカプラ	137
フォトダイオード	144
フォトトランジスタ	137, 144
負荷抵抗	48
負帰還	174
複雑な電子回路	42
複素数	44
復調	254
普通溶断型	152
プッシュスイッチ	154
プッシュプル回路	192
不定	278
部品	17, 89, 307
フリーホイールダイオード	240
フリップフロップ	202
プルアップ	162
プロダクト検波回路	272
分布常数回路網	6, 16
平滑化	234
平衡変調回路	257
並列	6, 26
並列共振回路	166

331

Index 索引

ベース	112
ベース—エミッタ間電圧	117
ベース接地回路	120
ベース電圧	170
ベース電流	118, 170
ヘテロダイン検波	266
ベル	30
変調	254
変調回路	254
ヘンリー	28
方形波	230
棒状コイル	98
ホウ素	100
放電	72
放熱版	114
ホール効果	144
ホール素子	144
ポリバリコン	88
ボリューム	64
ボルテージフォロア回路	186
ボルト	22

ま行

マイクロ	24
マイラコンデンサ	80
巻き数	97
巻線抵抗器	60
マックスウェルの法則	21
マルチバイブレータ	200
ミリ	24
無安定マルチバイブレータ	200
無効電力	34
漏れ電流	75

や行

有効電力	34
誘電率	28
誘導性リアクタンス	46, 92
ユニポーラ	124
陽極	100
容量性リアクタンス	46, 76
容量値	72
抑圧搬送波単側波帯	260

ら行

ラグ板	20
ラジアルリード型	77
ラッチアップ	124
ラッピング	166
リアクタンス	46, 76
リード線	60
リードリレー	150
力率	34
リジェクト中心周波数	228
リセット	286
リップル	236
利得	222
リニア・レギュレータ	238
リミッタ	110
量子化	146
量子化誤差	146
両波側体方式	256
リレー	150
リン	100
ループアンテナ	98
レセプタクル	153
連続変調	254
レンツの法則	21
ローパスフィルタ	224
濾過器	222
論理素子	278

わ行

ワット	34
割り算回路	54

参考文献一覧

- 和田正信,「電子工学基礎論」,近代科学社,1971
- 石田春雄,「電気・電子材料」,共立出版,1977
- 藤広哲也,「よくわかる最新電子デバイスの基本と仕組み」,秀和システム,2006
- トランジスタ技術編集部編,「電子回路部品活用ハンドブック」,CQ出版,1985
- 山田直平,「改訂 交流回路計算法」,コロナ社,1940
- 押山保常, 他,「改訂 電子回路」,コロナ社,1983
- トラ技ORIGINAL,「実験研究CとLと回路の世界」,CQ出版,1990
- 鈴木雅臣,「実験研究 トランジスタ回路の誕生」,CQ出版,1989
- 鈴木雅臣,「実験研究 トランジスタ回路 中級入門」,CQ出版,1990
- 島田公明,「アナログ回路応用マニュアル」,日本放送協会出版,1986
- 藤井信生,「集積回路時代のアナログ電子回路」,昭晃堂,1984
- 柳沢健, 神林紀嘉,「フィルタの理論と設計」,秋葉出版,1974
- 奥沢清吉,「はじめてトランジスタ回路を設計する本」,誠文堂新光社,1977
- 「初級アマチュア無線教科書(改訂版)」,日本アマチュア無線連盟,1972
- 志村正道,「電磁回路II(ディジタル編)」,昭晃堂,1976
- 岡村廸夫,「OPアンプ回路の設計」,CQ出版,1973
- 玉村俊雄,「OPアンプIC活用ノウハウ」,CQ出版,1983
- トランジスタ技術2006年1月号, 2003年8月号, 2002年5月号, 2001年4月号, 2000年5月号, 1992年2月号, CQ出版
- 木村誠聡, 真岸一路「デジタル電子回路のキホンのキホン」,秀和システム,2010
- 木村誠聡,「電子回路のキホン」,ソフトバンククリエイティブ,2011
- 木村誠聡,「ディジタル電子回路」,数理工学社,2012

参考サイト一覧

Spiceライブラリ
http://www.madlabo.com/mad/edat/spice/index.htm
http://www.koka-in.org/~kensyu/handicraft/diary/20050609.html

TTL
http://www.standardics.nxp.com/support/models/spice/

トランス (パルストランスなど) について
http://www.geocities.jp/ltspice_swcadiii/customize_ltspice.html

トランスの設計について
http://ayumi.cava.jp/audio/pow/pow.html

協力会社一覧

本書の製作においては、以下の各社にご協力いただきました。ありがとうございました。
この場を借りてお礼申し上げます。

写真提供 (50音順):
NECトーキン株式会社／SEMITEC株式会社／TDK株式会社／旭化成エレクトロニクス株式会社／アルプス電気株式会社／釜屋電機株式会社／京セラ株式会社／共立電子産業株式会社／サトーパーツ株式会社／サンケン電気株式会社／株式会社大真空／タクマン電子株式会社／株式会社東芝／日本開閉器工業株式会社／日本ケミコン株式会社／株式会社日本抵抗器製作所／橋本電気株式会社／パナソニック株式会社／浜松光電株式会社／マルツエレック株式会社／株式会社村田製作所／株式会社リテルヒューズ／株式会社ルネサスエレクトロニクス／ローム株式会社

写真掲載協力 (50音順):
アイコー電子株式会社／コーア株式会社／株式会社タカチ電機工業

—著者プロフィール—

木村誠聡（きむら・ともあき）

東京生まれ。
日本大学工学部電気工学科卒業。1985年日本IBM入社。主に磁気記録装置の生産技術、製品開発などを担当。1995年より武蔵工業大学においてデジタル信号処理の研究に携わる。2001年 博士（工学）。2001年より武蔵工業大学非常勤講師。2007年より神奈川工科大学情報学部情報工学科教授。デジタル信号処理、組み込みシステムを専門とする。
著書に「画像処理応用システム」（共著）（東京電機大学、2000刊）、「図解雑学デジタルカメラ」（共著）（ナツメ社、2002刊）、「電子回路のキホン」（ソフトバンククリエイティブ、2011刊）、「ディジタル電子回路」（数理工学社、2012刊）などがある。

Webサイト：http://www.f-kmr.com

回路シミュレータでストンとわかる！
最新アナログ電子回路のキホンのキホン

発行日	2013年　9月25日	第1版第1刷
	2023年　3月　1日	第1版第6刷

著　者　木村　誠聡

発行者　斉藤　和邦
発行所　株式会社　秀和システム
　　　　〒135-0016
　　　　東京都江東区東陽2-4-2　新宮ビル2F
　　　　Tel 03-6264-3105（販売）Fax 03-6264-3094
印刷所　図書印刷株式会社

©2013 Tomoaki Kimura　　　　　　　　　Printed in Japan
ISBN978-4-7980-3941-1 C3055

定価はカバーに表示してあります。
乱丁本・落丁本はお取りかえいたします。
本書に関するご質問については、ご質問の内容と住所、氏名、電話番号を明記のうえ、当社編集部宛FAXまたは書面にてお送りください。お電話によるご質問は受け付けておりませんのであらかじめご了承ください。